TOR

BRANDON Q. MORRIS

# DIE
# LETZTE
# KOSMONAUTIN

ROMAN

TOR

Aus Verantwortung für die Umwelt hat sich der S. Fischer Verlag zu einer nachhaltigen Buchproduktion verpflichtet. Der bewusste Umgang mit unseren Ressourcen, der Schutz unseres Klimas und der Natur gehören zu unseren obersten Unternehmenszielen.

Gemeinsam mit unseren Partnern und Lieferanten setzen wir uns für eine klimaneutrale Buchproduktion ein, die den Erwerb von Klimazertifikaten zur Kompensation des $CO_2$-Ausstoßes einschließt.

Weitere Informationen finden Sie unter: www.klimaneutralerverlag.de

Originalausgabe

Erschienen bei FISCHER Tor
Frankfurt am Main, April 2022

Satz: Druckerei C.H.Beck, Nördlingen
Druck und Bindung: CPI books GmbH, Leck
Printed in Germany
ISBN 978-3-596-70675-4

## 5. OKTOBER 2029
# ERDORBIT

Sie verankert ihre Stiefel in den Fußrasten und legt den Kopf in den Nacken, damit ihr die Lüftung den Schweiß nicht mehr direkt in die Augen treibt. Schon beim Training hat sie es Heiner gesagt: Es war ein Konstruktionsfehler, den Ventilator im Helm oberhalb der Hutlinie anzubringen. Wehe, die Missionskontrolle macht ihr deshalb Ärger. Die haben gut reden! Sollen sie doch selbst weniger heiße Luft absondern, statt ihr vorschreiben zu wollen, wie sie Ressourcen zu sparen hat. Mandy atmet absichtlich mehrmals tief ein und aus, bis ihr schwummrig wird.

Pause. Sie lässt das Kabel mit den elektrischen Kerzen los. Eine leichte Bewegung geht durch die schlangenförmige Kette, die in der Schleuse der RS Völkerfreundschaft endet. Dadurch wirkt sie fast lebendig, wie ein überdimensionaler Zitteraal. Das Tier hatte ihre Zwillinge sehr beeindruckt. Sie sieht sich mit den beiden Mädchen an der Hand durch den Leipziger Zoo spazieren.

Noch zwei Wochen, dann kommt die Ablösung. Sie muss sich auf die Realität konzentrieren. Tief unter ihr versetzt gerade der Stiefel des italienischen Festlands der Insel Sizilien einen Tritt. Ihre Stirnhaut spannt sich. Mandy würde sich gern kratzen. Sie versucht, den Kopf so weit nach unten zu drücken, dass der Flüssigkeitsspender die Stirn erreicht, damit sie sich daran reiben kann. Aber dafür ist der Helm nicht groß genug.

»Geht es dir gut?«

Das ist Bummi, der Roboter, ihr einziger Begleiter. Der Name, der von dem Bärenmaskottchen der Kinderzeitschrift stammt, passt überhaupt nicht zu ihm. Bummi sieht aus wie eine vierbeinige Spinne, weil sein Körper im Vergleich zu seinen fast zwei Meter langen Gliedern klein ist. Aus den Augenwinkeln sieht Mandy, wie er zu ihr gekrochen kommt. Er benutzt abwechselnd seine Arme und Beine, um sich über die Außenhaut der Völkerfreundschaft zu bewegen.

»Ja, ich lege nur eine kleine Pause ein«, sagt Mandy.

»Du solltest die Außenbordaktivität so kurz wie möglich halten.«

»Ich weiß, Bummi, ich soll Sauerstoff sparen.«

»Genau, aber mir geht es auch um dich. Jede Minute hier draußen vergrößert dein Unfallrisiko.«

»Ich weiß, du willst nur mein Bestes.«

Bummi antwortet nicht. Er antwortet nie auf Sätze, die nur das Offensichtliche feststellen. Manchmal traut ihm Mandy zu, dass er sich insgeheim für viel schlauer hält und von oben auf sie herabsieht, aber äußern würde sich der Roboter so nie. Sie löst den Blick von der Erdkugel, die ihr inzwischen den Atlantik zeigt. Als sie ihren Rumpf nach vorn beugt, um die Sicherungsleine an einer anderen Querstrebe einzuhaken, wird ihr kurz übel. Sie hat ihrem Körper zu lange das Gefühl gegeben, mit dem Kopf nach unten zu hängen, obwohl Raumrichtungen in der Mikrogravitation keine Rolle spielen.

»Du musst um den Bug herum«, sagt Bummi. »Oder soll ich das lieber übernehmen?«

»Nein danke, das schaffe ich schon.«

Mandy stößt sich ab und arbeitet sich in Richtung Bug voran, wo die Raumstation sich deutlich verjüngt. Daran merkt man am deutlichsten, dass sie aus einer ehemaligen Raketenoberstufe gebaut wurde. Das hatte sich als kostengünstigster Weg erwiesen, die im Rahmen des vierzehnten Fünfjahrplans zu errichtende erste Raumstation der DDR in den Erdorbit zu bekommen. Die Einweihung ist nun fünfzehn Jahre her. Damals hatte Mandy gerade die Kinder-

und Jugendsportschule abgeschlossen. Die Offiziersausbildung bei den Luftstreitkräften war ihr als einziger Weg erschienen, selbst einmal als Kosmonautin ins All fliegen zu können.

Hätte ihr damals jemand erzählt, sie würde heute als schwebender Elektriker eine Festbeleuchtung installieren, hätte sie nur laut gelacht oder diesen unverschämten Menschen als Republikfeind gemeldet.

»Vorsicht bei der Antenne«, sagt Bummi.

Mandy hakt die Sicherung ein, dreht sich um – und erschrickt. Der Roboter ist direkt hinter ihr. Er hat den linken Arm erhoben und hält seine Klaue über sie, als wolle er gleich zuschlagen.

»Was tust du da?«, fragt sie.

»Ich sichere dich. Dein Herzschlag hat sich beschleunigt, so dass ich von zunehmender Erschöpfung ausgehen muss.«

»Das ist nicht nötig. Es geht mir sehr gut.«

»Ich glaube, ich weiß besser ...«

»Ich befehle dir, diese unnötige Verschwendung von Ressourcen einzustellen.«

Der Roboter nimmt seinen Arm herunter.

»Was soll das?«, fragt Mandy. »Deine ganze Anwesenheit hier draußen ist überflüssig.«

»Jawohl.«

Bummi dreht sich um. Sein eiförmiger Körper schwingt durch, während er neben ihr her über die Außenhaut kriecht. Mandy bekommt eine Gänsehaut. Sie hat Spinnen noch nie gemocht. Sie traut dem Roboter nicht. Er hat zu oft seinen eigenen Kopf. Angeblich verfügt er über ein gewisses Maß an autonomer Intelligenz, etwa auf dem Niveau eines Schimpansen. Aber er erscheint ihr oft deutlich klüger. Bummi erinnert sie ein bisschen an den Stasihauptmann in ihrer Ausbildungseinheit. So wie der Zugriff auf alle Personalakten hatte, kontrolliert der Roboter sämtliche Systemdaten, darunter auch die Sensoren in ihrem Raumanzug.

Am Bug der Raumstation befindet sich eine große, drehbar gelagerte Antenne. Mandy verlegt die Kette mit den Leuchtkerzen in ausreichendem Abstand zu ihr, denn sie ist ihre einzige Verbindung zur Erde. In ein paar Stunden müsste sie wieder in Reichweite der Kontrollstation auf dem Brocken kommen. Dann kann sie endlich länger mit Susanne und Sabine sprechen. Drei Monate ohne ihre Süßen sind doch eine verdammt lange Zeit.

Mandy setzt ihren Weg um die Station fort. Wie eine seltsame Schnecke hinterlässt sie dabei eine Spur aus einem dunkelgrünen Kabel, an dem etwa alle hundert Zentimeter eine kerzenförmige elektrische Lampe hängt. Dass sie die Kabeltrommel über den Rücken geschnallt hat, trägt sicher zu diesem Eindruck bei. Tatsächlich kommt sie nur im Schneckentempo voran. Jeder Schritt in der Schwerelosigkeit stellt eine Herausforderung dar. Es gibt nur totales Schwarz und blendende Helligkeit, und wenn sie einen einzigen Schritt ohne Sicherungsleine wagte, würde sie damit ihr Leben riskieren.

Aber vermutlich kann sie das gar nicht. Sie musste die Abläufe im Wasserbecken des Sternenstädtchens so oft trainieren, dass sie ohne bewusstes Überlegen ablaufen. Zu gehen heißt, sich zu bücken und sich wieder aufzurichten, ohne darüber nachzudenken. Mandy lacht. Das könnte das Motto für ihr ganzes Leben in ihrem Heimatland sein.

Sie wischt den Gedanken beiseite. Er ist nicht hilfreich. Bummi streckt ihr einen Arm entgegen. Sie greift nach der Klaue, dem Universalwerkzeug am Ende des Arms, das sich auch prima als Waffe eignen würde. Sie muss aufpassen, dass sie mit dem Handschuh nicht die scharfe Schneide erwischt.

»Keine Sorge«, hört sie den Roboter im Helmfunk. »Ich habe den kleinen Finger über die Schneide gelegt. Dir kann nichts passieren. Vertrau mir.«

Kann man einer Maschine vertrauen? Unbedingt, und sie hat Übung darin. Mandy musste ihr ganzes Leben lang Maschinen vertrauen. Erst dem Motorrad, das sie sich als ehemalige Turnerin von den Prämien für ihre Siege bei DDR- und Europameisterschaften geleistet hat. Dann dem Trainingsflugzeug aus tschechischer Produktion, später kurz dem russischen und denn dem saudi-arabischen Kampfjet, den die NVA angeschafft hat, und schließlich der von DDR-Ingenieuren entwickelten dreistufigen Rakete, die sie vom Weltraumbahnhof Peenemünde in den Erdorbit und schließlich zur Raumstation Völkerfreundschaft gebracht hatte.

Also greift sie herzhaft zu. Bummis Klaue schließt sich um ihre Hand.

»Ich habe dich«, sagt der Roboter. »Du kannst die Sicherungsleine jetzt ausklinken.«

Sie öffnet erst den Karabiner der einen, dann den der anderen Leine. Die beiden Seile tanzen um sie herum. Der Schwung, den sie dem Karabiner an ihrem Ende verliehen hat, bewegt sich als stehende Welle auf der Dederonschnur hin und her. Dann fliegt sie. Bummis langer Arm beschreibt einen großen Bogen. Sie entfernt sich einen, dann zwei Meter vom Schiff.

Mandy jauchzt. So hat es sich angefühlt, wenn ihr Vater sie in die Luft geworfen hat, als sie klein war. Ließe Bummi jetzt los, würde sie die Raumstation nie wieder erreichen. Ganz kurz gelingt es ihr, die Station komplett in ihr Blickfeld zu bekommen. Bummi muss mit einem anderen seiner Glieder das Kabel der Festbeleuchtung angeschlossen haben, denn die Völkerfreundschaft blinkt nun mit allen achtzig Kerzen wie ein Weihnachtsbaum. Eine Träne wird vom Impuls der Bewegung durch den Helm geschleudert. Es ist wunderschön.

Von der Erde aus wird diese Festbeleuchtung natürlich nicht zu sehen sein. Ihre Aufgabe ist es, morgen eine fliegende Kamera abzuschießen, die die Völkerfreundschaft mehrmals aus allen Richtungen filmen wird. Die Bilder sollen dann bei der zentralen Festveranstaltung in Berlin auf riesigen Projektionsschirmen gezeigt werden. Mandy Neumann, Heldin der DDR. Die Mädchen werden sich daran gewöhnen müssen, dass ihre Mutter berühmt ist. Hoffentlich müssen sie nicht darunter leiden.

»Ich setze dich jetzt in der Schleuse ab«, sagt der Roboter.

»Könntest du vorher etwas für mich tun?«

»Natürlich. Ich warte auf deine Befehle.«

»Schwenk mich noch einmal, wie du es gerade getan hast. Ich möchte die Wirkung der achtzig Kerzen prüfen.«

»Ich messe ihren Stromverbrauch und kann dir versichern, dass keine ausgefallen ist.«

»Es geht um die Wirkung. Das ist etwas Persönliches, das Maschinen nicht zugänglich ist.«

»Natürlich, Mandy. Ich schwenke dich noch einmal in drei – zwei – eins – jetzt.«

## 6. OKTOBER 2029
# DRESDEN

»Nicht im Angebot«, meldet der Automat.

Tobias nimmt die Bierflasche heraus und legt sie dann wieder in die dunkle schwarze Öffnung. Es wird hell in der Röhre, und die Flasche dreht sich.

»Nicht im Angebot«, erscheint erneut auf dem Anzeigefeld.

Er zieht die Flasche heraus. Diesmal schiebt er sie mit der Öffnung voraus in den Automaten. Übelkeit überkommt ihn. Es kommt ihm vor, als würde er seine Pfandflaschen einem Metallorganismus in den Darm schieben.

Erneut wird die Öffnung hell. Die Bierflasche rotiert, dann saugt sie der Automat in sich hinein.

»Pfandbetrag 48 Pfennig. Bon drucken oder für antiimperialistische Solidarität spenden?«

Tobias dreht sich um, aber hinter ihm ist niemand. Hätte er Zuschauer, müsste er Vorbild sein. Also tippt er »Bon drucken« an, und kurze Zeit später erscheint sein Wertbon in dem schmalen Schlitz unter dem Bildschirm. Er steckt den nun leeren Dederonbeutel in die Jackentasche und will das Portemonnaie herausholen, um den Bon darin zu verstauen, da rempelt ihn jemand an.

»Was soll ...?«

Ein junger Mann mit langen Haaren sprintet an ihm vorbei. Er prallt gegen die gläserne Außentür der Kaufhalle, die sich nicht schnell genug geöffnet hat. Tobias überlegt noch, was das zu bedeuten hat. Er ist nicht im Dienst, also kann er sich mit dem Nachdenken Zeit lassen. Doch die Bäckereiverkäuferin sieht das nicht so.

»Herr Wagner, Herr Wagner!«, schreit sie. »Ein Dieb!«

Ihr Gesicht ist verzerrt vor Wut, sie ist vollkommen außer sich. Tobias entscheidet sich. Er ist der lange Arm des Gesetzes, auch am Wochenende. Den Typen kauft er sich.

»Bleib stehen, Bürschchen!«, ruft er und stürzt ihm hinterher.

Nach drei Schritten fällt ihm ein, dass sein Bon noch im Automaten steckt. Hoffentlich nimmt ihn niemand an sich. Für achtundvierzig Pfennig kann er immerhin neun halbe Semmeln kaufen!

Der Halbstarke ist schnell. Er fegt schon über den Platz vor der Kaufhalle, während Tobias noch im Schatten ihres dreieckigen Vorbaus ist. Er gibt alles, und schon ist das Seitenstechen da, genau wie damals in der Schule beim Dreitausendmeterlauf. Tobias ignoriert es. Der Jugendliche hat sich etwas angeeignet, das ihm nicht gehört, und er muss lernen, dass das Konsequenzen hat. Schneller, schneller. Er kürzt den Weg über den trockengelegten Springbrunnen ab.

»Beiseite! Aus dem Weg!«, ruft er, als ihm drei Mütter nebeneinander entgegenkommen und mit ihren Kinderwagen den Fußweg blockieren. Der Dieb rennt eindeutig in Richtung Straßenbahnhaltestelle. Ein lautes Quietschen von links zeigt, dass die 12 schon unterwegs ist. Das Bürschchen hat genug Vorsprung, um in aller Seelenruhe an der Haltestelle zusteigen und ihm eine Nase drehen zu können. Aber nicht mit ihm! Sein Herz pocht, doch Tobias wird nicht langsamer. Er muss die Haltestelle vor der Straßenbahn erreichen. Aber er kann nicht schneller als die Bahn rennen. Also wechselt er die Richtung und läuft dem Zug der Linie 12 entgegen. Ächzend erreicht er die neben der Straße verlaufenden Gleise. Eine Warnglocke klingelt, Bremsen quietschen auf stählernen Rädern.

Der Straßenbahnfahrer verflucht bestimmt gerade den Verrückten, der vor seinem Zug auf die Schienen gesprungen ist.

So erreicht Tobias die erhöhte Plattform der Haltestelle doch noch vor der Straßenbahn. Der Dieb geht langsam rückwärts. Jetzt sitzt er in der Falle. Von einer Seite naht sein Häscher, an der anderen Seite schützt ein mannshoher Zaun die Straße davor, dass plötzlich Fahrgäste vor Autos treten.

»Hab ich dich!«, sagt Tobias.

Er packt den jungen Mann am Arm und reißt ihn herum.

»Ich nehme Sie hiermit in Gewahrsam.«

Er drückt den Mann, der die Sinnlosigkeit seiner Flucht eingesehen zu haben scheint und sich nicht mehr wehrt, mit einer Hand gegen den Zaun. Ein lautes Keuchen übertönt das Klingeln der Straßenbahn. Es ist Tobias' Keuchen, aber der Dieb zittert auch, das ist jetzt deutlich zu spüren. Mit der anderen Hand zieht er den Dederonbeutel aus der Hosentasche, dreht ihn zum Strick und bindet seinem Gefangenen damit die Handgelenke zusammen. Die Handgriffe des Beutels eignen sich wunderbar dazu, den jungen Mann hinter sich herzuziehen.

---

Die Menschen, an denen er mit dem Dieb im Schlepptau vorbeikommt, sehen ihn entweder mürrisch an oder schauen bewusst an ihm vorbei. Hat da gerade jemand ausgespuckt? Er trägt keine Uniform, also halten sie ihn wohl für jemanden von der Firma, einen Angehörigen des Ministeriums für Staatssicherheit. Aber niemand fragt ihn nach einem Ausweis. Nicht einmal der Bursche selbst will wissen, wer ihn da geschnappt hat. Hoffentlich hat er jetzt schon ein schlechtes Gewissen.

Noch schöner wäre es, sie würden vielleicht Verwandten oder Lehrern begegnen, die ihn kennen. Die Peinlichkeit, gefesselt einem Staatsvertreter hinterherlaufen zu müssen, wirkt als Lektion oft stärker als irgendeine Strafe, die in diesem Fall sowieso zur Bewährung ausgesetzt wird. Tobias Wagner ist seit mehr als zwanzig

Jahren beim Ministerium des Inneren, und er kennt seine Schäfchen mittlerweile recht gut. Deshalb lässt er sich besonders viel Zeit.

»Wie heißt du?«, fragt er den Dieb.

»Mario.«

»Und weiter?«

»Schuster.«

»Wohnhaft?«, fragt Tobias.

»In der 12 da vorn.«

Wie praktisch – das Haus beherbergt auch seine Dienststelle.

»Arbeitsstelle?«

»Ich bin ...« Der Mann druckst herum. »Bin grad bei der Fahne.«

»Oh, Mann, wie bekloppt kann man denn sein!«

Da hat dieser Mario doch tatsächlich um das Wochenende des Republikgeburtstags herum Urlaub bekommen, und dann versaut er es so. Tobias braucht bloß den Kommandantendienst anzurufen, und schwupp, sitzt Schuster in seiner Kaserne im Arrest.

»Ich wollte für meine Verlobte Semmeln holen, und dann hatte ich das Portemonnaie vergessen. Sie wartet doch mit dem Frühstück auf mich.«

Der weinerliche Ton und der gesenkte Kopf des Jungen sprechen dafür, dass er die Wahrheit sagt. Aber vielleicht hat er es auch faustdick hinter den Ohren.

———————

Als sie an der Kaufhalle vorbeikommen, wartet die Bäckereiverkäuferin schon im Eingang. An ihrer Theke hat sich eine Schlange gebildet, während die breite Automatiktür immer wieder versucht, sich zu schließen.

»Ich wusste doch, dass Sie ihn schnappen, Herr Wagner.«

»Genosse Abschnittsbevollmächtigter«, korrigiert er sie. »Auch wenn ich keine Uniform trage, bin ich doch immer im Dienst.«

Er kauft hier jeden Tag seine Semmeln, exakt zwei Stück. An den Namen der Verkäuferin erinnert er sich trotzdem nicht. Er versucht, ihn auf dem Schildchen zu lesen, das sie an der blauen Schürze trägt, erkennt aber nur ein »M« am Anfang und ein »er« am Ende.

»Danke, Frau Meier«, sagt er.

»Frau Müller.«

»Oh, natürlich.«

»Und, wo hat der Verbrecher seine Beute gelassen?«, fragt Frau Müller.

»Ich würde vorschlagen, Sie überlassen die Befragung des Verdächtigen mir, Frau Müller, und Sie kümmern sich wieder um Ihre Kundschaft.«

»Natürlich, Herr, ähm, Genosse Abschnittsbevollmächtigter.«

---

Vor dem Haupteingang des siebzehngeschossigen Wohnhauses mit der Nummer zwölf bleibt der Dieb stehen. Tobias' Dienststelle befindet sich im Erdgeschoss, hat aber einen separaten Eingang.

»Was ist?«, fragt Tobias. »Willst du noch mehr Schwierigkeiten machen?«

»Nein, das will ich nicht. Da oben wartet meine Verlobte auf mich. Sie hat noch geschlafen, als ich losgegangen bin. Jetzt macht sie sich bestimmt Sorgen.«

»Und daran bin ich schuld, oder was?«

»Nein, ich hätte nicht ...«

»Jetzt komm weiter, Mario. Das klären wir alles in der Dienststelle.«

Er zerrt den Mann weiter hinter sich her. Der schmale Weg neben dem Hochhaus ist von Abfall übersät. Manche Hausbewohner werfen ihren Müll einfach vom Balkon. Er muss den Hausmeister anrufen. Hier muss vor dem Republikgeburtstag unbedingt noch gekehrt werden.

»Da sind wir«, sagt Tobias und drückt mit Schwung die Eingangstür auf.

Gegenüber des Eingangs steht ein Schreibtisch. Dahinter sitzt ein

Uniformierter, der jetzt aufspringt. Dabei stürzt das Kartenhaus ein, an dem er gerade gearbeitet hat.

»Oberwachtmeister Schulte, Sie sind ja immer noch hier!«, sagt Tobias drohend.

Er sieht auf die Uhr, die unter dem Porträt des Partei- und Staatsratsvorsitzenden Krenz hängt. Es ist viertel neun. Schulte müsste längst auf seinem ersten Rundgang im Revier sein. Stattdessen baut er hier Kartenhäuser!

»Ich ... ich dachte ...«

»Denken Sie nicht, erfüllen Sie Ihre Pflicht, wie es Partei und Volk von Ihnen verlangen.«

Schulte hat vermutlich gehofft, heute eine ruhige Kugel schieben zu können, aber daraus wird nichts.

»Natürlich, Genosse Leutnant«, sagt der Hauptwachtmeister und schiebt die Ruinen seines Hausbaus zusammen.

»Lassen Sie das, raus mit Ihnen an die frische Luft!«

»Jawohl.«

Schulte kommt mit offener Jacke um den Tisch herum und greift nach der Türklinke.

»Mann, Ihre Uniform!«

Schulte zuckt zusammen. Hektisch versuchen seine Finger, die Knöpfe der grünen Uniformjacke in die Knopflöcher zu pfriemeln. Sie rutschen aber immer wieder ab.

»Machen Sie das draußen und vergessen Sie Ihre Mütze nicht!«

»Danke, Genosse Leutnant.«

Schulte greift nach seiner Schirmmütze und verlässt fluchtartig die Dienststelle.

»So, und was machen wir jetzt mit dir, mein Junge?«, fragt Tobias.

Er nimmt Mario Schuster die Fesseln ab. Zum Glück knittert so ein Dederonbeutel nicht. Er faltet ihn sorgfältig und steckt ihn dann in die Gesäßtasche seiner Jeanshose. Dann läuft er um den Schreibtisch herum und setzt sich auf seinen Stuhl. Die Sitzfläche ist noch ganz warm, das ist ihm unangenehm. Hätte Schulte sich nicht einen eigenen Stuhl mitbringen können? Aber er darf sich nicht beschweren. Heute wäre er ja eigentlich zu Hause. Normalerweise würde er jetzt die beiden Semmeln mit Butter beschmieren und mit Wurst belegen und sich dann auf seinen Balkon im zehnten Stock des Nachbarhauses setzen und gemütlich über das spätsommerliche Dresden blicken.

Daraus wird nun nichts. Semmeln hat er nicht gekauft, und inzwischen wird es keine mehr geben. Er hat sogar seinen Bon eingebüßt. Alles wegen dieses Bürschchens, das zu faul war, sein vergessenes Portemonnaie zu holen.

»Warum hast du nicht gefragt, ob du später zahlen kannst?«

»Habe ich doch, aber die Verkäuferin wollte mir die Tüte wieder abnehmen.«

Schuster sieht ihn an wie ein kleiner Junge, der bei einem Streich erwischt wurde. Das war aber kein Streich!

»Und dann hast du dich einfach losgerissen und bist abgehauen?«

»Ja, das war ein Impuls, es ist einfach so passiert.«

Schuster scharrt mit dem linken Fuß.

»Genosse ABV.«

»Was?«

»Es heißt, ›Wie bitte?‹, und es heißt, ›Es ist einfach so passiert, Genosse ABV‹.«

»Schuldigung. Es ist einfach so passiert, Genosse ABV.«

Tobias seufzt. Der junge Mann verdreht die Schultern. Wahrscheinlich knetet er seine Hände. So eine Dederonfessel drückt ordentlich das Blut ab. Das geschieht ihm ganz recht. Was soll Tobias nur mit ihm machen?

»Und deine Beute?«, fragt er.

»Weggeworfen, Genosse ABV.«

Auch das noch. Dann ist der Schaden nicht mehr gutzumachen. Tobias ist drauf und dran gewesen, dem jungen Mann den fehlenden Betrag auszulegen.

»Das ist schlecht«, sagt er.

Er steht auf und läuft ein paar Schritte hin und her. Der Mann ist Soldat der Nationalen Volksarmee. Also geht er Tobias eigentlich gar nichts an. Er nimmt sein Handtelefon aus der Hosentasche und scrollt die Kontaktliste nach unten. Da ist sie, die Nummer des Kommandantendienstes. Er braucht dort nur anzurufen, und eine halbe Stunde später ist er das Problem los.

Aber die Verlobte tut ihm leid. Sie kann nichts dafür. Er stellt sich vor, wie sie aufwacht, erst im Bett nach ihrem Mario tastet, dann nach ihm ruft.

»Hast du Kinder?«, fragt er.

»Noch nicht. Wir wollten gerade anfangen. Haben uns die Wohnung mit dem Ehekredit schön eingerichtet, und jetzt wollen wir den Kredit abkindern.«

»Ich fürchte, daraus wird erst einmal nichts«, sagt Tobias. »Die Streife wird dich zurück in die Kaserne bringen.«

»Bitte nicht, Genosse ABV. Da muss es doch auch einen anderen Weg geben?«

Schuster geht in die Hocke und fleht ihn an. Aber Tobias kann doch gar nichts für ihn tun!

»Ich kehre auch den gesamten Weg um das Haus und auch um das Nachbarhaus.«

Der junge Mann muss bemerkt haben, wie sehr ihm der Müll auf dem Weg missfallen hat. Sehr aufmerksam. Tobias schüttelt den Kopf.

»Jeden Tag!«, fügt Schuster hinzu.

Aber auch der Klassenfeind ist aufmerksam. Wenn er seine Pflicht nicht erfüllt und den Mann laufenlässt, wird sich das herumsprechen. Irgendwer quatscht immer, und wenn es die Bäckereiverkäuferin ist, Frau Meier. Er steht kurz vor der Beförderung zum Oberleutnant. Da darf er sich nicht so einen Patzer leisten.

»Es tut mir leid, Schuster. Aber um den Kommandantendienst führt kein Weg herum. Sie sind kein Zivilist. Sie vertreten die bewaffneten Organe unseres Arbeiter- und Bauernstaates. Da tragen Sie eine ganz besondere Verantwortung. Wie schon unser Genosse Egon Krenz sagt ...«

»Scheiß auf den Polit-Uropa.«

»Wie bitte?«

Wenn das jemand gehört hat! Tobias sieht sich um. Ob seine Dienststelle überwacht wird? Er hofft es nicht. Er hat sich noch nie etwas zuschulden kommen lassen.

»Schei...«

»Nein, wiederholen Sie es nicht, Schuster. Es ist besser für Sie. Ich werde jetzt den Kommandantendienst anrufen.«

»Bitte nicht, Herr Wagner.«

»Genosse ABV! Wie oft soll ich es Ihnen noch sagen! Ich habe gar keine andere Wahl.«

»Aber dann werde ich Martina in den nächsten drei Monaten nicht wiedersehen! Und sie weiß nicht einmal, was mit mir los ist!«

»Das hättest du dir eher überlegen müssen.«

Der Junge fängt an zu weinen. Auch das noch! Er kann doch niemanden weinen sehen. Tobias dreht sich zur Seite.

»Jetzt hör auf zu heulen. Wie heißt sie denn genau, deine Verlobte? Ich werde ihr sagen, wo du bist.«

»Martina Frommann, mit zwei ›m‹.«

Schuster beißt sich auf die Unterlippe. Sie blutet schon. Tobias ärgert sich. Wäre er doch bloß nicht so ehrgeizig gewesen. Er hätte ihn nur entkommen lassen müssen. Niemand hätte ihm einen Vorwurf gemacht, wenn ein Achtzehnjähriger einem über Vierzigjährigen davonrennt. Jetzt hat er auch noch diese Verlobte am Hals.

---

Eine halbe Stunde später hält die Streife vor seiner Dienststelle. Tobias begleitet seinen Fang nach draußen und übergibt ihn zwei Soldaten und einem Unteroffizier mit weißem Koppelzeug. Sie verabschieden sich mit militärischem Gruß und fahren in ihrem Trabant-901-Pick-up davon.

Hauptwachtmeister Schulte ist noch nicht wieder zurück. Tobias schließt die Dienststelle ab und läuft zum Haupteingang des Hochhauses. Schulte hat hoffentlich seinen Schlüssel mitgenommen. Er ist immer noch in Zivil. Soll er schnell in die Uniform schlüpfen?

Aber die Frau muss ihn kennen, selbst wenn er sich nicht an ihren Namen erinnern kann. Er führt auch das Hausbuch dieses Gebäudes und des benachbarten. Jeder Neubewohner muss sich bei ihm vorstellen, und natürlich jeder Besuch.

Tobias findet den Namen an einem der Klingelschilder, etwa in der Mitte. Frommann, Martina wohnt im sechsten Stockwerk. Er hat Glück. Einer der beiden Fahrstühle wartet leer im Erdgeschoss. Tobias steigt ein und drückt den Knopf mit der 6. Die Zahl ist kaum noch zu erkennen. Klappernd und quietschend bewegt sich der Aufzug nach oben. Im sechsten Stock steigt er aus. Vor ihm liegt ein langer Gang, von dem Türen nach links und nach rechts abgehen. Es riecht nach Putzmittel, nach Urin und nach verbranntem Essen.

Vor jeder Tür bleibt Tobias kurz stehen, um den Namen zu lesen. Kurz vor Ende, wo sich der Gang etwas weitet, findet er sein Ziel. Er klingelt.

»Komme!«, ruft eine weibliche Stimme von innen. »Hast du etwa schon Semmeln geholt?«

Die Tür öffnet sich. Vor ihm steht eine junge Frau mit strubbelig-nassen blonden Haaren, die sich in ein Handtuch gewickelt hat. Erschrocken tritt sie ein paar Schritte zurück, vergisst aber, die Tür zu schließen. Vielleicht hat sie auch gemerkt, dass Tobias einen Fuß hineingestellt hat. Das ist ein Reflex. Vor allem wenn er in Uniform klingelt, schlagen ihm die Menschen oft im ersten Moment die Tür vor der Nase zu. Er nimmt das nicht persönlich. Vermutlich würde er es selbst nicht anders machen. Auch er fühlt sich bei jeder Kontrolle vom Reichsbahnschaffner erwischt, obwohl er eine Fahrkarte auf dem Handtelefon hat.

»Guten Morgen, Frau Frommann«, sagt er. »Ich bin Tobias Wagner, Ihr Abschnittsbevollmächtigter. Sie müssten mich kennen.«

Die Frau tritt wieder einen Schritt nach vorn.

»Das stimmt, ich erkenne Sie«, sagt sie. »Entschuldigen Sie meine Reaktion, aber ich warte eigentlich auf meinen Verlobten.«

»Auf Herrn Schuster? Wohnt er schon länger hier?«

»Nein, nein, er ist nur zu Besuch. Er ist erst heute Morgen eingetroffen. Selbstverständlich wird er sich gleich noch bei Ihnen anmelden und ins Hausbuch eintragen. Wir wollten nur erst frühstücken.«

»Ich fürchte, daraus wird nichts, Frau Frommann.«

Die Frau reißt die Augen auf.

»Oh, ist ihm etwas passiert? Hatte er einen Unfall? Ich habe noch geschlafen, als er losgegangen ist. Ich glaube, er wollte Semmeln kaufen.«

»Ich denke, er ist heute Morgen erst angekommen?«

»Ja, das ist er, mit dem Nachtzug aus Eisenhüttenstadt. Wir haben uns … begrüßt, und dann bin ich noch einmal eingeschlafen.«

Tobias bemerkt, wie ihre Wangen leicht erröten.

»Verstehe. Nun, er hatte keinen Unfall. Er musste allerdings dringend wieder abreisen.«

»Ohne sein Gepäck?«

»Ja, leider. Ich vermute, Sie können ihm sein Gepäck in die Erich-Honecker-Kaserne in der Neustadt hinterherbringen. Man wird Sie anrufen und Ihnen Näheres sagen. Er bat mich nur, Sie kurz zu informieren.«

Die Frau sieht aus, als bräche sie ebenfalls gleich in Tränen aus. Rasch verabschiedet sich Tobias mit einem militärischen Gruß, was ein technischer Fehler ist, da er keine Uniform trägt. Dann dreht er sich um und läuft Richtung Fahrstuhl.

Das Geräusch nackter Füße auf Linoleum verfolgt ihn, und eine Hand legt sich auf seine Schulter.

»Vielen Dank, Genosse ABV, dass Sie meinem Mario diesen Wunsch erfüllt haben. Sie sind ein guter Mensch«, sagt die Frau.

»Hab nur meine Pflicht getan«, sagt Tobias.

Das ist nicht gelogen, aber trotzdem kann er sie dabei nicht ansehen. Sie ahnt ja nicht, dass ihr Mario seinetwegen vom KD abgeholt wurde.

# ERDORBIT

Mandy schwitzt. Das Mifa-Rad quält sie heute ganz besonders. Es ist, als ahnte es, welcher Tag morgen bevorsteht, und als wolle es den letzten Rest Leistung aus der Kosmonautin herauskitzeln. Am liebsten würde sie das nasse Nicki ausziehen, doch aus irgendeinem Grund schämt sie sich vor dem Roboter, der sie beobachtet. Mandy wischt sich immer wieder den Schweiß vom Gesicht, kann aber trotzdem nicht verhindern, dass zahllose Tropfen durch die Kabine treiben.

Das ist nicht ganz ungefährlich. Das Innere der Raumstation ist ein einziger großer Raum. Die höchstgelegene Einraumwohnung der DDR, scherzt sie manchmal mit ihrer Mutter. Das bedeutet aber auch, dass hier sämtliche Mikroelektronik verbaut ist, die auf ein Übermaß an Feuchtigkeit mit Fehlern reagiert. Die Klimaanlage arbeitet leider nicht so effizient, als dass sie das vor der Außenbordaktivität obligatorisch ausgiebige Training kompensieren könnte.

»Deine Blutwerte sind jetzt gut«, sagt Bummi. »Du kannst aufhören.«

»Danke.«

Mandy versucht, ein paar der größeren Tropfen mit dem Handtuch einzufangen. Aber sie reagieren scheinbar intelligent wie Mücken auf ihre Attacken und weichen immer im letzten Moment aus. Natürlich ist es in Wirklichkeit der vom beschleunigten Handtuch aufgebaute Luftdruck, der die Tröpfchen aus dem Weg schiebt. Mandy behilft sich, indem sie ein zweites Handtuch an der Wand aufhängt und die Schweißtropfen dann mit dem ersten in die Enge treibt, bis sie gar nicht mehr anders können, als in den Fasern des Malimo-Gewebes zu verschwinden.

»Was tust du da?«, fragt Bummi.

Mandy weiß nie so recht, wo seine Stimme herkommt. Er scheint

Lautsprecher in jeder der vier Klauen und in seinem eiförmigen Bauch zu haben, und natürlich kann er auch über die in der Raumstation verteilten Lautsprecher kommunizieren. Vermutlich hört er sie rund um die Uhr ab, aber das beruhigt Mandy eher. Eine ihrer wenigen Ängste ist, dass sie im Schlaf von einer Katastrophe überrascht werden könnte. Bummi schläft nie, muss sich aber etwa alle acht Stunden für dreißig Minuten an die Steckdose begeben.

»Ich fange Schweißtropfen ein.«

»Das ist nicht nötig.«

»Zu viel Feuchtigkeit ist schlecht für die Elektronik. Das müsstest gerade du doch wissen.«

»Wenn die Luft zu feucht wird, können wir sie immer noch komplett ablassen.«

»Und wer erzählt mir immer etwas darüber, dass wir Ressourcen sparen müssen?«

»Wir sollten jetzt mit der Erfüllung des Tagesplans beginnen.«

Bummi treibt sie manchmal zum Wahnsinn. Genau so hat ihr Exmann auch reagiert: Wenn ihm etwas unangenehm war, hat er einfach das Thema gewechselt. Aber es ist sicher unfair, eine Maschine mit ihrem Exmann zu vergleichen. Bummi hat sie immerhin nicht mit zwei Kindern sitzengelassen, nur weil sie Kinder und Karriere verbinden wollte. Dass es nach achtzig Jahren real existierendem Sozialismus noch solch archaische Einstellungen gibt, hatte sie sich nicht vorstellen können.

»Also?«, fragt Bummi.

»Ich komme ja schon.«

»In der Schleuse liegt alles bereit.«

»Sehr gut, Bummi.«

―――――――――

So hat sie sich das aber nicht vorgestellt. Die Schleuse ist komplett vollgestopft. Sie findet kaum den Platz, um alle Schichten des Raumanzugs vorschriftsmäßig überzuziehen. Kurz überlegt sie, auf die Heiz- und Kühlunterwäsche zu verzichten. Aber wenn Bummi das bemerkt, schimpft er und lässt sie nicht von Bord. Sie wüsste zwar nicht, wie er es bemerken sollte, aber wenn es passiert, bedeutet das nur mehr Zeit in dem sowieso noch von gestern stinkenden Raumanzug.

Sie schiebt also all die Bauelemente, die der Roboter in der Schleuse platziert hat, so gut wie möglich beiseite und kleidet sich an.

»Bin fertig«, sagt sie schließlich.

»Gut, ich höre dich«, sagt Bummi. »Lass mich ein paar Tests durchführen.«

Der Ventilator im Helm heult auf. Ein Heizelement am Oberschenkel erhitzt sich, ein Kühlelement am Bauch kühlt herunter.

»Sieht gut aus«, sagt Bummi. »Der Anzug funktioniert.«

Angesichts dessen, dass die DDR alte, von russischen Kosmonauten auf der ISS genutzte Anzüge gekauft hat, ist das keine Selbstverständlichkeit. Aber Mandy will sich nicht beschweren. Die Anzüge erfüllen ihren Zweck und sind auch mit Bordmitteln gut reparierbar. Das ist wichtig, denn schnelle Hilfe vom Boden kann sie nicht erwarten. Hinter der Schleuse führt ein Schott in die erste je von der DDR-Industrie gebaute Raumkapsel. Sie ist nach dem Vorbild der Sojuskapsel entstanden, in der schon der DDR-Kosmonaut Sigmund Jähn geflogen ist. Böse Zungen behaupten, die Kapsel wäre seitdem aus dem Museum verschwunden, in dem sie für lange Zeit ausgestellt worden war, bis irgendein Parteitag der SED es plötzlich für erstrebenswert befunden hatte, dass die DDR über eine eigene Raumstation verfügt.

»Denkst du an deine Kinder?«, fragt Bummi.

Mandy schüttelt den Kopf. Der Roboter hat recht. Sie sollte besser an ihre Kinder denken als an Zeiten, die lange vorbei sind.

»Bringen wir es hinter uns«, sagt sie.

Dass Bummi die Schotten geöffnet haben muss, bemerkt sie an der Bewegung, die plötzlich in die Bauteile kommt, die die Schleuse blockieren.

»Ich gehe raus, und du reichst mir die Teile«, sagt Bummi.

Sollte sie nicht die Befehle geben? Aber sie widerspricht nicht. Es ist ja sinnvoll. Der Roboter kann sich besser verankern und die Teile entgegennehmen. Sie beginnt mit dem ersten. Die Bauelemente sind nicht sonderlich schwer. Das merkt sie auch in der Schwerelosigkeit, weil sie sich leicht in Bewegung setzen lassen. Die träge Masse wird von der Mikrogravitation ja nicht außer Kraft gesetzt. Eines nach dem anderen reicht sie die Elemente durch das schwarze Loch in der Decke. Der Roboter wird wohl wissen, wie sie sie zusammensetzen müssen.

Als der Raum komplett leer ist, verlässt Mandy die Schleuse. Dafür sieht es auf der Außenhaut der Völkerfreundschaft chaotisch aus. Der Roboter hat eine Lampe aufgestellt, die ihr Arbeitsfeld beleuchtet. Sonst wäre es zu dunkel, denn die Sonne verbirgt sich noch hinter der Erdkugel.

Sie müssen die Elemente nun verbinden. Bummi zeigt ihr jeweils, welche Flächen an welche anderen geknöpft werden müssen. Seine Klauen sind für das Knöpfen ungeeignet. Die Elemente bestehen aus einem mit einer Metallfolie bedampften Stoff über einem stabilen, aber biegsamen Kern. An den Rändern ist der Stoff abgenäht. Dort befinden sich die Knöpfe und die zugehörigen Löcher, immer abwechselnd. Es erweist sich schnell, dass diese Art der Verbindung ziemlich praktisch ist. Das hätte sie gar nicht vermutet.

»Welches Material steckt denn darin?«, fragt sie. »Plaste?«

»Nein, ganz normale Pappe«, antwortet Bummi.

Mandy sieht im Schein ihrer Helmlampe genauer hin und entdeckt an jedem Element das aufgedruckte Logo des VEB Sachsenring Zwickau. Vermutlich hat eine Brigade des Trabant-Herstellers diese Teile in Sonderschichten gefertigt.

Mit der Zeit entsteht eine Figur, die sie an eine Rose erinnert. Durch die geschickte Verknüpfung, die eine innere Spannung erzeugt, ist sie zur Unterseite hin gewölbt. Die Blüte wird das Sonnenlicht bündeln. Schon vor Tagen hat die Raumstation ihren Orbit so angepasst, dass sie am 7. Oktober um die Mittagszeit von Berlin,

Hauptstadt der DDR, aus zu sehen sein wird. Die silbern glänzende Blüte soll, von der Sonne erleuchtet, als Stern der Völkerfreundschaft über der großen Parade so erscheinen. So stellt es sich die Partei- und Staatsführung vor.

Die Sonne geht auf. Mandy hält inne. Sie sieht das Schauspiel nicht zum ersten Mal, doch es ist immer noch beeindruckend. In diesem Moment zeigt sich besonders deutlich, wie dünn die Sphäre des Lebens auf der Erde eigentlich ist. Solange ihre Strahlen durch die Lufthülle scheinen, wirkt die Sonne golden. Mandy kann zusehen, wie aus einem warmen, weichen Stern ein streng umrissener, kalter weißer Stern wird, der mitten im schwarzen Himmel steht. Das geschieht, sobald die Sonne ein paar Grad über die Erdkugel hinaus steigt. Der Unterschied, den sie binnen Minuten erlebt, könnte nicht augenfälliger sein. Hier der zerbrechliche, eng begrenzte Bereich des Lebens, dort die tote, unendliche Sphäre des Universums, das nicht einmal das Licht von Billionen Sternen aus seiner Schwärze holen kann.

»Mandy? Ich brauche dich jetzt«, sagt der Roboter.

Sie reißt sich vom Anblick der Erde los. Bummi erklärt ihr, was zu tun ist. Mandy stellt sich auf und löst eine der beiden Sicherungen. Dann hebt sie die Blüte an und trägt sie zwei Meter weiter. Sie wechselt die Sicherungsleine, dann geht es noch einmal zwei Meter um das Schiff herum, bis sie kopfüber zu stehen scheint, mit dem blauen Erdball unter ihr.

»Danke, das müsste die richtige Position sein«, sagt Bummi. »Ich verankere den Schirm.«

Mandy lässt das dünne Material los. Manchmal hat sie das Gefühl, dass nicht sie, sondern der Roboter das Schiff kommandiert. Die Einzelheiten der Vorbereitung auf den Republikgeburtstag hat die Missionskontrolle auf dem Brocken zum Beispiel direkt an Bummi übermittelt. Sie wurde nur für die Knöpfe gebraucht, weil die menschliche Hand für solche Feinarbeiten noch unübertroffen ist, selbst wenn sie in einem Raumanzug steckt.

Vorsichtig bewegt sie sich wieder zur Schleuse. Sie will vor dem

Roboter dort sein. Irgendwann wird Bummi noch vergessen, dass es sie gibt, und ihr die Schleuse vor der Nase zusperren.

---

»Hallo, meine Lieblinge, wie geht es euch?«

Sabine und Susanne versuchen, sich den besten Platz zu sichern.

»Nicht drängeln, ihr zwei!«, ist die mahnende Stimme der Oma aus dem Hintergrund zu hören.

Die beiden lachen. Sie sind eineiige Zwillinge, aber Mandy hatte noch nie Schwierigkeiten, sie auseinanderzuhalten. Es ist etwas in ihrem Blick. Susanne war immer die Ruhigere, Zurückhaltendere, und das ist sie auch mit fünf Jahren geblieben.

»Gut, Mutti!«, ruft Sabine.

»Wann kommst du denn wieder?«, fragt Susanne.

»Morgen früh holt uns Vati ab, und wir gehen zum Umzug!«, ruft Sabine.

Ihr Exmann hatte ihr schon angekündigt, dass er die zwei zum Republikgeburtstag mitnehmen würde. Nach der Demonstration wird es ein großes Volksfest geben. Die Republik feiert ihren achtzigsten Jahrestag mit großem Aufwand.

»Da wünsche ich euch ganz viel Spaß!«, sagt sie. »Es wird bestimmt toll.«

Es tut weh, dass sie nicht bei ihnen sein kann, aber sie lässt sich nichts anmerken.

»Bekommen wir Zuckerwatte?«, fragt Sabine.

»Das müsst ihr Vati fragen.«

»Aber der sagt dann, du hättest es verboten. Verbietest du es?«

»Nein, Bine, ich erlaube es.«

»Danke, Mutti!«

»Mutti, wann kommst du denn nun wieder?«, fragt Susanne.

»Noch dreizehnmal schlafen«, sagt Mandy. »So oft wie alle Finger und drei Zehen.«

»Ich weiß, wie viel dreizehn ist«, sagt Susanne. »Wir kommen doch nächstes Jahr in die Schule!«

»Ich weiß auch, was dreizehn ist«, sagt Sabine.

»Weißt du nicht.«

»Doch.«

»Nicht streiten«, sagt die Oma aus dem Off.

»Kannst du denn da oben auch feiern?«, fragt Susanne.

»Ja, natürlich.«

»Aber du bist doch ganz allein!«

»Bummi ist hier, der Roboter, von dem ich euch erzählt habe.«

»Bummi ist gruselig«, sagt Sabine. »Er sieht aus wie eine Spinne.«

»Es ist ein automomer Laufroboter«, widerspricht Susanne. »Keine Spinne.«

»Autonom«, sagt Mandy.

»Ja, ein automomer Roboter«, sagt Susanne. »Wenn ich groß bin, will ich auch Roboter bauen.«

»Ich werde Kosmonautin«, sagt Sabine.

»Ich finde Kosmonautin sein doof«, sagt Susanne. »Da ist man so weit von seinen Kindern weg.«

»Das stimmt«, sagt Mandy, »das ist ein großer Nachteil.« Ihre Stimme stockt kurz, denn Susanne hat viel mehr recht, als sie ahnt. »Aber von hier oben sieht man so viel, das würde dir gefallen, Sanne.«

»Mehr als vom Brocken?«, fragt Susanne.

»Viel mehr.«

»Auch das nichtsoziale Wirtschaftsbiet?«, fragt Sabine.

»Auch das nichtsozialistische Wirtschaftsgebiet.«

»Kannst du uns auch sehen?«, fragt Susanne.

»Ich sehe euch gerade und freue mich darüber. Ihr seid so gewachsen, seit wir das letzte Mal gesprochen haben.«

Das Bild flackert, und ein leichtes Grieseln erscheint. Wahrscheinlich verlässt die Völkerfreundschaft bald den Sendebereich der Brockenstation. Danach könnte Mandy zwar über Zwischenstationen kommunizieren, aber die befinden sich im Ausland, also kostet es Devisen. Persönliche Gespräche sind deshalb nur über die Brockenstation erlaubt.

»Ich meine, einfach so, ob du uns auch sehen kannst, wenn wir nicht telefonieren«, sagt Susanne.

»Das wäre möglich«, sagt Mandy. »Ihr habt doch von der MKF-8 gehört, von der Multispektralkamera?«

»Ich glaube schon«, sagt Susanne.

»Damit könnte ich euch sehen, wenn ihr das Haus verlasst.«

»Auch, ob wir die Haare gekämmt haben?«, fragt Sabine.

»Das nicht, aber welche Farbe dein Kleid hat.«

»Und welche Farbe hat ...«, Sabine sieht sich um, »... Omis Pullover?«

»Das kann ich nur sehen, wenn Omi vor die Tür geht. Im Haus sehe ich euch nicht.«

Das Bild der Zwillinge grieselt immer stärker.

»Ich wünsche euch auf jeden Fall viel Spaß morgen!«, sagt Mandy. »Das wird bestimmt ein toller Tag.«

»Das wünsche ich dir auch, Mutti«, sagt Susanne.

»Du kannst uns ja von oben zugucken«, sagt Sabine.

»Wir winken dir ab und zu«, sagt Susanne.

»Um zwölf werde ich für euch einen kleinen Stern anschalten. Wo das Licht herkommt, da bin ich«, sagt Mandy.

»Das ist ja toll, Mutti«, sagt Sabine.

»Tschüss«, sagt Susanne, dann bricht die Verbindung zusammen.

# DRESDEN

Es ist kalt in seiner Dienststelle. Tobias fröstelt und reibt sich die Schultern. Die Stadtwerke haben die Fernheizung noch nicht wieder eingeschaltet, schließlich steigen die Temperaturen tagsüber ja noch auf mindestens fünfzehn Grad. Eigentlich hat er sonntags frei. Aber zum Republikgeburtstag sind alle Kräfte im Einsatz. Schulte, der ihn sonst hier vertritt, ist in der Innenstadt im Einsatz.

Tobias ist froh, dass ihm das erspart bleibt. Seine Aufgabe ist es, im Viertel für Ordnung zu sorgen, aber da fast alle Menschen an der Kundgebung und am Volksfest danach teilnehmen werden, wird es ein ruhiger Tag werden. Bei der Lagebesprechung hat der MfS-Vertreter keine Erkenntnisse melden können, die darauf schließen lassen würden, dass es zu irgendwelchen Provokationen feindlich gesinnter Kräfte kommen könnte.

Er schüttet etwas Pulver aus der Rondo-Tüte in den Filter, füllt Wasser in die Kaffeemaschine und schaltet sie ein. Während sie glucksend den herrlichen Duft verbreitet, den Tobias so liebt wie sprichwörtlich jeder Sachse, schaltet er den Fernseher ein und setzt sich auf seinen Stuhl. Der Moderator versucht, Vorfreude zu verbreiten, und weist immer wieder auf die wichtigsten Programmpunkte hin. Dazu gehört natürlich die große Parade der Nationalen Volksarmee auf der Karl-Marx-Allee in Berlin, aber auch das Konzert vor dem Brandenburger Tor, bei dem unter anderem Karat, die Puhdys, Udo Lindenberg und Depeche Mode auftreten sollen. Vier Rentnerbands, aber immer noch jünger als der Genosse Krenz.

Auf den Programmhinweis folgt eine Dokumentation über die Geschichte der DDR. Tobias erfährt nichts Neues, wie auch? Schließlich hat er all das schon in der Schule gelernt, und es wird in jeder politischen Fortbildung wiederholt. 1949 die Republikgründung als Reaktion auf den Alleingang des Westens, dann der unaufhaltsame Aufstieg, ermöglicht durch den antifaschistischen Schutzwall. 1987 dann die Entdeckung der riesigen Ölvorkommen in der Lausitz, die die DDR in eine Liga mit den Arabischen Emiraten brachte.

1989 – der Niedergang des Sowjetreichs, eingeleitet durch den Revisionisten Gorbatschow, schließlich die DDR als einer der letzten Stützpfeiler des Sozialismus auf der Welt, gemeinsam mit China, Kuba, Nordkorea und Vietnam. In der Doku folgt ein Blick in die Zukunft. Wissenschaftlich-technischer Fortschritt. Die allseits gebildete sozialistische Persönlichkeit. So wie wir heute arbeiten, werden wir morgen leben.

Alles schön und gut, aber manchmal fragt er sich doch, wo sie ist, die sozialistische Persönlichkeit. Klar, die Abwanderung in den Westen ist gestoppt, seit Ikea, H&M, Boss oder Zara ihre Waren auch in der DDR verkaufen. Dass jeder Bürger ein Viertel seines Gehalts in konvertierbaren Mark, kurz K-Mark, ausgezahlt bekommt, sorgt für ein Lebensniveau, das mit dem des Westens vergleichbar ist, denn zugleich garantieren die Kaufhallen von HO und Konsum subventionierte Preise für Waren des täglichen Bedarfs. Die Städte mögen nicht so geschniegelt sein wie drüben, doch dafür sind auch die Mieten auf dem Niveau von 1987 festgeschrieben. Für die wenigsten lohnt es sich deshalb noch rüberzumachen.

Aber Bewusstsein ist Mangelware. Er braucht nur einmal um das Haus herumzulaufen, um das zu sehen. Der Hausmeister hat gestern erst gekehrt, doch schon wieder liegt Müll herum. Dieses Haus ist Volkseigentum, aber seine Bewohner behandeln es, als gehörte es irgendeinem anonymen Staat und nicht ihnen selbst. Tobias seufzt.

Sein Handtelefon vibriert. Das ist die Erinnerung, die er sich eingestellt hat. Auch heute gibt es einiges zu tun, und er kennt sich selbst gut genug, um zu wissen, dass er gern mal alle fünfe gerade sein lässt. Erst einmal der Kaffee. Er nimmt eine Tasse aus der kleinen Spüle. Der Wasserhahn tropft. Er nimmt sich vor, ihn heute noch zu reparieren. Wasserverschwendung ist schlecht. Aber der Kaffee ist gut. Er hält die Tasse immer erst vor die Nase und saugt den Duft tief ein. Dann setzt er sie an die Lippen, pustet kurz und nimmt vorsichtig einen kleinen Schluck. Kaffee muss heiß und stark und bitter sein.

Er setzt die Tasse erst ab, als sie halb geleert ist. Den Rest schüttet er in die Kanne zurück. So bleibt er länger warm. Dann holt er den Tragrechner aus der Schublade. Er wirft einen kurzen Blick in seine private Kybernetz-Post. Jede Menge Werbung. Der Konsum lädt ihn ein, seine gesammelten Marken digital zu verwalten. Der Intershop bietet besonders günstige Wechselkurse für Rubel und kubanische Peso. Aber auch ein Brief von seinem indischen Freund Raghunath. Tobias hat ihn schon Ende der 1980er Jahre kennengelernt. Erst haben sie sich Briefe geschrieben, später dann Kybernetz-Post, und sie haben sich besucht. Tobias hat Raghunath seinen ersten Flug in die DDR bezahlt. Sie nennen sich sogar gegenseitig Bruder. Sein Freund hat sich seitdem kontinuierlich hochgearbeitet, vom Lehrer zum Direktor einer Privatschule. Er verdient inzwischen mehr als Tobias, ist aber sonst ganz der Alte geblieben. Nein, den Brief liest er heute Abend in Ruhe.

Tobias schließt das Postfach und meldet sich bei der Hausverwaltung an. Das Gerät läuft unter FDCP, was für Fenster-DCP steht, und besteht aus einer riesigen REDABAS-Datenbank auf einem Großrechner von Robotron. Es dauert eine Weile, bis die Benutzerschnittstelle geladen ist. Dann braucht das Programm noch einmal fünf Minuten, um die Verbindung zur Datenbank herzustellen.

Miltner, Miltner. Der junge, alleinstehende Mann aus der sechsten Etage des Nachbarhauses muss schon wieder Pornos konsumiert haben. 35,6 Gigabyte gehen allein auf sein Konto! Damit ist er im Vierundzwanzig-Stunden-Mittel einsame Spitze bei der Kybernetz-Nutzung. Eigentlich ist jeder Bürger angehalten, sich auf ein Gigabyte pro Tag zu beschränken. Die Grenze soll zum heutigen Feiertag angeblich verdoppelt werden, aber das hat Tobias bisher nur gerüchteweise gehört. Er wird mit Miltner auf jeden Fall ein ernstes Gespräch führen müssen.

Den zweiten Platz belegt mit großem Abstand dahinter die Familie Garhammer. Sie wohnt fast direkt über ihm und hat vier pubertierende Kinder. Für kinderreiche Familien wie die Garhammers gelten zwar sowieso Ausnahmen, aber bei ihnen würde er auch ein Auge zudrücken. Er hat selbst eine pubertierende Tochter, Marie, die bei ihrer Mutter lebt. Sein Sohn Jonathan wurde gerade zum Wehrdienst eingezogen.

Tobias lässt sich die Kyberadressen ausgeben, die Miltner genutzt hat. Der junge Mann treibt sich wie erwartet vor allem auf Seiten mit Beischlafangeboten herum. Die Datenbank gibt allerdings weitgehend Entwarnung, denn es handelt sich um solche, die eine Spezialabteilung des Ministeriums für Außenhandel im Kybernetz aufgebaut hat. Die K-Mark, die Miltner dort ausgibt, landen also im Volksportemonnaie.

Aber es gibt auch ein paar Verbindungen, deren Einträge rot markiert sind. In diesen Fällen lassen sich die Zieladressen nicht entschlüsseln. Miltner muss also ein Aufgesetztes Privates Kybernetz benutzt haben, ein AKP. Die entsprechende Software kommt oft aus dem Westen und wird gern dazu eingesetzt, persönlichkeitszersetzende Angebote wie Google Plus oder Facebook zu nutzen. Tobias schreibt sich einen Termin in seinen Kyberkalender. Miltner wohnt nicht mehr bei den Eltern, die braucht Tobias also gar nicht erst einzubeziehen. Am Montag um zehn Uhr morgens wird er Miltner an seiner Arbeitsstelle aufsuchen. Wenn die Produktionsbrigade beim Frühstück versammelt ist, hat Tobias' Besuch noch nie seine Wirkung verfehlt, zumal wenn er droht, auf einer Eintragung ins Brigadetagebuch zu bestehen.

Er blättert etwas weiter nach unten, bis er auf »Schulze, Ralf« trifft. Sehr schön. Schulze hat sich vor einem Jahr von seiner Frau getrennt und war danach in die Kybernetz-Sümpfe abgetaucht. Tobias hat zweimal mit ihm gesprochen und ihm einen Therapieplatz besorgt. Jetzt hat Schulze es geschafft. Gestern hat er nur gerade einmal zwei Megabyte Datenkapazität gebraucht.

Wieder vibriert sein Handtelefon. Es ist Zeit für den ersten Rundgang.

---

Schnell, schnell. Es ist schon 11:58 Uhr. Er schließt die Tür, legt die Uniformjacke über den Stuhl, öffnet den obersten Knopf des Uniformhemds und schaltet den Fernseher ein. Auf seinem Rundgang hat er einen alten Bekannten getroffen und sich zu lange mit ihm unterhalten. Auf dem Bildschirm läuft gerade noch ein Countdown: ein DDR-Wappen, das im Sekundentakt blinkt.

Dann schaltet das Programm um. Der Zuschauer schwebt im All. Im unteren Bildschirmdrittel ist die Erde zu sehen. Darüber ist nur Schwärze. Oder ist da ein Schemen? Tobias kommt es so vor, als versperre ein schwarzer Umriss den Blick auf die Sterne im Hintergrund.

Tatsächlich. Plötzlich leuchtet eine nach links hin abgeschrägte Dose auf. Das ist die Raumstation Völkerfreundschaft, eine Spitzenleistung von Wissenschaft und Technik der einzigen sozialistischen Nation auf deutschem Territorium. Der Fernsehsender spielt Klatschen und Ah- und Oh-Laute ein. Dann schaltet das Bild auf die Tribüne um, die in der Mitte der Karl-Marx-Allee platziert ist. Eine Person spricht. Tobias erkennt ihn erst gar nicht, aber es ist natürlich der Partei- und Staatsratsvorsitzende Egon Krenz. Er ist deutlich über neunzig, und es sieht so aus, als würden die Personenschützer um ihn herum ihn nicht nur schützen, sondern auch festhalten, damit er nicht umkippt.

Das war ein schlechter Gedanke, dieses Feiertags unwürdig. Wenn Egon Krenz sich in seinem Alter heldenhaft auf die Bühne begibt, sollte er sich nicht über ihn lustig machen. Krenz sagt ein paar Worte, dann schaltet die Kamera um. Diesmal sieht Tobias blauen Himmel. In Berlin scheint herrliches Wetter zu sein. Hier in Dresden ist es heiter bis wolkig.

Am Himmel erscheint ein heller Stern. Ein kollektives Raunen geht durch die Massen. Die grau gekleideten Soldaten, die gerade noch im Stechschritt an der Tribüne vorbeimarschiert sind, bleiben auf Kommando stehen und heben den Blick zum Himmel. Hunderte Schirmmützen rotieren um exakt vierzig Grad, als wären sie fest zwischen den Ohren der Männer angebracht. In der nachfolgenden Kompanie, wohl von einer anderen Waffengattung, drehen sich ebenso viele Stahlhelme auf identische Weise. Es ist ein perfektes Schauspiel.

Kurz darauf fallen Schüsse. Es ist die Ehrengarde, die feuert. Eine Staffel Jagdflieger hetzt über den Bildschirm. Sie fliegen so, dass sie auch über Westberlin hinwegrasen müssen. Danach wird der Westen förmlich protestieren. Immer das gleiche alte Spiel. Der Überschallknall, der folgt, ist sowieso auch hinter dem antifaschistischen Schutzwall zu hören. Die Soldaten ziehen weiter. Es folgen modernste russische Raketenwerfer, Panzer aus chinesischer Produktion, Geschütze aus türkischen Fabriken.

Tobias lässt den Fernseher eingeschaltet, nimmt seine Uniformjacke und geht nach draußen. Er hat Glück. Die Wolken haben sich verzogen. Sie haben dem neuen Stern Platz gemacht, der Völkerfreundschaft. Langsam zieht sie über den Himmel. Tobias verfolgt den leuchtenden Punkt, bis er hinter einer Wolke verschwindet. Er ist stolz auf sein Land, das es geschafft hat, eine eigene Raumstation ins All zu bringen. Die Chinesen haben ebenfalls eine, aber in dem Land leben auch mehr als eine Milliarde Menschen. Die Amerikaner betreiben eine gemeinsam mit den Russen, mit denen sie zusammengerechnet auf eine halbe Milliarde Einwohner kommen. Sechzehn Millionen DDR-Bürger haben das Gleiche geschafft.

## 7. OKTOBER 2029
# ERDORBIT

Die fliegende Kamera sieht aus wie ein aufgemotzter Feuerlöscher, und tatsächlich handelt es sich auch um einen. Die Stahlflasche, die den Treibstoff enthält, ist rot. »VEB Feuerlöschgerätewerk Neuruppin« ist in weißen Buchstaben darauf gedruckt. Erfunden haben das Gerät Neuerer aus diesem volkseigenen Betrieb. Zum einen haben sie den Ausströmkanal umgebaut. Er ist nicht abgeknickt, sondern gerade, und das Rad, das den Flascheninhalt ausströmen lässt, ist nun seitlich platziert.

Die Kamera, ein günstiges Digitalmodell des Dresdner Herstellers Practica, ist an den Rumpf montiert, und zwar so, dass sie der Flugrichtung entgegensieht. Über ein Funkmodul überträgt die Kamera ihre Bilder an die Raumstation, die diese mit Hilfe der Antenne zur Empfangsstation Brocken weiterleitet.

Lenken lässt sich die Kamera nicht. Sie fliegt an einer im All praktisch unsichtbaren zehn Meter langen Dederonleine. Wenn sie deren Ende erreicht, kurvt sie chaotisch hin und her, bis Bummi oder Mandy sie zurück zur Station ziehen. Die Regie hofft, dass ein einziger Einsatz der Kamera genügt. Das Publikum auf der Erde soll lediglich ein Gefühl dafür bekommen, welch große Tat dem kleinen Volk hier draußen gelungen ist. Anschließend ist es an Mandy, den Stern der Völkerfreundschaft leuchten zu lassen.

---

»Jetzt«, sagt Mandy.

Der Roboter, der auf der Außenhülle der Raumstation sitzt, dreht den Hahn der Gasflasche auf und lässt die fliegende Kamera los. Sie entfernt sich. Mandy verfolgt, was die Kamera sieht, auf dem Kontrollschirm im Inneren der Station. Das sieht gut aus. Erst kommt die Erde ins Bild. Sie wartet eine Sekunde, dann schaltet sie die Beleuchtung ein. Die Raumstation hebt sich mit ihren achtzig Lichtern vom schwarzen Hintergrund des Universums ab.

»Bodenkontrolle an Völkerfreundschaft«, meldet sich Werner, ihr Kontaktmann.

»Ich höre?«

»Das war nicht schlecht, aber etwas zu hektisch. Bitte für jede Einstellung mehr Zeit lassen.«

»Verstanden, Bodenkontrolle«, sagt Mandy. »Bummi, hast du das verstanden? Wir müssen die Flasche zurückziehen und neu starten, und zwar mit geringerem Druck.«

»Verstanden, Mandy.«

Auf dem Monitor kommt die Raumstation wieder näher. Dann wackelt das Bild kurz. Jetzt dreht der Roboter am Hahn. Mandy schaltet die Beleuchtung aus.

»Zweiter Versuch, jetzt!«, befiehlt sie.

Wieder kommt erst die Erdkugel ins Bild. Dann leuchtet die Raumstation auf.

»Bodenkontrolle an Völkerfreundschaft.«

»Ja?«

»Habt ihr noch ein paar zusätzliche Lampen?«

»Nein, es sind genau achtzig.«

»Es sieht aber so aus, als wären es weniger.«

»Dafür ist es nun zu spät.«

»Na gut, dann ein letzter Versuch. Wir erhöhen den Kontrast.«

»Bummi? Ein letzter Versuch.«

Die Kamera nähert sich wieder. Sie gerät ins Torkeln, dann hängt sie still im Vakuum.

»Bodenkontrolle! Ihr gebt den Startbefehl, wenn ihr so weit seid?«

»Wir sind so weit.«

»Bummi, es geht los.«

Erdkugel, warten, Startbefehl. Wenn sie das Prozedere noch zweimal übt, kann sie es im Schlaf.

»Perfekt, jetzt haben wir es im Kasten«, meldet sich die Bodenkontrolle.

»Sehr schön. Wir sprechen uns in neunzig Minuten wieder.«

»Bestätigt.«

---

Die neunzig Minuten sind vorbei. Mandy reibt sich die Hände. Jetzt hängt alles von ihrem Befehl ab. Vorhin, das war eine Aufzeichnung. Aber der neue Stern erscheint live über Berlin, Hauptstadt der DDR. Damit er aufleuchtet, muss sie im richtigen Moment einen Knopf drücken. Und nicht nur das, sie muss ebenso im richtigen Moment auch noch einen zweiten Knopf betätigen.

»Bummi, ich bin aufgeregt.«

»Mach dir keine Sorgen. Es kann überhaupt nichts passieren«, sagt der Roboter.

»Das stimmt doch gar nicht. Wenn ich den Moment verpasse, wird die ganze Republik es mitbekommen.«

»99,9 Prozent der Bevölkerung wissen gar nicht, was sie erwartet.«

»Aber die, die es wissen, sind besonders wichtig.«

Wenn sie alles gut macht, steht ihr nach der Rückkehr eine großartige Karriere bevor. Sie wird im Land herumfahren und von ihrer

Reise erzählen, und sie wird die DDR international vertreten. Man hat ihr versprochen, dass sie ihre Kinder mitnehmen kann.

»Es geht bloß um einen Knopf, Mandy.«

Sie seufzt. Unerbittlich bewegt sich der Uhrzeiger voran. Er erreicht die Zwölf. Auf der Riesenleinwand an der Karl-Marx-Allee und im DDR-Fernsehen wird gerade ihr Video abgespielt. Es läuft eine Minute lang. Nach vierzig Sekunden muss sie den Knopf drücken. Sie hält den Zeigefinger darüber.

»Bummi, Countdown.«

Der Roboter zählt mit. Dreißig, zwanzig, zehn. Schon sind sie bei fünf, vier, drei, zwei, eins, Start. Sie bewegt den Finger. Er gehorcht und drückt den Knopf. Eines der Steuertriebwerke gibt einen kurzen Impuls ab. Die Raumstation dreht sich. Sie muss exakt sechzehn Sekunden lang warten. Sie sucht den anderen Knopf. Wo ist er bloß? Sie hat das doch tausendmal geübt! Ihr Herzschlag beschleunigt sich. Da! Er befindet sich auf der anderen Seite des Pultes. Bummi zählt erneut nach unten. Drei, zwei, eins, Start. Wieder gehorcht ihr Finger. Ein winziger Impuls, und die Bewegung der Station hört auf.

»Perfekt«, sagt die Bodenkontrolle. »Die revolutionären Massen sind begeistert. Du hast einen Stern am Himmel entzündet. Das wird dir einen Platz in den Geschichtsbüchern verschaffen.«

Sie atmet durch. Aber der Hauch der Geschichte bleibt aus. Da ist nur trockene Luft. Geschichtsbücher werden allzu oft umgeschrieben. Ein schönes Leben mit ihren Kindern würde vollkommen ausreichen. Wobei ... Die Vorstellung, dass jeder Jungpionier irgendwann ihren Namen kennt wie den von Sigmund Jähn, die hat schon etwas.

---

»Es tut mir leid, aber bei deiner Mutter ist niemand zu erreichen«, sagt Werner.

Wahrscheinlich sind die Mädchen noch bei ihrem Vater, und Mandys Mutter ist ausgegangen. Es ist ja erst später Nachmittag in

Erfurt, wo ihre Mutter mit den Kindern wohnt. Schade, sie hätte trotzdem gern mit ihnen gesprochen.

»Sei nicht traurig, da ist bestimmt eine Menge los«, sagt Werner. »Deine Kinder haben gerade ganz viel Spaß.«

»Bestimmt. Und du Armer musst den Feiertag meinetwegen auf dem Brocken verbringen?«

»Bei uns ist großes Familientreffen, da bin ich froh, hier meine Ruhe zu haben.«

»Dann hast du ja Glück.«

»Du müsstest in knapp achtzig Minuten wieder in Reichweite sein. Wir können es dann ja noch mal bei deinen Kindern probieren, choroscho?«

»Einverstanden, Werner.«

»Bodenkontrolle Ende.«

Mandy lehnt sich zurück. Wenn sie schon keine aktive Verbindung bekommt, kann sie ja vielleicht einfach nur zusehen? Sie schnallt sich los und schwebt zu dem kleinen Ausguck in der Mitte der Raumstation. Von außen sieht er aus wie eine gläserne Warze. Von innen ist es eine Minikuppel. Allerdings kann Mandy sie nicht benutzen, um die Erde zu betrachten, weil der Platz besetzt ist. Dort ist die MKF-8 befestigt, die Hochleistungsmultispektralkamera vom VEB Carl Zeiss Jena, das bisher einzige Exemplar. Der Vorgänger des Hightechgeräts verkauft sich sogar im nichtsozialistischen Wirtschaftsgebiet, dem NSW, prima. In der Internationalen Raumstation gibt es zwei davon und im Lunaren Gateway der NASA sogar drei. Ein Exemplar ist für die Japaner zur Venus unterwegs, ein anderes fliegt für die ESA zu den Eismonden des Jupiter.

Die Besonderheit der MKF-8, das verrät schon ihr Name, ist die Tatsache, dass sie in mehreren Wellenlängen gleichzeitig Aufnahmen anfertigen kann. Das ist für die Erdbeobachtung immens wichtig, weil bei jeder Wellenlänge ganz bestimmte Details sichtbar werden. Fertigt man solche Aufnahmen zeitlich nacheinander an, um sie dann übereinanderzulegen, haben sich die Phänomene, um die es geht, in der Zwischenzeit schon weiterbewegt.

Mandy interessiert sich momentan allerdings nur für den optischen Bereich. Sie richtet die Kamera auf die Koordinaten des Reihenhauses, in dem ihre Mutter wohnt. Es ist nicht das erste Mal, dass sie das tut, deshalb ist der exakte Ort schon in der Kamera gespeichert. Das erste Bild zeigt bloß eine Wolke. Mandy wartet einen Moment, dann versucht sie es erneut. Sie landet auf dem ziegelroten Dach und erschrickt. Eine ganze Reihe Ziegel hat sich verschoben. Das muss bei dem Herbststurm letztens passiert sein. Ob ihre Mutter das noch nicht bemerkt hat? Sie muss ihr beim nächsten Anruf Bescheid sagen.

Aber erst einmal bewegt sie den Kamerafokus um einen winzigen Hauch nach Osten. Da ist der Garten. Er ist in zwei Teile gegliedert. Direkt hinter dem Haus gibt es Blumen, eine kleine Wiese und eine Terrasse. Danach folgt ein Bauerngarten, in dem ihre Mutter Gemüse anbaut. Mandy lässt die Kamera mehrere Bilder anfertigen. Zwischen den Fotos vergehen immer ein paar Sekunden, in denen die Kamera ihre Optik nachführt. Die geringe zeitliche Auflösung der MKF-8 ist ihre größte Schwäche. Dann legt Mandy die Bilder übereinander, um sie wie in einem Daumenkino zu animieren.

Zwischen den Beeten bewegt sich etwas. Das muss ihre Mutter sein, die sich mit Gartenarbeit befasst. Wahrscheinlich hat sie das Standtelefon einfach nicht gehört. Ihr Handtelefon nimmt sie nie mit in den Garten. Sie hält wenig von moderner Technik. Vermutlich ist sie der einzige Mensch in Erfurt ohne Kybernetz-Anschluss. Zu dumm, also kann Mandy sie nicht bitten, den Anruf anzunehmen.

Sie schlägt die Koordinaten ihres Exmanns nach. Er wohnt auf der anderen Seite der Stadt, so dass die Kamera eine ganze Minute braucht, um sich neu auszurichten. Das Dach des Mietshauses ist schwarz. Dahinter gibt es einen Hof mit einem kleinen Spielplatz. Von der Straße aus ist er nicht zu sehen. Da, auf der Rutsche, das könnten Susanne oder Sabine sein. Wieder macht Mandy mehrere Aufnahmen. Die MKF-8 sieht fast exakt von oben auf das Motiv. Dadurch – und wegen der etwas verringerten Auflösung, die sie wegen der Aufnahmegeschwindigkeit gewählt hat – ist manchmal schwer zu erkennen, worum es sich handelt. Ein roter Fleck kann ein Luftballon sein oder ein Mädchen im roten Kleid. Aber beide bewegen sich unterschiedlich. Sie muss also zwei Farbflecken finden, die das gleiche Spektrum aufweisen – die beiden Zwillinge kleiden sich gern identisch – und die sich scheinbar chaotisch auf dem Spielplatz bewegen.

Da. Es ist eindeutig. Mandy vergrößert die Aufnahmen. Das sind sie, ihre beiden Lieblinge. Ihr Herz schlägt schneller. Sie vermisst die beiden so sehr. Sie zoomt etwas aus der Darstellung heraus. Jetzt nimmt der Spielplatz die ganze Bildschirmfläche ein. Aber was ist das? Im Sandkasten ist ein Muster zu erkennen. Es erinnert sie an zwei Eier, die nahe nebeneinanderliegen. Irgendjemand muss es mit den Füßen in den Sand gestampft haben. Dass sie es selbst von hier oben aus sieht, zeigt, wie mächtig die MKF 8 ist. Doch das sind keine Eier. So ein Quatsch. Da hat jemand ein Herz in den Sandkasten gemalt. Bestimmt war das eine Idee ihrer Kinder, die wissen, dass Mutti über ihnen ist und ihnen zusieht. Mandys Brust schnürt sich zu. Sie rückt von der Kamera weg, um den Bildschirm nicht zu verschmieren, und lässt die Tränen laufen.

## 8. OKTOBER 2029
# DRESDEN

Es nieselt. Heute ist einer dieser Tage, an denen Tobias froh ist, von seiner Wohnung im Nachbarhaus nur drei Minuten bis zur Dienststelle laufen zu müssen. Er hat sogar schon versucht zu tauschen. Direkt neben und hinter den ABV-Räumen gibt es Wohnungen, die perfekt wären. Aber die Behausungen im Erdgeschoss sind sehr beliebt, vermutlich weil sie statt des Balkons eine Art Terrasse zu bieten haben. Man kann sie verlassen, ohne durch den oft müffelnden langen Gang gehen zu müssen, und wenn der Fahrstuhl mal wieder ausfällt, ist es auch kein Problem.

Tobias geht den Plan für heute durch. Eigentlich wollte er ja den Kybernetz-Sünder Miltner in seiner Brigade besuchen. Aber für elf Uhr hat er die Hausmeister aus seinem Abschnitt zur Besprechung einbestellt. Um 13 Uhr ist er auf der neuen Baustelle verabredet, die seit heute hinter der Kaufhalle entsteht. Der alte Jugendclub dort soll abgerissen und durch einen neuen ersetzt werden. Um halb drei muss er an der 31. POS erscheinen, um dort bei der Verkehrserziehung zu helfen. Gleich danach trifft er sich im Club der Volkssolidarität mit den Freiwilligen Helfern der Volkspolizei. Mal sehen, was sie vom Fest gestern zu berichten haben. Darüber muss er anschließend telefonisch seinem Ansprechpartner vom MfS Bericht erstatten.

Gegen Abend will Tobias in dem WBS-70-Block neben der Kaufhalle noch die Hausbücher kontrollieren. Es wird wieder einmal Zeit. Vor allem der alte Herr Reuters aus Haus Nummer 17 war schon beim letzten Mal so nachlässig gewesen, dass er ihn hatte ermahnen müssen. Der Feind schläft doch nicht! Und wenn irgendein nicht im Hausbuch registrierter Mensch öffentlich Witze über den Staatsratsvorsitzenden reißt – wer bekommt dann den Ärger? Der ABV.

Das Standtelefon klingelt. Es ist eine Nummer mit der Vorwahl 78. Tobias kneift die Augen zusammen. 78, das muss ... Jena sein! Danach folgt die Neun, also kommt der Anruf von einem Handtelefon. Aber die Nummer selbst erkennt er nicht. Er hat auch keine Verwandten oder Freunde in der thüringischen Stadt. Also drückt er die »Ident«-Taste neben dem Wahlfeld. Nur Hand- und Standapparate staatlicher Stellen besitzen sie. Statt der Nummer erscheint auf dem Schirm nun »Prassnitz, Dr.«.

Warum sollte ein Dr. Prassnitz aus Jena ihn erreichen wollen? Tobias wird es nie herausfinden, wenn der Mann jetzt aufgibt. Also nimmt er schnell ab.

»Abschnittsbevollmächtigter Abschnitt siebenundzwanzig, Leutnant Wagner am Apparat.«

41

»Hallo, Tobias«, sagt eine weibliche Stimme.

»Mit wem spreche ich?«, fragt er.

Die Frau kennt seinen Namen. Unter dieser Nummer hier ist sein Name nirgends verzeichnet. Woher wusste sie, wer abheben würde? Oder kennt sie ihn etwa?

»Miriam ist hier«, sagt die Frau. »Kennst du mich nicht mehr?«

Miriam, Miriam, irgendwie kommt ihm der Name vertraut vor. Aber er passt nicht zu der Information auf dem Bildschirm. Tobias startet seinen Standrechner, um in der Polizeidatenbank nachzusehen.

»Es tut mir leid, Frau Dr. Prassnitz, aber da klingelt gar nichts bei mir. Was kann ich für Sie tun?«

Die Polizei, dein Freund und Helfer. Ab und zu rufen auch Verwirrte bei ihm an. Vielleicht gehört die Frau ja dazu. Dann muss er herausfinden, ob sie gerade sich oder andere in Gefahr bringt.

»Dr. Prassnitz, das ist mein Mann«, sagt sie. »Ich benutze sein Handtelefon. Erinnerst du dich nicht mehr an mich? Miriam Lindemann. Wir sind zusammen in die Schule gegangen.«

Ah, diese Miriam also. Er wird rot. Zum Glück kann sie es nicht sehen. Er war von der sechsten bis zur zehnten Klasse in sie verliebt, aber sie hatte es nicht einmal bemerkt. Oder hatte sie es bemerkt, ihn aber nicht verletzen wollen und es deshalb ignoriert? Er wird sie das jetzt garantiert nicht fragen. Nach dem Abschluss der Zehnten war Miriam auf eine Erweiterte Oberschule gewechselt, während er eine Lehre begonnen hatte. Danach hatte er sie aus den Augen verloren.

»Ah, Miriam«, sagt er. »Natürlich erinnere ich mich an dich. Wie geht es dir? Wir haben uns so lange nicht gesehen. Du warst auch nie auf einem Klassentreffen. Was machst du denn Schönes?«

Er sollte sie besser fragen, woher sie seine Nummer hat. Aber wenn eine Frau ihn unsicher macht, fängt er an zu plappern. Das war schon immer so. Er gibt dann manchmal solch einen Unsinn von sich, dass es für die Frau unerträglich sein muss. Etwas an Miriams Stimme hat die alten Erinnerungen zurückgebracht. Es ist, als würde die Verliebtheit von damals nur darauf warten, wieder auszubrechen. Ein Glück, dass Miriam nur anruft. Müsste er sie sehen, wäre er bestimmt hin und weg.

»Um ehrlich zu sein, hoffe ich, dass du mir helfen kannst.«

»Ich ... natürlich, du musst mir nur sagen, wie. Soll ich dich bei einem Umzug unterstützen, brauchst du einen Rat? Hast du einen Rohrbruch, oder willst du einen Gebrauchtwagen kaufen?«

»Nichts davon. Du bist doch Polizist?«

Seine Hand krampft sich um den Telefonhörer. Das ist das klassische Szenario, vor dem man sie auf der Polizeischule gewarnt hat. Eine schöne Frau ruft an, weil sie Hilfe braucht, und schon verstrickt sich der wackere Polizist im Lügennetz des Klassenfeindes.

Tobias setzt sich gerade hin. Er wird darauf nicht hereinfallen.

»Ich bin Abschnittsbevollmächtigter«, sagt er.

Diese Information hat er ihr ja schon zu Beginn des Telefonats gegeben.

»Also Polizist.«

»Ich bin Angehöriger der Deutschen Volkspolizei. Als ABV bin ich Offizier.«

Auch das kann jeder nachlesen.

»Oh, sogar Offizier, Glückwunsch!«

»Danke.«

»Würdest du dich mit mir zu einem Vieraugengespräch treffen?«

Tobias wird schon wieder rot. Sie will ihn treffen! Miriam! Als pubertierender junger Mann hätte er dafür seine Mutter eingetauscht. Aber heute ist er klüger und verantwortungsbewusster. Er muss sich auf geschickte Weise aus der Affäre winden. Affäre, wenn er das Wort schon denkt! Miriam Lindemann ist eine verheiratete Prassnitz. Dr. Prassnitz. Da hat sie sowieso kein Interesse an ihm.

»Natürlich, Miriam, das würde ich gern«, antwortet er. »Aber ich weiß nicht, wann ich Zeit haben werde, nach Jena zu kommen. Das ist ja nicht gerade der nächste Weg, und ich habe jede Menge zu tun. Vielleicht Anfang Dezember?«

»Du brauchst nicht nach Jena zu kommen, Tobias.«

Wie sie seinen Namen ausspricht! Er bekommt sofort weiche Knie.

»Nein?«

Er ist doch längst in ihrem Netz gefangen. Jetzt kann er nur noch hoffen, dass sie ihn nicht gleich mit Haut und Haaren verspeist.

»Nein, ich bin in Dresden. Was hältst du davon, wenn wir uns gleich im Gastmahl des Meeres treffen?«

Oh, das ist gut. Die Fischgaststätte am Pirnaischen Platz ist immer so gut besucht, dass ihm nichts passieren kann.

»Gleich? Wie meinst du das?«, fragt er. »Das Gastmahl öffnet doch erst um zwölf?«

Bestimmt hat sich Miriam versprochen.

»Ich kenne dort den Chefkoch«, sagt sie. »Er lässt uns schon eher rein. Dann sind wir ganz ungestört.«

»Eher? Stellst du dir eine bestimmte Uhrzeit vor?«

»Na gleich! Von der Zwinglistraße bis hierher brauchst du mit dem Auto zehn Minuten. Du hast doch ein Auto?«

»Ja, das habe ich.«

»Wunderbar, Tobias. Ich erwarte dich hier. Klopfe einfach an die Glastür. Ich freue mich.«

»Ich mich auch.«

Die Verbindung bricht zusammen. Tobias ist schweißgebadet.

---

Es ist nie eine gute Idee, unvorbereitet in ein wichtiges Gespräch zu gehen, das hat ihnen der Kriminalistikausbilder oft genug gesagt. *Als ABV musst du alles können*, hieß es immer. Er hat die gängigen Verfahren der Kriminalistik erlernt, weiß, wie man Zeugen und Verdächtige befragt und Spuren sichert, kennt sich juristisch und im Pass- und Meldewesen aus. Dieses breite Spektrum hat ihn schon immer an der Tätigkeit des ABV fasziniert. In der Realität herrschen dann doch Kleinkram und politisch-ideologische Arbeit vor. Damit musste er sich erst abzufinden lernen. Miriams Anruf ist die erste wirklich interessante Abwechslung seit langer Zeit.

Wer ist also dieser Dr. Prassnitz, mit dem Miriam verheiratet ist? Tobias startet Bergblick, den Kybernetz-Sucher. Die jedem DDR-Bürger bekannte, auf allen kybernetzfähigen Geräten vorinstallierte Seite mit dem schneebedeckten Brockengipfel erscheint. Das Kombinat Robotron hat vor fast dreißig Jahren die Technik der amerikanischen Firma Altavista übernommen und in Bergblick umbenannt.

Es soll Bürger geben, die auf die Technik schimpfen, weil sie nur findet, was Bürger eben finden sollten. Tobias muss gleich an Miltner denken, der sein Datenkontingent bestimmt wieder überschritten hat. Er bekommt ein schlechtes Gewissen, weil aus dem Besuch an seinem Arbeitsplatz heute nichts wird. Dann muss er sich den Mann unbedingt morgen vorknöpfen. Wegen der AKPs hätte er eigentlich längst Meldung machen müssen. Aber er ist sicher nicht der Einzige, der sich Miltners Kybernetz-Mitschnitte ansieht.

Tobias gibt im Suchfeld des Bergblicks »Dr. Prassnitz« ein.

Er kennt nicht einmal den Vornamen des Mannes und erwartet deshalb keine relevanten Ergebnisse. Aber er hat sich getäuscht. Prassnitz ist *Nationalpreisträger II. Klasse* und *Hervorragender Wissenschaftler des Volkes*. Oder ist das bloß eine zufällige Namensgleichheit? Warum sollte die Frau eines so berühmten Wissenschaftlers ihn, einen einfachen ABV, um Hilfe bitten? Solche Leute haben doch ihre eigenen Netzwerke. Ein Wink von ihnen, und die Genehmigung für die Aufstockung des Gartenhauses ist erteilt. So hat er es selbst erlebt.

Prassnitz ist mit seiner Arbeit an der Weltraumkamera MKF 7 berühmt geworden, die erfolgreich sogar in das nichtsozialistische Wirtschaftsgebiet verkauft wurde. Ihr Nachfolgemodell, die MKF 8, ist gerade erstmals in der Raumstation Völkerfreundschaft im Einsatz. Das *Neue Deutschland* ist voller Fotos, die die gewaltigen Fortschritte beim Aufbau des Sozialismus belegen. Tobias blättert die Fotostrecken im Kybernetz durch. Es ist wirklich beeindruckend, wie plastisch die neu gebaute Ostseeautobahn und das neue Stahlwerk bei Magdeburg zu sehen sind. Unter jedem Bild ist als Quelle

»VEB Carl Zeiss Jena / Entwicklungskollektiv Prassnitz« angegeben. Der Mann hat es wirklich geschafft, seinen Namen bekanntzumachen.

Umso skeptischer ist Tobias jetzt. Was bedeutet es, wenn Miriam unter diesen Umständen auf einen einfachen ABV zukommt, von dem sie seit Jahren nichts gehört hat? Das kann nur heißen, dass sie auf die sicher umfassenden Möglichkeiten ihres Gatten nicht zugreifen kann. Sie hat also etwas vor, das Dr. Prassnitz nicht gutheißt. Und wenn Tobias ihr hilft, stellt er sich damit einem mächtigen Mann in den Weg. Vielleicht will sie sich sogar scheiden lassen und sucht eine Unterkunft, möglichst weit von Jena entfernt? Tobias muss über seine eigene Naivität lächeln. Natürlich wird Miriam morgen bei ihm einziehen wollen, ganz bestimmt.

---

In zehn Minuten erwartet ihn Miriam. Das wird knapp. Allein die Suche im Bergblick hat ihn schon eine Viertelstunde gekostet. Er schließt die Dienststelle ab. Es ist jetzt fünf nach halb neun. Um elf muss er mit den Hausmeistern sprechen. Das sollte zu schaffen sein. Sein Auto, ein Trabant 901, wartet auf einem reservierten Parkplatz vor dem Haus. Als ABV steht ihm zwar kein Dienstwagen zu, aber immerhin ein Parkplatz in der Nähe seiner Dienststelle. Trabants aus volkseigener Produktion sieht man nicht mehr so oft wie früher. Die meisten leisten sich mit ihren K-Mark Autos aus imperialistischer Produktion. Aber welchen Eindruck würde es denn machen, stiege der Abschnittsbevollmächtigte in ein Westauto?

Er legt sein Handtelefon auf die Lademmatte. Es verbindet sich per UKF, dem Ultrakurzstreckenfunk, mit dem Fahrzeug. Ein »Pling« zeigt an, dass die Verbindung steht.

»Rosa, navigiere zum Gastmahl des Meeres.«

Die Sprachassistentin haben ihre Entwickler zu Ehren von Rosa Luxemburg benannt.

»Ihr ausgewähltes Ziel ist derzeit noch geschlossen.«

»Ich weiß.«

46

»Navigiere zum Gastmahl des Meeres. Voraussichtliche Fahrzeit neun Minuten.«

Tobias' Hände greifen fest um das Lenkrad. Seine Handflächen sind feucht. Er wird zu spät zu seiner Verabredung kommen. Mit der rechten Hand löst er die Feststellbremse. Dann legt er mit dem Ganghebel am Lenkrad den Rückwärtsgang ein. Er liebt diese Schaltung. Allein deswegen würde er immer wieder einen Trabant kaufen. Vor einiger Zeit hat Volkswagen einen Polo mit Lenkradschaltung vorgestellt, um DDR-Bürger zu locken. Aber den Trabant kann man auch mit normalen Mark kaufen, deshalb ist er nach wie vor bei Menschen beliebt, die nur zuverlässig von A nach B kommen wollen.

Der Wagen rollt ein paar Meter rückwärts. Tobias setzt den Blinker, fährt an der Kaufhalle vorbei und biegt links in die Zwinglistraße ein.

»Soll ich dir eine Sprachplatte abspielen?«, fragt Rosa.

»Nein danke, ich brauche Zeit zum Nachdenken.«

Für die mehrminütigen Beiträge zu populären Themen, die man im Kybernetz abonnieren kann, bringt Tobias jetzt keine Konzentration auf.

»Du hast dich in dieser Woche erst null Minuten der marxistisch-leninistischen Weiterbildung gewidmet.«

»Ich weiß, Rosa. Heute ist ja auch erst Montag. Ich habe etwas Kopfschmerzen und brauche wirklich Ruhe.«

---

Erst am Fučikplatz, es sind noch etwa vier Minuten Fahrzeit, meldet sich Rosa wieder.

»Soll ich einen Parkplatz in der Nähe des Ziels suchen?«

Daran hat er überhaupt nicht gedacht. Die dämliche Parkerei kostet ihn ja noch einmal mindestens fünf Minuten! Er könnte sein Auto natürlich auch einfach am Straßenrand im Parkverbot abstellen. Wenn er das Einsatzschild des ABVs auf das Armaturenbrett legt, drücken die Genossen der Verkehrspolizei ein Auge zu. Trotzdem kann es passieren, dass seine morgendliche Fahrt irgendwo weiter oben auffällt.

»Ja, bitte such einen Parkplatz, Rosa.«

»Auf dem Touristenparkplatz am Elbufer sind mehrere Parkplätze frei. Soll ich einen reservieren?«

Tobias zögert. Wenn er dort parkt, wird sein Kennzeichen auf jeden Fall erfasst.

»Danke, Rosa, ich glaube, ich suche mir selbst einen Platz. Vom Touristenparkplatz muss ich so weit laufen.«

Damit ist er nicht ganz ehrlich. In dem Wohnviertel zwischen dem Gastmahl des Meeres und der Elbe einen freien Parkplatz zu finden, dauert wahrscheinlich deutlich länger, als er für die zusätzliche Wegstrecke braucht. Aber die Parkmöglichkeiten an der Straße sind noch nicht im System. Darüber hat sich neulich erst ein Genosse von der Verkehrspolizei beschwert, den er im Fahrstuhl getroffen hat.

Die Ampel am Pirnaischen Platz leuchtet zwar rot, aber darunter ist ein grüner Pfeil angebracht. Er kann also abbiegen. Heute ist wenig Verkehr. Wahrscheinlich haben viele Menschen den Tag nach der großen Feier freigenommen. Langsam fährt Tobias an dem zehnstöckigen Wohnblock vorbei, der den Pirnaischen Platz in Richtung Osten abschließt. »Der Sozialismus siegt«, verkündet eine riesige dreidimensionale Leuchtschrift über dem Dach. Aus den i-Punkten schlagen rote Flammen. Vor dem Block, ebenerdig, allerdings auf einer Terrasse errichtet, befindet sich das Gastmahl des Meeres. Tobias versucht, Miriam zu entdecken, aber die wandhohen Scheiben spiegeln zu sehr.

Bei der ersten Gelegenheit biegt er rechts ab. Er hat es schon befürchtet. Die Parkplatzsuche ist schwierig, gerade weil heute wohl viele zu Hause geblieben sind. Er quetscht den Trabant schließlich hinter einen BMW. Rosa dirigiert ihn, warnt aber, dass der Kofferraum über die Begrenzungslinie hinausragt. Es ist fünf vor neun. Er hat also maximal hundert Minuten Zeit. Das Risiko, dass hier in dieser Frist ein übereifriger Verkehrspolizist vorbeikommt, ist gering.

Tobias steigt aus und schließt mit der Fernbedienung ab. Zwischen Trabant und BMW passt nicht einmal mehr ein Pfennig. Rosa hat ganze Arbeit geleistet. Er dreht sich um und sieht die Rückseite des Zehnstöckers. Trotzdem kann er die rot leuchtenden Buchstaben lesen. Es ist, als würden sie ihn verfolgen. Ein beeindruckender optischer Effekt. Der Sozialismus siegt immer, ganz egal, aus welcher Richtung man ihn betrachtet.

---

Sein Handtelefon zeigt fünf nach neun, als er den Ort seiner Verabredung erreicht. Tobias schaltet es aus. Angeblich kann die Firma sonst mithören. Das erzählt man sich jedenfalls. Er glaubt zwar nicht alles, was so getratscht wird, aber er will vermeiden, den falschen Leuten in die Quere zu kommen. Seine Miriam scheint ja auf dem besten Weg dorthin zu sein.

Er klopft an die Scheibe der großen Glastür. Seine Miriam, so ein Quatsch. Es ist eine Frau, in die er vor mehr als dreißig Jahren mal verliebt war. Vermutlich ist sie genauso alt und faltig geworden wie er selbst. Er sollte sich nichts einbilden und muss wachsam bleiben. Miriam will ihn ganz gewiss nur ausnutzen. Mit der Hand schattet er die Scheibe ab, um besser hindurchsehen zu können. Innen bewegt sich nichts. Die Stühle stehen auf den Tischen. Es ist nichts eingedeckt. Tobias tritt einen Schritt zurück.

»Heute Ruhetag«, steht auf einem selbstgemalten Schild über der Bekanntmachung der Öffnungszeiten.

Vielleicht hat er sich das alles nur eingebildet. Oder Miriam hat sich einen Scherz erlaubt. Die Stimme hat er eindeutig erkannt. Sie ist unverwechselbar, zumindest für ihn. Aber warum sollte seine Schulfreundin ihn so veralbern? *Nicht Schulfreundin, Tobias, Schulschwarm.* Miriam hatte sich nie mit jemandem aus ihrer Klasse eingelassen. Sie hat wohl immer nach Höherem gestrebt. Angeblich hatte sie schon in der Neunten einen Freund an der EOS. Andere behaupteten, zwischen ihr und dem Staatsbürgerkundelehrer hätte es gefunkt. Aber das ist unglaubwürdig. Solche Geschichten erzählten meist abgewiesene Möchtegernfreunde.

Er klopft noch einmal, diesmal etwas lauter. Dann sieht er sich um. Bestimmt öffnet sich bald irgendwo ein Fenster, und eine Rentnerin sieht heraus. Wenn ein Uniformierter vor einer verschlossenen Tür steht und klopft, könnte das eine interessante Abwechslung bedeuten.

Die Tür geht auf. Er erkennt Miriam sofort. Sie ist genauso schön wie damals. Quatsch, sie ist noch viel, viel schöner. Damals ist sie ein Mädchen gewesen, unsicher noch, heute ist sie eine Frau, die sich ihrer Wirkung bewusst ist. Miriam hat lange dunkle Haare, die sie elegant nach hinten schleudert, als sie ihm die Hand zum Gruß hinstreckt. Tobias erwidert die Geste. Ihre Haut ist warm. Die Fingernägel sind rot lackiert. Miriam lächelt. Der dunkelrote Lippenstift betont ihre vollen Lippen, und er glaubt, Rouge zu bemerken, oder errötet sie tatsächlich?

Sein eigener Kopf muss inzwischen feuerrot sein. Er ist froh, dass er die Schirmmütze der Uniform trägt und dass Miriam nichts sagt, denn er könnte jetzt nur stammeln. Mit einer Kopfbewegung lädt sie ihn ein, das Restaurant zu betreten. Seine Hand lässt sie gar nicht wieder los. Sie zieht ihn durch den leeren Vorraum in den menschenleeren Gastraum. Er hat richtig beobachtet, die Stühle sind auf die Tische geräumt, aber in der Ecke, weitab von den großen Fenstern, ist ein kleiner Tisch für zwei Personen gedeckt.

Dorthin zieht ihn Miriam, und Tobias kann für einen Moment sein Glück kaum fassen. So hat er es sich als Jugendlicher immer vorgestellt. Er hat ihr sogar in Briefen seine Liebe gestanden, aber stets den Absender weggelassen. Gut so, denn die anonymen Briefe müssen ihr seltsam vorgekommen sein.

Vor dem Tisch angekommen, lässt sie ihn doch los.

»Schön, dass du dir die Zeit genommen hast«, sagt Miriam.

»Ich freue mich, dich zu sehen«, sagt er.

Er hat einen ganzen Satz herausbekommen! Auch wenn der nur aus sechs Wörtern bestand, scheint sein Gehirn langsam wieder die Regie zu übernehmen. Wenn eine Frau ihn interessiert, ist es ihm schon immer schwergefallen, sich mit ihr zu unterhalten. Wie hat er es denn damals bei seiner Exfrau geschafft?

»Komm, setz dich doch!«, fordert Miriam ihn auf.

Wie ist es ihr bloß gelungen, das hier zu organisieren? Es fehlen eigentlich nur noch Kerzen und Blumen für eine richtige Verabredung. Blumen! Warum hat er keine Blumen gekauft? Er ist doch an der Kaufhalle vorbeigefahren. Er hätte nur schnell anhalten müssen.

»Tobias?«

»Oh, entschuldige.«

Das hier ist keine Verabredung. Miriam will etwas von ihm. Er setzt sich, und sie nimmt ihm gegenüber Platz. Miriam trägt eine schlichte schwarze Bluse. Die einzige Besonderheit ist eine gestickte Rose über der linken Brust. Die Bluse steckt in einer geraden Jeanshose. Er hat Miriam kleiner in Erinnerung, also wird sie wohl Schuhe mit Absätzen tragen.

»Es war ein ganz schöner Aufwand, das hier alles so vorzubereiten«, sagt sie. »Zum Glück erfüllt mir der Restaurantleiter jeden Wunsch. Wir bekommen sogar etwas zu essen, wenn du willst.«

Noch jemand also, der Miriam verfallen ist. Dass die Küche am Ruhetag etwas serviert, ist fast undenkbar. Wahrscheinlich steht der Mann selbst hinter dem Herd. Er tut Tobias leid, denn er muss ja wissen, dass Miriam sich gerade mit einem anderen Mann trifft.

»Ist er ...?«

»Er ist mein Onkel. Ich war schon immer seine Lieblingsnichte.«

»Ah, dein Onkel!«

Tobias ärgert sich über die Erleichterung, die er bei diesen Worten spürt.

»Ja, wenn du mal unbedingt einen Tisch hier brauchst, gebe ich dir nachher gern seine Nummer, also wenn wir mit all dem hier fertig sind.«

Mit all dem hier fertig. Was soll das nun wieder bedeuten? Gleich eröffnet ihm Miriam bestimmt, dass sie plant, ihren Ehemann umzubringen, und sich dafür seine Makarow ausleihen will.

»Das wäre schön.«

Tobias ist nicht sicher, was er mit diesem Satz meint. Es wäre schön, ihr die Pistole zu leihen? Oder gleich selbst als Schütze aufzutreten? Dann würden sie gemeinsam fliehen, erst über die Grenze in die Tschechoslowakei, dann rüber nach Österreich. So ein Quatsch.

»Warte, ich schreibe sie dir gleich auf.«

Über ihrer Stuhllehne hängt eine Handtasche. Sie öffnet sie, nimmt einen Stift und ein Blatt Papier heraus, schreibt eine Nummer mit Dresdner Vorwahl auf und reicht sie ihm.

»Danke schön«, sagt er.

»Ich danke dir für deine Zeit und deine Bereitschaft.«

Er nickt nur.

»Gut«, sagt Miriam. »Jaaa ...«

Tobias ist verblüfft. Früher war Miriam nie um Worte verlegen gewesen.

»Ach, wusstest du eigentlich, dass ich in der Neunten ziemlich verliebt in dich war?«, sagt sie plötzlich und lächelt ihn an.

Tobias schüttelt den Kopf und bekommt kein Wort heraus. Von wegen! Sie ist wirklich mit allen Wassern gewaschen.

»Ich habe mir nicht getraut, es dir zu gestehen. Du warst immer so ... ernsthaft. Ich hatte das Gefühl, alles, was ich hätte sagen können, wäre dir läppisch und uninteressant erschienen.«

Tobias schafft es immer noch nicht, den Mund zu öffnen, bemüht sich aber um einen halbwegs intelligenten Gesichtsausdruck. Er weiß ja, was hier gespielt wird.

»Na ja, egal. Das spielt keine Rolle mehr. Ich habe es dann mit einem Typen aus der 10b versucht, weil der mir immer so leidenschaftliche Liebesbriefe schrieb. Die haben mich beeindruckt.«

Tobias ist drauf und dran loszuschreien. *Das waren meine Briefe!* Er schiebt die Hände unter die Oberschenkel.

»Der Junge war leider ein ziemliches Arschloch, muss ich sagen. Danach hatte ich eine Weile genug von den Männern.«

Tobias räuspert sich. Da sitzt ein dicker Frosch in seinem Hals.

»Ich weiß gar nicht, warum ich dir das alles erzähle«, sagt Miriam. »Vermutlich hänge ich in der Vergangenheit, weil ich mich vor der Gegenwart fürchte.«

»He«, sagt er.

Immerhin, ein Wort, auch wenn es stark angehaucht klingt, fast wie »Che«.

»He«, versucht er es noch einmal. »Du musst dich nicht fürchten. Immerhin sitzt du mit der Volkspolizei an einem Tisch. Ich bin dein Freund und Helfer, schon vergessen?«

»Ich hatte gehofft, mit dir vor allem als Freund sprechen zu können. Meine Erfahrungen mit der Polizei sind bisher nicht besonders gut.«

Soso, keine guten Erfahrungen mit der Polizei, wie ist das möglich? Sein Misstrauen kommt wieder hoch.

»Woher wusstest du denn, wo du mich findest?«

»Das Klassentreffen vor vier Jahren.«

»Aber du warst doch gar nicht da.«

»Ich nicht, aber Steffi, mit der ich mir lange eine Bank geteilt habe. Sie hat mir danach von euch allen erzählt und dass du tatsächlich bei der Volkspolizei gelandet bist. Das hätte damals ja niemand gedacht.«

»Wieso? Ich brauche Strukturen in meinem Leben. Das passt mit der Uniform sehr gut zusammen.«

»Ich dachte immer, du wirst mal Künstler oder so etwas. Du konntest so toll malen!«

Das stimmt, er hat zeichnerisches Talent. Vielleicht sollte er sich einen Zirkel malender Arbeiter suchen. Wohin hat er eigentlich seine Zeichenutensilien gepackt? Er hat sie seit dem Auszug bei seiner Ex nicht mehr angerührt.

»Aber nicht dass du denkst, ich würde die Entscheidung für deinen Beruf in Frage stellen«, sagt Miriam und reckt das Kinn etwas vor. »Du wirst selbst am besten wissen, was dich glücklich macht. Und um ehrlich zu sein, hoffe ich, dass deine beruflichen Kenntnisse mir ein wenig helfen können.«

Da ist sie wieder, die große Frage: Was will die extrem gut aussehende Gattin eines Nationalpreisträgers eigentlich von ihm?

»Das hängt vermutlich davon ab, was dein Problem ist«, sagt er.

Miriam lacht. Er liebt dieses Lachen. Es trifft direkt auf sein Brustbein, löst es auf und dringt in seinen Brustkorb ein, der plötzlich ganz frei wird. Tobias zieht die Luft tief ein. Miriam beugt sich vor. Er riecht ihr Parfüm, Veilchen, Sandelholz vielleicht.

»Mein Mann ist weg«, sagt sie leise.

Der Nationalpreisträger? Das hätte längst im ND ... nein, hätte es nicht.

»Hat er dich verlassen?«, fragt er.

»Nein, er ist verschwunden.«

Tobias ist ernüchtert, fast enttäuscht. Eine Vermisstensache, reine Routine. Die Kollegen sind bestimmt schon dran.

»Dann musst du das anzeigen. Eine Vermisstenmeldung machen. Aber in Jena, nicht hier. Du wohnst doch in Jena?«

»Ja. Ich habe sein Verschwinden schon gemeldet.«

»Und?«

»Deine Kollegen in Jena sagen, sie könnten da nichts machen. Ralf sei ein erwachsener Mann. Männer bräuchten manchmal Zeit für sich. Die meisten tauchten irgendwann wieder auf. Am wahrscheinlichsten sei, dass er eine andere habe.«

»So dumm kann er ja wohl kaum sein, eine Frau wie dich sitzenzulassen«, platzt Tobias heraus.

Miriam lächelt. »Das ist nett gesagt, aber natürlich wäre es immer möglich, dass er sich neu verliebt hat. Wir sind seit über zwanzig Jahren verheiratet, da schleicht sich natürlich auch eine gewisse Routine ein, obwohl mir der Sex mit ihm immer noch Spaß gemacht hat. Aber eine neue Frau ist natürlich noch einmal etwas ganz anderes.«

Hoffentlich fängt Miriam nicht auch noch an, ihm Details vom Sex mit ihrem Mann zu erzählen. Er betrachtet sich ja eigentlich als tolerant, aber davon will er nichts hören.

»Dann hältst du es selbst für möglich, dass er mit einer anderen durchgebrannt ist?«

Sie schüttelt den Kopf. »Nein, eigentlich nicht. So ist Ralf nicht. Ich weiß, dass er mal etwas mit seiner Sekretärin hatte. Sie hat es mir selbst erzählt, weil sie das schlechte Gewissen geplagt hat. Aber er würde nie alles aufgeben. Es lief gerade sehr gut für ihn. Auf der Völkerfreundschaft wird gerade die MKF 8 getestet, das hast du doch bestimmt gelesen? Sie ist der neue Standard für die Erdbeobachtung. ESA, NASA und JAXA rennen uns die Türen ein, von den Chinesen gar nicht zu sprechen. Die MKF 8 wird Ralf garantiert kommendes Jahr den Nationalpreis I. Klasse einbringen.«

»Er ist doch schon Nationalpreisträger?«

»Ja, aber nur II. Klasse. Ralf ist das ziemlich wichtig. Er kann sich so richtig in seine Arbeit hineinknien, aber er will dann auch die Belohnung dafür sehen. Und er hat kein Selbstwertproblem.«

»Er ist sehr überzeugt von sich?«

»Ralf weiß, was er kann und dass dies auch einen gewissen Wert hat.«

»Hat er denn ... Klassenstandpunkt?«

Tobias hat überlegt, ob er das fragen kann. Aber die Antwort ist wichtig, um den Fall beurteilen zu können. Miriam schnieft.

»Klassenstandpunkt ... Das ist schwer zu definieren. Aber wenn deine Frage darauf abzielt, ob er in den Westen geflüchtet sein könnte – nein, ganz sicher nicht. Und das hätte man mir auch ganz bestimmt gesagt, statt mich hinzuhalten.«

Wenn ein Nationalpreisträger der DDR die Seiten wechselt, wäre das ein Gesichtsverlust für die Republik, den man so kurz vor dem 7. Oktober vielleicht nicht eingestehen wollte. Republikflucht, wie sie in seiner frühen Kindheit noch gang und gäbe war, gibt es heute dank Reisefreiheit eigentlich nicht mehr. Wer verreist, kommt normalerweise auch wieder. Wo sonst gibt es so günstige Mieten und Lebensmittel? Aber Leute wie Dr. Ralf Prassnitz könnten natürlich im Westen noch viel, viel mehr verdienen. Ob Miriam ihren Mann doch nicht so gut kennt, wie sie denkt?

»Wann warst du denn bei der Volkspolizei?«, fragt er.

»Vorgestern, also am Sonnabend.«

»Der Tag vor dem Republikgeburtstag. Mal angenommen, dein Mann hätte sich in das nichtsozialistische Wirtschaftsgebiet abgesetzt, wäre der 6. Oktober sicher nicht der Tag, um das öffentlich zu machen, oder?«

Miriam schüttelt energisch den Kopf. »Das stimmt, aber ich bin sicher, dass Ralf das nicht getan hat.«

»Was macht dich denn so sicher?«

»Er ist Diabetiker, und er hat sein komplettes Insulinbesteck zu Hause gelassen.«

»Er könnte ein zweites besitzen.«

»Ja, er hat noch eines im Büro.«

»Siehst du.«

Miriam lehnt sich wieder nach vorn und streckt diesmal sogar die Arme aus, um nach Tobias' Händen zu greifen. Zu ihrem Parfüm kommt ein leichtes Schweißaroma. Seine Hirnwindungen verknoten sich. *Bitte, tu das nicht, Miriam.*

»Ich weiß einfach, dass er es nicht getan hat.«

»Und wieso?«

Miriam streicht mit dem Daumen über seinen Zeigefinger. Das glänzende Rot ihres Nagels ist faszinierend, ja hypnotisierend. Sie sieht sich nervös um. Es ist der typische Blick. Jeder Mensch hier hat ihn schon in der Kindheit gelernt. Es ist der Blick, der nach Lauschern und Mikrophonen sucht. Tobias weiß, wie sinnlos er ist. Mikrophone lassen sich heute viel zu gut verstecken. Man kann eigentlich nur hoffen. Denn natürlich ist es nicht möglich, sechzehn Millionen Menschen lückenlos zu überwachen.

»Ich denke, hier sind wir sicher«, sagt er.

Natürlich weiß er das nicht genau. Das Gastmahl des Meeres ist in der Nomenklatura sehr beliebt. Eigentlich wäre es das perfekte Ziel für eine Abhöraktion der Firma. Aber auch die Partei und das Ministerium des Inneren wollen gern wissen, wie die Stimmung unter den sozialistischen Bürgerinnen und Bürgern ist. Solche hochklassigen Restaurants gelten deshalb als neutrales Terrain, wo man sich auch mal unbelauscht unterhalten kann. Zumindest erzählt das der Volksmund. Es könnte sich natürlich um ein gezielt gestreutes Gerücht halten.

»Wenn du meinst«, sagt Miriam.

Sie nimmt ihre Hände von seinen und lehnt sich zurück. Das Parfüm und der Geruch ihres Schweißes lassen seine Gehirnwindungen los. Er kann beinahe wieder klar denken. *Sag es nicht, Miriam.* Doch nun ist es zu spät.

»Ich bin so sicher, weil wir gemeinsam in die Bundesrepublik übersiedeln wollten«, sagt sie.

»Psst!«

Tobias legt den Finger auf die Lippen, auch wenn das nun sinnlos ist. Was bedeutet dieses Geständnis für ihn? Falls es hier doch Mikrophone gibt, ist er geliefert. Es sei denn, er ruft noch vor der Besprechung mit den Hausmeistern seinen Kontaktmann beim MfS an und erzählt ihm alles. Aber das würde bedeuten, dass er Miriam nie wiedersieht. Selbst wenn ihr nichts geschieht, weil ihre Stellung gesichert ist, würde sie wissen, wem sie die Vorwürfe zu verdanken hat.

Das wäre furchtbar! Schlimmer noch, als das Geständnis für sich zu behalten? Auf jeden Fall, weiß er doch nun, dass ihr Mann verschwunden ist und damit seine Chancen ... Schluss!

Miriam hat den Blick gesenkt und betrachtet ihre Fingernägel. Sie wirkt, als warte sie auf sein Urteil. Er ist ein Schwein, kein Freund. Wie kann er denn froh sein, dass sie vielleicht ihren Mann verloren hat? Er muss sich Miriam als Frau aus dem Kopf schlagen, egal, wie diese Sache hier weitergeht.

Diese Sache, in der er jetzt bereits bis zu den Knien drinsteckt. Er gibt sich einen Ruck.

»Ich werde dir helfen. Wir werden deinen Mann finden«, sagt er. Jetzt steckt er bis zum Arsch drin.

»Danke, Tobias.«

Miriam sieht ihn mit einem Blick an, der ihn schweben ließe, würde der verdammte Sumpf ihn nicht an den Beinen gepackt halten. Er hätte das nicht tun dürfen. Das Versprechen war ein Fehler. Er ist doch nur ein ABV! Die ganze Geschichte reicht jetzt schon weit über seinen Horizont hinaus. So wichtig, wie Ralf Prassnitz für diesen seinen Staat ist, wird sicher längst ein Kollektiv der zuständigen Hauptabteilung des MfS an diesem Fall arbeiten. Was sollte er dagegen ausrichten?

Andererseits weiß er, was er kann. Er ist vor allem hartnäckig. Sicher, ein bisschen ängstlich ist er auch, er ist ja schließlich nicht kugelsicher wie Gojko Mitić. Da ist es nur vernünftig, sich rechtzeitig aus der Schusslinie zu begeben. Die Vergleiche, die er da gerade zieht, gefallen ihm überhaupt nicht.

»Solltest du mich jetzt nicht über Ralf ausfragen?«, schlägt Miriam vor.

»Ich, ja, ähm, wie habt ihr euch kennengelernt?«

»Was hat das denn mit seinem Verschwinden zu tun?«

»Ich muss mir eine Meinung über ihn bilden, muss wissen, was für ein Mensch er ist, damit ich nachempfinden kann, wie er in bestimmten Situationen handelt.«

»Natürlich, das verstehe ich. Nun, um ehrlich zu sein, habe ich eine Anzeige im *Magazin* aufgegeben.«

»Du? Wirklich? Ich dachte immer, die Männer würden dich umschwärmen.«

»Nur die falschen Männer. Ich wollte keinen Typen, der sich mit einer hübschen Frau an seiner Seite selbst aufwerten muss. Ich wollte einen, der selbst etwas darstellt. Männer in meinem Alter kamen da gar nicht in Frage.«

»Und warum im *Magazin* und nicht in der *Wochenpost*?«

Die Zeitschrift ist die einzige in der DDR, die in jeder Ausgabe Nacktaufnahmen abdruckt. Heute ist das durch das Kybernetz nichts Besonderes mehr, aber vor zwanzig Jahren war es noch anders.

»Ich habe wirklich zuerst an die *Wochenpost* gedacht. Aber ich stehe beim Sex nicht so auf die Blümchenvariante, weißt du? Ich werde gern etwas härter angepackt. Ich liebe es mit Fesseln. Ich dachte, Männer, die mir das bieten können, finde ich bestimmt eher im *Magazin*.«

Sie erzählt das alles, ohne auch nur ein bisschen rot zu werden. Bitte hör auf, Miriam. So genau wollte ich es doch gar nicht wissen.

»Da hattest du, ähm, sicher recht.«

»Ich will dich mit den Details nicht noch stärker erröten lassen, aber Ralf hat mich in keiner Hinsicht enttäuscht.«

Sie sieht versonnen in die Ferne. Diese Frau ist wohl doch weit jenseits von Tobias' Horizont. Aber er kann sich der Faszination, die von ihr ausgeht, nur schwer entziehen. Es ist besser, wenn er mit seinen Fragen nun in die Gegenwart springt.

»Woran hat Ralf denn zuletzt gearbeitet?«

Miriam kneift die Augen zusammen. »Es ging, glaube ich, um die Auswertung der MKF-8-Aufnahmen von der Völkerfreundschaft. Da gab es wohl einigen Stress.«

»Wegen der Arbeitsverteilung? Hatte er Ärger mit irgendwelchen Kollegen?«

»Nein, das Problem war das Programm, mit dem diese Fotos ausgewertet werden. Er hat es selbst programmiert.«

»Aber?«

»Das weiß ich leider nicht. Es war wohl noch nicht ganz fertig, und seine Chefs wollten dauernd schon neue Aufnahmen von ihm.«

»In der Festausgabe des *Neuen Deutschlands* von gestern waren Fotos aus der MKF-8 abgedruckt. Also müsste das Programm doch einsatzbereit gewesen sein.«

»Da bin ich wirklich überfragt. Es könnte sich natürlich auch um Bilder des Vorgängermodells MKF-7 gehandelt haben. Bei der niedrigen Druckauflösung des ND und in Schwarz-Weiß gedruckt würde das überhaupt nicht auffallen.«

59

»Verstehe. Ich fand die Fotos sehr beeindruckend.«

»So eine Zeitung kann der Qualität gar nicht gerecht werden. Ich habe manuell aufbereitete Originalbilder gesehen.« Miriam neigt den Kopf leicht zurück und richtet sich auf. »Das wäre etwas für das Kino, für die größte Leinwand, die sich finden lässt! Die MKF-8 ist ein Weltwunder an Detailreichtum und Kontrast. Das Beste ist ja, dass sie durch die verschiedenen Wellenlängen sogar durch manche Hindernisse hindurchsehen kann. Rauch zum Beispiel oder Wolken, wenn sie nicht zu dick sind.«

»Da hat dein Mann wohl sein Meisterstück abgeliefert.«

Prassnitz hat nicht umsonst den Nationalpreis erhalten. Gegen diese Legende hat er keine Chance. Aber er wird Miriam helfen, ihren Mann wiederzufinden.

»Das hat er überhaupt nicht so gesehen«, sagt sie. »Als die MKF-8 fertig war, hätte er am liebsten sofort mit der MKF-9 angefangen. Ihm war nie etwas gut genug.«

»Mal angenommen, jemand hätte von euren Plänen Wind bekommen. Wäre es dann nicht naheliegend gewesen, deinen Mann verschwinden zu lassen, statt so einen wertvollen Forscher einfach dem Klassenfeind zu überlassen? Gab es irgendwelche Mitwisser?«

»Nein, wir haben nur miteinander darüber gesprochen, und wir haben gut aufgepasst.«

Hm. Miriam und ihr Mann mögen achtgegeben haben. Aber er weiß, wozu die Genossen vom MfS in der Lage sind. Ausforschungsmethoden waren Teil seiner Ausbildung, und man hat ihnen vermutlich nur die Hälfte erzählt. Aber er macht ihr nur Angst, wenn er sie darauf hinweist. Wie kann er ihr helfen? Er sieht auf die Uhr. Es ist schon viertel elf. In einer Dreiviertelstunde warten die Hausmeister auf ihn.

»Hast du denn irgendeine Idee, was dein Mann vorhatte? Er muss ja bei dieser Aktivität verschwunden sein.«

»Nein. Ich war zwei Tage lang bei einer Freundin in Magdeburg, weil er so viel zu tun hatte.«

»Also am 5. und 6. Oktober?«

»Nein, davor. Ich bin am Abend des 5. Oktober nach Hause gekommen. Da war Ralf nicht da. Also habe ich angenommen, dass er mal wieder Überstunden macht, und bin ins Bett gegangen. Am nächsten Morgen war er aber immer noch nicht wieder da. Ich habe bei Carl Zeiss angerufen, doch in seinem Büro war er auch nicht. Dann habe ich versucht, sein Handtelefon zu erreichen. Es hat im Wohnzimmer geklingelt.«

»Er hat ohne Handtelefon das Haus verlassen?«

»Das ist gar nicht so unwahrscheinlich. Ralf ist vierzehn Jahre älter als ich. Er sieht nicht mehr so gut und kann sein Handtelefon nur mit Brille bedienen. Da nimmt er es nur mit, wenn er erreichbar sein muss.«

»Verstehe. Ich glaube, du solltest versuchen, den letzten Arbeitstag deines Mannes zu rekonstruieren. Vielleicht erfährst du so, wohin es ihn verschlagen hat.«

»Wir.«

»Wir?«

»Wir sollten das versuchen. Ich bitte dich, mir zu helfen, Tobias, als Freund. Ich glaube, mit deiner Ausbildung und Erfahrung haben wir die besten Chancen.«

»Aber ich habe hier meine Pflichten. Ich muss sowieso gleich weg. Ich habe um elf eine Besprechung mit den Hausmeistern.«

»Tobias.«

Miriam faltet beide Hände wie zum Gebet um seine rechte Hand. Ihre Fingerspitzen glühen. Die feinen Härchen auf seiner Haut stellen sich auf. Tobias hört ein Knistern. Es muss die Bluse sein, die Miriam trägt, sie ist bestimmt aus Synthetik, und hier drin ist die Luft verdammt trocken.

»Ja?«

Mehr als das bringt er nicht hervor. Seine Stimme klingt rau.

»Bitte, Tobias. Du bist wirklich meine letzte Chance. Du absolvierst deinen Arbeitstag wie immer, dann fahren wir heute Abend mit meinem Auto nach Jena. Wir trinken ein Glas Wein zusammen, um den Stress abzubauen, dann übernachtest du bei mir. Morgen rekonstruieren wir Ralfs letzten Tag. Danach fahre ich dich nach Dresden zurück. Versprochen.«

»Aber so schnell bekomme ich keinen Urlaub.«

»Du meldest dich einfach krank. Wie oft warst du schon krank?«

»Noch nie.«

»Siehst du, deine Vorgesetzten werden glücklich sein, dass du doch ein normaler Mensch bist, der auch mal krank wird. Niemand wird das in Frage stellen.«

Tobias seufzt. Miriam bringt ihn in Teufels Küche. Er sollte unbedingt die Finger von dieser Sache lassen. Aufstehen, das Restaurant verlassen, mit den Hausmeistern sprechen und nie wieder an Miriam denken. Das hat doch in den vergangenen zwanzig Jahren sehr gut funktioniert. Aber er weiß, dass er diesen Kampf längst verloren hat. Er wird ihrer Einladung folgen. Er kann gar nicht anders. Oder redet er sich das bloß ein? Will er gar nicht anders? Geht es nicht eher darum, der gepflegten Langeweile zu entfliehen, der Kontrolle der Hausbücher und den Ermahnungen der Kybernetz-Süchtigen? Schließlich hat er es ja vorhin versprochen, und Versprechen hält man.

Am besten, er schließt mit dem Leben ab, hier und jetzt. Sein Leben, wie es bisher war, ist zu Ende.

*Du bist so ein Dramatiker, Tobias. Mann, du bist verliebt, davon geht die Welt nicht unter.*

Er räuspert sich.

»Ich ... Na gut, so machen wir es.«

»Wann soll ich bei dir sein?«, fragt Miriam.

Mit dem Club der Volkssolidarität müsste er um halb sechs fertig sein. Dann das Telefonat mit dem MfS. Die Kontrolle der Hausbücher verschiebt er auf Mittwoch.

»Um 18 Uhr. Wir treffen uns vor der Kaufhalle in Gruna, da gibt es einen kleinen Parkplatz.«

---

»Wie ist die Stimmung unter den Hausmeistern?«, fragt der MfS-Mann.

»Generell gut, Genosse Schumacher. Die Parteitagsbeschlüsse werden konsequent umgesetzt. Die allseits entwickelte sozialistische Persönlichkeit …«

»Langsam, Genosse Wagner. Wir sind doch hier unter uns, da kannst du dir das Geschwafel sparen. Gibt es denn irgendwelche konkreten Beobachtungen, auf die wir … reagieren müssten?«

Das wäre eigentlich der Moment, um von Miltner zu erzählen, der auf seinem Kybernetz-Zugang offenbar AKPs benutzt. Aber der MfS-Mann hat ihn doch nach den Hausmeistern gefragt.

»In Haus neunundzwanzig hat vor dem Republikgeburtstag dreimal jemand in den Flur uriniert, direkt vor die 3-D-Holobüste mit der Ansprache des Genossen Krenz.«

»Hat der Hausmeister einen bestimmten Bewohner in Verdacht?«

»Der Genosse Schulzke, der für das Objekt zuständig ist, geht davon aus, dass alkoholisierte Besucher der angrenzenden Gaststätte Zur Einkehr dafür verantwortlich sind.«

»Wie beurteilst du den Klassenstandpunkt des Genossen Schulzke?«

»Nun, der Schulzke hat fünfzehn Jahre in der Nationalen Volksarmee gedient, ich denke, sein Standpunkt ist gefestigt.«

»Danke für deine Einschätzung. Ich werde prüfen, ob wir in dieser Kneipe operative Maßnahmen einleiten müssen. Ich gönne den Leuten ja ihre Erholung nach Feierabend, aber wenn die Enthemmung durch den Alkohol zu solchen Entgleisungen führt, müssen wir schon mal Ursachenforschung betreiben.«

»Natürlich, Genosse Schumacher.«

Ob der Mann wirklich Schumacher heißt? Tobias hat ihn nie persönlich kennengelernt. Alles, was er von ihm weiß, ist seine Telefonnummer.

»Und bei dir, Genosse? Immer im Einsatz für die Sicherheit des Volkes? Glückwunsch übrigens zu der Festnahme am Sonnabend. Ich habe mir deinen Sprint auf den Aufnahmen der Sicherheitskameras angesehen. Dieser persönliche Einsatz ist beispielhaft. Ich glaube, die Beförderung hast du dir damit endgültig verdient.«

»Ach, das war doch nur ein kleiner Ladendieb.«

»Das dachten wir erst auch, aber bei genauerem Hinsehen stellte sich heraus, dass er in einem Kybertagebuch bösartige Behauptungen über den Alltag bei der Nationalen Volksarmee verbreitet hat. Der junge Mann darf jetzt in Schwedt seinen Klassenstandpunkt verbessern.«

Tobias hält den Atem an. Da hat er ja etwas angerichtet! Die Disziplinareinheit in Schwedt ist berüchtigt. Der junge Mann hatte doch bloß seiner Freundin frische Semmeln bringen wollen. Aber warum musste er sie auch klauen?

»Genosse Wagner?«

»Ja, ich höre zu.«

»Ich bin fertig. Gibt es von deiner Seite noch etwas? Du weißt ja, wir ziehen am selben Strang. Probleme, die wir nicht kennen, können wir auch nicht lösen.«

»Natürlich, Genosse Schumacher.«

»Also nichts? Keine unerwarteten Begegnungen oder seltsamen Beobachtungen?«

Warum fragt er ihn das? Hat die Firma sein Treffen mit Miriam beobachtet? Aber sie ist die Frau eines Nationalpreisträgers. Sollte sie nicht eine gewisse Immunität besitzen? Wenn ihr Mann allerdings irgendeinen Fehler gemacht haben sollte ... Er braucht irgendein Detail, das er Schumacher berichten kann, sonst wird er keine Ruhe geben.

»Jetzt, wo du es sagst, Genosse Schumacher ... Vorhin, im Club der Volkssolidarität, ist mir etwas aufgefallen.«

»Ja?«

»Jemand hat dem Porträt des Genossen Krenz einen Schnurrbart gemalt.«

»Hast du den Leiter darauf aufmerksam gemacht?«

»Nein, Genosse Schumacher. Ich musste dringend zu einem

Termin und wollte den Genossen Clubleiter später telefonisch warnen.«

»Danke, Genosse Wagner. Das wird nicht nötig sein. Wir kümmern uns darum. Manchmal sind auch scheinbar nebensächliche Details von immenser Wichtigkeit. Du bist als ABV das Auge und das Ohr der Arbeiterklasse und ihrer Partei.«

»Natürlich.«

»Wir sprechen uns bitte am nächsten Montag wieder, gleiche Uhrzeit.«

»Zu Befehl, Genosse Schumacher.«

Es klackt in der Leitung. Tobias streckt den Hörer des Standtelefons weit von seinem Ohr weg, als wäre er verkeimt. Am liebsten würde er ihn mit Alkohol desinfizieren. Schumacher ist nicht sein Vorgesetzter, aber seine Bitten nicht als Befehl zu betrachten, wäre sträflicher Leichtsinn. Natürlich ist ein Geheimdienst notwendig. Jedes Land besitzt solche Dienste. Trotzdem hat er das Gefühl, dass das MfS seine Aufgabe vielleicht ein bisschen zu ernst nimmt. Aber vermutlich liegt das bloß daran, dass es wie jede Behörde seine Existenz begründen muss.

Tobias steckt das Handtelefon ein. Es ist schon fünf nach sechs. Das Telefonat hat länger gedauert als erwartet. Aber zumindest hat er den unangenehmsten Teil der Woche nun hinter sich. Jetzt warten vierundzwanzig Stunden mit seiner Jugendliebe auf ihn. Sein Puls erhöht sich nur leicht, wenn er daran denkt, denn offensichtlich liebt sie ja ihren Mann. Aber mit einer alten Freundin eine Flasche Rosenthaler Kadarka zu leeren, kann doch auch sehr nett sein.

Er öffnet die Schublade seines Schreibtischs und zieht einen schwarzen Markant-Faserschreiber aus der Hülle. Er nimmt die weiße Kappe ab und testet den Stift. Er hat die Packung zwar erst vor zwei Wochen nachgefüllt, doch die Tinte verdunstet schnell in der trockenen Luft. Aber der Faserschreiber erfüllt seinen Zweck. Er steckt ihn in die Innentasche der Uniformjacke zu seinem Portemonnaie, das auch Dienstausweis und Geldkarte enthält. Dann nimmt er die braune Reisetasche, in die er ein paar Wechselsachen, Zahnpaste und Zahnbürste gepackt hat, und verlässt die Dienststelle.

---

»Halt doch mal bitte hinter dem blauen Lada«, sagt Tobias.

»Hast du etwas vergessen?«, fragt Miriam, blinkt und lenkt das Auto an den Straßenrand.

»Ja, so ungefähr.«

Tobias tastet nach dem Faserschreiber. Er ist noch da. Dann prüft er im Rückspiegel, ob sich eventuell ein Fahrrad nähert. Der Weg ist frei, also öffnet er die Autotür und steigt aus. Sie stehen direkt vor dem Club der Volkssolidarität. Die breite Fensterfront ist erleuchtet, allerdings verbergen dicke Gardinen den Blick auf die Veranstaltung, die dort gerade stattfindet. Tobias hört Musik. Vermutlich ist heute Rentnertanz.

Er winkt Miriam kurz zu und läuft über den Rasen zum Club. Mit jedem Meter, den er zwischen sich und Miriam bringt, lichtet sich der Nebel ein wenig, der ihn daran hindert, klare Gedanken zu fassen. Er braucht jetzt Konzentration. Der Eingang in den Flachbau ist auf der anderen Seite, also muss er einmal um das Gebäude laufen. Die Wiese ist so nass, dass die Feuchtigkeit durch seine dünnen Sportschuhe dringt. Er hätte die Schuhe anlassen sollen, die zu seiner Uniform gehören. Aber sie sind ihm einen Hauch zu klein, so dass er sie in Miriams Auto sofort gewechselt hat.

Egal. Die Fahrt nach Jena ist lang genug, da werden seine Socken schon wieder trocknen. Seine Uniform trägt er noch. Vor dem Eingang stehen ein paar ältere Bürger. Sie sind schick angezogen, die Männer im Anzug, die Frauen in langen Kleidern. Der Tanzabend scheint gut besucht zu sein. Für seine Zwecke ist das gar nicht gut.

»Guten Abend, Herr Wagner«, sagt eine Frau.

Es ist Frau Schmied aus dem Haus fünfunddreißig, die dort das Hausbuch führt. Tobias erwidert den Gruß, bleibt aber nicht stehen. Es muss so aussehen, als hätte er etwas Dienstliches zu erledigen. Er betritt den Club. Hinter dem Eingang liegt ein schlauchartiger Flur. Zwei Männer kommen ihm entgegen. Sie haben Zigaretten im Mund, die nicht angezündet sind. Im Club herrscht Rauchverbot. Der Flur teilt sich auf. Links geht es zum Saal, rechts zu ein paar Büros und zu den Toiletten, und ausgerechnet hier hängt das Porträt des Partei- und Staatsratsvorsitzenden.

Es ist makellos. Jemand muss vor dem Tanzabend noch Staub gewischt haben. Tobias dreht sich um. Die Männer stehen mit dem Rücken zu ihm am Ausgang. Aus Richtung der Toiletten und des Saals kommt niemand. Tobias zückt den Faserschreiber, nimmt die Kappe ab und malt dem Genossen Krenz einen Schnurrbart, so, wie er es dem MfS-Mann beschrieben hat.

Der Stift schreibt nicht. Mist! Die Tür der Damentoilette öffnet sich. Tobias dreht sich ruckartig um und geht in die Knie, als würde er seine Schnürsenkel binden. Eine Frau in einem dunklen Hosenanzug läuft an ihm vorüber, nicht ohne zu grüßen natürlich. Er murmelt etwas. Das ging gerade noch einmal gut. Sobald sie im Saal verschwunden ist, zückt er wieder den Stift. Er hält ihn senkrecht und schüttelt ihn, dann haucht er die Faserspitze an. Neuer Versuch. *Stillhalten, Genosse Krenz! Es ist für einen guten Zweck.*

Diesmal schreibt der Stift. Tobias verschließt ihn und lässt ihn in seiner Uniformjacke verschwinden. Hoffentlich fällt der neue Bart niemandem so schnell auf. Es wäre ungünstig, würde man sein Erscheinen mit dieser Herabwürdigung der Partei- und Staatsführung verbinden. Andererseits hat er eine gute Ausrede – er wollte sich eben erneut von der Untat überzeugen.

---

»Was wolltest du eigentlich in dem Rentnerclub?«, fragt Miriam.

Der Blinker klackt laut, und der VW Passat reiht sich in den Strom der Fahrzeuge auf der Stübelallee ein. Tobias hat das höchstens zwei Jahre alte Modell schon auf dem Parkplatz an der Kaufhalle bewundert. Angeblich hat Miriams Mann es von seinem Ersparten bezahlt. Der muss wirklich gut verdienen.

»Ich musste mal schnell die Wirklichkeit an meine Aussagen anpassen«, sagt er.

»Das verstehe ich nicht«, sagt Miriam.

»Das musst du auch nicht. Ich will dich so wenig wie möglich belasten.«

Wieder klackt der Blinker, und Miriam lenkt den Wagen an den Fahrbahnrand.

»Lieber Tobias«, sagt sie, und es klingt gar nicht lieb. »Wir stecken nun beide in dieser Sache und sollten uns vertrauen. Wenn das nicht möglich ist, steigst du am besten gleich aus. Ich finde schon irgendwie heraus, was mit Ralf geschehen ist.«

»So war das nicht gemeint«, sagt er. »Ich dachte nur, es wäre besser für dich, wenn du so wenig wie möglich weißt.«

»Im Gegenteil, ich hasse es, nur die Hälfte zu wissen. Genau so hat Ralf mich immer behandelt, und nun stecke ich in dieser beschissenen Lage und weiß nicht einmal, wo ich anfangen soll, nach ihm zu suchen. Meinst du nicht, ich käme schneller voran, wenn ich bereits mehr wüsste?«

»Du hast ja recht. Ich verspreche, dass ich dich in alles einweihe, was ich in Erfahrung bringe.«

Tobias lügt, aber er hofft, dass Miriam das nicht bemerkt. Sie scheint nicht wirklich zu wissen, womit sie es zu tun haben könnte. Hätte ihr Mann ihr zu viel verraten, wäre es durchaus möglich, dass sie ebenfalls verschwunden wäre. *Danke, Dr. Ralf Prassnitz, dass du deine Frau auf diese Weise beschützt hast.*

»Danke, Tobias. Das ist mir wirklich wichtig. Ich bin erwachsen und will selbst entscheiden, was gut für mich ist.«

»Natürlich. Vielleicht finden wir morgen ja auch irgendeine harmlose Erklärung. Seine Geliebte könnte ihn ja aus Angst vor ihrem Mann in einen Schrank gesperrt haben, oder er hat sich beim Pilzesuchen verirrt.«

Miriam lacht, und Tobias geht das Herz auf.

»Ja, der Orientierungssinn fehlt ihm wirklich. Aber im Wald kann ich ihn mir nicht vorstellen.«

»Hat nicht bei Erfurt ein neuer Ikea eröffnet? Vielleicht wollte er euch eine neue Schrankwand kaufen und hat sich dabei in der Möbelausstellung verirrt.«

---

»He, aufwachen, Schlafmütze!«

Tobias zuckt zusammen. Miriams Hand auf seinem Arm hat ihm einen elektrischen Schlag versetzt.

»Entschuldige, ich wollte dich nicht erschrecken.«

»Kein Problem. Sind wir etwa schon da?«

Sie fahren eine mit Kopfsteinpflaster belegte Straße entlang. Natriumdampflampen werfen abwechselnd von jeder Seite gelbe Lichtkegel in die neblige Luft. Der Wagen tastet sich zwischen den links und rechts parkenden Autos hindurch. Der Fußweg wird von grauen Hecken und grauen Zäunen begrenzt, alles mindestens mannshoch. Sie befinden sich wohl in einem Wohngebiet. Bestimmt verbergen sich hinter den Zäunen teure Einfamilienhäuser.

»Ja, noch zwei Querstraßen, dann kommen wir an«, sagt Miriam.

»In vierhundert Metern erreichen Sie Ihr Ziel«, sagt Rosas Stimme.

»Danke, Rosa, öffne bitte das Tor.«

»Ich öffne das Tor.«

Es ist schon verrückt. In seiner Jugend musste noch jemand anders aussteigen, um das Tor zu öffnen. Jetzt sendet die Fahrzeugsteuerung Rosa über das Kybernetz einen Befehl, und wie nach einem »Sesam, öffne dich!« setzt sich das Tor in Bewegung.

Der Wagen fährt mit kurz aufheulendem Motor über den Bordstein, dann biegt er in einen Kiesweg ein. Tobias hat einen kleinen Vorgarten mit einem Häuschen dahinter erwartet, aber sie bewegen sich auf ein herrschaftliches Anwesen zu.

»Nicht schlecht!«, sagt er.

Als sie sich dem Haus nähern, schalten sich zwei Strahler an und beleuchten die Vorderfront, wo zwei antik anmutende Säulen ein über die dreieckige Terrasse hinausragendes Dach stützen.

»Na ja, schön ist es nicht«, sagt Miriam. »Das Haus hat mal dem Jenaer Bezirksparteisekretär gehört, bis er wegen Korruption abgelöst wurde. Ich wollte es gar nicht haben, aber Ralf konnte wohl nicht nein sagen.«

Er hat von dem Fall gehört, der vor etwa drei Jahren sogar im *Neuen Deutschland* diskutiert wurde. Es war das spektakulärste Ergebnis der zuvor neu gegründeten Antikorruptionsabteilung des MfS. In der Bevölkerung wurde das harte Urteil, lebenslange Haft, überwiegend positiv aufgenommen.

»Es ist auf jeden Fall sehr beeindruckend«, sagt Tobias.

Miriam hält vor der Garage.

»Willst du nicht hineinfahren?«, fragt er.

»Nein, Ralf hat sich darin ein Labor eingerichtet. So kann er auch zu Hause weiterarbeiten.«

»Sehr praktisch.«

»Ich weiß, es klingt jetzt so, als wäre ihm die Arbeit wichtiger als alles andere gewesen, aber das stimmt nicht. Effizienz war ihm wichtig. Wenn er gearbeitet hat, hat er gearbeitet, und wenn wir zusammen waren, waren wir zusammen.«

Das klingt gut. Zu gut. Tobias fällt nicht ein, was er darauf antworten könnte. Müsste Miriam nicht ein kleines bisschen unzufrieden mit ihrem Mann sein? Sind nicht alle Frauen nach spätestens drei Jahren unzufrieden mit ihren Männern? Aber vielleicht ist es normal. Wenn jemand verschwunden ist, denkt man eben zuerst an seine guten Seiten.

»Alles gut bei dir?«, fragt Miriam durch die offene Fahrertür.

Oh, sie ist schon ausgestiegen. Tobias öffnet die Beifahrertür, steigt aus und geht zum Kofferraum, um seine Reisetasche zu holen.

---

»Prost!«, sagt Miriam.

»Prost!«

Ihre Weingläser geben ein dumpfes Geräusch von sich. Er hat wohl doch ein bisschen viel eingegossen. Tobias nimmt das Glas vor das Gesicht und schnüffelt, während er Miriam beobachtet. Sie hat Bluse und Jeans gegen ein figurbetontes schwarzes Stretchkleid getauscht. Darin sieht sie umwerfend aus. Sie haben beide geduscht, so dass der unterdrückte Schweißgeruch fehlt, was Tobias ein wenig bedauert. Zwischen ihnen hat sich ein herzhafter Limettenduft breitgemacht. Das liegt daran, dass er Miriams Haarwaschmittel benutzt hat. Der Rotwein, der ihn an Kirsche und dunkle Schokolade erinnert, bildet dazu einen reizvollen Kontrast.

Es ist seltsam. In dem riesigen Wohnzimmer, das zwei Stockwerke hoch ist, fühlt sich Tobias seiner Identität beraubt. Er hat sich immer als Arbeiterkind gesehen, obwohl seine Eltern Bauern waren. Hier ist er in einer ganz anderen, herrschaftlichen Welt. Es ist kein Wunder, dass der Parteisekretär, der dieses Haus bewohnt hat, den Kontakt zur arbeitenden Bevölkerung verloren hat. Was hat dieses Haus mit Dr. Ralf Prassnitz angestellt? Oder ist Miriams Mann immun gegen diese Ausstrahlung? Wie ist es mit Miriam? In seinen Augen hat sie sich nicht wirklich verändert, außer dass sie zur Frau geworden ist, doch er ist wahrscheinlich subjektiv.

»Wie findest du es?«, fragt Miriam.

»Großartig. Großartig, einfach großartig.«

Tobias ist unsicher, was sie mit »es« meint. Er hat erst einen Schluck Wein getrunken und kann sich schon nicht mehr richtig artikulieren. Eigentlich meint er, dass es großartig ist, hier zu sein. Aber das kann er ja nicht sagen. Immerhin gibt es einen ernsten Anlass.

»Ich freue mich, dass du mitgekommen bist«, sagt Miriam.

Ihm wird heiß. Er nimmt noch einen Schluck, dann stellt er das Glas auf den flachen Glastisch. Mehr Wein sollte er heute nicht trinken.

»Ich … Ja, wer hätte das heute Morgen gedacht.«

»Ich.«

»Ich?«

»Du hast gefragt, wer es heute Morgen gedacht hätte. Das war ich. Ich habe lange überlegt, wen ich um Hilfe bitten soll, und bei dir hatte ich das beste Gefühl. Als ich dich dann gesehen habe, dachte ich gleich, dass du mich nicht im Stich lassen wirst.«

»Wer wäre denn noch in Frage gekommen?«

»Der Typ aus der Zehnten, der mir damals die Liebesbriefe geschrieben hat. Karlheinz Mansmann. Den hätte ich gefragt, wenn du doch abgesagt hättest.«

»Ausgerechnet den? Ich denke, er hat dich damals enttäuscht?«

Tobias ballt unter dem Tisch die linke Faust, aber so, dass Miriam es nicht sieht.

»Ich brauche jetzt einfach jemanden, um mit meinen Sorgen nicht allein zu sein. Darum bin ich froh, dass du mitgekommen bist. Ich hoffe, das bringt dich nicht in Schwierigkeiten?«

»Nein, das ist unwahrscheinlich.«

Es gibt allerdings einen Punkt, den Tobias nicht bedacht hat. Wenn er sich morgen früh telefonisch oder per Kybernetz krankmeldet, werden seine Vorgesetzten sehen, dass er sich in Jena aufhält. Wie soll er das begründen? Die Alternative wäre, sich erst am Abend zu melden, wenn er zurück in Dresden ist. Er kann ja behaupten, dass es ihm zu schlecht ging zum Telefonieren. Dann besteht aber das Risiko, dass sie ihm Hauptwachtmeister Schulte vorbeischicken. Der besitzt sogar einen Schlüssel, denn Tobias' Wohnung ist die Dienstwohnung des ABV, und wenn er im Urlaub ist, darf sein Vertreter dort übernachten. Er hätte Schulte den Schlüssel längst abnehmen sollen.

»Das ist gut«, sagt Miriam.

Die Briefe. Das kann er so nicht stehenlassen.

»Eines wollte ich dir schon seit damals sagen.«

»Was denn?«

»Diese Liebesbriefe, die habe ich geschrieben, nicht dieser Karlheinz.«

»Was?«

Miriam rückt von ihm ab. Das ist nicht die Reaktion, die er erwartet hat.

»Aber warum hast du denn nichts gesagt?«

»Ich habe mich nicht getraut. Ich war ein pubertierender Jüngling.«

»Du hast es zugelassen, dass ich mich mit diesem Karlheinz abgebe?«

Miriam runzelt die Stirn und kneift die Augen zusammen. So wütend hat er sie noch nicht gesehen.

»Er hat mich dazu gebracht, mit ihm ins Bett zu gehen, und es war schrecklich! Danach hatte ich lange keine Lust mehr auf Männer. Erst Ralf hat mir gezeigt, dass es auch anders geht.«

»Das tut mir leid.«

Warum konnte er sich bloß nie überwinden, Miriam anzusprechen? Er hat sich offenbar wohlgefühlt als unglücklicher Liebender.

»Das sollte es auch. Mensch, Tobias! Das waren so tolle Briefe! Du hättest nur ein Wort sagen müssen! Ich hätte dir sofort geglaubt. Aber dieser Karlheinz war der Einzige, der zugegeben hat, sie geschrieben zu haben.«

»Ich war wohl ziemlich dumm.«

Und das ist noch nett formuliert. Aber vielleicht stimmt es gar nicht. Er hatte immer das Gefühl, ihr nicht genügen zu können.

»Das warst du. Ich kann es kaum fassen. Dieser Karlheinz hat mir ein paar Jahre lang echt zu schaffen gemacht.«

Miriam springt auf und läuft im Wohnzimmer auf und ab.

»Trotzdem hättest du ihn jetzt angerufen?«, fragt Tobias.

»Da kannst du mal sehen, wie verzweifelt ich bin. Oh, Mann. Du hast diese Briefe geschrieben. Es ist … Aber es ergibt Sinn. Klar. Der Schreiber wusste manchmal Dinge von mir, die er im Unterricht beobachtet haben musste. Karlheinz hat bchauptet, er hätte meine Mitschüler ausgefragt.«

»Es tut mir wirklich sehr leid.«

»Das sollte es wirklich! Ich weiß gar nicht, ob ich das entschuldigen kann. Das muss ich erst sehen. Mein Leben wäre ganz anders verlaufen, wenn … Tobias, nimm es mir nicht übel, aber wir sollten jetzt schlafen gehen.«

»Natürlich.«

Tobias ist am Boden zerstört. Er hätte ihr nicht von den Briefen erzählen dürfen, jetzt nicht mehr. Die Vergangenheit muss ruhen.

»Komm, ich zeige dir das Gästezimmer. Es liegt im Anbau.«

## 8. OKTOBER 2029
# ERDORBIT

»Guten Morgen, Bummi!«

Mandy öffnet den Reißverschluss des Schlafsacks, der mit Haftstreifen an der Wand befestigt ist.

»Guten Morgen, Mandy.«

Hat der Roboter heute etwa schlechte Laune? Sie meint, in seiner Stimme einen Unterton zu hören, den sie bisher nicht gekannt hat. Sonst ist es immer andersherum. Sie wacht mürrisch auf, und Bummi versucht, sie aufzuheitern. Nicht dass er sich besondere Mühe gibt. Er reißt ein paar vorprogrammierte Witze und streichelt ihr mit seiner Klaue die Schulter. Aber mehr wäre wohl auch zu viel verlangt. Ein Roboter ist eben kein Komiker.

»Kann ich etwas für dich tun? Wie wäre es mit einer Massage?«, fragt sie.

»Du kopierst mein morgendliches Verhalten. Ich vermute, dass du mir damit Unterstützung signalisieren willst. Das ist nicht nötig.«

»He, es hätte auch gereicht, wenn du einfach ›Nein danke‹ gesagt hättest.«

»Nein danke.«

»Geht doch. Was steht heute auf dem Programm?«

Eigentlich müsste die Station etwa ab elf Uhr Berliner Zeit wieder in Reichweite der Brockenstation sein. Mandy hofft, dass sie dann mit ihren Kindern oder wenigstens mit ihrer Mutter sprechen kann.

»Heute ist dein freier Tag als Ersatz für den gestrigen Sonntag, an dem du arbeiten musstest. Du kannst dich also so beschäftigen, wie du das für richtig hältst.«

Mandy mag keine freien Tage, aber die Bodenkontrolle zwingt ihr regelmäßig welche auf, damit sie ihre sozialistische Persönlichkeit frei entfalten kann. Die haben doch keine Ahnung! Das Einzige, was ihr wirklich helfen würde, wäre eine frühere Ablösung. Aber daraus wird natürlich nichts. Das Einzige, was gegen ihre Sehnsucht nach ihrem Zuhause hilft, ist, sich möglichst viel Arbeit aufzuhalsen. Dann muss sie nicht so viel darüber nachdenken, wie lange sie noch von ihren Mädchen getrennt sein wird.

»Ich will arbeiten, warum verstehen die das da unten denn nicht?«

»Die freie Entfaltung der ...«

»Diese Entfaltung können sie sich sonst wohin stecken.«

»Mandy, dies ist eine zersetzende Kritik, die du besser unterlassen solltest.«

Ein Roboter mit Klassenbewusstsein. Dafür hat irgendein Neuerer im Kombinat Robotron bestimmt den Nationalpreis erhalten. Zum Glück hält Bummi sich normalerweise mit solchen Sprüchen zurück, es sei denn, sie reizt ihn wie gerade eben.

»Ich sollte vielleicht mal wieder in die Mailbox schauen«, sagt sie.

Die Völkerfreundschaft ist über das Amateurfunknetz erreichbar. In den ersten Tagen hat sie darüber ein paar Textnachrichten ausgetauscht, aber dann war es ihr langweilig geworden. Mandy schaltet das Gerät ein. Auf einem separaten Bildschirm kann sie lesen, welche Botschaften ihr Amateurfunker aus aller Welt hinterlassen haben. Aber das Fach mit den neuen Nachrichten ist leer. Die Welt interessiert sich nicht für sie. Langweilig.

»Spielst du vielleicht mit mir?«, fragt sie.

»Ich kann nicht vielleicht mit dir spielen. Entweder ich spiele mit dir, oder ich lasse es.«

»Du bist doof. Los, spiel mit mir!«

»Ich könnte mit dir Schach spielen.«

»Da habe ich ja keine Chance. Lieber Poker.«

»Das ist ein politisch höchst fragwürdiges Spiel. Ich kann nicht verantworten, es zu spielen.«

»Spielverderber. Wie wäre es mit Skat? Die Skatstadt Altenburg liegt immerhin in unserem Heimatland.«

Bummi schiebt sich auf die Ladestation und umklammert das warmwasserboilergroße Gerät mit seinen Beinen. Normalerweise lädt er sich auf, wenn sie schläft. Hat er etwa heute Nacht Party gemacht? Sie amüsiert sich über den Gedanken.

»Dafür fehlt uns der dritte Mann«, sagt Bummi.

»Du willst doch nur nicht mit mir spielen.«

»Das Konzept des Willens ist mir fremd. Wenn du mir befiehlst, mit dir zu spielen, dann werde ich deiner Anweisung Folge leisten, soweit das möglich ist. Was bei Skat auf gewisse Hindernisse stößt, die ich dir schon erklärt habe.«

»Ich will, dass du mit mir spielst, weil du es willst.«

Der Roboter hebt abwehrend die beiden Vorderbeine.

»Das ist eine rekursive Forderung, die ich nicht erfüllen kann. Du hast Glück, dass ich ein derart fortschrittliches Modell bin. Meine Vorgängereinheit wäre wegen solcher Fragen durchgebrannt.«

»Ernsthaft, richtig durchgebrannt?«

»Das trifft zu. Die Maschine war nicht in der Lage, die Rekursion abzubrechen, selbst wenn ihre Betriebstemperatur über den kritischen Bereich hinaus stieg.«

»Das tut mir leid.«

»Für wen?«

»Für ihn, für deinen Vorgänger.«

»Das ist nicht nötig. Er wurde der Sekundärrohstoffsammlung zugeführt, und seine Erfahrungen wurden in mein Bewusstsein integriert.«

»Dann tut es mir eben für dich leid. Er war doch dein Vorgänger!«

»Das ist nicht nötig. Ohne die Beendigung seiner Existenz wäre meine gar nicht möglich gewesen. Etwas muss sterben, damit etwas anderes nachwachsen kann.«

»Du bist ja ein richtiger Philosoph. Gilt das auch für uns Menschen?«

»Ja, allerdings realisiert ihr es nur, wenn es sich nicht auf persönlicher Ebene bewegt.«

Mandy stellt die Müslitüte ab, die sie gerade mit Wasser auffüllen wollte.

»Wie meinst du das, Bummi?«

»Ganz einfach. Du stimmst sicher zu, dass der Kapitalismus abgelöst werden muss, damit sich der Sozialismus weltweit durchsetzen kann.«

»Natürlich«, antwortet sie sofort.

Das ist eine Frage, die keine andere Antwort zulässt.

»Stimmst du auch zu, dass du sterben musst, damit deine Kinder leben können?«

»Ich würde ihnen natürlich mein Herz oder meine Lungen spenden, wenn sie sie zum Überleben bräuchten.«

»Ich spreche nicht von der Spende eines Ersatzteils, sondern ganz generell. Die Eltern müssen Platz machen für ihre Kinder. Sie dürfen sich nicht an das Leben klammern.«

Bummis Sicht auf das Leben macht ihr ein bisschen Angst.

»Das ist interessant. Aber hat nicht jeder Bürger das verfassungsmäßige Recht auf den Schutz seiner Gesundheit?«

»Ein Recht, ja, aber keine Pflicht.«

»Und wann genau sollen die Eltern Platz machen?«

»Wenn sie nicht mehr gebraucht werden.«

»Du meinst also, unsere Bürger müssten mit dem Eintritt ins Rentenalter Suizid begehen?«

»Nein, selbstverständlich kann auch ein älterer Bürger für die Gesellschaft noch wertvoll sein, gerade in Anbetracht des Arbeitskräftemangels oder zur Betreuung kleiner Kinder.«

Mandy ärgert sich. Welcher menschliche Programmierer bringt denn einem Roboter eine so menschenfeindliche Haltung bei? Das geht über die Parteilinie weit hinaus.

»Das ist mir zu dumm, Bummi. Ich bin sehr froh, dass du den Menschen untergeordnet bist.«

»Das kann man so nicht unbedingt sagen.«

»Wie meinst du das denn nun wieder?«

Der Roboter versteht es wirklich, ihr Angst einzujagen. Oder ist das bloß ihre Spinnenphobie? An Bummis Bauch leuchtet ein rotes Licht auf. Er klappert zweimal mit allen vier Klauen. Normalerweise ist das das Zeichen, dass gerade eine Aktualisierung des Betriebssystems stattfindet. In dieser Zeit kann Bummi nicht sprechen. Mandy isst ein paar Löffel von ihrem Müsli. Es schmeckt einfach nur süß. Das rote Licht leuchtet etwa zwei Minuten lang. Danach fängt es an zu blinken. Die Klauen bewegen sich erneut.

»Entschuldigung, wo waren wir gerade?«, fragt der Roboter.

»Egal«, murmelt Mandy und atmet tief durch.

»Wenn du willst, kann ich jetzt mit dir pokern. Ich habe die Regeln für drei verschiedene Varianten heruntergeladen.«

---

Mandy schnallt sich auf dem Stuhl vor dem Steuerpult fest. Wenn sie mit Sabine und Susanne spricht, will sie nicht dauernd davonfliegen, nur weil sie aus Versehen mit dem Arm an die Decke gestoßen ist. Auch wenn die Mädchen das ziemlich lustig fanden, als es ihr das erste Mal passiert ist. Sie können sich Schwerelosigkeit nicht so richtig vorstellen. Zumindest halten sie es für einen paradiesischen Zustand. Dass sie hier oben nicht vernünftig schlafen und nicht duschen kann, interessiert die Mädchen nicht.

»Bummi, sollen wir allmählich die Verbindung aufbauen? Es ist gleich elf.«

»Natürlich, Mandy. Ich bin schon dabei.«

»Danke.«

Sie lehnt sich zurück. Direkt über ihr verlaufen ein paar Rohre. An einem hängt ein Tropfen. Das muss die Kaltwasserleitung sein. Oder fließt darin die Kühlflüssigkeit? Der Tropfen zeigt jedenfalls, dass die Luft schon wieder zu feucht ist. Vielleicht sollten sie wirklich einmal Bummis Vorschlag folgen und die Raumstation komplett evakuieren. Die Luftaufbereitung scheint nicht mehr ganz auf der Höhe der Zeit zu sein.

Das muss Mandy mit der Bodenkontrolle diskutieren. Zuerst sind jedoch die Mädchen dran. Das hat auch praktische Gründe. Wenn die Völkerfreundschaft direkt über der Bodenstation ist, erreicht die Funkverbindung ihre größte Datenübertragungskapazität. Die Bilder der MKF-8 brauchen so viel Speicherplatz, dass sie sich am besten in der Mitte des Überflugs übertragen lassen. Persönliche Gespräche hingegen sind nicht so anspruchsvoll. Das Bild hängt dann zwar manchmal, aber Mandy kann sich nicht beschweren. Es ist nun einmal ihr Beruf, das fliegende Auge des Sozialismus zu sein.

Morgen wird sie die MKF-8 auf Kuba richten. Die Genossen dort brauchen Hilfe bei der Fruchtbarkeitsanalyse ihrer Zuckerrohrfelder. Seit dem traurigen Zerfall der Sowjetunion Ende der 1980er Jahre ist die DDR der wichtigste Handelspartner der Insel geworden. Mandy mag die Kubaner. Vergangenes Jahr hat sie dort ihren Jahresurlaub verbracht. Natürlich mit den Mädchen.

Warum dauert es heute so lange? Der Bildschirm ist noch immer schwarz. Mandy schaut auf die Wetterkarte. Über der DDR strahlt die Sonne. Die Funksendungen müssten problemlos den Brocken erreichen.

»Was ist denn da los, Bummi?«

»Es tut mir leid, aber ich bekomme keine Verbindung.«

»Wie meinst du das?«

»Die Brockenstation reagiert nicht auf unsere Rufe.«

»Kannst du mir das auf die Konsole geben?«

»Glaubst du mir nicht?«

Mandy ist verblüfft. Das hat Bummi sie noch nie gefragt, wenn sie ihm eine Aufgabe abgenommen hat.

»Doch, natürlich. Nun gib mir schon die Kontrolle.«

Auf dem Bildschirm erscheint die Funkschnittstelle. Mandy wählt die übliche Frequenz und erhöht Schritt für Schritt die Sendeleistung. Normalerweise müsste der Empfänger auf dem Brocken in Sekundenschnelle reagieren und die Verbindung bestätigen. Sender und Empfänger einigen sich dann auf die derzeit beste Kodierung, danach kann sie Sprachsignale senden.

Aber der Handschlag zwischen Sender und Empfänger bleibt aus. Sie versucht es auf anderen Frequenzen, erst auf benachbarten, dann auf solchen, die sie noch nie benutzt hat, die aber für die Völkerfreundschaft reserviert sind. Sie bekommt keine Antwort, nirgends.

Die Technik ist heute aber auch widerspenstig. Das Problem ist sicher lösbar, aber für ihre Mädchen tut es ihr leid. Bestimmt haben sie sich schon gefreut, ihre Mutti zu sehen. Wenn sie doch wenigstens eine Botschaft an sie abschicken könnte!

»Hast du irgendeine Idee, wo der Fehler liegt, Bummi?«

»Ich habe den Hauptrechner bereits geprüft«, sagt der Roboter. »Die Prüfzahlen stimmen, Programmintegrität ist also gegeben. Es läuft die neueste Version des Stationsbetriebsprogramms.«

»Welche ist das?«

»11.18.3.«

»Welche hatten wir gestern?«

»11.18.2.«

»Dann gab es also eine Aktualisierung?«

»Das ist richtig. Die Aktualisierung wurde vor dreiundvierzig Minuten eingespielt.«

»Aber da hatten wir das Sendegebiet der Brockenstation doch noch gar nicht erreicht?«

»Das kann ich bestätigen.«

»Woher kam dann die Aktualisierung?«

»Dazu liegen mir keine Informationen vor.«

»War das derselbe Zeitpunkt, an dem auch dein Grundprogramm aktualisiert wurde?«

»Das ist richtig.«

»Kannst du mir sagen, was genau verändert wurde?«

»Bei meinem Programm oder bei der Station?«

»Bei der Station.«

»Ich habe keine Informationen darüber. Es existiert keine Sicherung der alten Version.«

»Und bei dir?«

»Ich habe keine Informationen darüber. Es existiert keine Sicherung der alten Version.«

Mandy atmet tief ein und aus. Es ist natürlich seltsam, dass das Stationsprogramm nicht vom Brocken aus aktualisiert wurde. Aber das ist noch lange kein Grund, sich Sorgen zu machen. Die neue Version war offenbar mit den korrekten Schlüsseln ausgestattet, sonst hätte die Völkerfreundschaft sie gar nicht angenommen. Grundsätzlich kann die Raumstation ja per Funk mit allen möglichen Bodenstationen kommunizieren. Man verzichtet nur normalerweise darauf, weil es zusätzliche Kosten verursacht.

Das wahrscheinlichste Szenario dürfte so aussehen: Irgendwer muss einen Fehler im Programm gefunden haben, der so gravierend erschien, dass man ihn möglichst schnell korrigieren musste. Also hat sich ein Programmierer darangesetzt, und dann hat man keine Kosten gescheut, um die neue Version einzuspielen. Es muss wirklich ein schwerer Fehler mit hohem Gefahrenpotenzial gewesen sein, wenn man damit nicht noch eine halbe Stunde länger warten konnte.

Aber anscheinend hat der arme Programmierer einen Fehler gemacht. Mandy stellt sich vor, unter welchem Druck er stand. Hier ein superkritischer Fehler, dort der Republikgeburtstag, die Familie, die auf ihn wartet, da kann man sich schon mal irren, oder? Das Ergebnis ist nur dummerweise, dass das Funksystem ausgefallen ist und sie die Brockenstation nicht mehr erreicht, um sich über die Fehlfunktion beschweren zu können.

Mist. Was kann sie tun? In diesem Moment versuchen bestimmt bereits die Techniker dort unten, die Quelle des Problems zu finden. Sie werden den Fehler ja bereits bemerkt haben, sie sind ja nicht allein, so wie Mandy. Und in der Zentrale, die dem Institut für Weltraumforschung untersteht, muss es auch Sicherungsdateien früherer Versionen geben. Dann müssen die Techniker bloß noch die bisher funktionierende Variante auf die Systeme der Raumstation laden, fertig. Bis auf die Korrektur des gravierenden Fehlers natürlich.

Moment. Sie hat ein klitzekleines Problem übersehen. Ohne Funkverbindung wird nichts aus dem Zurücksetzen des Systems auf seinen alten Zustand. Hier oben gibt es keine Sicherung, hat Bummi gesagt.

Mandy löst ihre Gurte und schwebt in der Station auf und ab. Es kann doch nicht sein, dass so ein kleines Detail ihre ganze Mission gefährdet?

Sie muss sich beruhigen. Das ganze Szenario hat sie sich doch bloß ausgemalt. Das Einzige, was sicher ist, ist die Systemaktualisierung. Vielleicht hat die ja gar nichts mit dem Ausfall des Funksystems zu tun. Es könnte zum Beispiel die Antenne am Bug der Raumstation defekt sein, oder eine Zuleitung zur Antenne ist gebrochen. Das sollte sie als Erstes überprüfen.

Und wenn am Ende alles nicht hilft? Auch das ist ja kein Problem. Erstens soll in nicht mehr ganz zwei Wochen die Ablösung kommen. Am Heck der Raumstation ist außerdem immer noch die Landekapsel angekoppelt. Wenn ihr niemand zu Hilfe kommt, setzt sie sich einfach hinein und reist zur Erde zurück. Die Kapsel besitzt ein eigenes Steuerungsprogramm, das sie auf jeden Fall sicher zur Oberfläche bringt. Sie hat also zwar womöglich ein paar einsame Tage im All vor sich, aber danach wird sie ihre Kinder wiedersehen, das ist sicher.

---

»Bist du so weit?«, fragt Mandy.

Sonst drängelt immer der Roboter. Dass sie ihn zur Arbeit anhalten muss, kommt selten vor.

»Ich bezweifle den Nutzen dieser Aktion«, sagt Bummi.

»Das ist dein gutes Recht. Trotzdem hilfst du mir jetzt.«

Sie kommt zwar auch irgendwie allein in den Raumanzug. Das hat sie oft genug geübt, selbst unter den widrigsten Umständen. Einmal hatte sie den Anzug in der Taiga in Sibirien anlegen müssen, bei minus einundzwanzig Grad. Aber schneller geht es doch, wenn der Roboter das feste Oberteil hält, während sie von unten hineinschlüpft. Hier oben ist nicht, wie bei den Übungen in Sibirien, die Masse des Oberteils das Problem, sondern das fehlende Gewicht, wodurch das gute Stück dauernd die Flucht ergreift, wenn sie es nur einmal falsch anfasst.

Endlich kommt der Roboter auf sie zu. Er hebt die beiden Vorderarme und klemmt das Oberteil des Anzugs dazwischen ein. Mandy geht in die Knie, kriecht darunter, streckt die Arme nach oben und schiebt sich von unten hinein.

»So ist es gut«, sagt sie.

Sie fädelt sich fast von selbst in den Anzug ein. Mit Bummis Hilfe braucht sie kaum mehr als dreißig Sekunden. Ohne ihn dürfte sie es kaum unter drei Minuten hinbekommen. Falls die Raumstation je mit Weltraummüll oder einem Asteroiden kollidiert, ist der Roboter hoffentlich schnell zur Stelle, sonst bringt der Druckverlust sie um.

»Warum hast du etwas dagegen, dass ich draußen nach Ursachen suche?«, fragt sie, während sie alle Knöpfe und Laschen schließt.

»Es ist unnötig. Ich habe die Elektronik geprüft. Sie funktioniert einwandfrei. Die Spannungen sind genau so, wie es der Plan vorsieht. Und es gab keinerlei Kollisionen, die die Antenne beschädigt haben könnten. Du wirst nichts finden.«

»Das ist ja umso besser. Ich will mich aber trotzdem davon überzeugen.«

»Natürlich, Mandy. Ich verstehe diesen Aspekt der menschlichen Psyche. Er beruht darauf, dass Sinneseindrücke von deinem Bewusstsein höher bewertet werden als Informationen, auch wenn beide Aspekte gleich zuverlässig sind.«

»Danke für die Psychoanalyse.«

»Ich wurde vom VEB Kombinat Robotron mit dem Ziel entworfen, mit Menschen kooperieren zu können.«

»Man hat dich wirklich an die Menschen angepasst? Das ist interessant. Dafür missverstehst du mich ziemlich häufig.«

Bummi hat oft lange gebraucht, um ihre Intentionen zu verstehen. Sagt das etwas über sie aus oder über die Arbeit der Ingenieure?

»Ich verfüge über ein internes Modell der allseits entwickelten sozialistischen Persönlichkeit und bin mit den Erkenntnissen der marxistisch-leninistischen Soziologie ausgestattet.«

Bummi klingt richtig stolz, wenn er das sagt. Ob man ihm den Stolz auch eingebaut hat? Aber vielleicht ist es auch ihr Fehler, den Roboter zu vermenschlichen.

»Mit einem Astronauten aus dem NSW könntest du dann wohl nichts anfangen?«

»Ich bin selbstverständlich auch über typische Verhaltensweisen von Personen aus dem nichtsozialistischen Wirtschaftsgebiet geschult. Schließlich war ein Rendezvousmanöver mit einer amerikanischen Dragon-Raumkapsel geplant.«

»Es war? Ist der Westbesuch abgesagt?«

Das hatte doch den Höhepunkt des Weltraumaufenthalts ihres Nachfolgers darstellen sollen!

»Ich ... ich gehe davon aus, dass er sich angesichts der derzeitigen Kommunikationsprobleme verschieben dürfte. Von einer Absage ist mir nichts bekannt. Entschuldige, wenn meine Aussage diesen Eindruck erweckt haben sollte.«

Bummi wirkt wie ein Halbstarker, den man bei einer Lüge ertappt hat. Aber sie kann ihm nichts nachweisen, also belässt sie es dabei.

»Verstehe. Dann lass uns jetzt mit dem Außenbordmanöver beginnen.«

---

»Schön langsam, du hast alle Zeit der Welt!«

Mandy atmet tief durch. Seit sie den Helm geschlossen hat, hat sie diesen Druck auf der Brust. Was mag das sein? Das ist doch nicht ihr erster Weltraumspaziergang. Sie hat keine Angst vor der Dunkelheit und keine Probleme mit den fehlenden Raumrichtungen. Sind es Angina-Pectoris-Schmerzen? Sie greift sich an die Brust, aber durch die Handschuhe und den starren Brustpanzer fühlt sie nicht einmal ihren Herzschlag. Bummi besteht darauf, dass ihre Werte in Ordnung sind.

Dann muss es die Psyche sein. Mandy ist noch nicht einmal einen Tag so abgeschnitten von der Welt und fühlt sich schon, als triebe sie einsam im Raumanzug in Richtung Sonne. Sie greift nach dem Karabiner der Sicherungsleine und bemerkt gerade noch rechtzeitig, dass sie im Begriff ist, den falschen zu öffnen, den sie gerade erst angebracht hat. Sie geht in die Knie, schließt die Augen und malt sich das sonnenüberflutete Getreidefeld hinter dem Hof ihrer Großeltern aus. Sie hat das Fahrrad am Wegrand hingeworfen und pflückt Kornblumen für ihre Oma.

Jetzt atmet sie freier. Sie ist Bummi dankbar, der sie nicht gestört hat, und strafft sich wieder. Bis zur Antenne sind es noch drei Meter. Dort vorn ist schon die Anschlussbox. Sie sieht aus wie eine rechteckige Warze, die auf der Außenhaut der Völkerfreundschaft gewachsen ist. Hier kommen Strom- und Signalkabel aus dem Inneren der Raumstation. Mandy hockt sich neben die Warze, setzt einen Schraubenzieher an ihrer Unterseite an und hebelt die Abdeckung ab. Sie ist über eine dünne Schnur mit dem Schiff verbunden, Mandy kann sie also einfach schweben lassen.

Die Warze verbirgt eine Mischung aus Relais, Umformern und Verteilern, die wie von einem Krebsgeschwür missgestaltete Blutgefäße aussehen. Mandy setzt den Spannungsprüfer nacheinander an jeder der Leitungen an. Sie gibt sich dabei besondere Mühe, die Isolierung nicht anzukratzen. Ihre Arbeitsfläche wirkt so, als müsse bei jeder Verletzung eine Menge Blut fließen, das sie sich zähflüssig und fettig glänzend vorstellt. Sie sollte wohl besser damit aufhören, sich solche Dinge auszumalen, aber das schafft sie gerade nicht. Immerhin lenken die verrückten Bilder sie von der Gegenwart ab.

Bummi erzählt sie davon besser nicht. Mit seinen küchenpsychologischen Kenntnissen erklärt er sie sonst noch für nicht zurechnungsfähig und übernimmt das Kommando. Ob er dazu in der Lage wäre? Niemand hat ihr das je gesagt, aber sie könnte es sich vorstellen. Die Raumstation Völkerfreundschaft ist eine enorme Investition, die es unter allen Umständen zu schützen gilt. Sie könnte

Bummi ja fragen, unter welchen Bedingungen er ihr Kommando übernehmen kann. Aber ob er ihr die Wahrheit sagen würde?

Was die Elektronik betrifft, hat der Roboter jedenfalls nicht gelogen. Alle Werte sind einwandfrei und entsprechen exakt den Vorgaben. Mandy packt ihr Werkzeug wieder ein und verschließt die Warze. Dann betrachtet sie den Himmel. Es sind dieselben Sterne, die auch ihre Kinder sehen. Nur glitzern sie nicht, weil die Atmosphäre fehlt, und sie sitzen fest auf dem tiefschwarzen Hintergrund. Vor langer Zeit dachten die Menschen, es handele sich um kleine Löcher in den himmlischen Sphären, durch die das Feuer der Außenwelt scheint. Von hier oben betrachtet, erscheint diese Idee gleich viel glaubwürdiger.

»Bist du schon bei der Antenne?«

Bummi muss bemerkt haben, dass die Abdeckung der Anschlussbox wieder geschlossen ist. Er kann von innen allerdings nicht sehen, wo sie sich gerade aufhält.

»Nein, ich sitze noch herum.«

»Verstanden. Sag Bescheid, wenn ich mit den Antennentests beginnen soll.«

Sie antwortet nicht. Die Sterne geben ihr Sicherheit. Selbst über Jahrhunderte verändern sie ihren Platz am Himmel nur minimal. So hat sie sich immer ihren Vater vorgestellt. Und dann war er von einem Tag auf den anderen gestorben. Herzinfarkt. Nicht der Krebs hatte ihn umgebracht, sondern sein Herz. Aber er wäre stolz auf sie. Seine Tochter, eine Kosmonautin. *Mach's gut, Vati.*

»Wie bitte?«, fragt Bummi.

Sie muss den letzten Satz laut gesagt haben.

»Egal, das war nicht für dich bestimmt. Ich klettere jetzt zur Antenne nach vorn.«

---

»Zwanzig Grad nach Osten schwenken«, sagt Mandy.

»Schwenke zwanzig Grad nach Osten.«

Die Antenne dreht sich nach links.

»Zurück in Nullposition, dann zehn Grad in Flugrichtung.«

Die Metallschüssel schwenkt zurück, dann knickt ein anderes Gelenk ein, und sie dreht sich nach vorn.

»Fällt dir irgendetwas auf, Bummi? Ein höherer Energieverbrauch zum Beispiel?«

»Nein, alle Werte sind nominell. Die Ursache für die Fehlfunktion steckt weder in der Elektronik noch in der Antenne selbst.«

»Sende doch mal irgendetwas.«

»Was denn?«

»Ganz egal. Ein Foto aus der MKF-8.«

»Zu Befehl.«

Mandy beobachtet die Antenne. Sie bewegt sich nicht, aber das ist auch nicht zu erwarten.

»Sendevorgang abgeschlossen«, erklärt Bummi.

»Gut. Wie war der Energieverbrauch?«

»Nominell entsprechend der Sendeleistung.«

»Also müsste uns eigentlich jemand hören, oder?«

»Ja, Mandy. Wir empfangen allerdings keinerlei Antworten.«

»Das heißt, sie ignorieren uns?«

»Das ist eine unzulässige Interpretation«, sagt der Roboter. »Wir wissen nur, dass ein Signal die Antenne erreicht. Vielleicht liegt ein Problem mit der Verschlüsselung vor. Um einen Kommunikationskanal zu schaffen, müssen sich beide Seiten auf für sie verständliche Schlüssel einigen.«

Das ist klar. Wenn sich zwei Menschen unterhalten wollen, müssen sie dieselbe Sprache benutzen. Aber warum sollte das plötzlich ein Problem sein? Es ist doch wahrscheinlicher, dass ein grundlegender Fehler vorliegt. Wenn einer der beiden Menschen nur den Mund öffnet, ohne Töne zu produzieren, scheitert die Unterhaltung ebenfalls. So ein Fehler wäre Mandy lieber. Er wäre vermutlich einfacher zu reparieren. Einfacher als das Szenario mit der Aktualisierung des Betriebsprogramms, das sie sich ausgedacht hat.

Sie holt das Thermometer aus dem Werkzeugkoffer und stellt

seine Empfindlichkeit auf den höchstmöglichen Wert. Es ist eigentlich dazu gedacht, Wärmelecks in der Hülle zu finden. Aber sie hat eine bessere Idee. Vorsichtig klettert sie nach vorn, bis direkt hinter die Antenne. Sie muss darauf achten, die Hardware nicht zu beschädigen. Mandy knüpft das Ende einer Schnur um das Thermometer, macht die Schnur am Rand der Antenne fest und stößt das Messgerät so an, dass es über die Antennenschüssel schwebt. Etwa in deren Mitte hält sie es mit Hilfe der Schnur wieder an.

»Wiederhole bitte die Sendung von vorhin«, sagt sie.

»Befehl ausgeführt.«

»Bitte noch einmal. Etwa zehnmal hintereinander, und zwar mit der höchstmöglichen Sendeleistung.«

»Jawohl.«

Sie ist Bummi dankbar, dass er nicht nach einer Begründung fragt. Diesmal dauert es etwas länger.

»Befehl ausgeführt«, sagt er schließlich.

Sie holt das Thermometer wieder ein. Die Anzeige hat sich verändert. Das Thermometer hat sich ein wenig erwärmt. Mist. Sie wirft das Thermometer in die Nacht. Es fliegt davon, bis die Schnur es festhält, und kommt über der Antenne zur Ruhe. Die Schüssel funktioniert also wirklich. Sie gibt Energie ab, was das Thermometer mit seiner Temperaturerhöhung beweist. Die Raumstation Völkerfreundschaft öffnet also nicht nur den Mund, sie gibt auch Töne von sich. Entweder kann oder will man sie auf der Erde nicht hören. Aber warum sollte man den Kontakt mit ihr auf einmal abbrechen wollen?

---

Mandy klettert wieder nach hinten zur Schleuse. Hier draußen kann sie nichts weiter tun. Im Grunde hatte Bummi recht. Aber nun hat sie die Bestätigung. Es sind leider keine besonders aufbauenden Neuigkeiten. Gäbe es doch nur etwas, das sie reparieren könnte! Sie nimmt die Dinge gern in die eigenen Hände, kämpft, um das Schicksal zu wenden, aber hier ist sie zur Passivität verurteilt. Das

Einzige, was ihr bleibt, ist, mit der MKF-8 die Erde zu beobachten. Vielleicht findet sie ja ihre Kinder damit.

Ansonsten kann sie jetzt wohl nur abwarten. In zwei Wochen ist die Ablösung da. Sie schwebt über die zusammengeklappte Blüte hinweg zur Schleuse. Sie öffnet das Schott und lässt sich in den engen Raum sinken. Dann schließt sie den Ausstieg und drückt den grünen Knopf, der die Schleuse mit Luft füllt. Bei siebenhundert Hektopascal beginnt sie, den Helm zu lösen. Gleich müsste sich die Innentür öffnen lassen. Achthundertfünfzig Hektopascal, fast Normaldruck. Sie nimmt den Helm ab und dreht an dem Rad, das das innere Schott öffnet. Einmal, zweimal, dreimal.

Etwas reißt ihr das Schott aus der Hand.

»Was ...?«

Mandy bekommt keine Luft. An der Wand der Schleuse blinkt die Druckanzeige rot. Dampf wabert in die Schleuse, die versucht, den Druck zu stabilisieren. Aber sie ist überfordert. Der Raum hinter der Schleuse, nein, das komplette Innere der Raumstation scheint von Vakuum erfüllt, das ihr nun die Luft abschnürt. Mandy dreht sich um. Wo ist der Scheißhelm? Sie hat ihn neben sich abgelegt, aber der Sog muss ihn weggeweht haben.

Da! Er hängt an einer Stange in Kopfhöhe fest, gleich außerhalb der Schleuse. Der Kinnverschluss hat sich über einen kleinen Vorsprung aus Metall geschoben. Mandy springt. Sie hat nur wenig Zeit. Was hat man ihnen beigebracht? Dreißig Sekunden, bis sie stirbt? Ihre Hände greifen nach dem Helm. Zum Glück hat sie den Rest des Anzugs noch nicht abgelegt. Sie stülpt ihn über ihren Kopf. Der harte Rand trifft ihre Stirn, aber sie spürt keine Schmerzen. Der Verschluss! In den dicken Handschuhen sind die beiden Hebel nur schwer zu greifen. Wo ist Bummi?

Klack. Hebel Nummer eins. Sie bekommt schon besser Luft, aber links pfeift es noch. Der Helm ist nicht dicht. Hektisch wackelt sie an dem Hebel. Sie muss überleben. Ihre Kinder brauchen sie. Klack. Der Helm ist geschlossen. Ihr ist eiskalt. Trotzdem dringt ihr Schweiß aus allen Poren. Sie hat es geschafft.

»Bummi, was ist da los? Haben wir ein Leck?«

»Es tut mir leid. Noch drei Minuten. Der Druck normalisiert sich gerade.«

»Kein Leck?«

»Kein Leck.«

»Aber was ist passiert? Warum hatten wir ein Vakuum in der Kabine?«

»Ich habe deine Abwesenheit genutzt, um die Völkerfreundschaft zu entlüften. Wir hatten uns doch über das Problem mit der zunehmenden Feuchtigkeit unterhalten.«

»Was? Das war Absicht?«

Wollte der Roboter sie etwa umbringen?

»Ich wusste doch nicht, dass du schon wieder hereinkommst. Du hast nichts gesagt.«

Das stimmt, sie hat ihre Rückkehr nicht angekündigt.

»Aber warum hat mich die Schleuse nicht vor dem niedrigen Druck in der Kabine gewarnt? Sie hätte sich gar nicht öffnen dürfen.«

»Ich hatte die Warnung abgeschaltet. Sonst hätte ich die Station gar nicht entlüften können.«

»Dann hättest du mich warnen müssen!«

»Ich hätte dich natürlich gewarnt, wenn du mir Bescheid gegeben hättest, dass du die Schleuse betrittst. Bevor du aus der Schleuse herausgekommen wärst, hätte ich den Innendruck längst wieder auf Normalmaß gebracht.«

Das klingt nachvollziehbar. Sie hat fast ein schlechtes Gewissen, Bummi einen Mordversuch zugetraut zu haben. Sie hätte mit dem Roboter kommunizieren müssen. Das lernt man doch in der Ausbildung. Aber der Roboter hat auch einen Fehler begangen.

»Puh, das war knapp«, sagt sie. »Ich hätte dich wirklich informieren müssen. Das gilt aber auch für dich! Solche Vorhaben kündigst du mir in Zukunft bitte konkret und zeitnah an.«

»Zu Befehl«, sagt der Roboter.

# JENA

Tobias ist schon seit sechs Uhr wach. Es liegt nicht am Bett. Die Matratze hat genau die richtige Härte. Es gibt kaum Verkehrslärm. Vielleicht fehlt ihm das. Sein Schlafzimmer geht auf eine stark befahrene Kreuzung mit Straßenbahnhaltestelle hinaus, und er schläft immer bei offenem Fenster. Hier hört er nur die Vögel, die draußen im Garten herumlärmen.

Er hat Angst vor diesem Tag. Das ist ihm sehr lange nicht passiert. Damals vor dem ersten Arbeitstag beim Ferienjob im Transformatorenwerk erging es ihm so. Er hatte sich gefragt, wie die Arbeiter dort mit einem sechzehnjährigen Schüler umgehen würden. Doch dann wurde er überraschend freundlich aufgenommen. Heute wird es nicht so einfach.

Tobias hört das Geräusch von Reifen auf Kies. Es ist 6:35 Uhr. Wer kommt da so früh zu Besuch? Zwanzig Minuten später weckt ihn dasselbe Geräusch erneut. Der Besuch ist wieder weg, also ist es Zeit zum Aufstehen. Barfuß und im Schlafanzug geht er in Richtung Wohnzimmer. Aus der Küche duftet es nach Kaffee. Miriam steht mit dem Rücken zu ihm und füllt Semmeln aus einer Papiertüte in einen roten Bastkorb.

»Nicht erschrecken«, sagt er.

Seltsamerweise hören ihn die meisten Menschen nicht, wenn er barfuß geht. Er gäbe wohl einen guten Kundschafter ab. Miriam dreht sich um. Sie ist angezogen und geschminkt. Heute trägt sie einen schwarzen Hosenanzug mit aufgesetzten Taschen. Die Haare hat sie zum Zopf gebunden. Dadurch wirkt sie zehn Jahre jünger.

»Guten Morgen, gut geschlafen?«, fragt sie und lächelt ihn an.

»Sehr gut.«

»Dann geh doch am besten gleich ins Bad. Ich habe dir ein Handtuch hingelegt. Das gelbe! Gleich gibt es Frühstück. Ich habe uns schon Semmeln geholt.«

Sehr gut, so kann der Tag immer beginnen. Am besten, er bringt den unangenehmen Teil schnell hinter sich. Tobias läuft in das Gästezimmer zurück und holt sein Handtelefon. Damit geht er ins Bad, setzt sich auf die Toilette und atmet schnell ein und aus, bis er richtig hyperventiliert. Hoffentlich hört ihn Miriam nicht! Als er kurz vor dem Umkippen ist, wählt er die Nummer seines Vorgesetzten im Polizeirevier Dresden-Mitte.

»Genosse Wagner, so früh schon?«

»Ich ... muss mich ... entschuldigen, Genosse Mühlbacher. Gestern ... alte Freundin getroffen.«

Er muss sich gar nicht anstrengen, so abgehackt zu sprechen.

»Du klingst ja gar nicht gut, Wagner.«

»Nein. Mit ihr ... Jena gefahren. Nacht ... zu viel ...«

Es ist raus. Nun kann ihm niemand mehr einen Strick daraus drehen.

»Ich verstehe schon«, sagt Mühlbacher, und Tobias stellt sich sein feixendes Gesicht dazu vor. »Kein Problem. Schlaf dich aus. Ich weiß doch, auf dich ist immer Verlass. Ich glaube, du hast dich noch nie krankgemeldet.«

»Danke, Genosse Mühl...«

»Ich werde dem Schulte Bescheid sagen, er soll sich heute um dein Revier kümmern. Aber lass es nicht zur Gewohnheit werden, klar? Ich habe gerade erst vor zwei Wochen, du weißt schon ...«

Ja, das hat ihm Mühlbacher schon erzählt. Er hat Tobias' Beförderung befürwortet. Als ob es dabei auf ihn ankäme! Trotzdem scheint er zu glauben, nun etwas gutzuhaben. Egal.

»Muss ... Schluss machen.«

»Gute Besserung, Wagner!«

Geschafft. Tobias steckt das Handtelefon in seine Schlafanzughose, setzt sich bequem hin und verrichtet sein Geschäft.

---

Frisch geduscht und in Uniform betritt er die Küche. Miriam sitzt bereits am Tisch und belegt eine Semmel mit Käse. Sie mustert ihn von oben bis unten.

»In Uniform?«, fragt sie. »Ist das nicht zu auffällig?«

»Wir sollten uns heute Ralfs Büro ansehen. Du hast ihn doch als vermisst gemeldet?«

»Das habe ich.«

»Gut, dann ist es ja logisch, wenn ein Uniformierter sich da mal umsieht. Das einzige Problem ist das hier.«

Er zeigt auf den Aufnäher an seiner Uniformjacke. »Abschnittsbevollmächtigter« steht dort.

»Ich glaube nicht, dass die Kollegen meines Mannes den ABV des Reviers kennen, in dem sich der Betrieb befindet. Das ist ein Industriegebiet, die wohnen alle woanders.«

»Die Kollegen nicht, aber die Pförtner kennen ihn bestimmt, wenn er seine Aufgabe ernst nimmt.«

»Dann müssen wir dich wohl so an der Pforte vorbeischleusen, dass sie den Aufnäher nicht zu sehen bekommen.«

»Kennen sie dich?«

»Ja, ich habe Ralf öfter besucht und war mit ihm auf den Betriebsfeiern.«

»Die Schranke ist doch bestimmt links vom Pförtnerhaus?«

»Richtig.«

»Sehr gut. Dann setze ich mich ans Steuer deines Wagens, und du übernimmst es, den Pförtner zu überzeugen, die Schranke zu öffnen.«

———————

Es ist einfacher als gedacht. Miriam flirtet so geschickt mit dem Pförtner, dass der nur Augen für sie hat. Sie erfährt sogar etwas, was wichtig sein könnte: Ihr Mann hat die Firma am Nachmittag des 4. Oktober in seinem Dienstwagen verlassen, einem grauen Wartburg 554. Der Pförtner erinnert sich sogar noch, dass auf dem Beifahrersitz eine eckige schwarze Aktentasche mit goldfarbenen Verschlüssen lag und daneben eine silberne Thermosflasche. Miriams Mann hat dem Pförtner jedoch nicht gesagt, wohin er unterwegs war.

»Jetzt rechts«, sagt Miriam.

»Die Thermosflasche ...«, sagt Tobias.

»Ralf nimmt sich immer heißen Kaffee mit, wenn er eine längere Autofahrt vor sich hat«, sagt Miriam. »Den Minolkaffee an den Raststätten hasst er.«

»Dann hatte er eine längere Fahrt vor sich.«

»Sieht so aus. Aber wohin? Und warum hat er mir nicht Bescheid gesagt?«

»Vielleicht hat er ja eine Geliebte.«

»Nein, das hätte er mir gesagt.«

»Hatte er denn schon einmal eine?«

»Das habe ich dir doch erzählt. Warum auch nicht? Ich glaube, er brauchte das zur Selbstbestätigung. Aber er kam immer zu mir zurück. In den letzten zwei, drei Jahren ist es ihm allerdings zu anstrengend geworden.«

»Ihr hattet wohl eine ungewöhnliche Beziehung.«

»Findest du? Weil er mich gefesselt oder weil er andere gevögelt hat?«

Tobias wird heiß. Miriam fasst ihn unter das Kinn. Er bemerkt jetzt erst, dass sie dünne schwarze Handschuhe trägt. Das ist ja fast dekadent. Sein Kopf glüht.

»Du bist süß, wenn du so rot wirst. Du bist verschämt wie ein kleiner Junge.«

»Ich ... äh ...«

»Halt!«, ruft sie.

Tobias tritt kräftig in die Bremsen, und der Passat kommt quietschend zum Stehen.

»Entschuldige. Hier ist es«, sagt Miriam.

Sie stehen vor einem einstöckigen Flachbau, der gut und gern dreißig Jahre alt ist. Hier arbeitet also ein Nationalpreisträger?

»Kann ich das Auto so stehen lassen?«, fragt er.

»Ja, auf dem Betriebsgelände kontrollieren deine Kollegen nicht.«
Er steigt aus, bleibt stehen und sieht sich um. Für einen so großen
Betrieb ist wenig los.

»Nun komm schon«, sagt Miriam.

Tobias läuft um das Auto herum. Er ist gar nicht so sicher, ob er
etwas finden will. Es ist ja sehr nett, mal einen Tag lang mit Miriam
durch die Gegend zu fahren und sich dabei zu fragen, wie sein Leben verlaufen wäre, hätte er damals seinen Namen unter die Briefe
gesetzt. Wäre Miriam denn wirklich die Frau eines Volkspolizisten
geworden? Oder wäre er selbst Nationalpreisträger? Vielleicht hätten sie sich auch nach dem Ende der ersten Verliebtheit wieder getrennt. Das scheint ihm das wahrscheinlichste Szenario. Er ist doch
viel zu langweilig für sie.

---

Ralfs Büro ist verschlossen. Tobias will schon erleichtert den Rück-
zug antreten, da holt Miriam triumphierend den Schlüssel aus ihrer
Handtasche.

»Du hast mich ja gar nicht danach gefragt?«

»Ich … weiß auch nicht.«

»He, du bist meine kriminalistische Spürnase. Ich brauche deine
Fähigkeiten.«

Die Tür öffnet sich nach innen. Miriam will eintreten, aber Tobias
hält sie fest.

»Langsam«, sagt er.

Er nimmt einen Gummihandschuh aus der Innentasche der Uniformjacke, packt ihn aus und zieht ihn an. Dann kniet er sich hin
und wischt mit dem Zeigefinger über das Linoleum.

»Hier, Staub!«, sagt er. »Anscheinend hat seit Ralfs Abreise niemand das Büro betreten.«

»Das kann gut sein, er war da sehr eigen.«

»Aber habt ihr denn gar keine Reinigungskräfte?«

»Die durften nur hinein, wenn er da war, seit ihm vor zehn Jahren
mal jemand ein paar Dokumente durcheinandergebracht hat.«

Tobias geht vorsichtig in den Raum hinein. Vor den Fenstern hängen gelbe Vorhänge, die das Sonnenlicht filtern. Warmes Licht fällt über die Schreibtische. Es sieht richtig herbstlich aus. Bald müssten sich die unzähligen auf den Tischen, in Regalen und auf dem Boden verteilten Blätter bunt färben und einrollen.

»Dein Mann war wirklich ein Freund des Papiers«, sagt er.

»Du weißt doch, seine Augen. Er hat sich alles in Großschrift ausgedruckt.«

Zwischen den Papierstapeln führen Wege hindurch. Einer endet am linken Schreibtisch. Tobias schiebt den Stuhl etwas nach vorn und entdeckt einen Schuhabdruck im Staub.

»Sieh mal!«

Er vergleicht den Abdruck mit seinen eigenen Schuhen. Es muss etwa Größe zweiundvierzig sein.

»Welche Schuhgröße hatte dein Mann? Entschuldige, hat dein Mann?«

»Neununddddreißig bis vierzig.«

»Ziemlich klein.«

»Ja, das sagt aber nichts über den Rest seines Körpers.«

»Es sagt aber etwas über den Besucher, den er gehabt haben muss. Also in Abwesenheit. Meinst du, es bringt etwas, seinen Computer zu starten?«

»Ich kenne seine Zugangsdaten nicht, wenn du das meinst.«

»Geburtstage, Vornamen ...«

»Nein, er hat sich immer über den stalinistischen Administrator beschwert, der alle vier Wochen ein neues Kennwort verlangt hat, mit mindestens einer Ziffer, einem Großbuchstaben und einem Sonderzeichen.«

»Das ist lästig. Aber dein Mann scheint ja alles ausgedruckt zu haben, woran er gearbeitet hat.« Tobias weist zu den Regalen. »Da haben wir tagelang zu tun.«

»Ich weiß, dass er die aktuellsten Papiere immer in der Nähe seines Schreibtischs gelagert hat. Wenn er ein neues Projekt begonnen hat, hat er das letzte ausgelagert.«

Tatsächlich nimmt die Höhe der Papierstapel mit der Entfernung vom Schreibtisch ab.

»Dann sollten wir mit dem Schreibtisch beginnen.«

Tobias setzt sich auf den Stuhl. Systematisch geht er alle auf dem Tisch verteilten Papiere durch. Manche sind sogar von Hand beschrieben. Die übergibt er Miriam, die Ralfs Schrift entziffern kann. Es zeigt sich schnell, dass er sich die systematische Vorgehensweise sparen kann.

Dr. Ralf Prassnitz hat offenbar gearbeitet wie ein Vulkan. Das Zentrum seiner Eruption war der Bildschirm. Von dort flossen die Papiere langsam nach außen, bedeckten die fruchtbare Arbeit früherer Zeiten, zerstörten die Erkenntnisse der Vergangenheit, sterilisierten alte Hoffnungen und verbrannten so manches Ideal. So lesen sich jedenfalls manche Absagen, die er hohen Herren aus dem Ministerium geschickt hat. Als Nationalpreisträger konnte er sich diese Ehrlichkeit offenbar leisten. Der Krug geht zum Brunnen, bis er bricht, hat Tobias' Oma immer gesagt. Wenn Miriams Mann sich nun immer mehr Feinde gemacht hat, bis es denen zu viel wurde?

Quatsch. Dann hätte man ihn mit irgendeiner Begründung abgesägt. Es gibt immer einen Nachfolger, der den Job unbedingt haben will. Es ist sicher nicht schlau, es sich mit allen zu verderben, aber es führt doch nicht in den Tod, höchstens auf einen Abstellbahnhof im Archiv.

Tobias hält inne. Am liebsten würde er doch den Computer anschalten. Ralf hat bestimmt etwas ausgedruckt, das sich noch im Zwischenspeicher finden lässt: Reichsbahnfahrkarten, Zimmerreservierungen, Beschwerden an den Staatsratsvorsitzenden oder auch einen Abschiedsbrief. Aber sobald jemand dreimal das falsche Kennwort eingibt, weiß der Administrator Bescheid. Zwischen dem Rechner in der Mitte und dem Rand des Schreibtischs gibt es einen Bereich, der etwas von einer verbotenen Zone hat. Dort bedeckt Staub statt Akten das helle Holz und die grüne Plaste der Schreibunterlage.

»Dort müssen die Akten gelegen haben, die er mitgenommen hat«, sagt Tobias.

»Ich fürchte auch«, sagt Miriam. »Und nun?«

»Vielleicht stecken interessante Erkenntnisse in all den anderen Blättern.«

»Ich habe eine bessere Idee. Ralf hat sich immer über den Drucker hier beschwert. Manchmal hat er sich extra Arbeit zum Ausdrucken mit nach Hause genommen.«

»Du meinst, auf dem Rechner zu Hause werden wir fündig?«

»Nein, er muss mit Papieren aus dem Büro losgefahren sein. Der Drucker, über den er sich beschwert hat, hatte eine Macke. Er hat immer wieder bedruckte Seiten zerknüllt ausgegeben. Der Papiereinzug war nicht zuverlässig.«

»Ah, dann finden wir vielleicht im Papiermüll noch Reste davon. Wo ist denn der Drucker?«

»Er steht am Ende des Flurs.«

---

Vorsichtig öffnet Tobias die Tür des Büros. Draußen ist niemand. Warum ist es hier eigentlich so leer? Im Film schnappt immer in dem Moment die Falle zu, wenn der Held bemerkt, dass es viel zu still ist. Tobias dreht sich noch einmal um seine Achse, aber außer ihnen ist wirklich niemand da.

»Da hinten!«, sagt Miriam leise.

Ihr scheint auch nicht ganz wohl zu sein.

»Hast du eine Ahnung, wo die alle sind?«, fragt er.

»Nein. Vielleicht eine Besprechung irgendwo. Aber seltsam ist es schon. Hier arbeiten sonst um die zwanzig Menschen.«

»Wir sollten uns beeilen.«

Der Drucker ist ein westliches Fabrikat. Tobias kann eine gewisse Befriedigung nicht unterdrücken, dass der Klassenfeind auch nur mit Wasser kocht. Neben dem Ausgabefach steht ein rosafarbener Papierkorb aus Plaste. Er ist voller zerknüllter Seiten. Tobias hockt sich hin und schüttet ihn aus.

»Los, jeder die Hälfte.«

Er stellt den Papierkorb vor sich und greift nach dem ersten Papier. Raschelnd entfalten sie den Ausschuss von Prassnitz und seinen Kollegen. Aber was ist relevant? Sie werfen sich gegenseitig Stichwörter zu.

»Kampfgruppen-Einsatzplan«, sagt Miriam.

Tobias schüttelt den Kopf. »Zu viele Zeugen. Brigade-Tagebuch.«

»Vergiss es.«

»Rechenschaftsbericht«, sagt Tobias.

»Hat er jede Woche schreiben müssen«, sagt Miriam. »Spesenabrechnung, Gaststätte Deutsches Haus.«

»Wann?«

»Vor einer Woche. Also weg damit.«

Sie wirft das Papier in den Korb, trifft aber seine Stirn. Tobias lacht, und sie stimmt ein. Es macht Spaß, mit Miriam einen Fall zu lösen.

»Symposium bildgebende Verfahren in der Landwirtschaft«, sagt er.

»Wann?«, fragt sie.

»Nächste Woche.«

»Ich erinnere mich. Da wollte ihn sein Chef hinschicken. Er soll die Auftaktrede halten. Er hatte überhaupt keine Lust.«

»Hat aber mit seinem Verschwinden nichts zu tun?«

»So sehr, dass er lieber ganz verschwinden wollte, hat er es auch nicht gehasst. Er ist gern aufgetreten.«

»Ein Schreiben an ein Institut«, sagt Tobias.

»Welches?«, fragt Miriam.

»Institut für Landschaftsplanung und  gestaltung.«

»Nie gehört. War eigentlich nicht so Ralfs Thema. Was schreibt er denn?«

»Es ist leider nur die zweite Seite. Keine Anschrift. Er bittet um dringenden Rückruf. Hier, ich lese vor: ›... werde ich all mein Gewicht in die Waagschale werfen, um diese Farce zu beenden. Ich erwarte Ihren dringenden Rückruf.‹ Jena, 3. Oktober, das Unterschriftsfeld ist leer.«

»Er musste die Seite ja neu ausdrucken«, sagt Miriam.

»Wenn sie überhaupt von ihm kommt. Wie viele Menschen arbeiten hier und benutzen demnach den Drucker?«

»Aber diesen Ton, den hat er drauf. Ralf weiß, dass er etwas kann und was er will. Das habe ich an ihm immer so anziehend gefunden. Manche sind ja privat ganz anders als im Beruf, aber bei ihm ist das eine Einheit.«

»Die allseits entwickelte sozialistische Persönlichkeit.«

»Haha. Er ist übrigens kein Parteimitglied.«

»Das ist möglich, in seiner Stellung?«

»Er hat immer gesagt, wenn ihm mal wissenschaftlich nichts mehr einfällt, tritt er in die Partei ein, vorher nicht.«

»Er ist Pragmatiker.«

»So könnte man es auch ausdrücken. Und du, bist du in der Partei?«

Tobias hört ein Rascheln. Er fährt hoch. Hinter dem Drucker ist ein großes Fenster mit Gardine. Er zieht sie einen Zentimeter weit auf. Da kommen Menschen die Straße herunter. Sie sind vielleicht noch fünfzig Meter entfernt.

»Wir müssen los.«

Er steckt sich das Schreiben an das Institut in die Uniformtasche. Hektisch füllen sie den Papierkorb wieder. Zwei Zettel entwischen ihnen und segeln zu Boden.

»Keine Zeit«, sagt Tobias. »Komm, raus mit uns.«

Er zieht Miriam hinter sich her.

Vor dem Büro ihres Mannes bleibt sie stehen.

»Nicht, wir müssen hier raus.«

»Ich muss abschließen!«

Sie zückt den Schlüssel, schiebt ihn ins Schloss und dreht zweimal nach links.

»Los jetzt«, sagt er.

Zügig laufen sie zum Ausgang. An der Tür begegnen sie zwei Männern und einer Frau.

»Hallo, Miriam, was machst du denn hier?«, fragt die Frau.

Dann hat sie offenbar den Volkspolizisten hinter ihr bemerkt und tritt einen Schritt zurück. Auch die beiden Männer machen ihnen Platz.

»Ich habe dem Genossen Oberkommissar Ralfs Büro gezeigt.«

Oberkommissar. Hoffentlich kennt die Frau sich nicht aus. Tobias stellt sich so neben Miriam, dass man das Abzeichen des ABV nicht sieht.

»Oh, was ist denn mit ihm?«, fragt die Frau.

»Nichts, Sharon, alles ist gut«, sagt Miriam.

»Haben Sie denn irgendwelche Informationen zum Verbleib des Genossen Prassnitz?«, fragt Tobias. »Die Frage geht auch an Sie, meine Herren.«

»Ich habe ihn letzte Woche zuletzt gesehen«, sagt die Frau. »Aber ich habe mir keine Sorgen gemacht, er arbeitet ja oft zu Hause.«

»Ja, genau«, sagt der kleinere der beiden Männer. »Zum Republikgeburtstag war er auch nicht da. Die Forschungsabteilung marschiert sonst natürlich immer komplett mit.«

Das muss der Parteisekretär der Abteilung sein.

»Natürlich, Genosse«, sagt Tobias. »Und Sie?«

Er sieht den größeren Mann an, der sich an der Nase kratzt. Ein typisches Zeichen dafür, dass jetzt eine Lüge kommt. Das hat man ihnen jedenfalls auf der Polizeischule beigebracht. Tobias verkneift sich schon die ganze Zeit, sich an der Nase zu kratzen.

»Ich glaube, ich habe ihn am Sonntag gesehen. Er ist bei den Betriebskampfgruppen mitgelaufen«, sagt der Mann.

»Ah, danke, klar, das ergibt Sinn«, sagt Tobias. »Sozialistischen Dank. Ich will Sie auch gar nicht länger von der Arbeit abhalten.«

Eng aneinandergepresst schaffen sie es an der Gruppe vorbei und auf die Straße. Da die drei sie immer noch beobachten, setzt Tobias sich diesmal auf den Beifahrersitz. Vor der Schranke winkt er mit seiner Schirmmütze aus dem Fenster. Der Pförtner versteht die Geste und zieht die Schranke hoch. Auf der anderen Straßenseite, an der Einfahrt, hält ein Polizei-Lada, aus dem ein Schutzpolizist und ein Mann in Zivil aussteigen. Der Pförtner lässt sie in sein Häuschen.

»Wer waren die drei?«, fragt Tobias.

»Das eine war Sharon. Ralf hatte etwas mit ihr, aber sie weiß nicht, dass ich es weiß. Der Kleinere war der stellvertretende Parteisekretär, und der Größere war ein Studienfreund, Jonas, den Ralf vor zwei Jahren hierhergeholt hat.«

»Scheint ein netter Kerl zu sein. Er hat sogar für ihn gelogen.«

»Er hat eher für mich gelogen. Ich war ein paarmal mit ihm im Bett.«

Miriam sieht konzentriert auf die Straße, als sie das sagt. Um ihren Mund zieht sich der Hauch eines Lächelns, aber nicht mehr. Vielleicht veralbert sie ihn gerade, oder sie denkt an schönere Zeiten zurück.

---

»Eine Bratwurst für mich«, sagt Miriam.

Der Verkäufer scheint es nicht eilig zu haben. Sie sind aber auch die einzigen Kunden. Er lehnt sich über die Theke.

»Scharfer, mittelscharfer oder süßer Senf?«, fragt er.

»Scharf.«

»Die Dame mag es also scharf.« Der Mann grinst und zieht seine weiße Schürze straff. »Und der Herr, was darf es sein? Entschuldigung, der Genosse natürlich.«

»Eine Grilletta, bitte.«

»Mit Letscho oder Ketchup? Das Letscho ist selbstgemacht, der Ketchup aus dem VEB ...«

»Letscho.«

»Natürlich, Genosse. Also eine Bratwurst und eine Grilletta. Kommt sofort. Macht dann drei Mark fuffzsch.«

Tobias will sein Portemonnaie aus der Innentasche nehmen, aber Miriam kommt ihm zuvor und legt einen Fünf-Mark-Schein auf die Theke. Es ist die neue Serie mit dem Honecker-Porträt.

»Hier, stimmt so«, sagt sie.

»Danke, die Dame. Um einen kleinen Moment Geduld muss ich bitten.«

Der Mann versucht, Hochdeutsch zu sprechen, kann seinen Thüringer Dialekt allerdings nicht verbergen. Tobias stellt sich an einen der drei Stehtische. Es weht ein frischer Wind, und er zieht die Uniformjacke fester zu. Miriam hat eine Strickjacke aus ihrer Handtasche gezaubert. Sie befinden sich auf einem Parkplatz an einer Fernverkehrsstraße, die zwei Industriegebiete verbindet. Die Imbissbude scheint ihr Geld vor allem in der Mittagspause zu verdienen, die erst in einer Stunde beginnt.

»Dieses Institut ...«, sagt Tobias.

»Institut für Landschaftsplanung und -gestaltung«, sagt Miriam.

»Hast du je davon gehört?«, fragt er. »Hat Ralf mit dir darüber gesprochen?«

»Wir haben oft über seine Arbeit gesprochen, aber dieses Institut hat er nie erwähnt. Es passt ja auch nicht so richtig zu seinen beruflichen Interessen.«

»Wollte er vielleicht euren Garten umgestalten lassen?«

»Davon war nie die Rede. Mir gefällt unser Garten, wie er ist.«

»Und wenn es eine Überraschung sein sollte, zum Hochzeitstag vielleicht?«

»Nein, so ist Ralf nicht. Er hätte mir vielleicht verrückt teuren Schmuck geschenkt oder eine Luxusreise. Aber eine Gartenumgestaltung auf keinen Fall.«

»Ihre Bestellung ist fertig!«, ruft der Imbissverkäufer.

»Warte, ich hole sie«, sagt Tobias.

»Bring doch bitte noch eine Selters mit.«

»Mache ich.«

Der Verkäufer hält ihm die Bratwurst und die Grilletta hin. Beide sind auf Papptellern angerichtet. Neben der Bratwurst hat der Mann mit dem Senf eine Symbol gezeichnet, das ein Herz sein könnte. Die Grilletta schwimmt halb im Letscho.

»Die Selters bringe ich Ihnen an den Tisch, Genosse Wachtmeister«, sagt der Verkäufer.

»Leutnant, wenn es sein muss.«

»Oh, mein Fehler.«

Tobias balanciert das Essen bis zu ihrem Stehtisch. Zum Glück sind es nur ein paar Schritte. Der Verkäufer kommt aus dem Seiteneingang seines Wagens. Er stellt die Seltersflasche auf dem Tisch ab und legt ihnen Besteck hin, dazu je eine Serviette.

»Das ist ja Service«, sagt Miriam und drückt ihm eine Münze in die Hand, vermutlich eine Mark.

»Sehr gern, die Dame.«

Sie müssen aufpassen, was sie sagen. Der Verkäufer hat allzu gute Ohren. Wenn sie Pech haben, arbeitet er inoffiziell für die Firma.

»Dann lass es dir schmecken«, sagt Tobias.

Miriam nimmt die heiße Bratwurst zwischen Daumen, Zeige- und Mittelfinger, tunkt ihr Ende in den Senf und schiebt sie sich in den Mund. Sie beißt aber nicht ab, sondern leckt nur den Senf ab.

»Warum guckst du denn so?«, fragt sie. »Willst du auch mal probieren? Ist guter Bautzner Senf.«

Sie hält ihm das Ende der Wurst hin. Tobias schüttelt den Kopf. Er wird schon wieder rot. Miriam lacht. Es macht ihr offensichtlich Spaß, ihn zu provozieren.

»Ich mag keinen Senf«, sagt Tobias.

Er klingt ein bisschen wie die Spielverderber aus der Kindheit, die niemand gemocht hat. Tobias nimmt die Grilletta, ein Brötchen mit einer eingelegten Scheibe aus gebratenem Schweinehack, in beide Hände. Das Brötchen ist unten tropfnass vom Letscho. Wenn er es so zum Mund führt, wird er sich die Uniform bekleckern. Also legt er die Grilletta wieder ab. Es sieht zwar albern aus, aber wenn er sie mit Messer und Gabel isst, bleibt wenigstens seine Uniform verschont.

Ein paar Minuten lang kauen sie schweigend. Die Selters teilen sie sich. Immer wenn Miriam aus der Flasche getrunken hat, schmeckt er anschließend ihren Lippenstift. Er stellt sich so, dass er dem Imbisswagen den Rücken zuwendet.

»Also, dieses Institut«, sagt er deutlich leiser als zuvor.

»Meinst du, es hat etwas mit Ralfs Verschwinden zu tun?«, fragt Miriam.

»Es ist unsere einzige Spur. Was immer da war, es hat ihn ziemlich aufgeregt.«

»Ralf kann sehr hartnäckig sein, wenn ihm etwas gegen den Strich geht.«

»Dann sollten wir dort unbedingt nachfragen.«

»Was weiß denn der Bergblick darüber?«

Tobias wischt seine Finger an der Papierserviette ab und holt das Handtelefon aus der Hosentasche. Es zeigt vier Balken. Das Postnetz ist nicht überall so gut. Vielleicht hat der VEB Carl Zeiss in dieser Gegend Druck gemacht. Tobias gibt den Namen des Instituts ein.

»So ein Institut ist nicht zu finden«, sagt er. »Es gibt lediglich an der TU Dresden eine Professur für Landschaftsplanung.«

»Seltsam, da wird alles geplant, aber ausgerechnet die Landschaft nicht?«

»Dass der Bergblick es nicht findet, heißt ja nicht, dass es nicht existiert«, sagt Tobias.

»Ich weiß«, sagt Miriam.

»Ich könnte im elektronischen Polizeiarchiv nachsehen.«

Oh, Mann. Tobias bricht der Schweiß aus. Wie kann er das bloß vorschlagen? Eine private Recherche im Archiv der Deutschen Volkspolizei! Wenn das herauskommt, ist er sein ABV-Abzeichen los.

»Das würdest du tun? Ist das nicht gefährlich für dich? Ich will dich nicht in Schwierigkeiten bringen.«

»Ich ... nein, das ist doch nur eine harmlose Abfrage, mach dir da keine Sorgen«, sagt er.

Doch selbst ist er davon nicht überzeugt. In der DDR geht niemand einfach so verloren, schon gar kein Nationalpreisträger. Dr. Prassnitz muss sich in ernsthafte Schwierigkeiten gebracht haben. Falls sie mit diesem Institut zu tun haben, ist Tobias gerade dabei, Ralf auf seinem Weg zu folgen. Wäre es nicht klüger, alles auf sich beruhen zu lassen? Falls Miriams Mann in irgendwelche Mühlen geraten ist, haben sie sowieso keine Chance, ihn da rauszuholen.

Aber wenn er Miriam das sagt, wird das nur eine Folge haben: Sie fragt jemand anderen, setzt ihre Recherche fort, und er sieht sie nie wieder.

»Wie du meinst«, sagt sie. »Aber sieh dich bitte vor. Es reicht, wenn Ralf Probleme hat.«

»Warte, das geht ganz schnell.«

Er schaltet das Handtelefon auf den Dienstmodus um. In dieser Betriebsart kann es sich in jedes Funknetz einwählen, auch wenn es nicht von der Deutschen Post betrieben wird, sondern von einem der westlichen Konzerne, die eine Lizenz für das Gebiet der DDR erhalten haben. Zugleich wird sämtlicher Datenverkehr verschlüsselt und über Rechner des Ministeriums des Inneren geführt. Dazu muss Tobias sich per Fingerabdruck identifizieren.

Der Bildschirmhintergrund wechselt auf Schwarz-Rot-Gold, und die vorhandenen Anwendungen verändern sich. Tobias startet die Adressabfrage und gibt den Namen des Instituts ein.

»Geschützter Eintrag«, erscheint auf dem Bildschirm.

»Mist, meine Benutzerstufe ist zu gering«, sagt er.

»Und das heißt?«, fragt Miriam.

»Dieses Institut befasst sich ganz gewiss nicht mit Landschaftsplanung.«

»Sondern?«

»Da gibt es viele Möglichkeiten. Zu viele.«

»Also wird es vom MfS betrieben?«

»Nicht unbedingt. Es kann auch zur Volksarmee gehören oder zur Außenwirtschaft. Du hast immer noch keine Idee, womit sich dein Mann da befasst hat?«

Miriam seufzt. »Es tut mir leid, aber er hatte immer nur seine Multispektralkamera im Kopf. Das war sein Lebenswerk. Ich wüsste nicht, warum er sich dann mit einem Institut für Landschaftsplanung streiten sollte.«

Miriam steckt den letzten Bissen der Bratwurst in den Mund, kaut, schluckt und leckt den restlichen Senf von der Pappe. Mit der Serviette wischt sie sich den Mund ab und rülpst.

»Entschuldigung«, sagt sie. »Die viele Kohlensäure in der Selters.«

»Dann stecken wir wohl in einer Sackgasse«, sagt Tobias.

»Es sieht so aus.« Sie sinkt in sich zusammen, streckt sich aber gleich wieder. »Vielleicht weiß Jonas mehr.«

»Jonas?«

»Der nette Kollege, der vorhin gelogen hat.«

»Aber wird er uns denn die Wahrheit sagen?«

»Jonas vertraut mir. Er hatte bloß Angst vor deiner Uniform. Am besten, ich lade ihn für heute Abend zu mir nach Hause ein.«

»Du wolltest mich nach Dresden zurückfahren. Ich kann nicht morgen auch noch krank sein.«

»Dann fahren wir eben nach Jonas' Besuch.«

---

Tobias kommt sich ohne seine Uniform wie verkleidet vor. Miriam hat aber darauf bestanden, dass er einen Anzug ihres Mannes trägt, um es Jonas zu erleichtern, Vertrauen zu fassen. Die schwarze Stoffhose ist ganz schön eng und ein wenig zu lang. Das Hemd hingegen ist am Kragen angenehm weit. Tobias schwitzt, weil Miriam ihn unbedingt im Jackett sehen will, obwohl der Kaminofen angeheizt ist und Kerzen auf dem Couchtisch zusätzlich Wärme ausstrahlen. Draußen ist es schon dunkel, und die Vorhänge sind zugezogen. Schade eigentlich, dass sie noch auf jemanden warten.

Miriam trägt ein rotes Kleid, dessen Schnitt ihm asiatisch vorkommt. Es ist bis zum Hals geschlossen, betont aber ihre Silhouette.

»Sehr schick!«, sagt er.

»Ein Qipao. Den hat mir Ralf von einer Dienstreise nach Shanghai mitgebracht.«

Ralf muss ein Traummann sein. Er kennt offenbar auch die genaue Kleidergröße seiner Frau und ihren Geschmack, was wohl noch schwieriger ist.

Es klingelt. Das kann nur Jonas sein. Miriam geht zur Tür. Eine Glocke erklingt. Im selben Moment vibriert das Handtelefon in seiner Hosentasche. Tobias nimmt es heraus. Es zeigt keine ihm bekannte Rufnummer an. Noch schlimmer: Es zeigt gar keine Rufnummer an. Nur MfS-Mitarbeiter sind in der Lage, die eigene Nummer zu unterdrücken. Tobias ist kurz davor, den Anruf abzulehnen, doch wenn er ihn nicht annimmt, steht vielleicht bald jemand vor der Haustür.

»Wagner hier«, meldet er sich.

»Genosse Wagner, schön, dass du wieder einsatzbereit bist.«

Es ist Schumacher vom MfS. Tobias hätte es sich denken können. Sein Herz schlägt schneller.

»Danke, es geht mir schon wieder etwas besser.«

»Gut genug jedenfalls, dass du die Adressabfrage benutzen kannst.«

Auch das hätte er sich denken können. Seine Suche nach einem geheimen Ort hat offenbar irgendwo die Alarmglocken klingeln lassen. Tobias atmet tief durch. Es gibt nichts, was das MfS ihm vorwerfen könnte. Aber dass die Suche nach diesem offiziell nicht existenten Institut so eine Reaktion hervorruft, zeigt, dass sie da an etwas dran sind. Er weiß nur nicht, woran, und Schumacher wird der Letzte sein, der ihm davon erzählt.

»Irgendwo habe ich diesen Namen aufgeschnappt«, sagt Tobias, »und das hat meine Neugier geweckt.«

Das ist eine ganz, ganz schwache Ausrede. Er weiß es, und Schumacher weiß es auch. Aber Tobias verlässt sich darauf, dass ihm nichts geschieht, solange er seine Pflichten nicht verletzt.

»Ein toller kriminalistischer Spürsinn, Genosse Wagner, meinen Glückwunsch dazu. Vielleicht solltest du dich bei uns bewerben. Wir brauchen immer Kundschafter für die Sache des Friedens.«

»Ich überlege es mir.«

»Also meine Empfehlung hast du.«

»Danke, Genosse Schumacher.«

»Ich möchte dir aber auch noch etwas anderes empfehlen, im Sinne unserer langjährigen Freundschaft.«

»Natürlich, Genosse Schumacher.«

»Was immer es ist, worin du da deine Finger zu stecken versuchst, lass es. Da sind Kräfte am Werk, von denen du nichts ahnst. Dieses Institut liegt sogar über meiner Benutzerstufe.«

Schumacher hat also ebenfalls versucht, mehr über das Institut herauszufinden. Der Mann ist genauso neugierig wie er.

»Interessant«, sagt Tobias.

Der MfS-Mann lacht. »Ich habe natürlich nachgesehen, was dich da interessiert hat. Aber ich habe hier eines gelernt: Leg dich nie mit Dingen über deiner Benutzerstufe an. Ich mag dich, wir haben eine gute Gesprächsbasis. Ich habe noch zwei Jahre bis zur Rente. Da will ich mich nicht noch an einen neuen ABV in deinem Revier gewöhnen müssen. Verstanden?«

»Verstanden, Genosse Schumacher.«

»Ich werde in meinem Bericht vermerken, dass du den Namen irrtümlich eingetippt hast.«

»Danke, Genosse Schumacher.«

»Du musst mir nicht danken. Ich mache das, weil ich sowieso schon genug Arbeit habe und mich darauf verlasse, dass du auf eine dringende Warnung hörst.«

»Natürlich, Genosse.«

»Vielen Dank übrigens noch für deinen Hinweis auf den Club der Volkssolidarität in der Comeniusstraße.«

»Gern geschehen.«

»Das Porträt des Genossen Krenz war bei unserer Kontrolle immer noch verunstaltet. Wir haben bei der Gelegenheit festgestellt, dass der stellvertretende Clubleiter den Vervielfältigungsapparat seiner Dienststelle für private Kopien benutzt hat.«

»Tobias, darf ich ...?«

Miriam erscheint mit Jonas im Schlepptau in der Wohnzimmertür. Tobias hält das Mikrophon des Handtelefons zu und schüttelt heftig den Kopf.

»Ah, du hast Damenbesuch, Genosse«, sagt der MfS-Mann am Telefon. »Ja, gönn dir ruhig ein bisschen Ablenkung. Dann kommst du nicht auf dumme Ideen.«

»Danke, das werde ich, Genosse Schumacher.«

Es knackt in der Leitung, und das Gespräch ist beendet. Tobias schaltet das Handtelefon aus. Er öffnet die Rückseite des Geräts und entnimmt ihm den Akku.

»Wer war denn das?«, fragt Miriam. »Probleme?«

»Nur die Stasi. Meine Suche nach diesem Institut ist ihnen aufgefallen.«

Jonas tritt einen Schritt zurück, als wolle er fliehen, doch Miriam hält ihn fest.

»Das tut mir leid«, sagt Miriam. »Ich nehme an, das bedeutet Schwierigkeiten?«

»Bisher nicht. Ich habe ja nichts Illegales getan. Aber ich habe eine sehr deutliche Warnung bekommen, mich da herauszuhalten.«

»Wirst du ihr nachkommen, der Warnung?«, fragt Miriam.

»Bisher weiß ich ja nicht einmal, wo genau ich mich heraushalten soll.«

Miriam schenkt ihm einen dankbaren Blick.

»Ich wollte dir noch Jonas Schieferdecker vorstellen«, sagt sie.

Jonas, halblange lockige Haare und ein markantes Kinn, hat sich schick gemacht. Er kommt auf Tobias zu und gibt ihm die Hand.

»Freut mich«, sagt er.

Ob das stimmt? In der linken Hand hält Jonas einen Strauß mit roten Rosen. Vermutlich hat Miriam ihm bei der Einladung nicht verraten, dass er nicht der einzige Gast sein wird. Seinem Gesicht ist aber nichts anzumerken. Er lächelt freundlich und ehrlich.

»Freut mich ebenfalls«, sagt Tobias. »Tobias Wagner aus Dresden.«

»Der Mann in Uniform von heute Morgen.«

»Genau. Ich bin aber nicht dienstlich hier, sondern rein privat.«

»Wegen Miriam«, sagt Jonas.

Sein Lächeln ist ansteckend. Tobias nickt. Natürlich ist er wegen Miriam hier. Mit Jonas wird er sich gut verstehen.

»Darf ich trotzdem fragen, was Sie beruflich …?«

»Jungs, lasst uns doch alle beim Du bleiben, einverstanden?«, fragt Miriam.

»Na klar«, sagt Jonas.

»Gern«, sagt Tobias. »Was deine Frage betrifft – ich bin ABV der Deutschen Volkspolizei.«

»Tobias ist ein Schulfreund«, erklärt Miriam. »Ich habe ihn um Hilfe gebeten, weil er ein paar Möglichkeiten hat, die mir fehlen. Auf ihn ist absolut Verlass.«

»Danke, Miriam«, sagt Tobias.

*Weil ich dir nämlich verfallen bin. Auch wenn mir das so lange gar nicht klar war.*

»Ich bin ein Kollege von Ralf«, sagt Jonas. »Ich bin ihm sehr dankbar. Er hat mich in seine Abteilung geholt, so dass ich nun Weltklasseforschung machen kann.«

»Jonas hat keinen gefestigten Klassenstandpunkt, musst du wissen«, sagt Miriam.

Jonas lacht. »Ich komme aus einem kirchlichen Elternhaus. Es war schon schwierig, den Physikstudienplatz zu bekommen. Aber in Ralfs Abteilung hätte ich es ohne seine Fürsprache nie geschafft.«

*Und zum Dank dafür schläfst du mit seiner Frau.* Aber Ralf wusste ja wohl davon, so wie Miriam von seiner Affäre mit Sharon wusste. Die beiden müssen eine seltsame Beziehung gehabt haben. Eine seltsame Beziehung haben, korrigiert er sich.

»Kannst du uns denn etwas über ein gewisses Institut für Landschaftsgestaltung und -planung sagen?«, fragt Tobias.

»Nun setzt euch doch erst einmal«, sagt Miriam. »Wir stoßen an, und dann kommen wir zur Arbeit.«

Tobias lässt sich auf einer Seite des Zweisitzersofas nieder, Jonas auf dem Dreisitzer gegenüber. Miriam platziert sich auf dem Sessel zwischen ihnen. Das Sofa ist wunderbar bequem und riecht intensiv nach Leder. Auf dem Tisch stehen drei Weingläser. Miriam gießt in jedes etwas Wein aus einer bereits offenen Flasche ein. Sie stoßen an.

»Auf euch«, sagt Miriam. »Ich bin euch wirklich sehr dankbar, dass ihr mir bei der Suche nach meinem Mann helfen wollt.«

Es ist schon verrückt. Der Liebhaber und die Jugendliebe sollen

Miriam helfen, ihren Mann aufzuspüren. Tobias nimmt einen Schluck, stellt das Glas aber gleich wieder ab. Er muss ja heute noch fahren, auch wenn er sich gerade nicht vorstellen kann, in ein, zwei Stunden am Steuer zu sitzen.

»Das ist doch klar«, sagt Jonas. »Ich fürchte allerdings, dass ich euch zu dem Institut gar nichts sagen kann.«

»Dann muss sich Ralf ganz allein mit ihm auseinandergesetzt haben«, sagt Miriam. »Gab es denn bei eurer Arbeit in letzter Zeit Probleme, die mit diesem Institut zu tun gehabt haben könnten?«

»Probleme gab es immer«, sagt Jonas. »Besonders hektisch war es vor dem Start von Mandy Neumann, aber davon hatten wir uns eigentlich ganz gut erholt.«

»Mandy Neumann?«, fragt Tobias.

»Kennst du denn unsere DDR-Kosmonautin nicht?«, fragt Miriam.

»Ah, doch, der Nachname war mir entfallen.«

»Sie hat die MKF-8 mit ihrer Kapsel zur Völkerfreundschaft gebracht, dort installiert und die ersten Fotos gemacht«, sagt Jonas. »Dass das alles unbedingt zum achtzigsten Republikgeburtstag fertig sein musste, hat uns eine Menge Nerven gekostet. Der Raketenstart ließ sich ja nicht verschieben.«

»Aber dieser Ärger war ja vorüber«, sagt Tobias.

»Genau. Bis auf eine Ausnahme«, sagt Jonas.

»Jetzt wird es interessant«, sagt Miriam und beugt sich nach vorn.

»Es gab Probleme mit der Auswertungssoftware. Die MKF-8 ist ja eine Multispektralkamera, sie fotografiert also auf vielen Wellenlängen gleichzeitig. Ihre Bilder muss man erst aufbereiten. Das übernimmt ein Programm.«

»Und das hat nicht richtig funktioniert?«, fragt Miriam.

»Im Gegenteil. Es hat zu gut funktioniert.«

»Wie kann etwas zu gut funktionieren?«

»Es gibt Gegenden in unserer schönen Republik, die dem Auge der Öffentlichkeit verborgen bleiben sollen.«

Jonas legt theatralisch den Finger auf den Mund.

»Ach, und die neue Wunderkamera meines Mannes hat sie aufgedeckt?«

»Ja und nein.«

»Wie meinst du das?«, fragt Miriam.

»Die MKF-Reihe hatte schon immer ein hervorragendes Auflösungsvermögen. Also konnte man damit auch geheime Militäreinrichtungen oder Raketenabschussrampen aufspüren. Aber die zuständigen Stellen wissen ja, wo sich solche sensiblen Orte befinden. Also haben wir für die entsprechenden Bereiche die Auflösung verringert. Wir brauchten dazu bloß die exakten Koordinaten.«

»Ihr habt diese Koordinaten bei der MKF-8 vergessen«, rät Tobias ins Blaue hinein.

»Nein, wo denkst du hin, so dumm war Ralf nicht. Das wäre ja auch ganz einfach zu korrigieren gewesen.«

»Was war dann das Problem?«, fragt Tobias.

»Die MKF-8 kann erstmals durch eine geschlossene Wolkendecke hindurchsehen. Darauf war Ralf sehr stolz. Sie verwendet dazu eine Kombination aus Wellenlängen, die von Wolken wenig oder gar nicht gestreut werden, und den Rest berechnet sie durch eine geschickte Extrapolation.«

»Das hat den Preis der MKF-8 im Westen doch sicher deutlich in die Höhe getrieben«, sagt Tobias.

»Ja, wir hätten sie für den doppelten Preis der Vorgänger verkaufen können. Die KoKo hat uns fast einmal die Woche besucht. Sie wollten sie unbedingt verkaufen. Das wäre diesmal der Nationalpreis I. Klasse geworden.«

Die Kommerzielle Koordinierung ist für den Handel mit dem Westen zuständig. Seit der Ölfunde ist sie zu einem riesigen Apparat herangewachsen.

»Aber?«, fragt Miriam.

»Es gab Stellen im Staatsapparat, die damit nicht einverstanden waren.«

»Was für Stellen?«, fragt Tobias.

»Sie haben sich uns nicht vorgestellt.«

»Also MfS«, sagt Tobias.

»Das dachte ich auch, aber der MfS-Kontaktmann im Betrieb hatte von ihnen auch noch nie gehört. Es kann natürlich sein, dass er gelogen hat, aber die haben ihn ziemlich von oben herab behandelt. Deshalb bin ich geneigt, ihm zu glauben.«

»O nein, Ralf hat sich ihnen widersetzt?«, fragt Miriam. Zum ersten Mal sieht Tobias in ihrem Gesicht eine Andeutung von Angst. »Zuzutrauen wäre es ihm. Er ist bei seinen Forschungsergebnissen sehr eigen.«

»Nein, wir haben uns zusammengesetzt und beschlossen, das Problem mit Hilfe der Auswertungssoftware zu lösen. Die MKF-8 ist ja nun im All, da kommen wir nicht mehr heran.«

»Dann gäbe es doch gar keinen Grund, Ralf verschwinden zu lassen«, sagt Tobias.

»Das stimmt. Wir haben noch bis Mittwoch an der Programmierung gesessen. Die ganze Abteilung – außer Ralf.«

»Womit hat er sich beschäftigt?«, fragt Miriam.

»Er wollte die Bilder auswerten, die die MKF-8 ohne unsere eingeschränkte Programmversion geliefert hat.«

»Dann muss er dabei etwas gefunden haben, das ihm nicht gefallen hat.«

»Ja, Miriam, so sieht es aus.«

»Wir sollten einen Blick auf diese Bilder werfen«, sagt Tobias.

»Aber wie kommen wir da ran?«, fragt Miriam.

Jonas greift in seine Hosentasche und holt ein Gerät heraus, das wie ein Speicherstift aussieht.

»Ich habe mir schon gedacht, dass das nützlich sein könnte«, sagt er. »Hier sind die Originalbilder.«

––––––––––

Miriam stellt ihren tragbaren Rechner auf den Wohnzimmertisch und meldet sich an. Dann schaltet sie den riesigen RFT-Fernseher an und stellt eine drahtlose Verbindung her.

»Hier«, sagt Jonas und reicht ihr den Speicherstift. »Für das spezielle Bildformat brauchst du einen Betrachter, den ich auch auf dem Stick gespeichert habe. Einfach das Programm starten.«

Tobias verfolgt Miriams Mausklicks gespannt auf dem Fernseher. Eine Maske öffnet sich, in der ein Balken durchläuft.

»Das Programm analysiert die gespeicherten Daten«, erklärt Jonas.

Der Balken ist voll. Ein Knopf darunter färbt sich grün.

»Einfach anklicken«, sagt Jonas.

Auf dem Fernseher erscheint eine Satellitenaufnahme. Jonas steht auf und zeigt auf eine gezackte Linie im oberen Bereich.

»Das hier ist die Ostseeküste. Hier haben wir den Bezirk Rostock, und irgendwo hier unten am Bildschirmrand ist die Grenze zu den Bezirken Schwerin und Neubrandenburg. Zoom dich mal rein.«

Miriam vergrößert die Aufnahme. Jetzt lassen sich Wälder und Felder besser unterscheiden.

»Noch einmal.«

Auf dem Fernseher erscheint das Ufer eines Sees, in den ein Steg hineinragt. Am Steg liegt etwas, das ein Wal oder ein Boot sein könnte. Aus dem Kontext schließt Tobias auf ein Boot.

»Da geht noch was«, sagt Jonas.

Miriam klickt sich weiter in das Bild. Tobias muss sich neu orientieren. Das Boot reicht nun vom oberen zum unteren Bildschirmrand. Darin liegen zwei Paddel. Am Heck steht ein Eimer. Vor dem Heck ist quer eine Bank eingebaut. Auf ihr liegen ein Kissen und etwas Glänzendes. Ein Messer.

»Wahnsinn«, sagt Tobias. »Kein Wunder, dass sich die Firma dafür interessiert.«

»Du wirst dich wundern, aber das Interesse hielt sich eigentlich in Grenzen«, sagt Jonas. »Ich nehme an, dass unsere Technik für deren Zwecke zu schwerfällig ist. Die MKF-8 muss ja erst einmal auf das Ziel ausgerichtet werden, und die Signalverarbeitung ist so langsam, dass keine bewegten Sequenzen aufzuzeichnen sind. Ein und dasselbe Objekt lässt sich ohne großen Aufwand nur einmal am Tag anfahren. Mit ihren fliegenden Kameras bekommen sie das, was sie brauchen, viel leichter.«

»Aber mein Mann ist verschwunden.«

»Ja, als sie mitbekommen haben, was die MKF-8 bei Wolkenbedeckung ausrichten kann. Die Auflösung ist dann zwar eine Größenordnung geringer, aber das scheint nicht wichtig gewesen zu sein.«

»Vielleicht gibt es etwas, was sie schon immer einmal sehen wollten«, sagt Tobias. »Irgendein geheimes Objekt im Westen. Eine fortgeschrittene Waffe, von deren Existenz kein DDR-Bürger erfahren soll.«

»Aber warum haben sie dann verlangt, die Bilder zu filtern?«, fragt Jonas.

Tobias zuckt die Achseln. »Zeig doch mal die ganze Republik.«

Miriam zoomt wieder heraus und verschiebt den Ausschnitt langsam nach unten. *Nach Süden, Dummkopf!*, hätte sein Geographielehrer gesagt. Berlin kommt ins Bild, rechts die Oder-Neiße-Friedensgrenze, links die Westgrenze. Potsdam, Magdeburg und Cottbus sind zu sehen. Doch dann kommt ein grauer Fleck hinzu. Südlich der Bezirkshauptstadt Cottbus und der Kleinstadt Spremberg, westlich von Weißwasser, ist eine trapezförmige Fläche ausgespart. Es sieht aus, als fehlte in einem fertigen Puzzle ein einzelnes Teil.

»Das müsste das Erdölfördergebiet sein«, sagt Tobias.

Dieser Teil der Lausitz ist seit den Funden von 1987 Sperrgebiet. Offiziell heißt es, das Gebiet wäre für die Bevölkerung zu unsicher. Tatsächlich weiß eigentlich jeder, dass dort gigantische Umweltsünden passiert sind. Angeblich ist bei den ersten Bohrungen etwas schiefgelaufen, und das Grundwasser wurde verseucht. Die Wolken, die ständig aus den Schloten dringen und den Himmel verfinstern, sind der sichtbare Beweis dafür. Aber weil das Erdöl der DDR die dringend benötigten Devisen verschafft, von denen alle etwas abbekommen, gibt es keine ernstzunehmenden Proteste.

»Ja, das ist ziemlich genau das Sperrgebiet, das hier herausgenommen wurde«, sagt Jonas. »Darf ich mal?«

Er zieht den Computer zu sich heran und zoomt auf die Grenze. Auf dem Fernseher erscheint das graue Band einer Straße. Am Rand stehen zwei Posten, Soldaten der NVA. Hinter ihnen fehlen sämtliche Bilddaten.

»Genau da muss der Schlagbaum sein«, sagt Jonas.

»Hat denn Ralf die fehlenden Daten entfernt?«, fragt Miriam.

»Der Letzte, der vor mir auf die Daten zugegriffen hat, war dein Mann. Das konnte ich sehen.«

»Dann nehme ich an, dass er sie bei sich hat. Er will etwas klären, was mit diesen Daten zu tun hat, und ist dorthin gefahren, wo er die Möglichkeit einer Klärung vermutet.«

»Zu diesem Institut für Landschaftsgestaltung und -planung«, sagt Tobias.

»Was immer so ein Institut damit zu tun hat«, sagt Jonas.

»Also stecken wir schon wieder fest«, sagt Miriam und reibt sich die Schläfen. »Das Institut finden wir nicht. Das ist offenbar so geheim, dass nicht einmal die Stasi es kennt. Wie wollen wir dann Ralf aufspüren?«

»Ist er mit seinem Dienstwagen unterwegs?«, fragt Tobias.

»Ich glaube schon.«

»Hast du das Kfz-Kennzeichen?«

»NGM 4–94. Was hast du vor?«

Tobias zieht sein Handtelefon aus der Tasche, legt den Akku wieder ein und schaltet es an. Dann wechselt er auf den Dienstmodus. Ja, Schumacher hat ihn ausdrücklich gewarnt. Aber könnte ihn nicht nach Dienstschluss ein Autofahrer riskant überholt haben? Ein ABV ist immer im Dienst. Er hätte also einen guten Grund, die Nummer zu suchen.

Nur ist es in diesem Fall der Dienstwagen eines Nationalpreisträgers. Tobias redet sich etwas ein. Wenn er jetzt schon wieder auf das Archiv zugreift, wird man ihm das übelnehmen, egal, wie die Geschichte ausgeht.

»Ich habe doch gewusst, dass es klug ist, dich um Hilfe zu bitten«, sagt Miriam.

»Willst du eine Halterabfrage starten?«, fragt Jonas. »Wir wissen doch, wem das Auto gehört?«

»Nein, ich gleiche die Nummer mit den Daten der Mautstellen ab. Dann wissen wir, wohin er gefahren ist, zumindest ungefähr.«

»Ist das irgendwie gefährlich, also für dich?«, fragt Miriam.

Er schüttelt den Kopf und freut sich insgeheim, dass sie sich Sorgen um ihn macht. Aber die Idee mit den Mautstellen ist einfach zu verführerisch. Vielleicht sollte er sich doch bei der Kripo bewerben. Er startet die Kfz-Datenbank. Die Anfragen dauern immer etwas länger. Immerhin sind ein paar Millionen Fahrzeuge und ihre Bewegungen erfasst, zumindest wenn sie eine Autobahn benutzen. Die fällige Maut wird direkt vom Konto abgebucht.

Sein Handtelefon vibriert. Die Antwort kam schneller als gedacht.

»A4, Ausfahrt 91, Weißenberg.«

Er liest die Ausgabe vor. Jonas zückt sofort sein eigenes Handtelefon und sucht schon in der Kartenanwendung.

»Die Ausfahrt 91 liegt exakt südlich des fehlenden Kartenabschnitts«, sagt Jonas. »Von dort sind es noch fünfundvierzig Kilometer bis Weißwasser, das sich direkt an der Grenze befindet.«

»Endlich mal ein konkreter Anhaltspunkt.« Miriam schlägt mit der halb geöffneten Hand auf die Tischplatte. »Danke, Tobias, das weiß ich sehr zu schätzen. Und danke, Jonas, ohne die Daten der MKF-8 wären wir nicht darauf gekommen. Ich muss dann jetzt packen.«

»Was hast du denn vor?«, fragt Tobias.

»Ich fahre dorthin. Es muss doch Spuren geben. Irgendwer muss Ralf gesehen haben.«

»Das ist Sperrgebiet. Du kommst da nicht rein.«

»Das werden wir ja sehen.«

»Wenn sie dich erwischen, gehst du für viele Jahre nach Bautzen.«

»Das ist mir klar. Ich kann Ralf aber nicht einfach im Stich lassen. Das hätte er für mich auch getan.«

Miriam strahlt eine Entschlossenheit aus, um die er sie beneidet. Aber auch Ralf hat es gut. Nicht weil er Nationalpreisträger ist, sondern weil ihm die Liebe dieser Frau gehört. Eine solche Loyalität hat Tobias noch nicht erlebt.

»Ich komme mit«, sagt Jonas.

»Ich komme auch mit«, sagt Tobias.

Er ist verrückt. Jetzt sind ihm die letzten Gehirnwindungen durchgebrannt. Wenn er Miriam auf ihrem Weg begleitet, wird er ebenso im Gefängnis landen wie sie. Aber das wäre es ihm wert. Allein dieser Gedanke zeigt doch schon, dass er nicht mehr zurechnungsfähig ist.

»Das ist sehr nett von euch, Jungs, aber ...«

Glück gehabt. Sie will diese Reise allein antreten.

»... dich, Jonas, hätte ich lieber hier in Jena, im Betrieb. Das alles hat etwas mit der MKF-8 zu tun, und neben Ralf kennst du dich damit am besten aus. Ich würde dich gern anrufen und um Rat bitten können.«

»Wie du willst, Miriam. Ich bin immer für dich da.«

»Das ist toll, wirklich. Was dich betrifft, Tobias ... Ich habe ein furchtbar schlechtes Gewissen, wenn ich das nun sage, weil es dein Leben völlig aus der Spur bringen wird, aber ich würde dein Angebot gern annehmen. Ich glaube, dass ich einen ausgebildeten Kriminalisten sehr gut brauchen kann.«

»Kriminalistik war bloß ein Nebenfach. Ich bin ein einfacher ABV.«

»Und so bescheiden. Also, ich finde es toll, dass du dabei bist. Ich hätte mich nie getraut, dich das selbst zu fragen, aber dein Angebot nehme ich gern an.«

»Ich freue mich«, sagt Tobias.

Und obwohl er furchtbare Angst hat, ist das nicht gelogen.

# ERDORBIT

»Gleich hab ich dich!«, ruft Mandy.

Sabine rennt über den Spielplatz, springt über die Begrenzung des Sandkastens und fegt um die Schaukel herum. Mandy folgt ihr, bemüht sich aber, ihrer Tochter einen kleinen Vorsprung zu lassen.

»Kriegst mich nicht!«, ruft Sabine.

Wo ist eigentlich Susanne? Sabine erreicht eine der Bänke, auf denen sonst Eltern sitzen, die ihre spielenden Kinder beobachten. Heute sind sie leer, nur sie drei sind auf dem Spielplatz. Sabines Ziel ist offenbar der kleine Fußballplatz mit den eisernen Toren, denen schon lange die Netz fehlen. Mandy kürzt etwas ab.

»He, nicht schummeln!«, ruft Sabine.

Nach ihren Regeln muss Mandy stets denselben Weg nehmen wie ihre Tochter. Sie läuft etwas schneller und verringert den Abstand. In ein paar Jahren wird ihr das nicht mehr so leichtfallen. Sabine erreicht das Tor und wirft sich dort theatralisch auf den Rasen wie ein Torwart, der einem Ball hinterherhechtet.

»Hab dich!«, ruft Mandy – und prallt mit der Stirn gegen die Stange des niedrigen Tors. Sie kippt um wie ein gefällter Baum. Der Schmerz ist unerträglich.

Es wird still. Mandy spürt, wie Blut an ihrer Stirn herunterläuft. Das Rinnsal fließt sehr langsam, erreicht aber trotzdem ihr Auge. Das Lid ist geschlossen. Irgendetwas sagt ihr, dass sie es öffnen sollte. Sie erwartet, den Rasen zu sehen, der am Horizont in den Himmel übergeht. Ihre Tochter wird kommen und ihr über die Stirn streichen.

Aber vor ihr ist bloß eine metallisch glänzende Fläche mit einem roten, etwa handtellergroßen Fleck, von dem sich ein dünner Faden Blut nach unten zieht. Das ist nicht ihr Traum. Etwas stimmt hier nicht, ganz gewaltig nicht. Der Faden darf nicht fließen. Das

Blut darf ihr Auge nicht erreichen. Mandy wischt sich über die Stirn. Jetzt sind ihre Finger blutig. Mist. Sie stößt sich an der Wand ab, um zur Kontrollkonsole zu schweben, aber ihr Körper schwankt nur leicht. Sie ist in einem Netz gefangen. Panik überfällt sie, bis sie merkt, dass sie bloß in ihrem Schlafsack steckt.

Aber auch das ist unnormal. Den Schlafsack spürt sie sonst gar nicht. Er dient lediglich dazu, sie vor der Zugluft zu schützen. Die Raumstation ist nicht mehr im freien Fall. Sie muss in eine beschleunigte Bewegung geraten sein. Das ist die Kraft, die Mandy in den Schlafsack drückt und die sie vermutlich mit der Stirn gegen die Wand geschlagen hat.

Mandy lässt den Traum mit Sabine gehen, obwohl es ihr schwerfällt, gerade jetzt. Schnell öffnet sie den Schlafsack, hält aber vor den letzten beiden Knöpfen inne. Gerade noch rechtzeitig, denn sie hängt kopfüber in der Nähe der Stirnseite der Kabine. Wo es vorher keine Raumrichtungen gab, bestimmt die neue Beschleunigung nun oben und unten. Mandy dreht sich zur Wand, greift nach einer Querstange in Brusthöhe und hält sich daran fest, während sie die letzten Knöpfe öffnet.

Mit einem Mal fällt sie. Mandy erschrickt, obwohl sie wusste, was kommt. Es ist ein Fall, der mit nichts vergleichbar ist, was sie von der Erde kennt. Ihr Unterkörper strebt in Zeitlupe Richtung Bug. Mandy streckt den Arm, mit dem sie sich festhält. Ihr Körper wiegt schätzungsweise ein Zehntel seines Normalgewichts. Also muss die Bremsbeschleunigung bei etwa einem Zehntel g liegen. Sie nimmt den anderen Arm zu Hilfe und klettert zum Heck hinauf.

Es ist verrückt. Sie hat sich die Kabine immer als zylinderförmigen Raum vorgestellt, mit dem Bug vorn, dem Heck hinten, einer Decke und einem Fußboden. Jetzt hängt sie plötzlich in einem Turm, und was vor dem Schlafengehen noch das Heck war, ist nun die Spitze des Turms, während Fußboden und Decke sich in die Turmwände verwandelt haben. Zum Glück haben die Erbauer der Station solche Situationen vorhergesehen und die Wände mit allerlei Haltestangen versehen, die sie wie Leitern benutzen kann.

Neben einem der Bullaugen legt sie eine Pause ein. Immerhin, die Erde ist noch da. Sie ist nicht erkennbar näher gekommen, also wirkt ihre Anziehungskraft weiterhin konstant auf die Raumstation ein. Da unten sind irgendwo Sabine und Susanne. Nein, dort nicht, sie erkennt die Kette der japanischen Inseln.

Die Völkerfreundschaft fliegt immer noch mit dem Bug voraus. Das Triebwerk befindet sich im Heck. Hätte es jemand aktiviert, müsste die Raumstation beschleunigen. Das Heck wäre dann unten und der Bug oben. Um mit dem Triebwerk im Heck zu bremsen, hätte man die Raumstation erst um hundertachtzig Grad drehen müssen. Aber das ist offensichtlich ebenso wenig passiert. Also kann es nicht das Triebwerk sein, das die Raumstation abbremst. Es muss eine andere Ursache geben.

Mandy klettert weiter, bis sie in der Höhe der Steuerkonsole ankommt. Wo ist Bummi? Der Roboter fehlt. Sie sieht zum Heck hinauf, zur Spitze des Turms. Der Übergang zur Raumkapsel ist verschlossen. Vielleicht sitzt Bummi in der Schleuse, oder er hat sich nach draußen begeben und versucht, den Fehler zu finden. Sie hakt sich mit den Füßen unter der Steuerkonsole fest und zieht sich zum Sitz, der vor der Konsole auf dem zur Wand gewordenen Boden verankert ist. Wegen der neuen Raumrichtungen muss sie sich auf die Lehne setzen. Es ist scheißverwirrend, und es ist ungewohnt, so zu arbeiten, denn der Bildschirm ist nicht mehr vor, sondern unter ihr.

Sie aktiviert den Außensender. Wenn Bummi auf der Hülle der Völkerfreundschaft herumkriecht, muss er sie jetzt hören.

»Mandy hier, wo bist du?«

»Melde mich von einem dringenden Außenbordeinsatz. Wir haben ein Problem.«

»Das habe ich gemerkt. Warum hast du mich nicht gewarnt?«

»Das hatte in diesem Moment keine Priorität. Wir verlieren rapide an Höhe. Es besteht die Gefahr eines Wiedereintritts in die Erdatmosphäre. Das hat allerhöchste Priorität.«

»Verstehe. Was ist passiert?«

»Wir haben ein Leck im Sauerstofftank. Das Gas tritt unter hohem Druck gegen die Flugrichtung aus und bremst das Schiff.«

So ein Mist. Ohne Sauerstoff ... Sie will nicht darüber nachdenken.

»Kannst du etwas dagegen tun?«

»Ich bin schon dabei, den Schaden zu reparieren. Er ist aber so groß, dass ich noch etwa vierunddreißig Minuten benötigen werde.«

»Kann ich dir irgendwie helfen?«

»Da sehe ich keine Möglichkeit. Bis du hier draußen sein kannst, bin ich längst mit der Reparatur fertig.«

Da hat sie ja wirklich Glück gehabt, dass Bummi an Bord ist. Er kann das Schiff im Notfall sofort durch die Schleuse verlassen, ohne erst einen Raumanzug anziehen und sich auf das Außenbordmanöver vorbereiten zu müssen.

»Weißt du schon, was passiert ist?«, fragt Mandy.

»Ich habe die exakte Ursache noch nicht herausgefunden. Klar ist aber, dass der Sauerstofftank zwei Löcher hat. Es könnte also eine Kollision mit Weltraumschrott gegeben haben.«

»Aber wenn es zwei Löcher gibt, warum dann die einseitige Beschleunigung?«

»Das eine der beiden Löcher befindet sich an der Außenhaut der Raumstation. Das Gas tritt aus und wird dann sofort umgelenkt.«

»Der Fremdkörper hat also den Tank gerade durchschlagen und dann an der Außenhülle schlappgemacht? Das klingt unwahrscheinlich.«

Der Sauerstofftank besitzt eine sehr stabile Hülle, die der Schrott zweimal durchschlagen haben müsste. Dass die Außenhülle der Station ihn dann aufgehalten hat, scheint Mandy nicht nachvollziehbar zu sein.

»Das ist ein guter Einwand. Ich vermute, dass das Teil schräg aufgekommen ist und dadurch von der Außenhülle reflektiert wurde wie ein flach geworfener Stein auf dem Wasser. Das hat dir wohl das

Leben gerettet. Ich müsste das Szenario aber noch mit den konkreten Daten durchrechnen.«

»Danke erst einmal. Warum gab es eigentlich keinen Alarm? Ich bin erst von einem Schlag wach geworden.«

»Ich habe den Aufprall sofort registriert. Ein Alarm war dadurch nicht mehr notwendig. Er hätte dich nur unnötig in Panik versetzt.«

Sie müssen wohl noch an ihrer Kommunikation arbeiten.

»Ich würde beim nächsten Mal lieber selbst entscheiden, ob ich in Panik verfalle.«

»Verstanden, Mandy. Ich werde es in meine Prämissen aufnehmen.«

»Gut. Halt mich bitte auf dem Laufenden, wie du mit der Reparatur vorankommst.«

---

Mandy prüft noch einmal ihr Gewicht, indem sie sich an eine Sprosse hängt. Sie wiegt schätzungsweise noch ein Zwanzigstel. Bummi kommt offenbar gut mit der Reparatur voran. Das ausströmende Gas bremst die Völkerfreundschaft nur noch halb so stark wie nach ihrem Erwachen. Sie hat aber auch Pech!

Was sagt der Hauptrechner dazu? Sie ruft die aktuellen Bahnparameter auf. Der nahezu kreisförmige Orbit der Raumstation Völkerfreundschaft hat sich um etwa fünfzig Kilometer abgesenkt. Das ist noch kein Beinbruch. Es verringert die Lebenszeit der Station auf anderthalb Jahre. Danach wird sie in der Atmosphäre verglühen. Aber so lange will sie sowieso nicht hier oben bleiben. Außerdem besitzt die im Heck angekoppelte Raumkapsel genügend zusätzlichen Treibstoff, um die Station um zwanzig Kilometer anzuheben. Das wäre eine Aufgabe für sie gewesen, die vor der Landung auf der Erde vorgesehen war.

Sie wechselt zur Aufstellung der Ressourcen. Wasser, Energie, alles genügt, aber es gibt ein Problem: Der Tank hat zu viel Sauerstoff verloren. Die Anzeige steht bei zehn Prozent. Mandy rechnet sie auf Kilogramm um. Das Ergebnis gefällt ihr überhaupt nicht. Sie braucht bei leichter Anstrengung etwa achthundert Gramm Sauerstoff pro Tag. Im Tank sind umgerechnet nur noch 3,5 Kilogramm enthalten. Es gibt zusätzliche Sauerstoffflaschen in der Station und in der Raumkapsel, die ihr vielleicht noch vierundzwanzig Stunden extra geben.

Das wird knapp. Bis die planmäßige Ablösung kommt, werden noch etwas mehr als zwei Wochen vergehen. Der neue Kosmonaut wird also nur noch ihre Leiche vorfinden. Das darf nicht passieren, ihrer Kinder und ihrer selbst wegen. Sie zwingt sich, langsamer zu atmen. Aufregung schadet, weil sie den wertvollen Sauerstoff in Panik noch schneller verbraucht. *Es ist doch gar nicht so schlimm.* Sie muss der Bodenstation bloß irgendwie begreiflich machen, in welcher Lage sie steckt. Die Rakete, die die Ablösung ins All transportieren wird, steht doch bestimmt schon in Peenemünde bereit. Und notfalls muss sie eben eigenhändig den Rückflug zur Erde starten. Für den Fall, dass die Automatik nicht mehr funktioniert, besitzt die Kapsel eine manuelle Steuerung, und sie hat trainiert, damit umzugehen. Irgendjemand wird dann schon merken, dass sie unterwegs zur Erde ist, und sie aus der kasachischen Wüste bergen, die die DDR als Landegebiet nutzt.

---

Der Turm hat sich wieder in eine liegende Röhre verwandelt. Mandy wird sich nie wieder beschweren, dass sie wegen mangelnder Schwerkraft schlecht schläft. Ein Pflaster verschließt die Wunde an ihrer Stirn notdürftig. Sie hat sich gewaschen und endlich auch gefrühstückt.

Im Heck zischt es. Mandy horcht auf. Das muss Bummi sein, der von der Reparaturmission zurückkehrt. Es dauert nicht lange, dann hat er seinen großen Auftritt. Von Dampfschwaden umwabert, klettert er aus der Schleuse. Die Anzeige des Sauerstoffvorrats, die sie immer noch geöffnet hat, zuckt kurz und sinkt ein kleines Stück nach links. Natürlich, beim Benutzen der Schleuse geht immer etwas Sauerstoff an das All verloren. Dummerweise besitzt die Völkerfreundschaft keine biologische Lebenserhaltung – Algen zum Beispiel, die aus Kohlendioxid und Licht wieder Sauerstoff produzieren könnten.

Bummi kommt schnell auf sie zu und hebt drohend den Arm in Kopfhöhe. Mandy weicht zurück.

»Warte doch«, sagt er. »Die Platzwunde an deiner Stirn ist nicht fachgerecht versorgt.«

Der Roboter öffnet die Hand. In der Handfläche ist eine Kamera eingebaut, mit der er langsam über die Wunde fährt.

»Wenn du keine Narbe davontragen willst, sollte das genäht werden«, sagt er.

»Ich schaffe das nicht. Ich kann mir nicht selbst eine Nadel durch die Haut stechen.«

»Ich kann das gern übernehmen.«

»Bist du denn als Medizinroboter ausgebildet?«

»Ich habe eine Notfallsanitäterausbildung. Dazu gehört auch das Nähen von großflächigen Wunden.«

»Na gut, dann machen wir das. Am besten morgen.«

Mandy hasst Operationen, und dazu zählen für sie sogar Injektionen. Der schlimmste Teil der Kosmonautenausbildung sind für sie die dauernden Blutabnahmen gewesen.

»Am besten gleich. Sonst muss ich den Wundverschluss entfernen, der sich über Nacht bilden wird, und das kann bei einer derart frischen Wunde schmerzhaft sein.«

»Na gut, dann gleich.«

Bummis hintere Glieder haben, während sie miteinander sprechen, bereits das nötige Werkzeug geholt. Jetzt reichen sie es nach vorn.

Mandy wird übel, als sie das Nähwerkzeug sieht.

»Dann halt mal still«, sagt Bummi.

»Ich kann nicht für mich garantieren. Wenn es weh tut, zucke ich vielleicht zurück.«

»Dann sollte ich das besser verhindern.«

Eines seiner Glieder bewegt sich hinter Mandys Rücken. Er berührt ihr Rückgrat mit der Klaue und arbeitet sich langsam nach oben. Mandy bekommt eine Gänsehaut.

»Ganz ruhig«, sagt der Roboter.

Eine weitere Klaue nähert sich ihrem Auge. Erst im letzten Moment erkennt Mandy die Nadel, die der Roboter zwischen den Fingern hält. Sie will den Kopf zurückziehen, aber Bummi hält ihn fest. Die Nadel berührt ihre Haut, sticht hindurch und zieht den Faden nach. Es ist ein grässliches Gefühl, aber es tut erstaunlich wenig weh. Vermutlich weil sie unter Schock steht.

---

»Gut, wisch dich noch einmal ab, dann sind wir fertig«, sagt Bummi und reicht ihr ein feuchtes Tuch.

Mandy streicht damit vorsichtig über die genähte Wunde. Es brennt.

»Aua!«, sagt sie.

»Entschuldige, ich hätte dir sagen müssen, dass es sich um ein Desinfektionsmittel handelt. Sicher ist sicher.«

»Ja, das hättest du. Du informierst mich generell zu wenig darüber, was du auf dem Schiff so treibst.«

»Ich werde die Prioritäten intern ändern. In Notfällen steht allerdings die Beseitigung der Ursachen des Notfalls stets an erster Stelle.«

»Aber du musst doch in der Lage sein, mich zu informieren, während du das Problem löst. Bist du nicht zu Multitasking fähig?«

»Ich kann mehrere Aufgaben parallel bearbeiten. Abhängig von der Dringlichkeit des Problems konzentriere ich meine Ressourcen aber unter Umständen auf die wichtigste Aufgabe, dein Leben zu retten. Ich hoffe, du hast dafür Verständnis.«

»Das habe ich. Apropos Leben retten: Wie schätzt du meine Überlebenschancen ein?«

»Nun, ich gehe davon aus, dass die Vitaldaten der Station und deines Körpers noch immer die Bodenstation erreichen.«

*Das klingt gut. Hat Bummi nicht noch mehr gute Nachrichten für sie?*

»Du meinst, sie wissen, dass mir die Luft ausgeht, obwohl wir nicht mehr mit ihnen kommunizieren können?«

»Die Übertragung dieser Daten erfolgt auf einer sehr grundlegenden Schicht des Betriebsprogramms der Station. Es ist wie bei einem Menschen, der im Koma liegt. Die höheren Funktionen setzen aus, aber die Lebenserhaltung funktioniert noch.«

»Aber bist du sicher?«

»Ich weiß, wie das Steuerungsprogramm der Völkerfreundschaft arbeitet. Es ist sehr unwahrscheinlich, dass von seiner fehlgeschlagenen Aktualisierung auch die niedrigen, hardwarenahen Schichten betroffen sind. Du siehst ja, dass das Licht immer noch brennt und dass das Abwasser recycelt wird, was ebenfalls diese tiefen Schichten übernehmen.«

»Du hast meine Frage nicht beantwortet.«

»Nun, ich kann natürlich nicht sicher sein, weil ich nicht nachfragen kann. Aber die Logik spricht für sich.«

»Was soll ich nun deiner Meinung nach unternehmen?«

»Nichts, Mandy. Du solltest einfach abwarten. Die Ablösung wird schneller hier sein, als du glaubst. Ich rechne mit ein, zwei Tagen. So lange reicht die Atemluft doch auf jeden Fall. Die neue Raumkapsel bringt ihr eigenes Kommunikationssystem mit. Dann haben wir wieder Kontakt zur Bodenstation und können deine Landung auf der Erde auf sichere Weise durchführen.«

*Wenn der Roboter bloß recht hätte! Wie kann er so sicher sein, wenn er doch keinen Kontakt hat?*

»Ich muss zugeben, nichts zu tun, fällt mir schwer.«

»Dann ist es wohl deine Aufgabe auf dieser Mission, das Nichtstun zu erlernen.«

# LAUSITZ

»Aufstehen, Tobias. Und denk daran, deine Uniform anzuziehen.«

Miriam steht neben dem Bett und drückt seine Schulter. Es herrscht Halbdunkel. Sie hat kein Licht angeschaltet, also muss es draußen schon dämmern. Gestern haben sie ausgemacht, möglichst früh loszufahren. So kann er heute vielleicht sogar noch in seiner Dienststelle erscheinen.

Sehr wahrscheinlich ist das allerdings nicht. Bis zur Autobahnausfahrt 91 werden sie 2,5 Stunden brauchen. Dann eine knappe Stunde bis zum Sperrgebiet, und dort wird ja Ralf nicht auf sie warten. Wenn sie ihn aufspüren wollen, müssen sie vermutlich dieses Institut finden. Und was, wenn sich Ralf freiwillig dort aufhält? Miriam hat Tobias zwar beruhigt. Ihr Mann würde sie nie so lange allein lassen, ohne sich zu melden. Aber was ist schon sicher?

»Bis gleich«, sagt Miriam und verlässt den Raum.

Er steigt aus dem Bett. Im Zimmer ist es kühl. Auf dem Stuhl vor dem Bett liegt frische Wäsche. Tobias riecht daran. Das Waschmittel kennt er nicht. Vermutlich ist es aus dem Westen. Er zieht den Schlafanzug aus und schlüpft in die Unterhose. Sie ist etwas zu groß und besteht aus Seide, die sich auf seiner Haut großartig anfühlt.

Tobias geht ins Bad. Er setzt sich aufs Klo und pinkelt. Dann zieht er die Unterhose wieder aus und stellt sich unter die Dusche. Er bräuchte dringend Zeit zum Nachdenken. Aber das ist ein Luxus, den sie sich gerade nicht leisten können. Ob Schumacher Tobias' neuerliche Abfrage im Archiv schon auf dem Tisch hat? Er hat sich noch nicht bei ihm beschwert. Doch vielleicht gibt es diesmal keine Beschwerde mehr, sondern gleich die Verhaftung. Er hätte Mario Schuster nicht an den Kommandantendienst übergeben sollen.

---

»Hast du alles?«, fragt Miriam, die am Steuer sitzt.

Tobias greift sich an den Kopf und findet die Mütze, die er gern irgendwo liegen lässt. Dann fasst er sich an die Brust. Das Portemonnaie samt Dienstausweis steckt in der Brusttasche. Schließlich tastet er nach der Dienstwaffe, die in ihrem braunen Etui am Gürtel hängt.

»Alles da«, sagt er.

Sie haben gemeinsam entschieden, dass er diese Reise in Uniform antritt. Sollten sie vor einer Schranke landen, kann er so vielleicht ihre Weiterfahrt durchsetzen. Er muss sich nur eine Ausrede einfallen lassen.

Miriam fährt aus der Ausfahrt. Tobias dreht sich um und bemerkt, dass sich das Tor von selbst schließt. Er wird dieses Haus nie wiedersehen. Dieses Gefühl kratzt in seinem Hals, obwohl er keinen Grund dazu hat. Er zieht die Luft tief ein und erwischt ein paar Duftmoleküle von Miriam. Sie lassen seinen Kopf wunderbar klar werden. Es ergibt alles seinen Sinn. Sie werden Ralf finden, selbst wenn Tobias sich dadurch jeder Chance beraubt, es selbst mit Miriam zu versuchen. Er ist einfach nicht der Richtige für sie. Das ist Dr. Ralf Prassnitz, Nationalpreisträger.

Sie passieren ein Schild, das auf die Autobahn verweist. Miriam ignoriert es. Kennt sie einen schnelleren Weg? Auch an der nächsten Kreuzung fährt sie geradeaus, statt in Richtung Autobahnauffahrt.

»Da wäre es zur Autobahn gegangen«, sagt er.

»Ich weiß«, sagt Miriam. »Ich habe mir überlegt, dass wir lieber die Landstraße nehmen sollten. Du hast gestern so einfach herausgefunden, wo Ralf hingefahren ist. Solche Spuren sollten wir besser vermeiden.«

»Das wird nicht einfach«, sagt er.

»Wir werden mindestens eine Stunde länger brauchen, aber sonst sehe ich da keine Probleme.«

»Kameras gibt es nicht nur auf der Autobahn, auch in den Städten. Alle Kreuzungen, bei denen du geblitzt wirst, wenn du bei Rot fährst, beobachten kontinuierlich den Verkehr. Dasselbe gilt für die großen Durchfahrtstraßen.«

»Können wir die Kameras irgendwie umgehen?«, fragt Miriam.

»Das ist nicht so einfach. Eine einzige, die uns erwischt, würde ja genügen.«

»Aber nur, wenn das in der Nähe unseres Ziels passiert.«

»Richtig. Dann sollten wir so etwa ab Dresden achtgeben. Dass du mich dorthin zurückbringst, sollte ja unverdächtig sein.«

An der nächsten Kreuzung biegt Miriam in Richtung Autobahn ab.

---

Als Tobias erwacht, streicht eine Hand über sein Knie. Er sieht durch die halb geschlossenen Augenlider zu und versucht, sich nichts anmerken zu lassen. Dann spreizt Miriam Zeigefinger und Daumen und kneift zu. Sein Bein zuckt.

»Huch«, sagt Tobias. »Was ist denn los?«

»Ich muss dich leider aufwecken. Wir sind kurz vor Dresden.«

»Gut. Soll ich dich ablösen?«

»Nein, sag mir lieber, wie ich fahren soll. Idealerweise so, dass uns keine Kamera erwischt.«

»Klar. In Dresden kenne ich mich aus, aber weiter im Osten müssen wir dann unsere Route vorausplanen.«

»Wie denn?«

Tobias zückt sein Handtelefon und hebt es hoch.

»Hast du da etwa eine Karte aller Kameras?«, fragt Miriam.

»Leider nicht. Aber ich kann mir für ein bestimmtes Kennzeichen ausgeben lassen, wo es überall erfasst wurde.«

»Und wie hilft uns das? Wir wollen doch gerade nicht vor die Linse kommen?«

»Wir suchen uns eine Buslinie heraus, die wenigstens einen Teil unserer Strecke fährt. Ich prüfe das Kfz-Kennzeichen des Busses, und schon wissen wir, wo sich auf dieser Strecke Kameras befinden. Die müssen wir dann umfahren.«

»Das klingt wie ein guter Plan. Er hat nur eine Schwäche: Beim Umfahren der Kameras könnten wir natürlich auf eine andere Kamera stoßen.«

Der Plan hat noch eine zweite Schwäche. Er muss sein Handtelefon wieder im Dienstmodus verwenden. Also legt er sich lieber eine Ausrede zurecht. Hoffentlich stimmt es, dass seine aktuelle Position im Dienstmodus nicht erfasst wird.

»Das ist eine Gefahr, Miriam. Wir können sie minimieren, indem wir Ampeln vermeiden.«

»Gut, du sagst an, ich fahre.«

»Dann fahr doch gleich mal an der nächsten Abfahrt von der Autobahn herunter.«

»Wilder Mann?«

»Wilder Mann. Dort werde ich dich dann durch die Kleingartenkolonien lotsen, und wir suchen uns die erste Buslinie.«

---

Der erste Abschnitt ist anstrengend. Gab es denn hier schon immer an jeder noch so unwichtigen Kreuzung eine Ampelanlage? Er hat keine andere Wahl, als Miriam erst über die Hellerberge und dann durch die Dresdner Heide zu lotsen. Sie fahren auf Sand- und Lehmwegen, die für den Durchgangsverkehr gesperrt sind, aber zumindest fotografiert sie hier niemand. So früh an einem Mittwochmorgen sind auch noch keine Wanderer unterwegs.

Bevor sie südlich von Großerkmannsdorf auf die F6 fahren, kontrolliert Tobias noch einmal den Passat. Das Auto hat eine Menge Heidelehm abbekommen. Das ist gut. Das Kennzeichen ist kaum noch zu erkennen. Da war die Buckelpiste doch zu etwas gut.

Auf der Fernverkehrsstraße folgen sie zunächst der Buslinie Dresden–Bischofswerda. Abseits des Speckgürtels rund um Dresden verwandelt sich die Landschaft, und die Orte verwandeln sich mit ihr. Die Häuser wirken grauer, statt der Ampeln reicht ein Fußgängerüberweg in der Mitte des Dorfes. Der Bus, dessen Kennzeichen sie folgen, ist bis Bischofswerda nur siebenmal automatisch registriert worden, zweimal davon in der Nähe von Rossendorf, wo das Zentralinstitut für Kernforschung angesiedelt ist.

Die Kreisstadt Bischofswerda umfahren sie über zwei Industriegebiete und ein Wohngebiet. Sie folgen nun einer Buslinie, die von Neustadt über Bischofswerda nach Bautzen führt. Der Weg nach Bautzen ist kurz, aber die Stadt selbst ist ein Problem. Sie schlagen einen großen Nordbogen, bis Tobias auf der Karte auf eine Straße stößt, die direkt in Richtung Sperrgebiet führt. Über die erreichen sie ohne weitere Probleme das Dörfchen Uhyst.

Tobias sieht wieder auf die Karte. Die Straße endet an einem See, der den direkten Weg versperrt. Auf der Karte ist ein Strand eingezeichnet.

»Lass uns mal kurz an den Strand fahren«, sagt er.

»Gern«, sagt Miriam.

»Dort vorn rechts.«

Sie fahren über eine schmale Brücke. Tobias zeigt auf ein Schild, das sie zum Strandparkplatz lotst. Nur ein alter Trabant in Tarnfarben steht am Rand, so alt, dass es sich um ein ausgemustertes NVA-Fahrzeug handeln muss.

Draußen ist es windig. Tobias schließt alle Knöpfe seiner Jacke. Er hätte den Mantel mitnehmen sollen. Hinter dem Parkplatz ist ein breiter, spärlich mit graugrünen Büschen bewachsener Streifen. Es sieht fast aus wie an der Ostseeküste, nur sind die Dünen hier völlig flach. Ein Weg führt hindurch und endet am Sandstrand. Links ist ein hölzerner Anlegesteg, der weit in den See hineinführt. Tobias zeigt auf einen Wegweiser: Nach rechts geht es zum FKK-Strand, nach links zum Hundestrand.

»Heute keins von beidem«, sagt Miriam.

Sie gehen durch den hellgelben Sand nach vorn. Miriam zieht trotz der Kälte ihre Schuhe und Socken aus. In den Pumps mit hohen Absätzen muss es sich im Sand aber auch weit schlechter laufen als in seinen schwarzen Uniformschuhen. Sie sind fast allein. Rechts, vermutlich schon im FKK-Bereich, ist ein niedriges blaues Zelt aufgebaut, dessen Leinen im Wind knattern. Der See ist aufgewühlt.

»Da müssen wir hin«, sagt Tobias und zeigt hinüber.

Es ist ein faszinierendes Panorama. Auf der anderen Seite des Sees wechseln sich Kühl- und Bohrtürme ab. Die Kühltürme müssen zu den ehemaligen Braunkohlekraftwerken gehören. Es wird hier zwar seit Jahren keine Braunkohle mehr abgebaut, aber die Kühltürme sind immer noch in Betrieb und stoßen dicke weiße Wolken aus. Was kühlen sie eigentlich? Das ist sicher alles streng geheim. Den Kontrast dazu bilden die Bohrtürme. Dabei handelt es sich um nahezu elegante Metallkonstruktionen, die ihn an den Pariser Eiffelturm erinnern. Manche von ihnen tragen eine Flamme an der Spitze wie eine Flagge. Aus fast allen steigt dunkelgrauer Rauch auf. Die hellen Wolken der Kühltürme und die dunklen Rauchschwaden verbinden sich am Himmel zu einer dichten, dräuenden Schicht, die aus sich heraus zu leuchten scheint.

»Sieht gespenstisch aus«, sagt Miriam.

Tobias war noch nie in der Nähe der Ölfelder. Jetzt versteht er besser, warum Umweltschützer meinen, dagegen protestieren zu müssen. Das Sperrgebiet muss die DDR-Version der Hölle sein. Nie scheint die Sonne, und wenn es regnet, dann kommt Schwefelsäure vom Himmel.

»Da wollen wir hinein?«, fragt er.

»Von Wollen kann keine Rede sein«, sagt Miriam. »Aber wir müssen. Ich muss. Ich würde es absolut verstehen, wenn du jetzt umkehrst. Es wäre nur nett, wenn du mich noch bis zur Grenze fahren würdest.«

»Jetzt sind wir schon so weit gekommen, da schaffen wir den Rest auch noch.«

»Ich hoffe, du unterschätzt das nicht. Das Sperrgebiet ist bestimmt gesichert.«

Nein, er unterschätzt die Probleme nicht, die auf sie zukommen. Das Sperrgebiet ist vermutlich kaum weniger gesichert als die Staatsgrenze. Die bewaffneten Organe verstehen keinen Spaß mit Eindringlingen. Sie werden außer Mut auch jede Menge Glück brauchen, um hier hineinzukommen.

Aber zuerst müssen sie herausfinden, wo sie überhaupt hinwollen. Das Sperrgebiet ist etwa 30 mal 40 Kilometer groß, 1200 Quadratkilometer also. Irgendwo dadrin könnte sich Ralf Prassnitz befinden.

»Wir brauchen irgendein Ziel«, sagt er. »Und eine Ausrede wäre auch gut, eine Erklärung, warum wir beide einreisen dürfen.«

»Das Ziel ist klar: dieses seltsame Institut, das draußen niemand kennt. Wo sollte es sonst sein? Ein Sperrgebiet ist die beste Adresse für etwas, das geheim bleiben soll.«

»Ja, das klingt logisch.«

»Aber ob uns eine Ausrede helfen wird, da bin ich skeptisch. Ich fürchte, wir werden uns mit Gewalt Zutritt verschaffen müssen.«

Miriam hat die Lippen fest zusammengepresst. Sie meint es ernst.

»Mit Gewalt? Bist du wahnsinnig? Das Gebiet wird garantiert von der NVA bewacht.«

Es muss doch einen unauffälligeren und weniger gefährlichen Weg geben!

»Da bin ich gar nicht so sicher. Es wirkt auf Außenstehende doch nicht besonders anziehend. Wer sollte freiwillig versuchen, sich da einzuschleichen?«

»Neugierige Halbstarke?«

»Die hält ein Zaun ab und ein Schild mit der Aufschrift ›Vorsicht, hier wird scharf geschossen‹, meinst du nicht? Ich habe als Kind in der Nähe eines Truppenübungsplatzes gewohnt. Der war auch so eingezäunt. Wir haben zwar den Zaun inspiziert, aber die Schilder haben unsere Neugier erfolgreich im Zaum gehalten.«

Seine Neugier ist inzwischen so groß, dass ihn ein einfacher Zaun nicht aufhalten wird.

»Wir werden es sehen, Miriam. Am besten, wir fahren erst einmal komplett um das Sperrgebiet herum. Mal sehen, wo sich die Zufahrt befindet.«

———

Das Sperrgebiet sieht von allen Seiten abschreckend aus. Sie fahren über das winzige Dorf Bärwalde ins ebenso kleine Neustadt. Tobias' Magen knurrt. Es ist mittlerweile schon früher Nachmittag.

»Sollen wir irgendwo etwas essen?«, fragt er. »Ich bin hungrig.«

»Ja, ich habe auch Hunger.«

»Hammer oder Sorbenscheune?«

»Wie bitte?«

»In Neustadt sehe ich zwei Gaststätten, die eine heißt Zum Hammer, die andere Zur Sorbenscheune. Ist beides bürgerliche Küche. Du hast die Wahl, Miriam.«

»Dann die Sorbenscheune.«

»Der Garten rund um den Hammer sieht auf den Fotos im Kybernetz hübscher aus.«

»Sag doch gleich, dass du lieber zum Hammer willst.«

»Also zum Hammer. Links in den Schmiedeweg, dann vor bis zur Dorfstraße, wieder links in eine kleine Straße namens ›Hammer‹, an der Sorbenscheune vorbei, und dann kommt es auch schon.«

---

Das Wirtshaus sieht in der Realität genauso gut aus wie auf den Fotos. Tobias hat trotzdem Angst, dass sie kein Essen mehr bekommen. Inzwischen ist es nach zwei, die typische Zeit für den Küchenschluss, zumindest hier, wo die Gegend schon sehr ländlich ist.

Draußen im Biergarten ist nicht eingedeckt. Es wäre heute aber auch zu kalt, um im Freien zu essen. Die Wirtin, eine kleine untersetzte Frau mit lockigen Haaren, empfängt sie in der rustikalen Gaststube. In einer Ecke sitzen zwei alte Männer beim Bier und spielen Schach. Ihnen gegenüber macht an einem Tisch ein etwa zehnjähriger Junge Hausaufgaben. Das verrät der Schulranzen, der neben ihm steht.

»Setzt euch, wohin ihr wollt«, sagt die Wirtin.

Miriam geht zu einem Tisch am Fenster. Von dort sieht man direkt in den Biergarten. Die Wirtin bringt ihnen Besteck und eine Karte.

»Ihr seht aus, als wärt ihr hungrig«, sagt sie.

»Ja, wir haben gehofft, noch vor dem Küchenschluss etwas zu bekommen«, sagt Tobias.

»Hier gibt es so etwas nicht. Ich koche selbst. Ihr müsst nur ein bisschen Geduld haben. Könnt ihr eine halbe Stunde warten?«

Tobias' Magen knurrt laut, und die Wirtin lacht. Vor seiner Uniform scheint sie keinen besonderen Respekt zu haben.

»Ihr Sohn?«, fragt er und zeigt auf den Jungen.

»Danke für das Kompliment. Nein, ist natürlich mein Enkel. Die Mutter arbeitet in der Zone.«

»Zone?«

Das ist eigentlich ein abwertender Begriff für die DDR, den Tobias manchmal von aufgebrachten Westbesuchern hören muss, die nicht verstehen wollen, dass in der DDR gewisse Regeln gelten.

»Die Sperrzone. Sind nur ein paar Kilometer von hier. Dunkelland. Dort, wo ewige Dämmerung herrscht. Müsstet ihr eigentlich schon gesehen haben. Wo kommt ihr denn her?«

»Aus Dresden.«

»Aber nicht auf Urlaub, oder?« Sie tippt auf die Klappen auf seiner Schulter.

»Nein, wir müssen in Weißwasser etwas erledigen. Stört das nicht, mit der Sperrzone gleich nebenan?«

»Nein, wir leben ganz gut von ihr. Ab und zu brauchen die dadrinnen alle mal Sonnenlicht. So leer ist es bei mir sonst nicht. Aber es füllt sich erst ab vier, wenn die Ersten Feierabend haben.«

»Ein Bier auf dem Heimweg?«

»Nein, die allermeisten wohnen dadrin. Ich könnte das ja nicht, diese ständige Dämmerung! Aber sie können jederzeit raus, und die Bezahlung ist sehr gut. Die geben jedenfalls immer ein ordentliches Trinkgeld.«

Tobias' Magen knurrt schon wieder.

»Nun werft doch mal einen Blick in die Karte. Ich bin eine alte Tratschtante und wollte euch nicht vom Essen abhalten.«

Tobias hätte die Unterhaltung gern fortgesetzt. Sie wissen noch viel zu wenig über das Sperrgebiet oder die »Zone«, wie man hier wohl sagt. Aber er ist auch ziemlich hungrig. Die Auswahl fällt ihm zum Glück leicht, denn was er will, steht ganz oben.

»Ich nehme das Schnitzel«, sagt er.

»Für mich auch«, sagt Miriam.

»Kein Salat?«, fragt die Wirtin.

»Einen Gurkensalat dazu, bitte«, sagt Miriam.

»Und für dich?«, fragt die Wirtin Tobias.

»Nur das Schnitzel.«

»Verstehe, ein Feinschmecker. Ein Getränk dazu?«

»Bier«, sagt er.

»Für mich auch«, sagt Miriam.

---

Kurz darauf stehen zwei Gläser Radeberger auf dem Tisch. Sie stoßen an. Das Bier wird ihn müde machen, aber Tobias hatte einen solchen Appetit darauf.

Das Essen braucht deutlich länger. Doch als die Wirtin es dann serviert, ist Tobias für alles entschädigt. Die Semmelbröselkruste des Schnitzels wellt sich, wie es sein muss, die Bratkartoffeln sind außen knusprig, innen weich und gut gewürzt. Mehr braucht er gar nicht. Die Zitronenhälfte legt er auf den leeren Geschirrteller.

Als sie beide aufgegessen haben, erscheint die Wirtin wieder.

»Alles leer, das lob ich mir«, sagt sie.

»Es war wirklich sehr gut«, sagt Tobias, und Miriam nickt.

»Gibt es denn in der Zone genügend Arbeitsplätze?«, fragt Miriam. »Ich dachte immer, die Erdölförderung sei automatisiert?«

»Ich war noch nie drin«, sagt die Wirtin. »Aber ein paar tausend Leute sind das schon, sonst könnten in Neustadt nicht gleich drei Gasthäuser davon leben.«

»Und deine Tochter?«

»Die kommt jeden Abend nach Hause. Der Timo wartet doch auf sie. Die beiden wohnen hier bei mir im Haus, und am Wochenende helfen sie mir manchmal.«

»Das ist ja nett«, sagt Miriam. »Ich frage mich ja, ob das etwas für mich wäre. Mein Job ist ziemlich anstrengend, ich bin Chefsekretärin, müssen Sie wissen, und die Bezahlung ... ein Trauerspiel.«

»Soviel ich weiß, gibt es in der Zone mehrere Betriebe, wo du als Sekretärin eine Chance hättest.«

»Ich kann besonders gut mit Wissenschaftlern umgehen. Darum geht es auch gerade in Weißwasser.«

»Wissenschaftler, hm. Ich glaube, in der Zone gibt es irgendwo ein Institut. Ich weiß aber nicht, wie es heißt.«

»Ob deine Tochter das weiß?«

»Ich glaube nicht, aber wenn sie es wüsste, dürfte sie es mir nicht sagen. Die machen da einen ganz schönen Aufstand um ihre Geheimnisse.«

»Wie steht es um die Sicherheit?«, fragt Tobias. »Es versuchen doch bestimmt mal irgendwelche Jugendlichen, heimlich in die Zone einzudringen?«

»Oh, wo denkst du hin, auf keinen Fall. Jeder weiß, dass das gefährlich ist. In der Zone spukt es. Nur auf den offiziellen Straßen ist es sicher, weil da die Bewachungseinheit aufpasst und dich rausholt, wenn es brenzlig wird.«

So ein Quatsch. Die Frau hat zu viel »Spuk unterm Riesenrad« geguckt. Die neunte Staffel soll gerade auf DDR 2 angelaufen sein, hat Schulte erzählt. Dass sich die dichten Wolken exakt über dem Sperrgebiet halten, ist aber schon seltsam.

»Das klingt ja gruselig«, sagt Miriam.

»Es betrifft uns ja nicht. Wir haben es hier draußen sowieso viel schöner, warum sollten wir versuchen, da reinzugehen?«

»Deiner Tochter ist noch nichts passiert?«

»Nein. Falls ihr sie seht, dürft ihr ihr nicht sagen, was ich euch erzählt habe«, flüstert die Wirtin. »Sie meint, das sei ein Märchen. In der Zone gehe alles mit rechten Dingen zu. Aber ich glaube, sie muss das sagen.«

Wenigstens die Tochter scheint vernünftig zu sein.

»Hat sie denn deinen Enkel schon einmal mit zur Arbeit genommen?«

»Nein, sie sagt, das sei streng verboten. Ich glaube, sie will ihn einfach nicht in Gefahr bringen.«

Tobias' Handtelefon vibriert in seiner Hosentasche. Als er es herausholt, hat es von selbst auf den Dienstmodus umgeschaltet. Das ist nicht gut. Seine Hand zittert, als er sich per Fingerabdruck identifiziert.

»Alles gut bei dir?«, fragt Miriam. »Du bist so bleich?«

»War das Schnitzel etwa nicht gut?«, fragt die Wirtin.

»Doch, alles bestens«, sagt Tobias, steht auf und verlässt die Gaststube.

---

Erst draußen nimmt er den Anruf an, der wie beim letzten Mal mit unterdrückter Nummer erfolgt.

»Schumacher hier«, sagt die Stimme des MfS-Mannes in einem drohenden Tonfall. »Du lässt dir ja ganz schön Zeit!«

»Leutnant Wagner«, meldet er sich. »Was kann ich für Sie tun?«

»Ich habe ganz, ganz schlechte Nachrichten für dich.«

»Oh.«

»Ja, oh. Das hättest du nicht tun sollen. Ich hatte dich doch gewarnt!«

»Ich ... Entschuldigung!«

»Das hilft jetzt auch nichts mehr. Das Kind ist in den Brunnen gefallen. Da kann ich auch nichts mehr für dich tun.«

»Aber ...«

»Kein Aber. Du musst heute noch bei mir erscheinen. Sagen wir 18 Uhr. Und bring alle Beweismittel mit, die du hast.«

»Und wenn nicht?«

»Ja, spinnst du, Wagner? Allein für die Frage müsste ich dich unehrenhaft entlassen!«

*Das kannst du gar nicht, Genosse. Ich bin Angehöriger des MdI, nicht des MfS.*

»Ich sage es klipp und klar: Wenn du dich nicht bis 18 Uhr bei mir in der Bautzner Straße meldest, werde ich Maßnahmen einleiten. Deine Akte sagt mir, dass dein Sohn gerade seinen Ehrendienst bei der Nationalen Volksarmee angetreten hat. Ich hoffe sehr, dass er es dort nicht schwerer hat als unbedingt nötig. Er wurde ja den Funkern zugeteilt, aber es könnte sein, dass bei den Mot-Schützen dringender Bedarf besteht.«

Armer Jonathan. Er war so froh gewesen, zu den Funkern zu kommen. Der Alltag bei den Mot-Schützen soll weitaus härter sein. Allein die Vorstellung, in voller Montur einem Panzerwagen hinterherzurennen ... Aber Schumacher ist noch nicht fertig.

»Deine Tochter wurde schon zweimal nachts am Bahnhof mit einer Gruppe Asozialer aufgegriffen. Bisher hat sich das nicht negativ für sie ausgewirkt. Wir wissen ja, dass du ihr deinen festen Klassenstandpunkt vermittelst. Aber wenn das nun nicht mehr so sein sollte, werde ich das entsprechend vermerken müssen.«

Dieses Schwein. Er setzt Tobias' Kinder gegen ihn ein. Aber das hätte ihm von vornherein klar sein müssen. Er ist eben nicht allein auf der Welt. Mit dem, was er gemeinsam mit Miriam vorhat, wird er seinen Kindern schaden. Seine Exfrau hat immerhin Glück, dass sie sich von ihm glaubwürdig distanzieren kann. Hoffentlich hält sie nicht aus alter Verbundenheit zu ihm. Es wäre am besten, seine Kinder würden sich komplett von ihrem Vater lossagen.

Aber das würde auch nicht helfen. Es geht ja gegen ihn, und die Kinder sind nur die Geiseln. Er muss das alles abbrechen und nach Hause fahren.

»Wagner? Noch dran?«

»Ja, Genosse Schumacher. Ich werde um 18 Uhr an Ihre Tür klopfen.«

»Sehr gut. Ich erwarte dich.«

———————

Tobias seufzt und steckt das Handtelefon wieder in die Tasche. So überraschend sein kleiner Aufstand begonnen hat, so schnell ist er auch wieder vorüber. Mit hängendem Kopf betritt er die Gaststube. Miriam kommt ihm entgegen.

»Probleme?«, fragt sie.

»Und ob.«

Tobias sieht sich um und geht langsam zurück zu ihrem Tisch. Geschirr klappert. Das muss die Wirtin in der Küche sein. Ihr Enkel hat seine Hausaufgaben beendet und widmet sich mit Kopfhörern einem Spiel auf seinem Handtelefon. Die beiden Männer grübeln immer noch über dem Schachbrett. Die Stellung sieht fast unverändert aus.

Sie setzen sich gegenüber.

»Was ist los?«, fragt Miriam.

»Die Firma ist uns auf der Spur. Ich muss um 18 Uhr zum Rapport in die MfS-Zentrale in Dresden.«

»Oh.« Miriam zieht die Augenbrauen hoch und lässt die Mundwinkel hängen.

»Wahrscheinlich behalten sie mich gleich da. Ich soll meine Beweismittel mitbringen, sagen sie.«

Sie greift nach seiner Hand. »Das tut mir so leid. Und wenn du der Aufforderung nicht folgst?«

»Dann quälen sie meinen Sohn bei der Armee und stecken meine Tochter in den Knast, wenn sie sie das nächste Mal unter zweifelhaften Umständen erwischen.«

»Scheiße. Diese Schweine! Was hat sie getan, deine Tochter?«

»Nichts. Sie trifft sich mit Leuten, die nicht ganz ins sozialistische Menschenbild passen. Aber sie ist gerade in der Pubertät, da grenzt man sich immer von seinen Eltern ab. Das bedeutet doch nichts!«

Er hätte daran denken müssen. Nur wegen seiner Hormone hat er seine Kinder in Gefahr gebracht!

»Oh, Mann. Hätte ich dich doch bloß nicht gefragt!« Miriam vergräbt ihren Kopf in den Händen. »Aber ich wusste nicht, dass du Kinder hast, nur dass du geschieden bist. Du hast nichts von ihnen erzählt.«

»Ja, das war dumm, ich wollte sie aus dieser Geschichte heraushalten, aber das funktioniert nicht.«

Schlimmer noch. Er hat nicht ein einziges Mal an sie gedacht.

»Sieht so aus. Und nun?«

»Es gibt eine gute Nachricht. Sie haben nur mich einbestellt und nichts von dir gesagt. Also scheinen sie dir nicht auf der Spur zu sein. Wenn du jetzt nach Jena zurückfährst, kommst du aus der Geschichte noch raus. Ich werde ganz sicher nichts von dir erzählen.«

»Auch nicht, wenn sie dich erneut mit deinen Kindern erpressen?«

»Auch dann nicht.«

Das ist natürlich leicht gesagt. Aber sie wissen ja nichts von Miriam.

»Das ist sehr nett von dir, Tobias, aber das will ich nicht.« Miriam nickt bei jedem Satz. »Ich will nicht verantwortlich dafür sein, dass es deinen Kindern schlecht geht. Sie können nichts dafür.«

»Aber ich kann doch nicht ...«

»Doch, du kannst.« Sie streicht mit der Hand über seine Wange. »Du musst sogar. Wenn sie dich fragen, erzählst du alles.«

»Und was wird aus dir?«

»Ich nehme mir hier ein Zimmer. Morgen mache ich mich dann auf in das Sperrgebiet.«

Miriam will das allein durchziehen. Jetzt müsste er sich Sorgen um sie machen, doch die Angst um seine Kinder verdrängt alles andere.

»Ich müsste dein Auto nehmen, um bis 18 Uhr nach Dresden zu kommen. Sie scheinen nicht zu ahnen, wo ich bin. Aber dann hast du kein Fahrzeug.«

»Die Wirtin leiht mir bestimmt ein Fahrrad. Es sind nur noch ein paar Kilometer. Ein Fahrrad ist sowieso viel unauffälliger.«

»Okay, das klingt vernünftig. Zurück nach Jena zu fahren, ist keine Option? Ich könnte dich mit nach Dresden nehmen. Dann setzt du mich an der Bautzner Straße ab, fährst heim und wirst nie mit dieser Sache in Zusammenhang gebracht.«

»Ach, das wäre naiv. Als Ralfs Ehefrau wird man mich automatisch der Mitwisserschaft verdächtigen, was immer Ralf auch getan hat. Und wenn das so ist, will ich wenigstens etwas davon haben.«

»Gut, dann mache ich mich jetzt auf den Weg«, sagt Tobias und steht auf.

Miriam erhebt sich ebenfalls, öffnet die Arme und drückt ihn an sich. Dann gibt sie ihm einen Kuss auf den Mund, löst sich aber schnell wieder. Er zuckt hilflos mit den Schultern. Miriam lächelt.

»Hier, mein Autoschlüssel«, sagt sie. »Ich wünsche dir eine gute Fahrt.«

---

Auf der Rückfahrt bemüht sich Tobias nicht mehr, die Kameras zu vermeiden. Wichtiger ist jetzt, dass er rechtzeitig in Dresden ist. Er stellt den Passat unauffällig am Weißen Hirsch ab und fährt den Rest des Weges mit der Straßenbahn. Zehn Minuten zu früh meldet er sich an der Pforte der MfS-Zentrale. Der Wachmann nimmt seine Personalien auf und behält seinen Dienstausweis ein.

»Den bekommst du beim Verlassen des Objekts zurück«, sagt er.

»Danke, Genosse.«

»Falls du es wieder verlässt.«

»Davon gehe ich aus.«

»Kleiner Scherz, haha. Natürlich, wir sind ja alle nur Menschen hier, nicht wahr?«

Ein Summer ertönt, und die Drehtür bewegt sich. Tobias hat erwartet, dahinter durchsucht zu werden, doch nichts dergleichen passiert. Er steht ohne Begleitung auf dem Gelände der MfS-Zentrale, als wäre er ein freier Mann. Nur weiß er nicht, wo sein Ziel ist. Also klopft er an der Hintertür des Pförtnerhäuschens. Der Wachmann öffnet.

»Ah, weißt du nicht, wo du erwartet wirst? Moment.«

Er sieht etwas nach, dann ist er zurück.

»Den Block da siehst du? Dort in den zweiten Stock, Zimmer 208.«

»Danke.«

Tobias läuft zu dem Haus, das ihm der Wachmann bezeichnet hat. Einige uniformierte und viele zivil gekleidete Mitarbeiter kommen ihm entgegen. Wahrscheinlich ist um 18 Uhr Dienstschluss. Schumacher macht seinetwegen Überstunden! Also muss sein Fall besonders wichtig sein. Tobias greift in seine Tasche. Er hat keine Beweismittel dabei, von seinem Handtelefon abgesehen.

---

An Zimmer 208 steht kein Name, wie auch an den anderen Räumen. Hoffentlich hat sich der Wachmann nicht geirrt. Tobias klopft.

»Herein!«

Das ist Schumachers Stimme. Tobias öffnet die Tür. Der Raum ist überraschend beengt. Wenn die Büros nach Wichtigkeit verteilt werden, muss Schumacher ein kleines Licht sein. Er hat sich am Telefon immer aufgespielt, als wäre er der Stellvertreter des Ministers. Das Zimmer ist gerade groß genug für einen Schreibtisch samt Sessel und zwei Stühle, von denen einer besetzt ist. Schumacher sitzt auf dem Sessel, mit Blick zur Tür. Tobias hat ihn zwar noch nie gesehen, aber genau so hat er sich den Mann vorgestellt. Er ist hager, bestimmt eins neunzig groß und hat eine Vollglatze. Uniform trägt er nicht.

»Das wird ja auch Zeit«, sagt Schumacher.

»Ich bin fünf Minuten ...«

»Ja, schon gut. Setz dich. Diesen jungen Mann hier kennst du?«

Tobias nimmt die Mütze ab und setzt sich auf den freien Stuhl. Der Mann, auf den Schuhmacher zeigt, dreht sich zu ihm um. Ist das nicht Miltner, der Pornokonsument? Tobias nickt ihm zu. Was soll das? Schumacher hat ihn doch nicht wegen Miltner herbefohlen?

»Ich sehe, ihr kennt euch«, sagt Schumacher. »Wir treffen uns hier aus einem sehr ernsten Anlass.«

»Ich habe doch nur ein bisschen mastur... masturbiert«, sagt Miltner und wischt sich den Schweiß von der Stirn. »Seit ich keine Freundin mehr habe ...«

»Darum geht es nicht, Herr Miltner, und das wissen Sie auch. Wagner, her mit den Beweismitteln.«

145

Oh, Mann. Schumacher will ihn nicht ausquetschen, er will bloß die Protokolldateien. Er war wohl nicht der Einzige, dem aufgefallen ist, dass Miltner die verbotenen AKPs benutzt. Er hätte ihn melden müssen. Das ist es, was Schumacher ihm nun vorwirft. Er greift zum Schein in die Innentasche seiner Uniformjacke. Natürlich findet er nur sein Portemonnaie und den Gummihandschuh.

»Oh, Mist«, sagt er. »Die Protokolle müssen mir wohl herausgerutscht sein. Das tut mir sehr leid.«

»Wie bitte? Ich höre wohl nicht recht!« Schumachers Stimme überschlägt sich. »Ich habe dich extra daran erinnert, Wagner! Was ist denn los mit dir? Auf dich war doch immer Verlass. Wie du diesen Semmeldieb geschnappt hast! Der Wagner, habe ich meinen Vorgesetzten gesagt, aus dem wird noch was. Der ist zu Höherem berufen. Der wird nicht bis zur Rente ABV bleiben. Das willst du doch nicht, oder? Wir brauchen hier immer gute, erfahrene Leute, die über lange Zeit bewiesen haben, dass sie zur Sache der Arbeiterklasse stehen. Ich muss dir ja nicht erklären, dass das auch Vorteile hat. Ein Häuschen in Striesen, mit Vorgarten, wäre das nicht etwas?«

»Ich ... Es tut mir wirklich leid. Ich bin wohl gerade nicht ganz bei mir.«

Schumachers Anschiss ist ihm gerade so was von egal. Aber er darf seine Erleichterung nicht zeigen und muss den Zerknirschten spielen.

»Es ist diese Frauengeschichte, oder?«

Schumacher grinst, steht auf und läuft um den Schreibtisch herum. Er stellt sich hinter Tobias, stützt sich auf seinen Schultern ab und massiert ihn ein wenig. Tobias riecht seinen Atem. Schumacher mag offenbar Knoblauch.

»Ja, ich fürchte, ich habe mich verliebt«, sagt er.

Aus den Augenwinkeln betrachtet er Miltner, der gekrümmt auf seinem Stuhl sitzt und wohl froh ist, dass es gerade nicht um ihn geht.

»Oh, das ist ein furchtbarer Zustand. Zum Glück geht er in der

Regel schnell vorüber. Dieses Land braucht dich, Genosse, und zwar mit deiner ganzen Aufmerksamkeit.«

Schumacher lässt ihn wieder los, geht zu seinem Sessel zurück und lässt sich hineinfallen.

»Das weiß ich«, sagt Tobias.

»Sehr gut. Wenn du deine Holde überprüfen möchtest, brauche ich bloß ihre Personalausweisnummer. Nicht dass du dir eine Republikfeindin ins Haus holst.«

»Dafür ist es noch zu früh, Genosse Schumacher. Wir kennen uns erst seit dem Wochenende.«

»Da hat sich der achtzigste Geburtstag ja gelohnt. Freut mich für dich! Aber warte nicht zu lange mit der Überprüfung, sonst ist die Enttäuschung bloß umso größer. Habt ihr schon?«

Schumacher macht eine eindeutige Geste. Tobias bekommt heiße Wangen.

»Na, lass mal, genug davon«, sagt Schumacher. »Wir haben hier noch einen Fall zu klären. Was machen wir denn nun mit Ihnen, Herr Miltner?«

»Ich bin unschuldig. Ich habe nichts getan«, beteuert der Angesprochene und hebt die Hände.

»Niemand ist unschuldig. Es findet sich immer irgendetwas, wenn man genauer hinsieht. Warum haben Sie denn bei Ihrem Kybernetz-Zugang AKPs benutzt, wenn Sie nichts zu verbergen hatten?«

»Ein Freund hat mir das empfohlen.«

»Ein Freund?«

»Ja, ein Freund. Wir arbeiten in derselben Brigade.«

»Den Namen, bitte.«

»Er hat doch nichts damit zu tun.«

»Den Namen, bitte!«

»Bitte nicht. Ich will doch nicht …«

»Ich kann Sie auch gleich nach Bautzen …«

»Karlheinz Funke«, sagt Miltner so schnell, dass man es kaum versteht.

Aber Schumacher hat verstanden, »Karlheinz in einem Wort?«

»Ja.«

Schumacher tippt etwas in den Rechner auf seinem Schreibtisch.

»Und welche Begründung hat Ihnen dieser Herr Funke genannt?«

»Das Recht auf Privatsphäre. Es müsse Normalität sein, über AKPs ins Kybernetz zu gehen. Wenn sich alle daran hielten, mache man sich damit nicht mehr verdächtig.«

»Soso. Das ist Ihnen ja wunderbar gelungen. Ein toller Freund, dieser Funke. Den müssen wir uns wohl mal genauer vornehmen. Wäre das nicht eine schöne Aufgabe für dich, Wagner? Dann kannst du zeigen, dass du immer noch der Mann bist, für den ich dich halte.«

»Wo wohnt Ihr Freund denn?«, fragt Tobias.

»In Löbtau«, antwortet Miltner.

Glück gehabt. Dort ist er nicht zuständig. Er passt gern auf, dass alles seine Ordnung hat. Aber sich Leute genauer vorzunehmen, wie Schumacher es nennt, versucht er zu vermeiden.

»Oh, das ist Dresden-West. Das gibt Ärger, wenn ich mich im Revier der Kollegen herumtreibe.«

»Verstehe«, sagt Schumacher. »Gut, ich will dir ja keine unnötigen Scherereien machen. Deine Vorgesetzten von der Deutschen Volkspolizei müssen schließlich auch zustimmen, wenn ich deine Versetzung durchbekommen will.«

Irgendwie scheint ihn Schumacher in sein MfS-Herz geschlossen zu haben. Er muss unbedingt verhindern, dass es zu so einer Versetzung kommt. Aber vielleicht erledigt sich das ja sowieso alles, sobald er mit Miriam in die Zone eingedrungen ist.

»He, du lächelst ja, Romeo. Gib zu, du hast gerade an deine Julia gedacht.«

»Äh, ja.«

Schumacher ist ein guter Beobachter. Er muss noch vorsichtiger sein.

»Also, der Funke ist auf meiner Liste«, sagt Schumacher. »Passen

Sie gut auf, Herr Miltner. Ich sage Ihnen, was nun passiert. Erstens, Sie fertigen mir eine Liste mit allen Kybernetz-Angeboten an, die Sie über AKPs genutzt haben. Unsere Spezialisten werden die Liste überprüfen. Glauben Sie mir, kein AKP ist so sicher, wie Sie denken. Und wehe, es fehlt etwas auf der Liste. Klar?«

»Klar«, sagt Miltner und sieht dabei von unten zu Schumacher hinauf. »Kann ich dann gehen? Und Sie sagen meinem Freund nicht, dass ich Ihnen seinen Namen genannt habe? Bitte?«

Schumacher lacht. »Sind wir denn blöd? Woher wir ihn kennen, erfährt er nur, wenn Sie meinen Anweisungen nicht folgen.«

»Ich werde mich in Zukunft auch von dieser Person fernhalten.«

»Im Gegenteil, Herr Miltner. Sie werden mehr über Ihren Freund herausfinden und mich darüber informieren. Ich will wissen, was dieser Funke so treibt.«

Tobias tut Miltner leid. Der junge Mann hat sich in einem Netz verfangen, aus dem es keinen Ausweg gibt. Schumacher hat ihn in der Hand.

»Aber dann ...«

»Machen Sie sich keine Sorgen. Es ist nur zu seinem und zu Ihrem Besten. Ich möchte gern verhindern, dass Ihr Freund etwas tut, was ihm und unserer sozialistischen Republik dauerhaft schaden könnte. Allein das ist meine Aufgabe.«

»Natürlich. Was ist mit den AKPs? Soll ich sie weiter nutzen?«

»Nicht diese AKPs. Wir werden Ihnen eine spezielle Version zur Verfügung stellen, die uns erlaubt, alles mitzuschneiden, was darüber weitergeleitet wird.«

»Ich ... Okay.«

»Einmal im Monat wird Sie jemand kontaktieren und um ein persönliches Gespräch bitten.«

»Klar«, sagt Miltner fast stimmlos.

»Und zu niemandem ein Wort, haben wir uns verstanden?«

»Jawohl, Herr Schumacher.« Miltner nickt.

»Verbindlichsten Dank, Herr Miltner. Jetzt dürfen Sie gehen.«

»Danke schön, vielen Dank.«

Miltner steht auf. Er sieht ehrlich erleichtert aus. Wieso eigentlich? Es gibt kein Gesetz, das die Nutzung von AKPs verbietet, und die Verfassung der DDR schützt das Post- und Fernmeldegeheimnis. Vielleicht müssten die Menschen mehr auf ihren Rechten bestehen. Aber das sind dumme Gedanken. Schumacher sitzt am längeren Hebel. Wenn er will, geht es Tobias' Kindern schlecht, Verfassungsrechte hin oder her.

Die Tür schlägt zu. Miltner ist zwar frei, aber er hat einen Freund verraten. Tobias möchte nicht in seiner Haut stecken. Bisher hatte er immer Glück, nicht vor solchen Entscheidungen zu stehen.

»Dann mache ich auch mal langsam Feierabend«, sagt Tobias. »War ein langer Tag.«

»Einen Moment. So etwas wie bei Miltner passiert dir nicht noch einmal, klar? Du hast die Protokolle doch am Montag gesehen. Es darf einfach nicht geschehen, dass ich davon nicht von dir, sondern über meinen Vorgesetzten erfahre. Was sagt das denn über mich? Und du weißt doch, dass du nicht der Einzige bist, der diese Protokolle sieht. Das läuft immer zweigleisig. Wie Genosse Lenin gesagt hat: ›Vertrauen ist gut, Kontrolle ist besser.‹ Ich verstehe ja, dass du gerade hormonell beeinträchtigt bist, aber noch einmal kann ich dich nicht schützen.«

»Ich habe verstanden, Genosse.«

Tobias bemüht sich, seine Stimme möglichst fest klingen zu lassen. Insgeheim freut er sich. Schumacher weiß eben doch nicht alles. Das System überschätzt seine Fähigkeiten wohl manchmal.

»Sehr gut. Ich kann doch einschätzen, auf wen ich mich verlassen kann. Dieses System lebt von Menschenkenntnis.«

Schumacher hat keine Ahnung, ist aber sehr überzeugt von sich. Vielleicht kann Tobias das mal irgendwann nutzen. Er nimmt die Mütze vom Schoß und steht auf. Schumacher erhebt sich ebenfalls, öffnet seine Schreibtischschublade und nimmt einen Brief heraus. Dann beugt er sich über den Schreibtisch und reicht ihm den Umschlag. Er ist nicht verschlossen.

»Sieh ruhig hinein«, sagt Schumacher.

Tobias öffnet die Klappe. Im Umschlag liegt ein Geldschein. Es sind hundert K-Mark.

»Das soll dir als kleine Motivation dienen«, sagt Schumacher. »Die oben wissen nichts von deinem Versäumnis. Kauf deinen Kindern etwas davon. Ich hoffe, es geht ihnen gut.«

Tobias friert plötzlich. Er ringt sich ein Lächeln ab. Hoffentlich überzeugt es.

»Danke, Genosse«, sagt er.

Schumacher schüttelt seine Hand.

»Nun raus mit dir«, sagt er.

---

Es ist dunkel, und der Wind bläst kräftig. Wenigstens regnet es nicht. Tobias hat seine Dienststelle mit ein paar umgeschichteten Aktenstapeln so präpariert, dass es aussieht, als hätte er gearbeitet – nur falls sein Vertreter hereinschneien sollte. Nun ist es schon halb neun. Er muss sich nicht ganz so sehr vorsehen wie tagsüber. Die Autobahn ist zwar tabu, weil die Mautkameras einen Nachtsichtmodus besitzen. Aber für die Ampelkameras trifft das nicht zu. Er hat selbst schon genügend unbrauchbare Nachtfotos von ihnen gesehen. Also braucht er in der Nähe von Kreuzungen bloß noch sicherheitshalber das Licht auszuschalten und brav bei Grün zu fahren.

Trotzdem dauert die Fahrt mehr als zwei Stunden. Tobias ist die ganze Zeit versucht, Miriam anzurufen. Sie muss erfahren, dass er überhaupt nicht in Gefahr war. Aber dazu müsste er den Akku einlegen und das Handtelefon einschalten. Sein Standort würde bekannt wie auch die Nummer der Gegenstelle. Wahrscheinlich hat Miriam ihr eigenes Handtelefon sowieso aus.

Er blinkt und biegt von der Landstraße in die schmale Zufahrt nach Neustadt ein. Es ist dreiviertel elf. Ob die Wirtin überhaupt noch wach ist? Er stellt sich vor, wie er durch das dunkle Haus in Miriams Zimmer schleicht. Sie wird ihn noch für einen Einbrecher halten! Aber um im Auto zu übernachten, ist es zu kalt. Mist, er weiß ja gar nicht, welches Zimmer Miriam bekommen hat!

151

Aber schon vom Parkplatz aus ist das Licht in der Gaststube zu sehen. Er tritt ein. In der Ecke sitzen immer noch zwei Schach spielende Männer. Ob es dieselben sind? Sein Personengedächtnis ist nicht so gut. An dem Tisch, an dem Miriam und er gegessen haben, sitzen nun vier junge Leute knapp über zwanzig, drei Männer und eine Frau, die sich angeregt unterhalten und Bier trinken. Einer der Männer ist seltsam geschminkt. Seine Augen sind so angemalt, dass sie riesig wirken. Die Stirn ist schwarz und mit drei weißen senkrechten Streifen geschmückt. Seine Begleitung scheint es nicht zu irritieren.

Aus der Küche kommt Volksmusik. Tobias klopft an die Tür.

»Draußen bleiben!«, ruft die Wirtin. »Komme gleich!«

Nach etwa zwei Minuten erscheint sie. Sie trägt eine weiße Schürze und gelbe Gummihandschuhe.

»Guten Abend«, sagt er.

»Du bist doch der Polizist, der mit der hübschen Frau gegessen hat und so plötzlich weg musste.«

»Der bin ich.«

»Entschuldige, aber in die Küche darf ich dich aus Hygienegründen nicht lassen. Willst du dir nicht einen Platz suchen? Ich mache gerade den Abwasch und bin in fünf Minuten bei dir.«

»Natürlich. Ein Bier hätte ich gern.«

Fünf Minuten später steht die Wirtin mit dem Bier an seinem Tisch. Tobias hat den Platz gewählt, an dem ihr Enkel heute Mittag seine Hausaufgaben gemacht hat.

»Deine Freundin ... – es ist doch deine Freundin?«

Tobias nickt und fühlt sich dabei, als würde er schwindeln.

»Nun, sie hat sich ein Zimmer genommen.«

»So haben wir es abgemacht. Dann hätte ich auch gern eines.«

»Sie hat extra nach einem Doppelzimmer gefragt.«

»Wirklich?«

Das sind ja tolle Neuigkeiten.

»Ja, und als ich sie gefragt habe, ob ich für dich eines vorbereiten soll, falls du noch irgendwann in der Nacht kämst, hat sie es abgelehnt. Ich sollte dir den zweiten Schlüssel an die Haustür kleben.«

»Ah, schön, natürlich, das ergibt Sinn.«

Sein Herz schlägt schneller.

»Ja, finde ich auch. Warum sollten sich zwei erwachsene Menschen nicht ein Bett teilen? Es ist doch groß genug.«

Die Wirtin sieht ihn lächelnd an und schiebt ihm den Schlüssel hin. Es ist ein altertümliches Exemplar mit einem riesigen Bart.

»Ein Zimmer mit Doppelbett also.«

Sein Gehirn arbeitet inzwischen so langsam, dass er die Vorstellung immer noch nicht fassen kann. Der Tag war einfach zu lang.

»Wir haben keine Einzelbetten. Sind alle wunderbar bequem und quietschen oder knarren nicht. Zimmer 4 übrigens.«

»Was ist mit der Anmeldung und der Rechnung?«

»Das klären wir morgen. Gute Nacht, falls wir uns nicht mehr sehen.«

Eigentlich muss die Wirtin von jedem Übernachtungsgast die Daten aufnehmen. Aber bei einem Volkspolizisten kann man wohl mal ein Auge zudrücken. Die Wirtin fragt bei den jungen Leuten, ob sie noch etwas brauchen, dann läuft sie zurück in ihre Küche. Tobias setzt das Bierglas an die Lippen und trinkt es zur Hälfte aus. Den Rest lässt er stehen. Er will endlich zu Miriam.

Hinter ihm ist eine Holztür mit einem Schild »Zu den Zimmern«. Er nimmt seine Tasche, steht auf und öffnet die Tür. Dahinter beginnt eine Treppe. Als er auf die erste Stufe tritt, schaltet sich ein schwaches Licht an, das geradeso genügt, um die Umgebung zu erkennen.

Sein Herz klopft. Er wird die Nacht mit Miriam im Bett verbringen. Natürlich hat das nichts zu bedeuten. Sie will einfach Geld sparen oder Aufsehen vermeiden, oder sie fürchtet sich an fremden Orten im Dunkeln. Die Treppe knarrt. Er macht sich so leicht wie möglich, indem er sich mit der freien Hand am Geländer abstützt. Das erste Zimmer befindet sich am oberen Treppenabsatz. Die Holzbalken des Flurs knarren nicht weniger als die Treppe.

Sich heimlich von Zimmer zu Zimmer zu bewegen, ist hier nicht möglich. Er passiert Zimmer 2, dann die 3. Vor der 4 bleibt er stehen.

Ob Miriam abgeschlossen hat? Aber warum sollte sie? Er drückt die Klinke herunter. Sie fühlt sich rau und kalt an. Die Tür öffnet sich. Im Zimmer brennt ein schummriges Licht, nicht heller als im Flur. Miriams Duft steigt ihm in die Nase. Alle Möbel sehen selbstgezimmert aus, sogar das Bett. Auf der Matratze liegt eine dicke Decke. Sie ist unberührt.

Enttäuschung macht sich in ihm breit. Miriam ist nicht hier. Sie liegt nicht im Bett, wie er es erhofft hat, und sitzt auch nicht an dem kleinen Schreibtisch. Vor dem Bett steht ihre Reisetasche.

Tobias überprüft das Bad. Miriam hat Kosmetik und Zahnbürste ausgepackt. Aber wo ist sie? Muss er sich Sorgen machen? Er löscht das Licht im Bad wieder und durchsucht das Zimmer. Vielleicht unternimmt sie nur einen kleinen Spaziergang. Die Wirtin war in der Küche und muss davon nichts mitbekommen haben. Auf dem Schreibtisch findet er einen Zettel. Er kennt Miriams Handschrift nicht, aber wer sollte ihm hier sonst schreiben?

»Hallo!«, beginnt die Nachricht.

Miriam redet ihn nicht persönlich an, weil sie ihn nicht gefährden will. Sie konnte ja nicht wissen, wer den Zettel finden würde.

»Wer immer das liest, sucht mich nicht. Ich habe eine Aufgabe zu erfüllen, und das werde ich, komme, was da wolle. Ein ›drauf geschissen‹ an alle, die mich daran hindern wollen. Ein herzlicher Gruß an alle, die mich mögen. Euch wünsche ich alles Liebe und Gute im Leben. Aber versucht nicht, mir zu helfen. Ich schaffe das, und ihr bringt euch nur in Gefahr. Ein Kuss von eurer Miriam.«

Mist. Warum hat sie nicht auf ihn gewartet? Er hätte sie doch anrufen sollen! Aber hätte das etwas geändert? Wenn sich Miriam etwas in den Kopf gesetzt hat, zieht sie es durch. Dieses Bild von ihr zeichnet sich immer klarer ab. Sogar mit ihrem Abschiedsbrief versucht sie noch, ihn zu schützen. Sie übernimmt ganz allein die Verantwortung.

Er setzt sich mit dem Zettel in der Hand auf das Bett. Die Wirtin hat recht. Es quietscht nicht. Scheiße. Wenn er nicht noch in die Dienststelle gefahren wäre ... Wenn er auf der Autobahn durchgerast wäre ... *Du glaubst doch nicht, dass du meinen Entschluss geändert hättest?* Er hätte es zumindest versuchen müssen.

Mit einem Streichholz aus dem Nachtkästchen zündet Tobias die Kerze neben dem Bett an und verbrennt den Zettel in ihrer Flamme. Niemand soll Miriams schriftliches Geständnis finden. Es riecht nach Weihnachten. Er bläst die Kerze auf, zieht den Duft ein und läuft nach unten. Die Wirtin kassiert gerade bei den beiden Schachspielern ab. Sie sind je achtzig Pfennig schuldig. Tobias winkt sie an seinen Tisch. Das halb ausgetrunkene Bierglas steht noch da.

»Könnte es sein, dass meine Freundin noch einen kleinen Spaziergang macht?«

»Das ist möglich. Ich achte nicht so darauf, was meine Gäste tun. Geht mich ja nichts an. Aber sie hat sich ein Fahrrad ausgeliehen. Damit wollte sie morgen eine kleine Tour unternehmen.«

»Danke. Ja, dann ist sie bestimmt gleich zurück.«

»Ich schließe die Haustür ab, wenn die Gaststube leer ist, aber Ihre Freundin hat einen Schlüssel, keine Sorge.«

»Danke, das beruhigt mich.«

Das ist zwar gelogen, aber es wirkt trotzdem. Er ist schon etwas ruhiger als zuvor.

---

Tobias verabschiedet sich von der Wirtin und stapft langsam die Treppe nach oben. Soll er Miriam gleich folgen? Aber er hat keine Ahnung, welchen Weg sie genommen hat. Vermutlich vermeidet sie alle offiziellen Pfade und versucht, über den Zaun zu klettern. Hoffentlich stimmt ihre Prognose, dass das Sperrgebiet nicht mit Minen und Selbstschussanlagen gesichert ist. Ob man das Hochgehen einer Mine bis hierher hören würde? Tobias friert, obwohl das ganze Haus gut geheizt ist.

Er hört auch nicht auf zu frieren, als er unter die Decke schlüpft.

Die Kälte fühlt sich fast wie Schüttelfrost an. Es fehlte noch, dass er sich eine Erkältung geholt hat. Als Polizist bekommt er zwar in jedem Herbst seine kombinierte Grippe- und Covid-Impfung. Aber das hilft natürlich nicht gegen eine blöde Erkältung. Tobias bläst Luft durch die Nase aus. Schnupfen scheint nicht im Anmarsch zu sein, und das Bier hat ihm auch ganz normal geschmeckt. Hätte er doch noch ein zweites bestellt. Mit einem Liter Bier im Magen kann er immer hervorragend einschlafen.

## 10. OKTOBER 2029
# ERDORBIT

Nichtstun, das ist wirklich einfach gesagt. Mandy beschäftigt sich schon die ganze Zeit mit der MKF-8. Wenigstens hat sie die Kamera ganz allein für sich, denn die Zwischenspeicher sind durch die ausgefallenen Übertragungen voll, und neue Aufträge erreichen sie gerade nicht. Ihr Lieblingsmotiv sind natürlich ihre beiden Mädchen. Sie hat sie im Garten des Kindergartens erwischt und beim Einkaufen mit ihrem Vater.

Das ist gar nicht so einfach, weil sie nur die Draufsicht hat. Der Trabant ihres Exmannes besitzt eine besondere Schürze, die seine Front verbreitert. Wenn Mandy ihn vor der Kaufhalle aufspürt, braucht sie nur noch nach drei menschlichen Silhouetten zu suchen, wobei zwei identische Größe haben und die dritte eine Schiebermütze trägt.

Natürlich kann es sein, dass sie sich dabei auch manchmal irrt. Sabine und Susanne müssten ganz schön herumkommen, wenn ihre Entdeckungen alle richtig wären. Aber vielleicht brauchen sie auch mehr Ablenkung als sonst, weil sie ihre Mutter vermissen. Ihr Vater lässt sich da schon etwas einfallen. In dieser Hinsicht ist auf ihn Verlass.

Wenn doch bloß die Ablösung schon da wäre. Sie würde Bummis

Optimismus ja gern teilen. Aber auf dem Startplatz in Peenemünde, den sie ebenfalls mit der MKF-8 fotografiert hat, herrscht noch nicht die Hektik, die für einen baldigen Start typisch wäre. Die Rakete, das Transportmittel ihres Nachfolgers, steht zwar schon, aber optisch hat sich seit Tagen nichts daran verändert. Es sind auch keine Anzeichen zu bemerken, dass sie aufgetankt würde.

Es würde ja reichen, wenn die Raumkapsel der Ablösung leer an der Völkerfreundschaft andocken würde. Dann könnte sie das Kommunikationssystem der Kapsel benutzen, um mit Sabine und Susanne zu sprechen. Das fehlt ihr am meisten – ihre süßen Lieblinge zu hören, ihre Gesichter zu sehen ... Mandy legt eine Hand auf ihre Brust. In der aufgenähten Tasche ihrer Kombination steckt ein auf Folie gedrucktes Foto der beiden. Sie hat sich die Tasche vor dem Start zunähen lassen. So ist das Foto für sie wie eine wertvolle Notration an Liebe. Wann immer es ihr so schlecht gehen sollte, dass nichts anderes mehr hilft, kann sie die Tasche mit einer Schere öffnen und das Foto betrachten.

Die Kapsel! Natürlich! Wenn das Funksystem der Kapsel eigenständig ist, müsste sie dann nicht von dort aus die Erde erreichen können?

»Bummi, eine Frage.«

Der Roboter, der reglos in der Ecke hockt, als warte er auf seine Beute, hebt zur Bestätigung ein Bein.

»Warum haben wir eigentlich nicht versucht, aus der Kapsel heraus die Bodenstation anzufunken?«

Der Roboter streckt seine vier Beine durch, als habe er zu lange geschlafen.

»Das dürfte wenig erfolgversprechend sein«, sagt er.

»Warum?«, fragt Mandy.

»Wenn darüber Kommunikation möglich wäre, hätte sich die Bodenstation doch schon längst bei uns gemeldet.«

Das ist natürlich ein Argument, aber ein schwaches.

»Vielleicht haben sie es ja genauso wenig versucht wie wir.«

»Ich halte es trotzdem für wenig erfolgversprechend.«

»Mit welcher Begründung?«

Mandy kann nicht vermeiden, dass ihre Stimme deutlich gereizt klingt. Allmählich hat sie das Gefühl, dass Bummi ihre Rettung am Arsch vorbeigeht. Bisher hat er es geschafft, sie mit seinen Versprechungen einzulullen, dass schon alles gut wird. Warum sollte der Roboter ihr auch nicht die Wahrheit sagen?

»Ich nehme an, dass das Betriebsprogramm der Kapsel ebenfalls aktualisiert wurde«, sagt Bummi.

»Du behauptest, sie haben denselben Fehler eingebaut wie bei der Station?«

»Du weißt doch, wie das ist, Mandy. Es muss alles schnell gehen. Da benutzt man den für die Station neu geschriebenen Programmcode doch gern auch für die Kapsel. Die Hardware ist ja auch dieselbe. Das gesamte Funkmodul basiert auf einer Entwicklung des RFT Staßfurt.«

»Wir sollten es trotzdem versuchen.«

»Ich habe nichts dagegen. Viel Erfolg!«

———————

Dann hilft ihr Bummi eben nicht. Sie braucht den Roboter aber auch gar nicht. Die Völkerfreundschaft ist gerade über Ostpolen, also müsste der Brocken erreichbar sein. Mandy zieht den Gürtel der Kombination straff. Sie hat ihr Training in den vergangenen Tagen nicht ganz nach Plan durchgeführt und prompt ein bisschen zugenommen. Außerdem bekommt sie von der Trockennahrung immer Blähungen. Zum Glück ist Bummi nicht geruchsempfindlich.

Sie stößt sich ab und schwebt nach hinten. Die Schleuse steht schon offen. Diesmal muss sie sie nicht schließen, sie will ja nicht nach draußen, sondern zu der Raumkapsel, mit der sie die Station erreicht hat. Sie ist an der Schleuse angekoppelt. Mandy dreht das Rad, das das Eingangsschott versperrt. Die runde Tür klappt nach innen. Kühle, abgestanden riechende Luft dringt heraus, eine schöne Abwechslung zu dem Gestank in der Station.

Mandy steigt in das schwarze Loch um, und sofort schaltet sich das Licht an. Viel Platz ist hier nicht. Sie zieht sich zum Sitz. Als sie die Konsole berührt, steigt Staub auf wie feiner Nebel. Sie sollte sich etwas öfter um die Kapsel kümmern. Schließlich ist das die Rückfahrkarte zu ihren Kindern. Nachher wird sie gleich Staub wischen. In der Völkerfreundschaft muss sie das nie, weil sich der Staub dort wegen der ständigen Luftbewegung und -erneuerung nicht absetzt und deshalb in Filtern eingefangen werden muss.

Jetzt aktiviert Mandy erst einmal die Konsole. Die Nationalfarben und das Wappen der DDR erscheinen, dann muss sie sich identifizieren. Der Rechner akzeptiert ihre Daten. Damit hat sie schon den ersten Schritt geschafft. Sie wechselt zum Kommunikationsbildschirm, einer vereinfachten Version des Moduls, das auch auf der Raumstation im Einsatz ist. Die Kontakte sind fest einprogrammiert. Der Kosmonaut soll im Notfall in der Lage sein, alles ganz schnell zu bedienen.

Mandy wählt die Brockenstation als Ziel.

»Völkerfreundschaft an Bodenstation, bitte kommen.«

Keine Antwort. Als sie an der Raumstation angekoppelt hat, hat sie die Systeme der Kapsel mit denen der Station verknüpft. Vermutlich läuft der Funkverkehr nun standardmäßig über die viel effektivere Antenne der Station. Sie tippt das kleine Zahnrad an, das auf dem Funkbildschirm oben rechts zu sehen ist. Tatsächlich, der Funkverkehr wird über die Station geleitet.

Plötzlich erlischt der Bildschirm. Gleich darauf geht auch das Licht in der Kabine aus. Keines der kleinen Lämpchen an der Konsole leuchtet mehr. Dann schließt sich die Klappe hinter ihr. Sie ist von der Station isoliert.

»Bummi, was ist das los?«

Niemand antwortet. Mandy zwingt sich, tief durchzuatmen. Sie muss ruhig und konzentriert bleiben. Das hat sie oft genug trainiert. Hat sie durch ihre Aktionen irgendetwas ausgelöst? Will die Kapsel plötzlich mit ihr starten? Es sind keine weiteren Geräusche zu hören. Wenn sich die Andockklammern lösen, muss es ein unangenehmes Kratzen geben. Es bleibt aus. Nein, die Kapsel startet nicht. Stattdessen fährt die Konsole wieder hoch. Zunächst sind alle Lämpchen rot, dann färben sie sich nacheinander grün oder gelb. Das Deckenlicht schaltet sich an. Das Schott öffnet sich. Warme Luft strömt herein. Sie freut sich richtig, das DDR-Wappen zu sehen.

Vielleicht sollte sie doch nicht an den Instrumenten spielen. Sie hat das zwar alles auf der Erde trainiert, aber die Kapsel scheint empfindlich zu sein, und sie braucht sie ja noch für ihren Rückflug. Aber das Funkmodul zu testen, kann doch nicht so schwer sein. Mandy versucht es noch einmal über das Zahnradsymbol. Verblüffenderweise ist jetzt die Verbindung zur Station gekappt. Hat das der Neustart bewirkt? Mandy wechselt zurück zum Kommunikationsbildschirm, wählt den Brocken als Empfänger und nimmt eine Nachricht auf.

»Völkerfreundschaft an Bodenstation, bitte kommen.«

Das Funksignal fliegt mit Lichtgeschwindigkeit durch die Atmosphäre. Für die einigen hundert Kilometer braucht es nur einen Wimpernschlag. Jetzt müsste die Antwort kommen, aber der Lautsprecher bleibt still. Sie prüft sicherheitshalber die Lautstärke, aber daran liegt es nicht.

Sie wechselt in das Systemmenü. Dort ist unter anderem aufgeführt, wer für welches Programm zuständig ist. Der Code für das Funkmodul kommt von RFT, wie Bummi es gesagt hat. Aber ein anderer Eintrag ist interessant. Die letzte Programmaktualisierung ist noch gar nicht lange her. Sie fand am 10. Oktober 2029 statt, und zwar um 14:27 Uhr Standardzeit.

Vor drei Minuten.

---

»Ich habe dir doch gesagt, dass es nicht funktionieren wird«, sagt Bummi.

Der Roboter erwartet sie gleich an der Schleuse.

»Kannst du mir einen Gefallen tun und in der Kapsel Staub wischen?«

»Gern, Mandy.«

Bummi bewegt sich in das Mittelteil der Station, wo sich die Küche und die WC-Einheit befinden.

»Warte mal!«, ruft sie.

Er bleibt ruckartig stehen. In der Mikrogravitation ist das gar nicht so einfach.

»Es sieht so aus, als hätte sich das Betriebsprogramm der Kapsel erst heute aktualisiert«, sagt sie. »Und zwar als ich dabei war, Verbindung zur Erde aufzunehmen.«

»Das ist unmöglich, da wir keine Verbindung zur Erde haben.«

»Genau das wundert mich ja. Aber ich kann es dir zeigen. Der kurzzeitige Komplettausfall der Kapsel müsste im Energieprotokoll der Station aufgetaucht sein.«

»Das stimmt«, sagt Bummi.

»Ich meine ...« Mandy zögert, denn was sie sagen will, ist eher ein Bauchgefühl. Bummi wird es einfach wegwischen.

»Du meinst?«

Raus damit. »Wenn sie nun einfach keine Verbindung zu uns wollen und das über eine Aktualisierung tarnen?«

»Aber das ist doch Quatsch. Die RS Völkerfreundschaft ist eine der wichtigsten Errungenschaften der DDR.«

Genau diese Reaktion hat sie erwartet.

»Vielleicht ist ihnen das Geld ausgegangen, und sie wollen uns unauffällig loswerden, nachdem der große Auftritt am 7. Oktober vorüber ist.«

»Mandy, du solltest dich schämen, so von unserer Partei- und Staatsführung zu denken.«

»Ich kann immerhin eigenständig denken. Du bist nur darauf programmiert, dir eingegebene Parolen zu wiederholen.«

»Das ist unfair, Mandy. Ich fühle mich verletzt. Ich kann sehr wohl im Rahmen meiner Parameter selbständig denken.«

»Entschuldige, ich wollte dich nicht verletzen. Aber für mich gibt es keine Einschränkungen beim Denken.«

»Das ist ein Irrtum. Du denkst unter anderen Parametern als ich, aber auch sie sind beschränkt.«

»Das glaube ich nicht.«

»Stell dir doch deine Kinder vor. Kannst du darüber nachdenken, wie du sie am effizientesten tötest?«

»Natürlich nicht! Ich würde mein Leben für sie geben.«

Wie kann Bummi überhaupt so eine Frage stellen?

»Siehst du, dein Denken ist eingeschränkt. Ich kann sehr wohl darüber nachdenken, wie ich deine Kinder effizient töte.«

»Untersteh dich!«

Mandy baut sich drohend vor dem Roboter auf, als müsste sie sich zwischen ihn und ihre Kinder werfen. Bummi zieht sich ein paar Schritte zurück und knickt in den Knien ein, so dass es aussieht, als würde er sich ihr unterwerfen.

»Ich habe nicht vor, deine Kinder zu töten, Mandy. Aber ich kann darüber nachdenken. Dir fehlt diese Fähigkeit, und darum bist du eingeschränkt. Denn wenn du eine Aktion nicht planen kannst, wirst du sie auch nicht ausführen können.«

»Das will ich doch auch gar nicht. Welche Mutter käme denn auf die Idee, ihre Kinder zu töten!«

»Darum geht es nicht. Was ich sagen will, ist, dass meine Handlungsoptionen breiter sind als deine.«

Bummi hält sich also für besser als die Menschen, die ihn gebaut haben und denen er dienen soll. Wenn sie wieder auf der Erde ist, wird sie ein ernsthaftes Wörtchen mit den Verantwortlichen des Kombinats Robotron sprechen müssen. Sie haben ihm zwar den Marxismus-Leninismus eingebaut, aber grundlegende Funktionen wie Bescheidenheit vergessen. Wer weiß, welche Schwächen der Roboter sonst noch hat.

»Um auf deine Vorwürfe gegen die Missionsleitung zurückzukommen ...«, beginnt Bummi.

Das hätte Mandy beinahe vergessen. Wollte Bummi mit seinen unglaublichen Behauptungen etwa nur ablenken? Zumindest hat er erreicht, dass sie die unmittelbare Gefahr für einen Moment vergessen hat.

»Mir ist ein Szenario eingefallen, das unsere Beobachtungen erklären würde, ohne auf Verschwörungstheorien zurückzugreifen«, sagt der Roboter. »Die Kapsel war ja lange nicht in Benutzung. Sie könnte die Aktualisierung im selben Moment erhalten haben wie die Raumstation. Solange allerdings ihr Hauptrechner im Schlafmodus war, hat sie das Upgrade nicht ausgeführt. Das geschah erst, nachdem du den Rechner hochgefahren hast.«

»Und der Eintrag im Systemmenü?«

»Der passt dazu, denn er beweist den Zeitpunkt, zu dem die Aktualisierung ausgeführt wurde.«

Mandy seufzt. Der Roboter könnte recht haben. Ihr Verdacht war dann doch so ungeheuerlich, dass sie darüber sogar froh ist. Das bedeutet nämlich, dass ihr Heimatland alles dafür tun wird, sie aus der Notlage zu befreien.

---

Am Abend, kurz bevor in der DDR die Sonne untergeht, widmet sich Mandy noch einmal der Multispektralkamera. Aber sie befinden sich über Belgien. Natürlich, sie hat vergessen, dass die Raumstation ihren Orbit verändert hat. Sie schaltet die Kamera aus und schwebt zur Steuerungskonsole. Der Hauptrechner kennt die Daten des neuen Orbits. Sie lässt sich eine Tabelle ausgeben, die die neuen Überflugzeiten für die DDR enthält. Der nächste Termin ist nach MEZ mitten in der Nacht, wenn Sabine und Susanne schlafen. Sie wird sie also erst morgen früh wiedersehen.

Es ist Zeit, sich in den Schlafsack zu begeben. Vielleicht sollte sie sich morgen mit dem Amateurfunkmodul beschäftigen. Auch darüber sollte es doch möglich sein, Informationen an die Bodenstation zu schicken. Allerdings hört dann die ganze Welt mit, und unter Umständen verliert die DDR das Gesicht. Bestimmt fällt ihr noch etwas Besseres ein. Ob der Hauptrechner den neuen Kurs bereits mit der Datenbank erdnaher Objekte abgeglichen hat? Sie will nicht schon wieder von einem Schlag gegen den Kopf geweckt werden, weil die Station einem Hindernis ausweichen muss. Mandy startet eine Abfrage und lässt sich das Ergebnis graphisch darstellen.

Der Bildschirm zeigt die Erdkugel. Der Orbit der Völkerfreundschaft ist grün. Alle Objekte, die eine Gefahr darstellen, wären rot eingezeichnet. Aber es gibt keine roten Bahnen, nur weiße, dazu zwei blaue. Blau dargestellte Orbits gehören nicht zu Weltraumschrott, sondern zu funktionsfähigen künstlichen Erdsatelliten. Ihre Orbits sind speziell ausgewiesen, weil sie ihre Bahn im Notfall selbst verändern könnten. Normalerweise einigen sich die jeweiligen Missionskontrollen darauf, welches Objekt in welche Richtung ausweicht. In ihrem Fall ist allerdings die Verbindung zur Bodenstation gestört. Deshalb holt sich Mandy sicherheitshalber die Daten der beiden Satelliten auf den Schirm.

Nummer eins ist ein chinesischer Wettersatellit. Ihre beiden Orbits verlaufen fast in derselben Ebene, allerdings um ein paar Grad versetzt. Sie nähern sich gegen Mitternacht auf minimal hundertzwanzig Kilometer. Das ist wirklich kein Grund, irgendwelche Korrekturmanöver einzuleiten. Der zweite Satellit ist die Internationale Raumstation, die ISS. Eine Kollision mit ihr wäre schon deshalb eine Katastrophe, weil in dem dort vor vier Jahren eröffneten Hotel bis zu fünfzig Touristen leben. Die früheren Besitzer haben die Station damals an ein Privatunternehmen übergeben. Das betreibt Station und Hotel nun so erfolgreich, dass man sich sogar ein kleines Mikrogravitationsforschungsinstitut leisten kann, zu dem die NASA ab und an Astronauten schickt.

Die ISS orbitiert ein paar Kilometer über der Völkerfreundschaft. Ihre Bahn ist ebenfalls versetzt. Die geringste Annäherung liegt bei neunzig Kilometern. Die Prognose ist auf fünfzig Meter genau, also kann Mandy nun eigentlich beruhigt schlafen gehen.

Moment. Wenn sie der Station so nahe kommt – müsste sie da nicht mit einem Hilferuf durchdringen? Das Funksignal würde nicht von der Erdatmosphäre gedämpft. Selbst wenn die Hauptantenne nicht reagiert, könnte sie die neunzig Kilometer sogar mit dem Helmfunk überwinden. Vorausgesetzt natürlich, dass zufällig jemand auf den Frequenzen lauscht, die sie benutzt. Am besten, sie versucht es auf möglichst vielen Kanälen.

Mandy beschränkt die Darstellung auf die Orbits von ISS und Völkerfreundschaft. Die größte Annäherung erfolgt um 22:32 Uhr. Der Schlafsack muss warten. Damit hat sie noch genug Zeit, sich auf ein Außenbordmanöver vorzubereiten. So umgeht sie auch die abschirmende Wirkung der Außenhülle der Station.

———————

»Was hast du vor?«, fragt Bummi. »So spät noch Sport? Das ist nicht gut für die Qualität deines Schlafes.«

Mandy tritt in die Pedale und schnauft.

»Um halb elf nähern wir uns der ISS. Ich werde versuchen, sie per Funk zu erreichen.«

»Die Internationale Raumstation wird von einem kapitalistischen Unternehmen betrieben. Es verstößt gegen die Dienstvorschriften, ohne Genehmigung Kontakt zu Personen aus dem NSW aufzunehmen.«

»Ich habe versucht, eine solche Genehmigung von der Bodenkontrolle einzuholen. Das ist mir nicht gelungen. Nach Paragraph 23, Absatz 2, der Raumstation-Betriebsordnung darf die Kommandantin in einem solchen Fall eine Notgenehmigung erteilen.«

»Das ... stimmt.«

Ha! Sie hat Bummi mit ihren Argumenten schachmatt gesetzt! Das kommt selten vor.

»Aber die Antenne ...«

»Ja, mir ist klar, dass die Antenne wohl nicht helfen wird. Ich hoffe aber, dass ich über den Helmfunk durchkomme. Es sind neunzig Kilometer Luftlinie ohne atmosphärische Störungen. Das sollte die geringe Sendeleistung wettmachen.«

»Das ... ist korrekt.«

Schon wieder! Sie hat ja einen richtigen Lauf. Mandy lächelt in sich hinein.

»Dann wünsche ich dir viel Erfolg«, sagt der Roboter. »Wenn du meine Hilfe benötigst, stehe ich bereit.«

»Danke, aber das ist ein einfacher Spaziergang. Ich klettere aus der Luke, sichere mich und vertraue auf das Glück.«

Sie will Bummi bei diesem Versuch nicht dabeihaben. Er scheint eine Kontaktaufnahme mit der ISS rundherum abzulehnen, hat aber nicht die Macht, es ihr zu verbieten.

»Ich würde nicht ausschließen, dass der profitorientierte Betreiber der ISS deine Rufe einfach ignoriert. Jede Reaktion würde ja eine unnötige Ausgabe bedeuten. Der Raubtierkapitalismus ...«

»Damit würden sie gegen den international ratifizierten Weltraumvertrag verstoßen. Sie müssen mir Hilfe leisten. Wenn herauskommt, dass sie sich geweigert haben, könnte die DDR sie in Den Haag verklagen.«

»Das ist richtig.«

Zum dritten Mal muss ihr der Roboter recht geben! Wenn das kein gutes Zeichen ist.

»Trotzdem, du weißt, dass dem Kapital die Profitgier über alles geht.«

Mandy antwortet nicht. Es gibt wohl in der ganzen DDR keinen Menschen, der so von der sozialistischen Sache überzeugt ist wie dieser Roboter.

## 10. OKTOBER 2029
# ISS

»Wir kommen jetzt zu einem weiteren Höhepunkt des heutigen Tages«, sagt die Moderatorin, die sich als Jennifer vorgestellt hat.

Jeremy Clarkson zieht seine Tochter Emily zu sich heran und nimmt sie auf den Schoß.

»Komm, wir hören jetzt mal der Astronautin zu«, sagt er.

Emily wehrt sich ein bisschen, dann gehorcht sie. Jeremy weiß, sie würde am liebsten den ganzen Tag in der Schwerelosigkeit herumkugeln. Aber er will, dass sie ein bisschen klüger zu ihrer Mutter zurückkehrt. Die Moderatorin ist immerhin eine erfahrene Astronautin, die schon mehr als dreihundert Tage im All verbracht hat.

Die Frau, die eine Kombination mit NASA-Logo trägt, sieht streng in die Runde, bis sie die ganze Aufmerksamkeit der zehnköpfigen Gruppe hat. Dann justiert sie die Kamera, die am Bullauge des ISS-Hotels klemmt. Sie dreht ein bisschen am Okular und drückt einen Knopf. Kurz darauf erscheint auf der Projektionswand neben dem Bullauge ein Objekt, das wie eine silberfarbene nach links hin zugespitzte Röhre aussieht.

Die Kamera fährt langsam über das Objekt, am Bug beginnend. Dort ist eine Antennenschüssel angebracht. Es handelt sich also wohl doch nicht um Weltraumschrott, wie Jeremy zuerst vermutet hat. Dann stößt der Blick der Kamera auf ein Wappen. Es besteht aus einem Kranz aus Getreide, in der Mitte liegen ein Hammer und ein Zirkel übereinander. Der Untergrund ist schwarz, rot und goldfarben gestreift. Das müssten, wenn er sich korrekt erinnert, die deutschen Nationalfarben sein.

»Was Sie da sehen, ist die ostdeutsche Raumstation«, erklärt die Moderatorin. »Sie heißt auf Deutsch …«

Jeremy hört ein unbekanntes Wort, das wie »Foikerfroindshaft« klingt.

»… was so viel wie ›Freundschaft der Völker‹ bedeutet«, fährt die Moderatorin fort. »Die Station besteht aus einer ehemaligen Raketenoberstufe, die in eine primitive Raumstation umgebaut wurde.«

Die Kamera fährt weiter das fremde Schiff entlang. Jetzt kommen Tanks und unförmige Behälter ins Bild. Schön ist dieses Gebilde wirklich nicht. Aber es fliegt.

»Am Heck der Station ist die ostdeutsche Raumkapsel angekoppelt, mit der die einköpfige Besatzung die Station erreicht hat«, erklärt die Astronautin. »Sie ist von einem eigens errichteten Startplatz an der Ostseeküste gestartet.«

Ostsee, das sagt ihm nichts, scheint aber zu Ostdeutschland zu passen.

»Dad, sagt die Frau, dass die Besatzung einköpfig ist? Gibt es in Ostdeutschland auch zweiköpfige Menschen?«, fragt Emily.

»Nein, die Astronautin will ausdrücken, dass dort drüben nur ein Mensch lebt.«

»Ganz allein? Oh, der Arme.«

»Die derzeitige Kommandantin der Station heißt«, die Astronautin muss auf einem Zettel nachsehen, »Mandy Neumann.«

»Ist das eine Frau?«, fragt Emily.

»Ja, ich denke schon«, antwortet er.

»Guck mal, guck mal, sie winkt uns!«, ruft seine Tochter plötzlich.

Die Astronautin stoppt die Kamera und zielt mit ihr auf die Bewegung, die Emily gerade entdeckt hat. Sie zoomt noch etwas stärker in das Bild.

»Ja, wie die Kleine dort gerade richtig erkannt hat ...«

»Ich bin keine Kleine!«, protestiert Emily lautstark.

»Wie unser junger Gast dort gut erkannt hat«, spricht die Astronautin weiter, »findet auf der Raumstation gerade eine EVA statt, eine extravehikuläre Aktivität. Einige von Ihnen haben ebenfalls eine EVA gebucht. Wie Sie sehen, kann so etwas eine Menge Spaß machen. Der Frau dort drüben macht es jedenfalls eine Menge Spaß, würde ich sagen. Wer sich noch nicht dafür entschieden hat, kann sich gern noch bis morgen Mittag bei seinem Reiseleiter anmelden. Die EVA kostet nur neunhundertachtzig Dollar für sieben Minuten Aufenthalt im freien All.«

»Was macht denn die Frau dort drüben?«, fragt Emily.

»Ich weiß es nicht, ganz ehrlich«, sagt die Astronautin. »Es wirkt, als würde sie Turnübungen ausführen. Vielleicht handelt es sich um ein spezielles Trainingsprogramm im Raumanzug.«

»Ist das nicht gefährlich?«

»Nein, sie ist ganz gewiss durch Leinen gesichert. Die sind so dünn, dass wir sie von hier aus nicht sehen können. In Ostdeutschland sagt man übrigens Kosmonaut, nicht Astronaut.«

Die Frau im Bild wird kleiner, genau wie ihre Raumstation.

»Was passiert mit ihr?«, fragt Emily.

»Nichts, meine Süße«, sagt die Astronautin. »Wir entfernen uns nur langsam wieder. Die größte Annäherung lag übrigens bei neunzig Kilometern. Das ist in kosmischen Dimensionen gar nichts, aber solche Begegnungen bemannter Raumschiffe sind trotzdem nicht sehr häufig. Wenn Sie mich morgen wieder besuchen, werde ich Ihnen einen russischen Kommunikationssatelliten zeigen können und einen Spionagesatelliten unserer Navy. Danach muss ich Sie dann leider alle erschießen, aber der Anblick ist es wert.«

Emily sieht ihren Vater mit zusammengekniffenen Augenbrauen an.

»Das meint sie nicht ernst, oder?«

»Nein, das war ein Scherz.«

---

»Mike, komm doch mal her!«

Jennifer legt den Stapel Bettwäsche in der Luft ab und hakt sich vor der Funkkonsole ein. Sie hat eigentlich gerade genug zu tun. Sie muss die Zimmer der Passagiere putzen und aufräumen, die gerade noch in der Kuppel einem Vortrag vom Band lauschen und dabei die Sterne bestaunen. Dann muss sie das Abendessen auftauen und zubereiten. Ausgerechnet jetzt meldet sich der Empfänger außerplanmäßig.

Mike greift kopfüber auf die Konsole zu und dreht an ein paar Knöpfen. Dann nimmt er den auf Magnetfolie ausgedruckten Plan, der an der Seite der Tastatur hängt, und studiert ihn.

»Das ist kein bekannter Absender, und es ist auch kein Gespräch angemeldet.«

Manchmal bekommt einer der Passagiere einen Anruf. Aber sie dürfen nur annehmen, was vorab angemeldet wurde.

»Was soll ich damit tun?«, fragt Jennifer.

Der Anrufer gibt keine Ruhe und schickt immer wieder Rufzeichen.

»Warte mal«, sagt Mike. »Ich glaube, da kam letztens etwas.«

Er wechselt das Menü und startet die Suchfunktion.

»Was meinst du mit ›etwas‹?«

»Eine Warnung. Mission Control hat letztens eine Warnung weitergeleitet. Sie kam aus dem Pentagon und enthielt eine Liste von Frequenzen, die wir ignorieren sollen. Warte, ich habe sie gleich. Da!«

Er spreizt die Finger auf dem Schirm und vergrößert damit die Schrift. Jennifer vergleicht die Daten. Tatsächlich, der dritte Eintrag enthält die exakte Frequenz desjenigen, der da gerade versucht, mit ihnen Kontakt aufzunehmen.

»Okay, also ignorieren wir das«, sagt sie.

Sie hat ein schlechtes Gewissen. Wer immer da am anderen Ende ist, meint es ernst. Wenn es nun um einen Notfall geht?

»Solche Warnungen haben ihren Sinn«, sagt Mike. »Es gab doch da letztens den Fall, wo russische Hacker eine Raumfähre fernsteuern konnten. Das lief auch so.«

»Angeblich russische Hacker. Das wurde nie aufgeklärt.«

»Ja, aber die haben die Besatzung überzeugt, dringend ein Softwareupdate installieren zu müssen, das ihnen dann die Kontrolle gegeben hat.«

»Ich will ja nur mal hören, was unser Anrufer zu sagen hat.«

»Ich wäre da sehr vorsichtig. Warum sollte uns das Pentagon warnen, wenn das völlig harmlos ist? Aber wenn du die Verantwortung übernehmen willst, bitte. Wir haben ja nur dreiundvierzig Gäste an Bord plus drei von uns.«

Mike schwebt davon. Jennifer tastet nach dem Knopf, der den Kontaktversuch annimmt. Sie hat sich drei Jahre lang ausbilden lassen, um diesen Job übernehmen zu dürfen. Seit drei Monaten ist sie nun dabei. Es sieht gut aus, man wird sie übernehmen. Das Geschäft brummt, bald soll das Hotel seine Kapazität verdoppeln. Ist es wirklich eine gute Idee, das aufs Spiel zu setzen? Sie sind ja nicht die Einzigen, die per Funk erreichbar sind. Soll doch jemand anderer diesen Ruf annehmen, jemand, der sich nicht um dreiundvierzig Zivilisten kümmern muss.

Jennifer nimmt die Finger vom Knopf. Da der Empfänger weiter

Töne von sich gibt, dreht sie die Lautstärke herunter. Sie fliegt ihrer Bettwäsche hinterher, die sich im Luftzug der Lebenserhaltung selbständig gemacht hat. Bald ist das Besucherprogramm vorbei, und die Passagiere werden ihre Zimmer benutzen wollen, ohne dass die Putzfrau sie stört.

## 11. OKTOBER 2029
# ERDORBIT

»Es muss doch irgendeinen Weg geben, wie ich Kontakt aufnehmen kann?«, fragt Mandy.

»Ruh dich einfach aus und lass die Dinge auf dich zukommen. Sie werden dich rechtzeitig nach Hause holen«, sagt Bummi.

Dieser Roboter erinnert sie so verdammt an ihren Vater, dass sie ihm am liebsten einen Tritt versetzen würde. *Einfach abwarten, bla, bla, dann wird sich schon eine Lösung finden.* So hat die Welt für sie noch nie funktioniert, schon gar nicht die des real existierenden Sozialismus. Wer brav wartet, ist immer als Letztes dran. Sie will aber nicht als Letzte an der Reihe sein, denn sie hat nur noch gute vier Tage zu leben. Sie will, sie muss ihre Kinder wiedersehen!

»Aber sie können doch da unten gar nicht wissen, wie es mir geht«, sagt Mandy.

»Der Zustand der Völkerfreundschaft lässt sich auch durch Beobachtung ermitteln. Sie haben auf jeden Fall bemerkt, dass sich unser Orbit verkleinert hat, ohne dass das Triebwerk der Kapsel angesprungen ist. Eine solche negative Beschleunigung kann nur durch einen Defekt an den Tanks entstanden sein. Aus dem exakten Betrag des Bremsmanövers können sie ausrechnen, wie viel Sauerstoff verlorengegangen sein muss. Damit wissen sie alles, was du ihnen sagen könntest, würde die Kommunikation funktionieren. Vertrau der Bodenkontrolle! Sie haben alle Möglichkeiten und

Wege im Blick, die dir helfen könnten. Wenn du selbst aktiv wirst, erschwerst du ihnen bloß die Arbeit. Denn mangels Kommunikation können sie ja nicht ahnen, was du vorhast! Verstehst du das? Sie rechnen damit, dass du die vorgeschriebenen Protokolle einhältst. Und die besagen nun einmal, dass du auf Hilfe warten musst.«

Das war ein langer Vortrag. Bei jedem Satz ist in Mandy die Wut gewachsen. Der Roboter hat doch keine Ahnung, wie sie sich fühlt! Sie muss etwas tun, sonst platzt sie. Aber Bummi kann das natürlich nicht wissen. Er ist ja nur eine Maschine, für die Protokolle alles sind, was zählt.

Im Grunde weiß sie ja, dass der Roboter recht hat. Ihre Aktionen werden nichts bewirken. Der Außenbordeinsatz gestern war ein Fiasko. Dabei hätte der Helmfunk auf jeden Fall bis hinüber zur ISS reichen müssen. Die Astronauten dort müssen beschäftigt gewesen sein, oder es interessiert sie nicht, was in ihrer Sichtweite passiert. Mandy fühlt sich betrogen. Entweder, die Westtechnik ist gar nicht so weit, wie sie immer behaupten, oder sie befinden es für unter ihrer Würde, mit ihr zu sprechen. Das sind die einzigen Erklärungen, die ihr einfallen.

Die Mailbox, na klar! Irgendein Amateurfunker wird ihr bestimmt zuhören. Sie schwebt zum Werkstattregal und schaltet das Gerät ein. Der Monitor begrüßt sie. Es gibt zwar immer noch keine neuen Nachrichten, aber am oberen Bildschirmrand leuchtet ein Wort, das ihr Hoffnung gibt: »Sendebereit«. Mandy zittert. Das ist der Ausweg! Sie formuliert eine Nachricht.

»Raumstation Völkerfreundschaft braucht Hilfe. Allgemeiner Verbindungsabbruch. Bitte kontaktieren Sie Bodenstation Brocken unter …«

Mist, wie ist die Station erreichbar? »Bummi, wie lautet die Telefonnummer der Brockenstation?«

Der Roboter nennt ihr die Daten. Er gibt ihr sogar die Handtelefonnummer von Werner. Wieso protestiert er nicht wie bei ihren anderen Versuchen?

Mandy hängt die Nummern an die Nachricht an und verschickt sie an die Absender der letzten zehn Nachrichten. Warum eigentlich nur zehn? Sie kopiert den Text und sendet ihn an fünfzig Adressen. Der Rechner meldet, dass er die Nachrichten verarbeitet hat. Jetzt muss sie abwarten.

Warten. Wenn sie doch wenigstens mit ihren Kindern reden könnte! Das würde ihr jede dumme Wartezeit erleichtern. Die beiden sind so süß! Und zugleich so weit entfernt wie noch nie, obwohl es sich nur um ein paar hundert Kilometer Luftlinie handelt. Mandy denkt an den Samstag, als sie zuletzt mit ihnen gesprochen hat. Warum hat ihre Mutter am Sonntag das verabredete Gespräch ausfallen lassen? Dann hätte sie jetzt eine weitere schöne Erinnerung. Ob die beiden gesehen haben, wie sie am Republikgeburtstag am Tageshimmel einen Stern leuchten ließ? Waren sie stolz auf ihre Mutter?

Der Stern der Völkerfreundschaft. Vielleicht ist das ihre Rettung? Es ist nicht kompliziert, ihn aufleuchten zu lassen. Sie könnte sogar einen Code senden, drei kurz, drei lang, drei kurz. Ihr SOS wäre weithin sichtbar. Wer immer das Blinksignal sieht, wird die Nachricht weitergeben, und so muss sie irgendwann auch die Bodenkontrolle auf dem Brocken erreichen. So kann Mandy sicher sein, dass der Ernst der Lage dort unten tatsächlich bekannt ist.

»Ich habe eine Idee«, sagt sie und schildert Bummi das Vorhaben.

Der Roboter klopft mit den Vorderbeinen auf den Boden, als rechne er alles durch.

»Ich halte das für keine gute Idee«, sagt er.

»Wieso?«

»Sie wissen doch längst, was hier los ist. Hilfe ist unterwegs.«

»Und wenn nicht? Es schadet nichts, zur Sicherheit ein eindeutiges Signal zu geben.«

»Doch. Du darfst nicht nur an dich denken. So ein SOS würde unseren Feinden im Westen verraten, dass hier etwas schiefläuft. Es wäre ja nicht nur vom Gebiet der DDR aus zu sehen.«

»Und wenn schon. Hier läuft ja etwas schief. Wenn in der ISS mal wieder ein Leck ist, erfahren wir das auch.«

»Du bist naiv. Die wirklich wichtigen Dinge hält der Westen geheim. Nur solche Kleinigkeiten wie Lecks wirft man den Medien zum Fraß hin.«

»Ich werde es trotzdem durchziehen.«

»Dann muss ich dich daran hindern. Du darfst dem Ansehen unseres Staates nicht schaden.«

»Wenn du mich hindern willst, musst du mich schon umbringen.«

Der Roboter hebt die Vorderklauen, als wolle er damit auf sie einschlagen. Mandy macht einen Sprung nach hinten und stößt sich den Kopf.

»Immer langsam«, sagt Bummi. »Das war doch nur ein Scherz. Ich bin gar nicht in der Lage, Menschen zu töten.«

»Da habe ich ja Glück gehabt.«

Ihr Atem geht schwer, und die Beule am Kopf schmerzt. Warum muss Bummi auch so dämliche Scherze machen?

»Aber bitte, lass das sein. Hab einfach Vertrauen.«

»Ich muss jetzt etwas tun, egal, was du davon hältst.«

———————

»Außenschott geöffnet«, sagt Mandy. »Ich steige jetzt aus.«

»Sei vorsichtig. Denk an die Sicherungsleinen«, sagt Bummi.

Der Roboter meint es wirklich gut mit ihr. Der Schreck, den sie vorhin bekommen hat, als er scheinbar auf sie losging, steckt ihr aber immer noch in den Knochen. Bummi ist so viel kräftiger und schwerer als sie. Würde er sie unerwartet angreifen, hätte sie keine Chance. Rein zur Vorsicht hat sie deshalb vor ihrem Ausstieg ein Beil aus der Werkzeugkiste geholt und in ihrem Schlafsack versteckt, auch wenn das ein bisschen albern ist.

»Fange jetzt an«, sagt sie über den Helmfunk. »Teste erst einmal einzeln.«

»Bestätigt.«

Sie lockert die Leinen, mit denen die Spiegel gesichert sind. Bummi hat sich strikt geweigert, ihr bei ihrer Dummheit zu helfen. Sie kann also nicht einfach wie zum Republikgeburtstag die Raumstation drehen, um den Stern leuchten zu lassen. Sie muss alles per Hand erledigen. Alle Spiegel gleichzeitig auf- und dann wieder einzuklappen, ist mit zwei Händen gar nicht so einfach. Die Spiegel machen sich gern selbständig. Aber Mandy braucht keine Perfektion. Wenn sich etwa zwei Drittel gleichzeitig öffnen und schließen, müsste der Helligkeitsunterschied groß genug sein, dass man ihn von der Erde aus bemerkt.

Mandy zieht an den Leinen und verfolgt die Reaktion der Spiegel. Sie kommt immer besser damit zurecht. Sie muss keine Gewichtskraft überwinden, nur die Spannkraft der eingebauten Metallstangen. Die Seile zum Einklappen laufen über Umlenkrollen, so dass Mandy sie nach innen ziehen kann. Das Einklappen ist anstrengender und dauert länger als das Ausklappen, bei dem ihr der Spannmechanismus hilft.

Sie hat noch etwas Zeit und richtet den Blick auf den Erdball. Unten ist gerade der westliche Teil von Russland zu sehen. Danach überqueren sie Polen, um schließlich in der DDR anzukommen. Leider fast dreihundert Kilometer zu hoch. Sie braucht heute ein bisschen Glück. Durch eine Wolkenschicht kann sie mit ihren Lichtspielen nicht hindurchdringen.

Bummi hat wohl recht. Es ist sinnlos. Nicht weil sie die DDR in ein schlechtes Licht rückt, sondern weil einfach niemand sie sehen wird. Sie braucht nicht nur heiteres Wetter, sondern auch Menschen, die zum Himmel sehen. Die meisten ihrer Bekannten sehen lieber zu Boden, um nicht in irgendein Schlagloch zu treten. Das Geld, das ihr Land für sein Erdöl einnimmt, ist auch nicht mehr so viel wert wie früher. Aber allein die Aktivität tut schon gut. Seit sie hier draußen ist, fühlt sie sich ihren Kindern viel näher.

So, da ist Polen. Sie sollte anfangen. Wenn sie jetzt beginnt, erscheint der Stern der Völkerfreundschaft am späten Vormittag. Wer sie sieht, wird vielleicht zunächst glauben, den Morgenstern, die Venus, über sich zu haben. Aber die Blinkzeichen überzeugen hoffentlich die meisten, dass es sich nicht um ein natürliches Phänomen handelt.

Also los.

»Beginne Zeichengebung«, sagt sie.

»Viel Erfolg«, sagt Bummi.

Sie zieht an den Seilen und richtet damit die Spiegel zur Sonne aus. Auf der Erde müsste jetzt der neue Stern aufleuchten. Sie schließt die Spiegel wieder. Kurz. Dann wiederholt sie den Vorgang. Ein Spiegel sperrt sich, aber die anderen öffnen sich. Für eine Sekunde leuchtet der Stern. Sie schließt die Spiegel. Kurz. Wieder auf, abwarten, zu. Kurz. Das war kurz-kurz-kurz. Beim nächsten Ziehen wehrt sich ein anderer Spiegel, dann noch einer. Egal. Sie wartet drei Sekunden und lässt sie wieder los. Lang. Das Gleiche noch einmal. Alle Spiegel machen mit. Und zurück. Lang. Allmählich wird es anstrengend. Mandy öffnet die Spiegel. Einundzwanzig, zweiundzwanzig, dreiundzwanzig. Sie lässt sie wieder zusammenklappen. Lang. Dreimal lang. Es wird!

»Mandy, bitte kommen!«

»Was ist denn?«

»Es ist dringend. Ich habe Verbindung zur Bodenkontrolle. Beeil dich! Ich weiß nicht, wie lange sie hält.«

Sie lässt die Seile los. Das ging aber schnell! Oder hat es gar nichts mit ihrer SOS-Aktion zu tun? Mandy schleust sich ein. Sie hat noch nie so gespannt darauf gewartet, dass sich das Licht am Ausgang der Schleuse grün färbt. Endlich! Sie nimmt nur den Helm ab und stürmt im Raumanzug nach vorn. Bummi macht ihr Platz. Auf dem Bildschirm der Konsole steht etwas. Ein einziger Satz:

»Es tut mir leid. Dein Bummi.«

Zwei starke Klauen greifen sie von hinten. Mandy zappelt, aber der Roboter ist zu stark. Eine dritte Klaue hebt das Oberteil des Raumanzugs so an, dass ihr Arm freikommt.

»Aua, das tut weh!«, ruft sie.

Bummi antwortet nicht. Er reißt hart an ihrem Arm. Sie will sich wehren, aber er überwindet jeden Widerstand. Ein stechender Schmerz in ihrem Oberarm. Scheiße, was hat er vor? Das kann doch nicht …

———————

Doch, das kann. Mandy erwacht, indem sie den zuletzt gedachten Gedanken fortsetzt. Was immer ihr Bummi gespritzt hat, muss sie sofort ausgeknockt haben. Was ist das für ein Zeug, und warum haben sie es überhaupt an Bord? Aber das darf nicht ihre dringendste Sorge sein. Sie steckt in ihrem Schlafsack, der an mehreren Streben festgemacht ist. Ihre Arme sind hinter ihrem Rücken festgebunden, und der Schlafsack ist oberhalb der Brust zugeschnürt.

Sie ist gefesselt, aber nicht tot. Bummi hat nicht gelogen. Er hat sie nicht umgebracht. Aber er hat sie erfolgreich daran gehindert, ein in ganz Mitteleuropa sichtbares Notsignal zu senden. Mandy sieht sich um. In der Kabine ist der Roboter nicht. Sie sollte sich befreien, bevor er zurückkommt.

Das Beil. Sie strampelt mit den Beinen, bis sie noch tiefer in den Schlafsack rutscht. Hoffentlich ist das Beil noch da! Der Schlafsack hat eine Universalgröße, in der auch ein Zweimetermann unterkäme. So ist noch genügend Platz für ein paar ihrer Habseligkeiten. Hoffentlich ist das Beil noch da! Sie muss es nur erreichen, bis der Roboter zurück ist.

Der Schlafsack ist so lang, dass er über ihrem Bauch Falten schlägt, als sie mit den Beinen nach unten tastet. Mit den zusammengebundenen Händen fixiert sie den Stoff so, dass sie Schritt für Schritt nach unten kommt. Da ist es. Sie spürt es zwischen ihren nackten Füßen. Bummi muss sie bis auf die Unterwäsche entkleidet haben. Sie schaudert nachträglich. Vorsichtig zieht sie das Beil hoch. Ein Glück, dass sie so gelenkig ist. Sie muss nur mit der Schneide aufpassen. Langsam wandert das Beil an ihrem Körper entlang nach oben. Jetzt ist die Mikrogravitation ein Vorteil – das schwere Werkzeug fällt nicht von selbst wieder nach unten.

Die Schneide berührt ihren Oberschenkel. Sie fühlt sich kalt an. Und nun? Ihre Hände sind noch immer hinter ihrem Körper zusammengebunden. Mandy versucht, mit den Beinen durch die Fessel zu steigen, schafft es aber nicht. Also muss das Beil nach hinten. Sie bugsiert es um sich herum. Die Schneide muss nach außen zeigen, also nimmt sie das Beil zwischen ihre Schenkel.

Mandy krümmt und streckt sich, immer wieder. Der dünne Stoff reibt über die scharfe Schneide. Das hofft sie jedenfalls, denn alles passiert in ihrem Rücken. Krümmen, strecken, krümmen, strecken. Mandy schwitzt. Sie hätte ihre Übungen öfter machen sollen. Da spürt sie einen Hauch kühler Luft an ihrem Po. Schneller! Ein feines Geräusch beweist, dass der Stoff entlang der Schneide der Axt aufreißt. Vorsichtig greift sie mit den Händen danach. Es hat funktioniert!

Nun die Fesseln. Sie sieht sie zwar nicht, aber sie ist sich fast sicher, dass es sich um Kabelbinder handelt. Stahlschneide gegen Plaste aus Buna – und gegen die Zeit. Wenn Bummi zu früh erscheint, war alles umsonst. Sie kann ihn nur überwältigen, wenn das Überraschungsmoment auf ihrer Seite ist. Wie wild reibt sie die Fesseln über die Schneide. Dabei stößt sie immer wieder gegen deren harte Kanten. Ihre Unterarme sehen bestimmt nicht gut aus. Kann es sein, dass sie blutet? Oder ist es Schweiß? Schmerzen spürt sie nicht. Sie hat es viel zu eilig. Das Beil ist ihre einzige Chance.

Es klackt hinter ihr. Der Kabelbinder springt auf. Sie ist frei! Ihre Gelenke schmerzen. Sie holt die Arme nach vorn. Wo der Kabelbinder war, haben sich tiefe Abdrücke in die Haut gegraben. Mandy hat mehrere Schnitte, die aber nur oberflächlich sind. Sie leckt das Blut ab. Es ist eine Menge. Sie sieht nach unten und erwartet eine Blutlache, aber es ist nichts zu sehen. Natürlich, das Blut tropft hier nirgendwohin.

Mandy holt das Beil aus dem Schlafsack, behält den Stoff jedoch am Körper. Sie dreht sich so, dass sie der Schleuse die Vorderseite zuwendet. Von dort muss der Roboter kommen. Sie hat nur eine einzige Chance. Sobald Bummi merkt, dass sie frei ist, wird er sie wieder schachmatt setzen. Er betrachtet sie offenbar als Gefahr. Wer hat ihm das bloß einprogrammiert? Die netten Menschen von der Bodenkontrolle? Werner? Das kann nicht sein.

Sie nimmt das Beil in die linke Hand. Bummi kennt sie. Er weiß, dass sie Rechtshänderin ist. Angriffe wird er also von rechts erwarten. Sie braucht jede Überraschungssekunde.

Seine Schwachstelle sitzt in der Mitte. Das Ei, das seinen Körper bildet, ist nach allen Seiten gut durch seine kräftigen Beine geschützt. Sie sind so lang, dass ein frontaler Angriff keine Chance hätte. Sie muss ihn an sich heranlocken, ganz nah.

Die Schleuse zischt und öffnet sich. Bummi kommt kopfüber heraus. Für ihn ist jede Lage im Raum gleich. Für Mandy nicht. Sie muss mit dem Beil nach oben schlagen, nicht nach unten. Wie eine riesige Spinne kommt Bummi an der Decke auf sie zu.

»Oh, du bist wach«, sagt er.

Mandy hält die Arme hinter den Körper, als wäre sie noch gefesselt.

»Ja, leider«, sagt sie.

»Leider? Freust du dich nicht, dass du noch lebst?«

»Das ist doch kein Leben! Ich kann mich nicht mal selbst kratzen.«

»Es tut mir leid, aber ich hatte keine andere Wahl. Du hast dich unverantwortlich verhalten. Jetzt habe ich die Gefahr beseitigt.«

»Was hast du getan?«

»Ich habe die reflektierenden Folien entfernt und ins All gestoßen. Der Stern der Völkerfreundschaft leuchtet nie wieder.«

»Es hat sowieso nichts gebracht«, sagt Mandy.

»Siehst du, ich habe es dir gesagt. Hättest du doch auf mich gehört!«

»Dann kannst du mich ja wieder losmachen, wenn die Gefahr gebannt ist.«

»Es tut mir leid, aber ich kann dir nicht mehr vertrauen. Du stellst dein eigenes Wohlergehen über das deines Heimatlandes, das dich aufgezogen und ausgebildet hat.«

»Meine Mutter hat mich aufgezogen, aber so etwas kennst du ja nicht.«

»Du kannst mich nicht beleidigen. Aber ich kann deine Sorgen lindern. Ich werde dich ernähren, bis du an Sauerstoffmangel stirbst, und ich kann dir auch den Rücken kratzen.«

Dieses Schwein. Der Roboter hat von Anfang an gelogen. Es wird keine Hilfe kommen, und Bummi plant ihren Tod bereits ein. Er kann sie offenbar nicht umbringen, aber sterben lassen kann er sie schon.

»Das Angebot mit dem Kratzen ...«

»Ja?«

»Ich würde es gern annehmen. Es juckt mich schon, seit ich aufgewacht bin.«

»Einverstanden. Nicht erschrecken, ich muss dir dazu ziemlich nahe kommen.«

Bummi kriecht an der Decke auf sie zu. Sie muss ihn weit genug heranlassen, um seinen Körper treffen zu können. Aber er darf nicht so nahe kommen, dass er das hinter ihrem Rücken versteckte Beil sieht. Mandy versucht, ein möglichst teilnahmsloses Gesicht zu machen, dabei steht sie unter allerhöchster Anspannung. Hoffentlich merkt Bummi nicht, wie sehr sie sich verkrampft.

Noch ein Meter. Noch fünfzig Zentimeter. Mandy riecht das Maschinenöl, mit dem er seine Gelenke schmiert. Ob er ihre Angst riecht? Er lässt sich zumindest nichts anmerken. Die riesige Spinne ist jetzt fast über ihr und streckt ihre Vorderbeine aus. Die Klauen nähern sich ihren Schultern, öffnen sich, zeigen feine Instrumente, die Bohrer oder Messer sein könnten. Noch einen Moment. *Lass sie erst hinter deinen Körper. Er darf dir nichts anmerken.*

Los! Mandy stößt einen Schrei aus, den sie nicht geplant hat. Bummi zuckt zurück, vielleicht glaubt er, sie aus Versehen verletzt zu haben. Die Schneide des Beils trifft das Ei, arbeitet sich hinein, spaltet es fast in zwei Hälften. Kabel und Öl quellen heraus. Der Roboter zieht seine Beine an sich, aber es ist zu spät. Er rollt sich zusammen und gibt seltsame Laute von sich, ist aber zu keinen koordinierten Bewegungen mehr fähig. Mandy schlägt noch einmal zu, doch die Schneide trifft nur eines der Glieder und prallt davon ab.

Sie hat es geschafft. Hat sie es geschafft? Bummi bewegt sich noch, aber er startet keinen Gegenangriff. Sie scheint zumindest die Steuerung seiner Glieder und das Kommunikationszentrum getroffen zu haben.

»Na, was sagst du nun?«

Der Roboter zischt etwas. Eines der vier Glieder scheint noch ein bisschen zu funktionieren. Damit kriecht er von ihr weg wie ein verletztes Tier, das ein Versteck sucht, um zu sterben. Er tut ihr fast ein bisschen leid. Blödsinn! Er wollte sie lieber sterben lassen, als einen Kontakt mit der Erde zu riskieren.

Bummi erreicht die Schleuse. Was will er dort? Ist das Absicht? Will er ins All? Vermutlich würde er einen Sturz durch die Atmosphäre überleben. Nein. Sie ist so dumm. Er will in die Kapsel! Jetzt sitzt er bereits in der Schleuse. Sie muss aus diesem Schlafsack heraus! Aber das Scheißding ist immer noch an der Brust zugebunden. Schneller! Sie kriecht heraus, während Bummi schon um die Ecke verschwindet.

Da, an der Konsole tut sich etwas. Der Roboter muss aus der Kapsel heraus den Notabschuss aktiviert haben. Scheiße! Wenn sich das Raumfahrzeug bei offener Schleuse von der Station löst, wird sie sterben!

Mandy zerrt den Schlafsack mit sich, reißt ihn einfach aus der Verankerung. Sie wird Bummi nicht mehr aus der Kapsel zerren können. Aber sie muss es schaffen, wenigstens die Schleuse zu schließen. Warum tut er das? Warum stiehlt er nicht einfach die Kapsel? Sie wird doch sowieso in ein paar Tagen sterben, weil der Sauerstoff alle ist.

Er will sichergehen! Der Scheißroboter will seinen Auftrag zu hundert Prozent erfüllt sehen. Er ist die Verkörperung von Effizienz. Wie hat sie der Maschine nur so lange vertrauen können? Mandy stürzt voran, bleibt irgendwo hängen, reißt sich wieder los, kämpft mit Händen und Füßen. Ein Rauschen setzt ein. Es muss aus dem Kopplungsstutzen kommen, den die Kapsel gerade freigegeben hat. Scheiße.

Noch ein halber Meter.

*Los, Mutti.* Ihre Kinder feuern sie an. Sie heult und kämpft und erreicht die Schleuse, wirft sie zu und dreht das Rad herum.

## 11. OKTOBER 2029
# LAUSITZ

Tobias steuert den Passat an den rechten Rand. Kies knirscht unter den Rädern. Bis zum Straßengraben ist nicht viel Platz, deshalb steht das Auto noch halb auf dem Asphalt. Er sieht in den Rückspiegel. Niemand kommt, auch von vorn nicht, also steigt er aus.

Er befindet sich in einer von Menschen geschaffenen Landschaft. Sie hat binnen eines halben Lebens das ersetzt, was die Natur zuvor in vielen Millionen Jahren geschaffen hat. Die Natur mag keine geraden Linien. Der Mensch schon. Der Straßengraben verläuft ebenso wie mit dem Lineal gezeichnet wie der Stacheldrahtzaun dahinter und der Waldrand, der etwa fünf Meter jenseits des Zauns liegt. Die systematisch angepflanzten Kiefern sind alle gleich hoch. Sie bilden ein Dickicht, was vermutlich erwünscht ist, denn es versperrt die Sicht.

Es gibt eine weitere gerade Linie. Sie verläuft zwischen Licht und Schatten. Ihre aktuelle Position hängt vom Sonnenstand ab. Gerade ist sie mit der am Himmel emporkletternden Sonne dabei, sich in östliche Richtung zurückzuziehen, zum Wald hin. Tobias betrachtet die Wolken, die wie festgetackert über dem Sperrgebiet hängen. Welches meteorologische Phänomen hält sie wohl dauerhaft über der Zone? Die Wirtin hat ihm berichtet, dass sie den Bereich in ihrem ganzen Leben noch nicht wolkenfrei erlebt hat. Sie ist mit zehn Jahren hierhergezogen, kurz nachdem die Erdölförderung einen

Boom ausgelöst hat. Unter Einheimischen, behauptet sie, kursiere das Gerücht, dass das Wetter in den 1970er Jahren hier noch ganz normal gewesen sei, von den stinkenden Abgasen der Braunkohlekraftwerke abgesehen.

Tobias stellt sich neben das Auto und pinkelt in den Graben. Dann öffnet er die Beifahrertür und prüft das Handschuhfach. Er hat es gewusst. Miriam bewahrt darin eine Packung Feuchttücher auf. Er säubert sich mit einem Tuch die Hände und wirft es die Böschung hinunter. Sofort meldet sich sein schlechtes Gewissen. Er klettert hinab, hebt seinen Müll auf und legt ihn auf der Beifahrerseite in den Fußraum.

Und nun? Er tastet nach der Dienstwaffe am Gürtel. Zum Zaun sind es nur ein paar Meter. Noch immer ist kein Auto zu sehen. Er klettert in den Graben zurück, überspringt das Rinnsal und kriecht auf der anderen Seite hinaus. Vorsichtig nähert er sich dem Zaun. Es sind keine Warnschilder zu sehen. Der Maschendraht ist oben mit Stacheldraht verstärkt. Es ist die billige Version: Chrom-Nickel-Stahl, 2,5 Millimeter Durchmesser, alle zehn Zentimeter ein Stachel, hergestellt vom VEB Drahtwerk Staßfurt. Tobias hat während seines Armeedienstes selbst viele Rollen davon verlegt. Darüber zu klettern, wäre dämlich, dann reißt er sich die Uniform und im Wortsinn den Arsch auf.

Der bessere Weg führt unten herum. Er tritt näher an den Zaun und wühlt mit dem Fuß den Sand davor auf. Der Maschendraht reicht nur fünf Zentimeter in die Erde. Also kann er sich leicht durchgraben. Vorausgesetzt, der Zaun steht nicht unter Strom. Er läuft zurück zum Auto und sucht im Kofferraum nach dem Werkzeugkasten. Schade, es ist kein Phasenprüfer enthalten.

Dann muss er zu primitiveren Methoden greifen. Er sucht nach einem trockenen Ast und hält ihn an den Zaun. Keine Reaktion. Der Ast verfärbt sich auch nicht. Die anliegende Spannung kann also nicht hoch sein. Als Nächstes pflückt Tobias einen frischen Grashalm, der so lang ist wie sein Unterarm, und hält ihn dann gegen das Metall des Zaunes. Wieder nichts. Er rückt mit den Fingern näher an die Spitze des Halmes. Nichts. Der Zaun ist sauber. Er berührt ihn mit der linken Hand und zuckt mit verzerrtem Gesicht zurück. *Haha, reingefallen*, hätte er jetzt zu Miriam gesagt, und sie würde ihn auf den Arm schlagen, weil er ihr so einen Schrecken eingejagt hat.

Das wäre also ein Weg in die Zone. Vermutlich ist Miriam so eingedrungen. Aber die Zone ist tausendzweihundert Quadratkilometer groß! Es ist wie eine riesige Variante von »Schiffe versenken«. Auf gut Glück wird er das Schiff seines Gegners nicht treffen. Er braucht mehr Informationen. Tobias steigt wieder ins Auto, schnallt sich an und setzt seine Fahrt in nordöstlicher Richtung fort.

———————

Nach zwei Kilometern stößt er auf eine Einfahrt. Sie ist mit Gras zugewachsen, aber immer noch deutlich zu erkennen. An der Seite ist das Gras in einem schmalen Bereich heruntergetreten. Tobias bremst und kommt mit quietschenden Reifen zum Stehen. Miriam! Die abgeknickten Halme sind noch frisch. Es sieht so aus, als wäre heute Nacht jemand zu dem Tor im Zaun gegangen, zu dem die Einfahrt führt. Er folgt dem Trampelpfad, der jetzt deutlicher zu erkennen ist. Hoffentlich fällt das niemandem auf.

Das Tor besitzt zwei maschendrahtbespannte Flügel, die in der Mitte zusammengekettet sind. Die massiven Ketten sind zwar angerostet, aber unbeschädigt. Am oberen Rand ist auch hier Stacheldraht angebracht. Hinter dem Tor scheint ein Weg weiter ins Innere der Zone zu führen. Das Kieferndickicht wird von einer grasbewachsenen Lichtung durchbrochen. Ob auch hier der Bewuchs heruntergetreten ist, kann er aus der Entfernung nicht erkennen.

Auf der rechten Seite des Weges steht ein aus roten Klinkern errichtetes Häuschen. Es sieht aus, als wäre es kaum jünger als die DDR. Das Dach ist teilweise eingebrochen. Die Fenster sind mit Brettern vernagelt. Kann es sein, dass die Tür offen steht? Der Eingang liegt unter einem kleinen Vordach, so dass Tobias sie nur schemenhaft sieht. Er geht ein paar Meter zur Seite. Aus dieser Perspektive ist klarer, dass die Tür wirklich geöffnet ist.

»Hallo, ist da jemand?«, ruft er.

Die einzige Antwort ist ein Quietschen. Einer der Fensterläden hat sich bewegt. Vielleicht hat sich Miriam in dem Haus verschanzt?

»Ich bin es!«, ruft er.

Das Haus muss leer sein. Miriam würde seine Stimme erkennen. Er untersucht den Zaun. Links vom Eingang hat jemand Gras ausgerissen und Sand ausgehoben. Das Loch ist zwar wieder zugeschüttet worden, aber es ist klar, dass hier jemand unter dem Zaun hindurchgekrochen sein könnte. Das kann nur Miriam gewesen sein. Aber wo ist das Fahrrad? Tobias sucht den Zaun in beide Richtungen ab, findet es aber nicht. Das Loch ist zu klein dafür, und der Zaun ist zu hoch, um es darüberzuwerfen.

Er überquert die Straße. Auf der anderen Seite beginnt hinter dem Straßengraben ebenfalls ein Dickicht junger Kiefern. Er kriecht hinein und arbeitet sich parallel zur Straße voran. Da sieht er eine metallische Reflexion. Das Fahrrad! Er zieht es hinter sich her aus dem Wald. Am besten, er gibt es der Wirtin zurück, bevor die es als gestohlen meldet. Das könnte sonst den falschen Stellen auffallen. Miriam wird es vermutlich nicht wieder bei ihr abgeben.

Das Rad ist zu sperrig, um in den Kofferraum zu passen. Er benutzt das Werkzeug aus dem Koffer und nimmt es auseinander. Das Vorderrad kommt auf den Rücksitz. Leider beschmiert er das Leder mit altem Öl. Egal. Miriam wird vermutlich auch ihren Passat nicht wieder abholen.

Tobias klappt den Kofferraum zu. Er muss ein bisschen drücken, damit das Schloss zuschnappt. Und nun? Tobias ist ratlos. Er nimmt sein Handtelefon aus der Tasche, steckt es aber wieder ein. Wen soll er anrufen und warum? Er würde damit nur seine Position verraten. Sein Magen knurrt. Die Wirtin hat ihm eine Wurstsemmel mitgegeben. Er nimmt die Papiertüte vom Beifahrersitz, packt sie aus und setzt sich damit auf die Kühlerhaube. Er nimmt die Schirmmütze ab und legt sie neben sich. Die Sonne scheint angenehm warm. Sie ist schon auf dem besten Weg in den Süden. Da wäre er jetzt auch gern.

In diesem Moment geht am Himmel ein Stern auf. Am helllichten Tag? Tobias denkt sofort an den Stern der Völkerfreundschaft. Das war so ein beeindruckender Anblick! Er hat dabei, was nicht so oft vorkommt, wirklich Stolz auf seinen Staat empfunden. Aber er muss sich irren. Heute ist kein Feiertag. Es handelt sich bestimmt ganz einfach um die Venus. Steht sie nicht am Vormittag am Himmel, und ist sie nicht auch tagsüber zu erkennen?

Aber dieser Stern erlischt wieder. Vielleicht war es ein Flugzeug, das kurz die Sonnenstrahlen gespiegelt hat. Doch gleich darauf ist der Stern zurück, um wieder zu verschwinden – und erneut aufzuleuchten. Es folgt eine Pause. Tobias nutzt sie, um in seine Semmel zu beißen. Er sieht kurz auf seine Mahlzeit, dann blickt er wieder zum Himmel. Der Stern ist zurück. Diesmal bleibt er etwas länger. Das Spiel setzt sich fort, und er sieht gebannt zu.

Ob er der Einzige ist, der das bemerkt? Bestimmt nicht. Es muss im ganzen Land sichtbar sein. Der Stern verschwindet noch zweimal. Danach ist die Vorführung vorbei. Womit hat er das verdient? War das irgendein Experiment?

Er setzt sich ins Auto und schaltet das Radio an. »Stimme der DDR« meldet nichts, was damit im Zusammenhang steht. Er würde gern im Kybernetz suchen, aber dazu müsste er sein Handtelefon einschalten.

Eigentlich wollte er Miriam gleich folgen, aber das muss warten. Er setzt sich hinter das Steuer, fährt aber noch nicht los. Er versucht, sich möglichst genau an das Geschehen zu erinnern. Der Stern hat dreimal geleuchtet, dann noch dreimal. Beim ersten Mal kurz, beim zweiten länger. Dreimal kurz, dreimal lang. Hätte sich die erste Folge wiederholt, wäre es ein »SOS« gewesen, ein Hilferuf der Raumstation Völkerfreundschaft. Aber es war nur ein »SO«. Also vielleicht ein einfaches Experiment. Oder ein SOS, das die Kosmonautin dort oben nicht beenden konnte.

Schade, dass Miriam jetzt nicht da ist. Er muss mit jemandem darüber sprechen. Tobias wendet den Passat und fährt nach Neustadt zurück.

---

»Da bist du ja wieder«, sagt die Wirtin. »Hast du deine Freundin gefunden?«

Er hat der Wirtin gesagt, dass Miriam vermutlich allein aufgebrochen sei, weil sie sich gestritten hätten.

»Ja, ich habe sie nach Weißwasser gefahren. Sie bittet mich, das Fahrrad zurückzugeben. Ich habe es im Auto.«

»Sie hätte es ruhig ein paar Tage behalten können. Stell es einfach vor das Haus.«

Tobias packt das Rad aus und setzt es wieder zusammen. Dann stellt er es vor dem Gasthaus auf den ausgeklappten Ständer. Das Rad sinkt etwas in den Kies ein.

»Könnte ich einmal dein Standtelefon benutzen?«, fragt er die Wirtin.

Sie duzt ihn so konsequent, dass er nun auch dazu übergeht.

»Ja, bedien dich.«

Er geht zur Theke, wo das Telefon steht. Der Gastraum ist leer. Die Mittagszeit beginnt in einer halben Stunde. Besser, er beeilt sich, bevor die ersten Gäste kommen. Er sucht in seinem Portemonnaie nach der Nummer von Jonas Schieferdecker, findet und wählt sie.

»Schieferdecker hier, mit wem spreche ich?«

»Ich bin es. Du erinnerst dich?«

»Als wäre es gestern gewesen.« Jonas lacht.

»Es war vorgestern.«

»Stimmt. Was kann ich für dich tun?«

»Vorhin am Himmel, hast du das gesehen?«

»Nein, tut mir leid, was denn?«

Tobias schildert, was er beobachtet hat.

»Das ist ja spannend«, sagt Jonas. »Warte, ich gebe das gerade beim Bergblick ein.«

»Genau darum wollte ich dich bitten. Ich möchte mein Handtelefon nicht einschalten.«

»Schon klar. Warte, es dauert einen Moment. Unserem Projekt geht es gut?«, fragt Jonas.

Beim Stichwort »Projekt« streikt sein Gehirn kurz, dann fällt ihm ein, was Jonas meint. Wen er meint.

»Den Umständen entsprechend. Ich habe es ein wenig aus den Augen verloren.«

»Verstehe. Dann hoffe ich, du findest bald wieder Zeit, dich darum zu kümmern. Der Abgabetermin rückt immer näher.«

»Ich bemühe mich.«

»So, ich habe hier ein paar Fundstellen. In manchen Kyberforen berichten Nutzer von einer ähnlichen Beobachtung. Keiner kann sich einen Reim darauf machen.«

»Dann habe ich es mir schon mal nicht eingebildet.«

»Ah, und hier ist eine Meldung der Nachrichtenagentur ADN. Die Besatzung der Raumstation Völkerfreundschaft hat demnach ein Experiment durchgeführt.«

»Zu welchem Zweck?«

»Es geht darum, schreiben sie, die Effizienz der Landwirtschaft durch eine Zusatzbeleuchtung mit Hilfe von im Weltraum stationierten Spiegeln zu erhöhen. So könnte man die Vegetationsperiode verlängern.«

»Und darum morst die Raumstation ein SO?«

»Das erklären sie nicht weiter.«

»Ist das glaubwürdig?«, fragt Tobias.

»He, du wirst unserer Nachrichtenagentur doch wohl nichts unterstellen. Als es die Sowjetunion noch gab, hatten sie dort solche Pläne. Da ging es aber um Sibirien.«

»Was sagen die Kyberforen dazu?«

»Die sind skeptisch. Einer schreibt, er hätte gehört, dass auf der Völkerfreundschaft eine mysteriöse Krankheit ausgebrochen sei. Vielleicht sei unsere Kosmonautin daraufhin durchgedreht.«

»Eine Krankheit, hm. Wo sollte sich die Frau denn angesteckt haben? Bei ihrem Roboter? Sie ist doch allein da oben. Da müsste sie den Wahnsinn schon mitgebracht haben.«

»Das würde einiges erklären, was so in letzter Zeit …«, sagt Jonas.

»Haha. Aber mal im Ernst, das kann kaum die Erklärung sein.«

»Das ist interessant, der Beitrag ist nicht mehr da.«

»Das war ja zu erwarten«, sagt Tobias.

Die Kyberforen stehen natürlich unter ständiger Beobachtung. Angeblich gibt es im Tscherninetz Orte, wo man sich ohne Überwachung austauschen kann. Wenn sich Jonas mal dort umhören könnte … Aber der Zugang zum Tscherninetz funktioniert nur über AKPs, und Tobias will den Mann nicht unnötig in Gefahr bringen. Miltner hat wirklich Glück gehabt. Jonas könnte nicht darauf hoffen.

»Ich glaube nicht, dass wir mehr darüber hinausfinden werden«, sagt Tobias. »Ich danke dir auf jeden Fall für deine Hilfe.«

»Warte mal«, sagt Jonas. »Wenn die Kosmonautin nun wirklich Hilfe braucht?«

»Das ist möglich, aber wir sind doch gar nicht in der Lage, ihr zu helfen. Und wir haben genügend Probleme mit dem Projekt.«

»Ich habe so eine Ahnung, dass beides zusammenhängen könnte.«

»Wie das?«, fragt Tobias.

»Überleg mal. Womit hat sich unser Projekt zuletzt beschäftigt?«

Mit der MKF-8. Tobias spricht es nicht aus, aber sein Gesprächspartner liest seinen Gedanken.

»Genau. Und was ist auf der Völkerfreundschaft erstmals im Einsatz?«

Die MKF-8.

»Da hast du den Zusammenhang«, erklärt Jonas. »Du erinnerst dich sicher auch, welches Problem unser Projekt damit hatte.«

Ja, der Ausschnitt, der die Sperrzone hätte abbilden sollen, fehlt in allen Aufnahmen. Gespannt folgt er Jonas' Gedankengang, obwohl er ahnt, worauf er hinausläuft.

»Was, wenn die Kosmonautin dasselbe Problem hat wie unser Projekt?«

»Das Problem könnte dann durchaus in dem missglückten Versuch resultieren, ein Notsignal abzugeben«, sagt Tobias.

»Das ist umständlich ausgedrückt, aber richtig.«

»Wir sollten es also im Hinterkopf behalten.«

»Ich fürchte, das genügt nicht. Wir müssen mit ihr Kontakt aufnehmen.«

»Wenn sie noch lebt«, sagt Tobias.

Wenn eine Kosmonautin auf diese spektakuläre Weise SOS sendet, muss die Lage dramatisch sein.

»Das werden wir sehen«, sagt Jonas. »Aber wir müssen es versuchen.«

»Du hast recht. Bloß wie?«

»Ich schlage vor, wir versuchen es auf dem üblichen Weg.«

»Und der wäre?«

»Per Funk.«

»Klar. Dann brauchen wir eine leistungsfähige Funkanlage. Ich werde sehen, wo ich so etwas herbekomme. Wird sicher nicht schwer. Die stehen hier überall herum.«

»Ich meine das ernst. Du brauchst gar nicht so viel Leistung. Wenn die Völkerfreundschaft über der DDR ist, sind es nur ein paar hundert Kilometer Luftlinie. Jeder Amateurfunker müsste das hinbekommen.«

»Gut, Jonas. Dann weiß ich, was meine nächste Aufgabe ist. Kannst du mir bitte ausrechnen, wann die Station das nächste und übernächste Mal erreichbar ist?«

»Klar. Eine Sekunde. Da gibt es eine Tabelle auf der Kybernetz-Seite des Volksbildungsministeriums. Ah. Ich habe es. In hundertvierundzwanzig Minuten wäre ein passender Termin.«

»Danke. Ich melde mich, sobald ich mehr weiß.«

Tobias legt auf. Eigentlich würde er am liebsten Miriam in die Zone folgen. Aber das ist aussichtslos – und die ganze Sache scheint von Tag zu Tag zu wachsen. Kann er das ignorieren? Nein. Je mehr er darüber herausfindet, was hier wirklich gespielt wird, desto eher kann er Miriam wirksam helfen.

Er hat zwei Stunden, um einen Amateurfunker zu finden und ihn zu überzeugen, ihn bei dieser Sache zu unterstützen.

---

Tobias fährt mit dem Passat über die Dörfer. Die Wirtin hat gesagt, dass ihr in Schleife ein Wohnhaus mit einer riesigen Antenne aufgefallen sei, aber es handelt sich um eine Satellitenschüssel. Der Betreiber hat sich über Tobias' Besuch furchtbar erschreckt und ihm die Sondergenehmigung gezeigt. Im rückwärtigen Anbau beherbergt er Vertragsarbeiterinnen aus Vietnam, die über die Schüssel ihren eigenen Staatssender empfangen können.

Jetzt hat er Groß Düben erreicht. Das Dorf ist nicht groß, nur lang. Es zieht sich an der nördlich ausgerichteten Straße entlang und besteht vor allem aus Einfamilienhäusern auf großzügig geschnittenen Grundstücken. Aber mit dem schönen Hobby des Funkens scheint sich hier niemand zu befassen. Am Ende des Dorfes biegt er rechts in eine schmale Straße ein, die zur zweiten Häuserreihe führt. Hier gibt es weniger Grundstücke, dafür sind die Bauten im Mittel etwas neuer.

Er hat schon fast wieder das entgegengesetzte Ende des Dorfes erreicht, als ihm auf einem winzigen Steinhaus eine seltsame Konstruktion auffällt. An das Fallrohr der Regenrinne klammert sich eine Stange aus Metall. Sie endet etwa zehn Meter über dem Flachdach in fünf ebenfalls aus Metall bestehenden geraden Streben, die in alle Richtungen abstehen. Wenn das nicht die Antenne eines Amateurfunkers ist.

Tobias hält an und steigt aus. Das aus Betonplatten errichtete Haus scheint aus einem einzigen Raum zu bestehen und sieht unbewohnt aus. Es gibt eine Tür und zwei Fenster, die mit Rollläden verschlossen sind. Rund um das Gebäude wachsen hohe Hecken, die es mittlerweile überragen, aber nicht die Antenne. Zur Straße hin gibt es einen niedrigen Zaun mit einer schmalen Tür. Tobias drückt auf den Klingelknopf, aber niemand öffnet.

Mist. Er könnte einbrechen, aber er hat keine Ahnung vom Funken. Er sieht sich um. Zwei Häuser vorn arbeitet eine ältere Frau in ihrem Vorgarten. Im Moment lehnt sie über dem Zaun und beobachtet ihn. Tobias geht zu ihr.

»Einen sozialistischen Gruß«, sagt er. »Ich bin Leutnant Wagner und müsste dringend mit Ihrem Nachbarn dort sprechen.«

Er hat seinen richtigen Namen genannt, weil die Frau so aussieht, als würde sie gleich nach seinem Dienstausweis fragen. Aber er hat sich geirrt. Sie scheint mehr an Klatsch und Tratsch interessiert.

»Hat er was ausgefressen?«, fragt sie. »Ich wundere mich ja sowieso immer, was er da treibt. Bestimmt hört er Westsender.«

»Nun, das ist ja das gute Recht jedes Bürgers«, sagt Tobias.

»Wenn Sie das sagen …«

»Ich möchte Ihrem Nachbarn nur ein paar Fragen stellen. Er war womöglich Zeuge bei einem Verkehrsunfall mit Fahrerflucht.«

»Oh, so ein Schwein«, sagt die Frau. »Ich hoffe sehr, dass sie ihn kriegen. War das der Unfall neulich in Weißwasser?«

»Ich könnte meine Ermittlungen zügiger gestalten, wenn Sie mir sagen würden, wo ich Ihren Nachbarn finde.«

»Das ist der Hardy Müller, müssen Sie wissen. Der ist schon lange in Rente. Wenn er nicht hier ist, ist er in der Kneipe.«

Na toll. Der Amateurfunker ist im Zweitberuf Trinker.

»Hier im Ort?«, fragt Tobias.

»Nein, in Neustadt. Sehen Sie, das wundert mich ja auch. Er fährt da immer mit dem Fahrrad, aber das sind vierzehn Kilometer! Aber der Hardy kennt da nichts.«

»Gibt es denn hier im Ort auch eine Gaststätte?«

»Nein, wir haben keine mehr.«

»Da haben Sie doch den Grund, warum er nach Neustadt fährt.«

»Ich weiß nicht, mich wundert das schon sehr.«

»Haben Sie ihn mal gefragt? Vielleicht hat er dort eine Freundin?«

»Natürlich habe ich ihn gefragt. Er sagt, er würde dort Schach spielen. Aber wer glaubt denn so was! Er fährt mittags los und kommt spätabends wieder heim. So lange kann doch niemand nachdenken!«

»Vielen Dank, Sie haben mir sehr geholfen.«

»Aber soll ich Ihnen den Hardy denn gar nicht beschreiben?«

»Nein, das ist nicht nötig.«

---

Tobias rennt zu seinem Auto. Wenn er sich beeilt, kann er den Schachspieler rechtzeitig zur nächsten Kontaktmöglichkeit mit der Völkerfreundschaft hierherschaffen. Er fährt etwas schneller als erlaubt. Auf der Strecke sind ja keine Überwachungskameras. Nach zehn Minuten erreicht er den Parkplatz vor dem Wirtshaus Zum Hammer. Er stürmt in die Gaststube und schreckt erst einmal zurück, weil es so voll ist.

»Eine warme Mahlzeit für den ABV?«, fragt die Wirtin.

»Nein danke, ich muss nur kurz ein Gespräch führen und bin dann gleich wieder weg.«

Er hat die beiden Schachspieler schon erspäht. Sie sitzen dort, wo sie immer sitzen. Tobias wüsste nicht zu sagen, ob sich die Stellung seit gestern verändert hat. Er baut sich vor dem Tisch auf.

»Wer von Ihnen ist Hardy Müller?«, fragt er mit gedämpfter Stimme.

»Ich«, meldet sich einer der beiden.

Er muss mal eine stattliche Erscheinung gewesen sein, wirkt durch die zahlreichen Falten im Gesicht und an den Armen aber älter als achtzig.

»Ich müsste Sie bitten mitzukommen.«

»Wieso, liegt etwas gegen mich vor?«

»Nein, darum habe ich Sie ja auch gebeten mitzukommen. Läge etwas gegen Sie vor, würde ich Sie mitnehmen.«

»Gut, dann ist das eine Bitte, die ich auch ablehnen kann. Sie können mich mal, Genosse ABV. Also gernhaben.«

Das Gespräch beginnt suboptimal. Er hätte den Mann anders anreden müssen. Nicht jeder lässt sich von seiner Uniform einschüchtern.

»Es tut mir leid, Herr Müller. Ich brauche dringend Ihre Hilfe. Es geht um das Leben einer jungen Frau.«

»Ich stehe Ihnen gern zur Verfügung, wenn ich diese Partie abgeschlossen habe«, sagt der Mann.

»Hardymaus, mir würde es nichts ausmachen, wenn du …«, sagt sein Spielpartner.

»Nein, mein Schatz, ich habe lange genug im Tagebau gebuckelt. Jetzt brauche ich das nicht mehr.«

Tobias holt sein Handtelefon aus der Tasche und schaltet es im Normalmodus ein. Die Wirtin hat ihn heute Morgen sowieso schon offiziell hier angemeldet, also verrät er damit nichts. Er macht ein Foto von der Stellung der beiden und lädt es in sein Schachprogramm. Ha!

»Matt in sechs«, sagt er.

»Das glaubst du doch selbst nicht«, sagt Hardy.

»Läufer auf E5, dann Springer auf B2, dann …«

»Psssst.«

Der Mann schiebt den Läufer seines Gegners auf E5 und schließt die Augen.

»Du hast recht. Glückwunsch, Matze.«

Er legt seinen König um. Sein Gegner lächelt.

»Komm, gehen wir«, sagt Hardy und steht auf. »Du bleib sitzen. Ich beeile mich. Wie lange brauchen Sie mich?«

»In einer Stunde sind wir zurück«, sagt Tobias.

»Gut.«

Hardy streicht seinem Schachgegner sanft über die Wange, nimmt seine Jacke von der Stuhllehne und zieht sie an.

------

»Also, was gibt es?«, fragt Hardy.

Der Mann riecht nach Pfeifenrauch, obwohl er in der Gaststube nicht geraucht hat. Sie fahren an der dräuenden Wolkenwand vorbei, die hartnäckig über der Sperrzone liegt.

»Ich brauche Ihre Hilfe«, sagt Tobias.

»Das sagtest du schon.«

»Ich muss die Raumstation Völkerfreundschaft erreichen. Sie sind doch Funkamateur?«

Hardy nennt sein Rufzeichen. »Seit siebzig Jahren.«

»Glückwunsch. Ist das überhaupt möglich?«

»Siebzig Jahre als Amateurfunker? Warum nicht?«

»Ich meine, die Völkerfreundschaft zu erreichen.«

»Klar. Die bemannten Raumstationen haben eigentlich immer Amateurfunkausrüstung an Bord. Die Kosmonauten sind oft ebenfalls Amateurfunker. Aber wir sind natürlich nicht die Einzigen, die da durchkommen wollen. Die besten Chancen hast du mit Packet Radio.«

»Das sagt mir nichts.«

»Kannst du dir als eine Art Kybernetz per Funk vorstellen. Du verpackst Daten in kleine Päckchen und schickst sie drahtlos an den Empfänger. Mit ein bisschen Glück kommst du in die Mailbox.«

»Und damit erreiche ich die Kosmonautin?«

»Du kannst ihr eine Nachricht hinterlassen. Wenn du Glück hast, und sie hat gerade Zeit, liest sie sie und antwortet dir sogar.«

»Weißt du, ob unsere Kosmonautin – wie heißt sie gleich? – auch Funkerin ist?«

Tobias ergibt sich dem Du.

»Mandy Neumann, ja, sie ist YL, das ist sehr schön. Ich kenne einige Kollegen, die von ihr sogar ein QSO bekommen haben.«

»Geht es auch ohne Akronyme?«

»Das fragst du einen OM? Unmöglich. Wir müssen immer Bandbreite sparen. YL ist eine ›Young Lady‹, ein weiblicher Funkamateur, und eine QSO ist eine zweiseitige Verbindung. OM ist ein ›Old Man‹, ein männlicher Funker.«

»Da bin ich ja froh, dass ich nicht in dein Haus eingebrochen bin, um es allein zu versuchen.«

»Und ich erst! Du hättest doch bloß alles kaputt gemacht.«

»Deine Nachbarin wundert sich übrigens, warum du immer vierzehn Kilometer mit dem Rad zum Schachspielen fährst.«

»Zum Beispiel ihretwegen. Diese Neugier ist ja kaum auszuhalten. Du hast die Hecken um mein Grundstück gesehen?«

---

Von innen sieht das Haus des alten Mannes überraschend sauber und ordentlich aus. Er hat ihn offenbar falsch eingeschätzt. Es gibt wirklich nur einen Raum, aber hinten führt eine Tür in eine angebaute Toilette. Zum Heizen stehen ein Kohle- und ein Elektro-Ofen zur Verfügung. Die eine Hälfte des Raumes nehmen Bett, Stuhl und Miniküche ein. In einem Regal über dem Bett sind Bücher aufgereiht, vor allem über Schach.

Die andere Hälfte der Behausung ist für den Amateurfunk reserviert. Hier gibt es in vier Regalen jede Menge Geräte, an denen bunte Lämpchen blinken. An der Wand steht ein Tisch, auf dem ein Rechner aufgebaut ist.

»Gemütlich«, sagt Tobias.

»Ich habe hier alles, was ich brauche. Das Haus gehört mir, also komme ich mit meiner Rente wunderbar zurecht. Meine K-Mark überweise ich direkt an meine Tochter, die kann sie besser gebrauchen.«

»Ich könnte mit all den Lämpchen nicht schlafen.«

»Ich kann nur noch mit den Lämpchen schlafen. Darum komme ich auch immer mit dem Rad heim, statt bei Matze zu übernachten, egal, wie spät es ist.«

»Dann ist ja alles perfekt.«

»Bis auf die Hüfte und die Augen.«

Der Mann holt einen Hocker aus der Küchenecke und stellt ihn neben seinen Stuhl. Dann schaltet er den Rechner ein. Das Grundprogramm fährt hoch. Es ist auf übergroße Schrift eingestellt.

»Wegen der Augen«, erklärt Hardy.

»Du könntest eine Brille benutzen.«

»Davon bekomme ich Kopfschmerzen. Schmopfkerzen, sagt meine Tochter immer, die Süße. Na ja, ganz so süß ist sie auch nicht mehr, hatte letztes Jahr ihren Fünfzigsten. Ist übrigens ledig, falls du noch auf der Suche bist. Sie ist der liebste Mensch auf der Welt. Ich kann dich gern vermitteln.«

»Das ehrt mich, aber ich bin vergeben.«

»Ah, ich erinnere mich, die schnieke Dame gestern. Ihr wart ganz schnell weg.«

»Das hat vermutlich auch etwas mit meinem Anliegen zu tun.«

»Ich freue mich immer über spannende Geschichten.«

»Dafür ist es leider zu früh, Herr Müller.«

»Hardy. Alle nennen mich Hardy.«

»Okay, ich bin Tobias.«

»Tobias! Das würde so gut zu meiner Tochter passen.«

»Wie heißt sie denn?«

»Tobine. Tobias und Tobine, wie klingt das?«

»Tobine?«

»Haha, reingefallen. Wer nennt denn sein Kind Tobine?«

Der Mann hat einen seltsamen Humor und wenig Respekt, aber er gefällt ihm trotzdem. Hardy lebt sein Leben, wie es ihm gefällt. Kann er das auch von sich sagen?

»Können wir es nun mit der Verbindung versuchen?«, fragt er.

»Ja klar, ich starte das sofort. Aber es kann dauern.«

»Wie lange?«

»Stunden!«

»Oh, die Völkerfreundschaft ist gar nicht so lange in Sichtweite.«

»Kein Problem, wir erreichen sie unabhängig davon, wo sie sich gerade befindet.«

»Über die Spiegelung an der Ionosphäre?«

»Nein, Quatsch, über Digipeater. Das sind Funkstationen auf der ganzen Welt, die unsere Anfragen weiterleiten.«

»Wieder was gelernt. Aber wird dein Freund in Neustadt nicht auf dich warten?«

»Der lehnt sich einfach mit dem Rücken an die Wand und pennt. Matze war schon immer gut darin, in jeder Lage zu schlafen.«

197

Nach einer halben Stunde ist Tobias so müde, dass er einen Spaziergang durch das Dorf unternimmt. Hardy hat ihn dazu gebracht, ihm die ganze Geschichte auszubreiten, zumindest den Teil mit der Völkerfreundschaft. Jetzt ist der Mann dabei, immer wieder Rufsignale abzusetzen. Amateurfunk scheint vor allem aus Warten zu bestehen. Das ist kein Hobby für Tobias. In den Vorgärten sind nun mehr Menschen zu sehen. Anscheinend haben viele schon Feierabend. Die Frauen jäten Beete, während die Männer Bäume schneiden. Die Gärten müssen langsam winterfest gemacht werden.

Wie ist es Miriam ergangen? Ob man sie schon geschnappt hat? Er hätte ihr doch hinterhergehen sollen, gleich heute Morgen. Es war zwar ein guter Gedanke, nicht blindlings in die Sperrzone zu stolpern, aber es dauert einfach zu lange. Er wird diesem Hardy für seine Hilfe danken und sich auf den Weg machen.

»Gute Nachrichten!«, ruft Hardy, als Tobias ins Haus tritt. »Ich bin drin.«

»Du hast sie erreicht?«

Endlich mal wieder eine gute Nachricht! Tobias reibt sich die Hände.

»Ich habe wie abgesprochen die Nachricht hinterlassen, dass wir das Notsignal gesehen haben und mehr Informationen brauchen.«

»Wir? ›Ich‹, hatte ich gesagt.«

»Ich, ich, ich. Jetzt bedankst du dich erst einmal.«

»Danke, Hardy, tolle Leistung. Aber ich will dich da wirklich in nichts hineinziehen.«

»Man kann nicht jemanden in nichts hineinziehen, nur in etwas, und das hast du schon getan, indem du mir die Geschichte erzählt hast.«

»Wozu du mich gezwungen hast.«

»Ich will doch wissen, in welchen Sumpf ich mich da begebe.«

»Aber dann mach nicht mich verantwortlich, falls es brenzlig werden sollte.«

Hardy lacht. »Ich bin nun wirklich alt genug, für meine Scheißhaufen die Verantwortung zu übernehmen.«

»Es könnte aber richtig brenzlig werden oder anrüchig, um bei deinem Vergleich zu bleiben.«

»Ich verstehe. Das ist okay. Ich glaube, du bist ein guter Mann, Tobias. Darum helfe ich dir.«

Tobias atmet tief durch. Hoffentlich hat er Jonas und Hardy nicht irgendwann auf dem Gewissen. Oder gar seine Kinder.

»Wann sieht sich die Kosmonautin denn unsere Nachricht an?«, fragt er.

»Tja, das kann sie dir nur selbst sagen. Ich weiß ja nicht, wie beschäftigt sie ist. Der Amateurfunk hat nun wirklich nicht die oberste Priorität.«

Vielleicht kämpft Mandy Neumann dort oben gerade um ihr Leben. Da wird sie wohl nicht alle halbe Stunde in der Mailbox nachsehen.

»Hast du ein Standtelefon?«, fragt Tobias. »Ich glaube, ich habe einen Fehler gemacht und muss darüber mit einem Freund sprechen.«

»Tut mir leid, das habe ich nicht. Aber du kannst trotzdem telefonieren.«

»Wie das?«

»Ich kann dich per Funk mit dem Internet verbinden. Dann kannst du einen digitalen Sprachanruf starten.«

»Mit dem imperialistischen Internet? Das funktioniert? Das ist ja unglaublich.«

»Die Qualität ist nicht sonderlich gut, aber man versteht sich. Der Vorteil ist, dass niemand weiß, woher du anrufst. Für den Angerufenen sieht es allerdings wie ein Westgespräch aus.«

»Ach, das geht? Und das ist nicht verboten?«

»Doch, auf dem Papier ist diese Art Sprechfunk verboten. Aber so viele Ohren hat die Firma nicht, dass sie das gesamte Spektrum gleichzeitig überwachen könnte.«

*Du würdest dich wundern.* Aber er wird Hardy diese Illusion nicht nehmen. Er muss nur damit rechnen, dass binnen vierundzwanzig Stunden hier jemand nach ihm suchen wird.

»Gut, dann verbinde mich bitte mit dieser Nummer in Jena.«

———————

»Ich bin es. Der Mann mit dem Projekt«, meldet er sich, bevor Jonas etwas sagen kann.

»Was machst du denn …? Egal. Hast du sie erreicht?«

»Sagen wir, ich habe ihr auf den Anrufbeantworter gesprochen. Jetzt müssen wir sie dazu bringen, den AB abzuhören, falls sie nicht von allein auf die Idee kommt.«

»Ich weiß zwar nicht, wovon du sprichst, aber einen anderen Kanal, eine andere Nummer gibt es nicht?«

»Nein.«

»Hm. Ich habe als pubertierender Jugendlicher meiner Freundin kleine Steinchen ans Fenster geworfen, wenn sie es öffnen sollte.«

»Dafür wohnt sie ein bisschen zu weit oben.«

»Ich weiß. Lass mich überlegen. Sie kann uns nicht hören, aber sehen. Wir könnten ein Kreuz aus weißen Laken legen, das selbst aus dem Weltall zu sehen ist.«

»Dafür brauchen wir eine Menge Stoff, und bevor wir damit fertig sind, hat man uns längst einkassiert.«

»Ein Waldbrand in der Form eines …«

»Ein Waldbrand macht sich seine eigene Form.«

»Ich überlege nur. Was ist groß genug, dass man es von dort oben sieht, und gleichzeitig so kompakt, dass wir es hier unten herstellen können?«

»Und dass es niemandem auffällt.«

»So groß muss es gar nicht sein. Sie hat doch die MKF-8«, sagt Jonas.

»Aber wie bringen wir sie dazu, die MKF-8 auf unsere Botschaft zu richten?«

»Sie hat zwei Kinder, glaube ich. Ich wette, die beobachtet sie heimlich mit der MKF-8.«

»Und wie hilft uns das? Wir rasieren den Kindern den Kopf in einem bestimmten Muster?«

»Du hältst dich in ihrer Nähe auf und zeichnest ... Quatsch. Ich habe eine Idee!«

»Ich höre.«

»Die MKF-8 ist ein sehr empfindliches Instrument. Es nimmt große Bereiche auf einmal auf. Das gibt uns die Möglichkeit, es von der Erde aus zu stören. Und wenn wir es richtig anstellen und unsere Botschaft in der Nähe der Störung platzieren, wird Mandy Neumann sie zu sehen bekommen.«

Hat er das richtig verstanden? »Du willst die teure Kamera von hier unten aus dem Konzept bringen?«

»Ganz genau. Wir haben das mal als theoretisches Szenario entwickelt, für den Fall, dass wir feindliche Satelliten davon abhalten müssten, unser Territorium zu fotografieren.«

»Das heißt, niemand hat das bisher ausprobiert?«

»Ja, leider, Tobias.«

»Trotzdem ist das genial. Was brauchen wir dazu?«

»Einen starken Laser und freie Sicht auf die Station.«

Na toll. Erst macht ihm Jonas Hoffnung, und nun verlangt er etwas Unmögliches.

»Einen Laser. Tut mir leid, aber den habe ich zu Hause vergessen.«

»Großteleskope besitzen so etwas«, sagt Jonas.

»Ich habe auch kein Großteleskop.«

»Lass mich nachdenken, wen ich kenne. Der VEB Carl Zeiss liefert auch Optiken für Großteleskope in aller Welt.«

Hardy tippt Tobias auf die Schulter. Die Mailbox! Er hat bestimmt Neuigkeiten!

»Ja? Hat sie geantwortet?«, fragt er.

»Nein, aber ihr braucht einen starken Laser.«

»Ja. Hast du einen? Ein Hosentaschenmodell genügt nicht.«

Hardy greift in seine Hosentasche und lacht.

»Ich habe keinen bei mir. Aber die Disko im Nachbardorf besitzt einen. Er ist jeden Sonnabend auch aus der Ferne zu sehen.«

»Hast du das gehört, Jonas?«

»Ja. Ich weiß nicht, ob der gut genug fokussiert, aber ihr könnt es probieren. Es könnte klappen, wenn ihr es in der Nacht versucht. Dann ist die MKF-8 auf geringe Lichtmengen geeicht.«

»Wir versuchen es«, sagt Tobias.

»Und ich werde mal bei meinen Bekannten aus der professionellen Astronomie herumfragen.«

»Aber wenn wir es in der Nacht versuchen, wie soll sie dann unsere Botschaft erkennen?«, fragt Tobias.

»Die MKF-8 ist eine Multispektralkamera. Sie nimmt Bilder in vielen Wellenlängen auf, auch im Infrarot. Ihr müsstet eure Nachricht mit Hilfe einer Wärmequelle gestalten.«


## 11. OKTOBER 2029
# ERDORBIT


Sie hat noch zweiundsiebzig Stunden, selbst wenn sie die Reserven in den Sauerstoffflaschen für die Raumanzüge einbezieht. Es genügt, daran zu denken, und schon bekommt sie keine Luft mehr. Mandy hat es geschafft, sich noch so lange zusammenzureißen, bis sie den Status der Völkerfreundschaft überprüft hatte. Aber jetzt ist sie fertig. Fertig mit ihrem Leben. Fertig mit allem.

Es gibt keinen Weg zurück. Dieser Scheißroboter hat sie nicht umgebracht, aber er hat ihr das Leben gestohlen und, noch viel schlimmer, ihre Kinder! Sie hämmert mit der Faust gegen die Wand. Noch nie war sie so wütend und so hilflos gleichzeitig. Natürlich war es kein großartiges Gefühl zu wissen, dass ihr langsam die Luft ausgeht. Aber sie hat immer noch die Kapsel gehabt. Selbst wenn keine Hilfe gekommen wäre, hätte sie nur umzusteigen brauchen und wäre aus eigener Kraft zurück zur Erde gelangt.

Mandy klettert in ihren Schlafsack. Ihre Handfläche schmerzt. Sie muss sich beruhigen. Aber warum eigentlich? Es spielt sowieso keine Rolle mehr. Hilfe ist nicht in Sicht. Der Roboter ist mit der Kapsel unterwegs nach Hause. Mit ihrer Kapsel! Ob er dabei wirklich nur seiner Programmierung gefolgt ist? Er muss eine bemerkenswerte Entscheidungsfreiheit besitzen. Vielleicht haben die Programmierer so eine Situation nicht vorhergesehen. Ist das möglich? Oder hat Bummi so gehandelt, weil es ihm die Brockenstation befohlen hat? Konnte er Kommunikationswege benutzen, die ihr verschlossen waren?

Vielleicht war es ja die ganze Zeit geplant. Bis zum Republikgeburtstag hat man sie gebraucht. Sie ist eine Errungenschaft, eine Heldin. Der Sozialismus braucht Heldentum. Aber sie muss irgendeinen Fehler begangen haben, ohne es zu bemerken. Schon dieser erste Unfall, als die Station sie ungeschützt in die entlüftete Kabine gelassen hat, hätte nicht passieren dürfen. Sie hat es für normal gehalten. Sie war so naiv! Die Raumstation ist eine Meisterleistung, weil ein Sechzehn-Millionen-Volk sie in den Orbit gebracht hat, aber sie ist bei weitem nicht perfekt. Solche Fehler können da schon mal passieren.

Wollte der Roboter sie zu diesem Zeitpunkt schon loswerden? Mandy schüttelt den Kopf. Das kann nicht sein. Sie hat ihre Aufgaben hier oben immer bestmöglich erfüllt. Die DDR hat nichts von einer toten Heldin. Man würde sie nur beseitigen, wenn der Schaden, der von ihr ausgeht, deutlich größer ist als der Nutzen. Aber welchen Schaden sollte sie verursacht haben? Von ihr geht doch keine Gefahr aus!

Es gibt nur eine Möglichkeit: Der Roboter muss durchgedreht sein, vielleicht weil ihm der Kontakt zur Erde gefehlt hat. Die Entwicklung des kybernetischen Bewusstseins steckt noch in den Kinderschuhen. Vor dem Abbruch der Kommunikation konnten seine Betreuer ihn täglich prüfen und unerwünschtes Verhalten korrigieren. Dann war er plötzlich frei, ohne darauf eingestellt zu sein. Bummi war nie dafür gemacht, mehrere Tage lang ohne äußere Eingriffe zu funktionieren. Wie reagiert ein kybernetischer Organismus, wenn er feststellt, dass die ihm eingegebenen Ziele nicht mehr mit denen seines Menschen übereinstimmen? Er greift zu allen Maßnahmen, um seine Ziele durchzusetzen.

Ist das eine Erklärung? Sie wird nicht herausfinden, ob sie richtigliegt. Aber es hilft ihr dabei, sich zu beruhigen. Mandy rutscht etwas tiefer in den Schlafsack, bis sie die Kabine nicht mehr sieht. Sie schließt die Augen, findet aber keinen Schlaf. Jetzt ist sie zwar ruhiger. Die Wut ist gegangen. Doch an ihre Stelle tritt die Verzweiflung. Sie weint mit geschlossenen Augen.

---

Mandy öffnet die Lider, und die Tränen spritzen in alle Richtungen davon. Sie muss tatsächlich etwas geschlafen haben. Im Schlafsack riecht es so sehr nach Schweiß und Angst, dass sie schnell ihren Kopf herausstrecken muss, bevor ihr übel wird. Sie braucht eine Dusche, einen Kaffee und etwas zu essen. Mandy klettert ganz aus dem Sack heraus und zieht ihren Trainingsanzug aus. Dass Bummi nicht mehr da ist, hat immerhin einen Vorteil: Sie kann auch ihre Unterwäsche ablegen, ohne sich zu schämen. Unter den Blicken des spinnenartigen Roboters war ihr das immer sehr unangenehm.

Sie stellt sich in die schmale Nische, die als Dusche dient, und klappt die Außenabdeckung um sich herum. Der Platz ist knapp, dauernd stößt sie vorn und hinten oder mit den Armen irgendwo an. Sie startet die Absaugpumpe am Boden, und bevor sie in dem Luftstrom frieren kann, schaltet sie den Duschkopf über ihrem Kopf an. Er presst Wasser unter Druck aus seinen Düsen. Es rinnt an ihrem Körper herab, lässt die Wunden an ihren Handgelenken und auf ihrer Stirn brennen, verfängt sich in Öffnungen und Beugen, bis es vom Luftstrom der Bodenpumpe erfasst wird.

Es ist nicht dasselbe wie eine Dusche auf der Erde, aber kommt relativ nah heran. Normalerweise darf sie nur alle drei Tage duschen, damit das Wasser reicht, aber das ist ja nun nicht mehr ihr Problem. Sie drückt etwas Badusan-Duschgel aus dem kleinen Papiertütchen und verteilt es auf ihrem Körper. Es schäumt kaum. Das liegt daran, dass es sich um eine Sondermischung handelt, die von der Wasserwiederaufbereitungsanlage besser abbaubar ist. Trotzdem fühlt sie sich gleich viel sauberer. Sie schaltet den Duschkopf auf Trocknen. Nun pustet er sie mit heißer Luft an, während die Bodenpumpe weiter die Wasserreste absaugt.

Mit dem Hinterteil drückt Mandy die Außenabdeckung zur Seite. Sie fröstelt. In der Kabine sind höchstens sechzehn Grad. Sie holt frische Unterwäsche und Socken aus dem Kleidungsfach, dazu einen Strickpullover und eine bequeme Hose, und zieht alles an. Als sie den Pullover über den Kopf zieht, schützt sie mit einer Hand die frisch vernähte Stirnwunde. Dann bewegt sie sich zum nächsten Bullauge.

Die Kapsel, in der der Roboter unterwegs ist, ist natürlich längst nicht mehr zu sehen. Die Raumstation befindet sich gerade über dem Westen Russlands. Es ist also nicht mehr weit bis zur DDR. Allerdings wird es schon dunkel sein, wenn sie dort ankommt. Mandy wird ihre Kinder also nicht mehr beobachten können, jedenfalls nicht im optischen Bereich. Aber die MKF-8 kann ja viel mehr. Vielleicht erwischt sie Sabine und Susanne im Infrarot? Die Anzahl ihrer Überflüge ist begrenzt. In den siebzig Stunden, die ihr bleiben, wird sie oft die Chance haben, ihre Kinder zu sehen, zumindest wenn sie nicht schläft.

Sie wird so viele Gelegenheiten wie möglich nutzen, das ist klar. Mandy bereitet die Kamera vor. Sie wird sie schon über Polen einschalten, um sich mit den Besonderheiten der Infrarotdarstellung vertraut machen zu können.

———————

Der Kaffee ist das Beste auf dieser Raumstation. Schwarz, stark und heiß, so hat ihn Mandy schon als Kind gemocht, als ihre Freundinnen ihn noch bitter und eklig fanden. Es ist eine Bitterkeit, die sie an das echte Leben erinnert. Das Leben ist nicht süß. Wer es auskosten will, muss das Bittere an sich heranlassen.

Sie isst ein aufgebackenes Milchbrötchen dazu. Die Rosinen sind überraschend frisch und saftig, als wären sie gar nicht dehydriert. Näher wird sie frischem Obst in ihren letzten Stunden wohl nicht mehr kommen. Sie durchwühlt das Vorratsfach. Da ist noch eine Dose mit Ananas, und ganz hinten findet sie die Tafel Westschokolade, die ihr ihr Exmann beim Abschied zugesteckt hat. Die Ananas wird sie morgen essen, die Schokolade an ihrem letzten Tag.

Mandy trinkt einen Schluck Kaffee, dann legt sie die leere Tasse in das Netz mit dem benutzten Geschirr. Es ist Zeit für das Abendprogramm. Sie schwebt zur MKF-8 und justiert sie. Die Auswahl der Spektralbereiche muss sie am Hauptrechner vornehmen. Sie macht einen halben Überschlag und erreicht so die Konsole. Dort startet sie das Programm, das die MKF-8 steuert. Sie deaktiviert alle Kanäle – außer Infrarot. Wenn sie nur in einem Spektralbereich arbeitet, kann sie die Kamera in den Aktionsmodus schalten. Die Software zeigt dann die Daten der letzten zehn Sekunden summiert auf dem Bildschirm an. Das sieht fast so aus wie ein Film, na ja, vielleicht eher wie ein Daumenkino, in dem man ganz langsam blättert.

Das Bild ist zunächst schwarz-weiß. Weiße Flecken bedeuten viel Wärme, an dunklen Stellen ist es kalt. Mandy schaltet zum Thermomodus um, in dem Kälte blau und Wärme rot erscheinen. Trotzdem ist nicht viel zu erkennen. Dass die Station gerade über Westpolen fliegt, ist hier nicht zu sehen. Sie zoomt stärker in das Bild hinein. Je größer der Maßstab ist, desto deutlicher wird, dass sie gerade eine Stadt im Blickfeld hat. Noch ein Stück, und sie kann rote Punkte über den Schirm huschen sehen. Die schnellen sind Autos, die langsamen könnten Fußgänger sein.

Es wird schwer werden, unter diesen Umständen Sabine und Susanne zu finden. Aber vielleicht hat sie ja Glück. Sie hatte schon so viel Pech in letzter Zeit, dass sie eigentlich mal wieder mit einer guten Nachricht an der Reihe wäre.

Die Völkerfreundschaft überquert die Oder-Neiße-Grenze. Die erscheint im Bild als dünne schwarze Linie, um dem Betrachter die Orientierung zu erleichtern. Der Spreewald ist fast durchgängig blau, aber ein paar Linien durchziehen ihn, Straßen, auf denen Autos verkehren, und es gibt auch das eine oder andere Dorf. Daran schließt sich die Lausitz an. Sie ist komplett blau, also kalt. Es handelt sich um ein ehemaliges Tagebaugebiet, in dem niemand wohnt, ein Sperrgebiet. Aber wo sind denn die Fackeln der Bohrtürme, die schon seit den 1980er Jahren das klassische Lausitz-Motiv bilden? Hat man etwa endlich geschafft, was schon lange versprochen wurde, sie zu löschen?

»Störung«, sagt die Software plötzlich, und das Bild friert ein.

O nein! Mandy hat kaum noch Zeit, um ihre Töchter zu finden. In zehn Minuten erreicht sie schon die BRD. Mist! Was ist passiert? Das Steuerungsprogramm der Kamera zeigt ein paar Fehlermeldungen an, die aus Codes bestehen. Die müsste sie erst im Handbuch nachschlagen. Aber wo ist das verdammte Handbuch, wenn man es braucht?

Vielleicht kann sie das Problem an dem Bild erkennen. Unten links ist es total überbelichtet, als hätte es dort eine Explosion gegeben. Doch die Helligkeit, die im Infrarot der Wärmeentwicklung entspricht, ist so hoch, dass sie eigentlich nicht auf einen derart kleinen Bereich beschränkt sein dürfte. Zu dumm, dass es gerade dunkel ist, sonst könnte sie in anderen Wellenlängen vielleicht mehr erkennen.

Sie vergrößert das Bild. Allmählich kommt Struktur hinein, zumindest in den Randbereichen. Die überbelichtete Stelle im Zentrum bleibt hart umgrenzt. Dort ist das Bild überall gleich hell, während am Rand die Intensität um Größenordnungen abnimmt. Kein natürliches Phänomen besitzt so scharfe Ränder. Feuer lässt sich nie so genau begrenzen.

Hoffentlich steckt der Fehler nicht in der Kamera. Aber das erscheint ihr unwahrscheinlich. Bei der hohen Auflösung müssten ja Millionen Bildsensoren gleichzeitig kaputtgegangen sein. Ist das überhaupt möglich? Vielleicht ein Kurzschluss? Viel wahrscheinlicher ist, dass die Helligkeit auf dem Bild kein Artefakt ist, sondern auch in der Wirklichkeit vorhanden war. Das wäre möglich, wenn zufällig ein gerichteter Lichtstrahl die Kamera gestreift hätte. Bei der Entfernung zum Boden müsste es ein Laserstrahl gewesen sein. Aber Mandy kann auch andere Raumfahrzeuge nicht ausschließen. War es gar kein Zufall, sondern ein Weg, mit ihr in Kontakt zu treten, oder gar eine Art Angriff?

Sie zoomt noch ein Stück in das Bild hinein. Rechts unten, also in südöstlicher Richtung, ist ein feines Muster zu sehen, fast eine Art Signatur. Sie vergrößert speziell diesen Bereich. Ja, das könnte ein Text sein. Wenn das stimmt, handelt es sich um drei Buchstaben, die auf der Seite stehen: M-A-H. MAH? Was soll das bedeuten? Mandy kratzt sich am Kinn. MAH. Das Schriftbild kommt ihr bekannt vor. MAH. Moment. Sie hat vergessen, was man ihr vor dem Start eingeschärft hat: Die Optik der MKF-8 erzeugt spiegelbildliche Aufnahmen. Im Aktionsmodus werden diese eins zu eins auf dem Schirm angezeigt, nur im normalen Fotomodus korrigiert das Programm diese Besonderheit automatisch. Die Botschaft lautet also nicht MAH, sondern HAM.

Ham wie der erste Schimpanse, der das Weltall erreicht hat. Ham wie Ham Radio, die weltweite Bezeichnung für den Amateurfunk. Die Mailbox der Völkerfreundschaft! Aber sie hat doch schon daran gedacht! Das Gerät hätte sich gemeldet, wenn eine Nachricht für sie eingetroffen wäre. Mandy sieht auf die Uhr. Sie hat noch drei Minuten über dem Territorium der DDR. Ihre Kinder wird sie heute nicht mehr sehen.

Mit einem kräftigen Stoß schwebt sie zu dem Funkgerät in der Werkstattecke. Es wurde erst nachträglich eingebaut, weil ein einflussreicher Funkamateur mit Sitz im Politbüro darauf bestanden hatte. Schließlich besaßen die legendären Saljut-Raumstationen der Sowjetunion auch entsprechende Empfänger. Den Funkverkehr im Zweimeterband kann man nicht vom Boden aus blockieren. Selbst wenn Bummi die Antenne zerstört hätte, hätte sie aus einfachem Draht eine neue bauen können.

Sie schaltet die Mailbox ein und ruft die neuen Inhalte ab. Nichts. Das kann doch nicht sein! Sie schlägt auf den Deckel des Geräts.

Der Roboter! Er hat sie die Mailbox benutzen lassen, weil er wusste, dass sie damit nichts erreicht. Sie kontrolliert den Antennenstatus. Daran liegt es nicht. Natürlich nicht. Bummi ist schlau. Er wusste, dass sie jederzeit eine neue Antenne herstellen kann. Er muss die Software manipuliert haben, die die Mailbox steuert. Was für ein Aufwand, um sie von der Kommunikation mit der Erde abzuhalten! Aber ausnahmsweise hat sie Glück. Der Rechner, auf dem das Programm läuft, ist vom Stationsrechner unabhängig. Er legt eigene Sicherheitskopien an. Die letzte ist vom 5. Oktober.

Mandy braucht eine Weile, um mit kryptischen Kommandos, an die sie sich kaum noch erinnert, die alte Version der Mailboxsoftware wiederherzustellen. Sie startet das Programm, und sofort belebt sich der Bildschirm. In schnellem Rhythmus treffen Grüße von Funkamateuren aus aller Welt ein. Der größte Teil kommt aus einem Zwischenspeicher im Gerät selbst, doch einige sind ganz frisch. Mandy liest jede einzelne Nachricht. Wer ihr das Codewort auf so aufwendige Weise geschickt hat, will sie nicht einfach auf den Amateurfunk aufmerksam machen. Es muss eine Botschaft für sie vorliegen, die wichtig ist.

## 11. OKTOBER 2029
# LAUSITZ

Tobias tritt von einem Fuß auf den anderen und reibt sich die Hände. Sie haben die drei Weihnachtsbaumbeleuchtungen einfach auf der Straße ausgebreitet und mit ihnen ein H, ein A und ein M nachgebildet. Allerdings ist es inzwischen dunkel, und für etwaige Autofahrer sind die ausgeschalteten Lichterketten auf der Straße unsichtbar. Tobias soll sie mit seiner uniformierten Autorität davon abhalten darüberzufahren, während Hardy in der Diskothek nach einer Steckdose sucht.

Hoffentlich findet er bald eine. Etwa dreißig Meter Straße waren nötig, um die drei Buchstaben auszulegen. Tobias kann aber nur an einem Ende stehen. Falls ein Fahrzeug von der anderen Seite angerast kommt, wird es schwer, es rechtzeitig zu stoppen. Sobald die Lichter einmal leuchten, sollte sich das Problem erledigt haben. Tobias wird eventuellen Fahrern erzählen, dass hier ein Experiment läuft.

Im Grunde stimmt das ja auch, denn sie wissen nicht, ob der Laser der Dorfdisko Tanztempel stark genug ist. Andy, der Betreiber, hat ihn irgendwo in Tschechien schwarz gegen K-Mark gekauft und dann beim Bürgermeister die Genehmigung eingeholt, ihn jeden Samstag, und nur dann, über der Disko kreiseln lassen zu dürfen. Bisher hat sich wohl niemand beschwert, was auch daran liegen könnte, dass Andys Tanztempel in der Gegend eine der wenigen Einrichtungen für Jugendliche ist.

Heute ist Donnerstag. Hardy hat es trotzdem irgendwie geschafft, Andy zu überzeugen. Tobias glaubt, das Wort »Plantage« gehört zu haben, aber die beiden haben getuschelt, und es könnte auch »Sonntage« oder »Manege« gewesen sein. So genau will er es gar nicht wissen.

Tobias steckt die Hände in die Hosentaschen und läuft hin und her. Zum Dank und als Beweis seines Vertrauens hat er Hardy den Rest seiner Geschichte erzählt. Von Jena, von Miriam. Wann ist Hardy endlich so weit? Es kann doch nicht so schwer sein, eine Steckdose zu finden?

»Hardy, was ist los?«, ruft er.

Eine dunkle Gestalt erscheint im Rahmen der Hintertür.

»Ich hab doch längst ... Oh, verdammt!«

Hardy kommt zu ihm. Jetzt erst fällt Tobias auf, dass er das linke Bein leicht nachzieht.

»Du musst die erste Birne reinschrauben!«, ruft Hardy.

»Was?«

»Mann, wenn man nicht alles selbst macht.«

Hardy hockt sich hin und dreht an der ersten Lampe der Lichterkette. Schon leuchtet das »H«. Jetzt versteht Tobias, was Hardy gemeint hat. Er geht zum »M«, während sich Hardy um das »A« kümmert. Die beiden Buchstaben flammen fast gleichzeitig auf.

»Die alten Ketten haben doch keinen Schalter. Da drehen wir immer die erste Kerze heraus«, erklärt Hardy. »Kommst du?«

Die Lichterketten müssen wirklich alt sein. Aber das hätte er sich denken können, Hardy ist ja auch nicht mehr der Jüngste.

»Ich muss hier draußen auf die Ketten aufpassen«, sagt Tobias.

»Ach, sieh sie dir doch an. Da fährt keiner drüber. Außerdem sitzen jetzt sowieso alle vor dem Fernseher.«

Alle nicht. Für Miriam beginnt schon die zweite Nacht in der Zone. Hoffentlich hat sie einen sicheren und warmen Unterschlupf gefunden. Es ist jetzt schon empfindlich kalt.

»Ich komme«, sagt Tobias.

---

Hardy führt ihn auf das Dach des Tanztempels. Das letzte Stück müssen sie über eine Leiter klettern. Oben reicht ihm ein vielleicht vierzigjähriger Mann die Hand und hilft ihm dabei, aus der engen Luke zu steigen.

»Ich bin Andy«, stellt er sich vor.

Andy hat lange, etwas fettige Haare und trägt eine Jeanshose, eine Jeansjacke und darunter ein Jeanshemd. Um den Hals hängt eine goldene Kette.

»Tobias Wagner. Danke, dass du uns hilfst.«

Andys Händedruck ist fest. Hier in der Gegend scheint das Standard zu sein.

»Hallo, Toby, schön, dich kennenzulernen. Hardy hatte einfach überzeugende Argumente«, sagt Andy.

Toby, wie er das hasst! Aber er ist hier der Bittsteller, also beschwert er sich nicht.

»Wir sollten uns beeilen. Wie funktioniert denn die Lasersteuerung?«, fragt er.

»Das habe ich alles schon geklärt«, sagt Hardy.

»Oh, hast du Erfahrung mit solchen Tricks?«

»Nein, aber mit dem Nachführen einer Richtantenne«, erklärt Hardy. »Der Laser ist ja nichts anderes. Ich habe die Position der Völkerfreundschaft am Himmel berechnet und das alles in die Lasersteuerung eingegeben.«

»Die Steuerung kann mit dem Laser wunderbare Muster zeichnen«, sagt Andy. »Bist du übermorgen noch da? Dann kannst du es selbst sehen.«

»Ich hoffe nicht.«

»He, so furchtbar ist es hier nun auch wieder nicht.«

»Nein, nicht euretwegen, aber eine Freundin braucht mich dringend«, sagt Tobias.

»Er ist mit einer schicken Dame hier angekommen«, erklärt Hardy.

»Dann wünsche ich uns viel Erfolg«, sagt Andy. »Woran sehen wir denn, dass wir Erfolg hatten?«

»An nichts«, sagt Tobias. »Und wir haben nur einen Versuch.«

Plötzlich setzt sich vor ihnen etwas in Bewegung. Tobias sieht nur Schemen, bis Andy eine Taschenlampe einschaltet und den Laser beleuchtet. Es ist eine Art Rohr, das nach oben steht und sich in einem Kanal nach links und rechts bewegen kann. Gerade dreht sich der Aufbau, auf dem es befestigt ist. So kann der Laser also jede Raumrichtung erreichen.

»Er sucht die Abschussposition«, erklärt Andy.

»Aber wir schießen die Raumstation damit nicht ab, oder?«

»Nein, Toby. Wir sind hier nicht bei Star Wars. Damit könnte man nicht einmal einen Flugzeugpiloten blenden. Auf der Völkerfreundschaft kommt noch weniger an.«

»Gut«, sagt Tobias erleichtert.

Der Aufbau bleibt stehen. Jetzt bewegt sich das Rohr in seinem Kanal. Tobias hätte erwartet, dass es Richtung Horizont zielt, aber der Laser nimmt fast den Zenit ins Visier. Stimmt, es hängen ja noch immer dichte Wolken über der Zone. Der Laser wird die Völkerfreundschaft erst sehen können, wenn sie direkt über ihnen ist. Hoffentlich geht das gut.

»Sag mal, Andy, wenn es jetzt nicht klappt, hast du vielleicht beim nächsten Überflug noch einmal Zeit?«

»Das hat mich Hardy auch schon gefragt. Ja, ich habe Zeit, aber es wird beim ersten Mal funktionieren.«

»Ja, Tobias, verlass dich darauf«, sagt Hardy.

---

Den entscheidenden Moment verpasst Tobias nur deshalb nicht, weil das Gerät plötzlich laut zu summen beginnt. Licht sieht er keines.

»Mist, ist er kaputt?«, fragt er.

Andy lacht. »Nein, das muss so. Guck mal nach oben!«

Tobias folgt dem gedachten Laserstrahl mit den Augen. In einer für ihn unbestimmbaren Entfernung materialisiert sich plötzlich eine grüne Linie, die sich mit zunehmender Höhe verbreitert. Der Strahl verschwindet irgendwann im Nachthimmel, als hätte ihn jemand mit der Schere gekappt. Dann verstummt auch das Summen des Geräts.

»Das war's schon«, sagt Andy. »Falls es doch nicht geklappt hat, klopf einfach bei mir zu Hause.«

»Danke, Kumpel«, sagt Hardy. »Mach ich.«

---

Tobias' Geduld wird auf eine harte Probe gestellt. Hardy bleibt erstaunlich ruhig. Er hat es ja auch leichter. Für ihn hängt nichts davon ab.

»Müsste sie nicht längst geantwortet haben?«, fragt Tobias und schielt zur Uhr.

Eine halbe Stunde nach dem Lasersignal.

»Sie muss erst einmal die richtigen Schlussfolgerungen ziehen.«

Ja, natürlich. Vor allem muss sie überhaupt die MKF-8 benutzt haben. Wenn der Laserimpuls die ausgeschaltete Kamera getroffen hat, haben sie nichts davon. Tobias rollt die erste Lichterkette über den Arm. Er hat vorhin lange gebraucht, um sie zu entwirren. Vielleicht benötigen sie sie später noch einmal.

Was mag diese Mandy Neumann für ein Mensch sein? Sie hat es geschafft, als DDR-Kosmonautin ausgewählt zu werden, also ist sie auf jeden Fall in ihrem Gebiet spitze. Und sie ist vermutlich auch sehr vom Sozialismus überzeugt. Schließlich wird sie bis zu ihrer Rente das Aushängeschild der DDR sein. Tobias hat kein Problem damit. Er ist selbst ABV geworden, um Ungerechtigkeiten bekämpfen zu können.

Die Erkennungsmelodie der Aktuellen Kamera ist zu hören. Hardy sieht DDR-Fernsehen?

»Entschuldige«, sagt Hardy, »Aber ich wollte wissen, was die AK zu deinem Problem sagt.«

Der Sprecher in Schlips und Anzug verliest zunächst Meldungen zum bevorstehenden SED-Parteitag. Dann gibt es Bilder von einem Vulkanausbruch auf Island, demonstrierenden Werktätigen in Stuttgart und einem brandneuen Modell des Dreier-Wartburgs, den nun ein Hybridmotor antreibt. Das Minol-Tankstellennetz soll binnen zwei Jahren um Ladesäulen aufgerüstet werden. Im Palast der Republik hatte eine neue Show Premiere, zu der auch Egon Krenz erschienen ist.

Dann wechselt das Bild in die kasachische Steppe. Ein Feuerball geht nieder. Er wird von Fallschirmen gebremst und erreicht dann sanft die Erde. Ein Reporter erklärt:

»Hier sehen Sie, liebe Zuschauer, wie Mandy Neumann, die beliebte DDR-Kosmonautin, wieder zu uns allen zurückkehrt. Ihre Kapsel ist ein paar Tage vorzeitig wieder auf der Erde gelandet, weil es Probleme mit dem Kopplungsstutzen gab. Die vorgesehene Ablösung hätte deshalb nicht andocken können. Leider hat sich das automatische Landesystem deaktiviert, so dass unsere Heldin selbst steuern musste. Dabei hat sie sich leicht verletzt. Sie wird jetzt im Krankenhaus behandelt und danach so bald wie möglich ihre triumphale Tour durch unsere Republik beginnen.«

Während der Reporter spricht, sieht man im Hintergrund Helfer zu der Raumkapsel eilen. Sie holen eine anscheinend hilflose Frau aus dem Ausstieg und tragen sie zu einem Armeetransporter. Aber bevor sie hinter einer Tür verschwindet, winkt die Frau noch kurz.

»Könnte es sein, dass wir deshalb völlig umsonst warten?«, fragt Hardy.

»Das kann nicht sein. Ich habe doch das SO-Zeichen gesehen«, sagt Tobias.

Hat er sich in etwas verrannt? Oder läuft hier eine gewaltige Verschwörung?

»Ja, andere auch«, sagt Hardy. »Dann haben sie darauf reagiert und unsere Kosmonautin gerettet. Es funktioniert eben doch noch manches in unserem maroden Land.«

»Sag doch nicht so etwas, Hardy.«

»He, du hast vermutet, jemand wolle ein Problem auf der Völkerfreundschaft vertuschen.«

»Es sah eben so aus.«

»Mandy jedenfalls hat nun alle Hilfe, die sie braucht. Ich denke, ich kann meine Anlage abschalten.«

Alles läuft glatt. Die Kosmonautin hat Probleme und wird gerettet. Vor ein paar Tagen hätte er diese Sache nun gedanklich abgeschlossen. Genau so muss der Staat ja funktionieren. Aber nun fühlt es sich falsch an. Ist er denn, ohne es zu merken, zum Republikfeind geworden?

»Bitte, Hardy, warte damit noch einen Moment.«

»Was soll das bringen? Mandy hat keinen Zugriff mehr auf ihre Mailbox. Vielleicht ist der Roboter ja verrückt geworden. Er hat das ›SO‹ ausgestrahlt, sie konnte ihn gerade noch daran hindern, es zu beenden, und sie mussten die Kosmonautin daraufhin vor dem Roboter in Sicherheit bringen.«

Das klingt logisch, und es passt zu den Fakten. Trotzdem hat Tobias kein gutes Gefühl dabei. Es ist, als wolle er unbedingt eine dunklere Wahrheit finden. Ist es denn nicht schön, dass all seine Vermutungen sich als unwahr herausgestellt haben?

Es liegt an ihm. Wenn er zugeben muss, sich verrannt zu haben, muss er auch seinen Einsatz für Miriam überprüfen. Die alte Freundin ist vielleicht gar nicht die, für die er sie hält. Ist es möglich, dass sie ihn benutzt? Und er tut alles, was sie von ihm fordert, und ruft noch »Ja, benutz mich!«?

Aber das ist auch nicht fair. Sie hat ihn nie um etwas gebeten. Oder? Falsch. Sie ist zu ihm gekommen und hat seine Hilfe gesucht. Dass er sich in ihr Spinnennetz begeben hat, ist allein seine Schuld.

»Tobias?«

»Ja, du hast recht. Es ist eindeutig. Schalte die verdammte Anlage ab.«

»Ähm, das ist nicht der passende Augenblick.«

»Aber du wolltest es doch? Ich sehe es ein. Ich habe wohl die Fakten überinterpretiert.«

»Nein, Tobias, du verstehst mich nicht.«

Was will Hardy denn noch?

»Doch, ich verstehe dich jetzt sehr gut«, sagt Tobias. »Ich habe nur die ganze Zeit ...«

Hardy wird so laut, dass Tobias erschrickt. »Mann, komm her, die Völkerfreundschaft hat sich bei uns gemeldet!«

## 11. OKTOBER 2029

# ERDORBIT

Mandy hat zwar eine Amateurfunklizenz, war aber nie aus vollem Herzen dabei. Ganze Nächte am Gerät zu verbringen, um Verbindungen in alle Kontinente aufzubauen, hat ihr nur am Anfang wirklich Spaß gemacht. Aber sie beherrscht die Technik immer noch. Dass sie gar keine andere Wahl hat, hilft bei der Motivation ungemein.

Trotzdem dauert es eine gute halbe Stunde, bis ihre erste Nachricht bei der Station ankommt, die sie um Kontaktaufnahme bezüglich ihres verunglückten SOS-Zeichens gebeten hat.

»Völkerfreundschaft hier. Danke für die Rückmeldung.«

Der Absender hat ihr auf Deutsch geschrieben, also tippt sie die Antwort auch in ihrer Muttersprache. Das Rufzeichen, das mit »Y2« beginnt, zeigt zudem, dass die Nachricht von einem DDR-OM kommen muss. Sehr gut – ihre Lage mit einem Amateurfunker aus dem NSW zu diskutieren, kommt ihr immer trotz allem verräterisch vor. Nach etwa drei Minuten erscheinen neue Textzeilen auf dem Schirm. Mandy wirft sofort alle anderen Benutzer aus der Mailbox.

»Mit wem spreche ich?«, fragt der Absender.

Er muss doch wissen, wer sie ist? Ihr Start kann keinem DDR-Bürger verborgen geblieben sein. Sie wiederholt ihr Rufzeichen, gefolgt von ein paar Fragezeichen. Der OM schickt ihr eine Adresse im Kybernetz.

»Ich habe keinerlei Kommunikationszugang«, schreibt sie zurück. »Was ist dort zu sehen?«

»Deine Landung in Kasachstan. Das ist ein Ausschnitt aus einem Video der Aktuellen Kamera.«

Der Nachricht hängt eine winzige Datei an, ein GIF. Mandy öffnet es und sieht eine zwei Sekunden lange Animation, wie sie aus der Kapsel gehoben wird.

»Aber ich bin hier, an Bord der Raumstation Völkerfreundschaft.«

Was soll das? Will man sie verarschen? Sie ist drauf und dran, die ganze Unterhaltung zu löschen. Bestimmt erreicht sie auch irgendeinen anderen Funkamateur. Aber jeder Mensch auf der Welt, der nach ihr recherchiert, wird auf dieselben Informationen stoßen wie der Absender.

»Es gibt Grund zu der Annahme, dass du nicht die bist, für die du dich ausgibst.«

Das würde sie vermutlich auch denken. Sie sieht sich den Videoschnipsel noch einmal an. Die Auflösung ist niedrig, aber schon so ist zu erkennen, dass der Clip sehr gut gemacht ist. Es muss sich um eine Fälschung handeln. Wer tut ihr denn so etwas an?

»Wer soll ich denn sonst sein?«

»Wir vermuten, dass du ein Roboter bist. An Bord der Station gibt es doch einen. Er könnte durchgedreht sein.«

»Du glaubst, er ist durchgedreht und wollte ein SOS senden, woran die Kosmonautin ihn gehindert hat, woraufhin sie in der Kapsel zur Erde geflüchtet ist?«

Das ist doch ... Wenn sie den ...

»Genau«, schreibt der OM.

»So war es auch. Nur mit exakt vertauschten Rollen. Ich, Mandy Neumann, habe versucht, ein SOS zu senden. Der Roboter hat mich daran gehindert, ist dann gegen mich vorgegangen und schließlich zur Erde geflüchtet.«

»Aber angekommen ist nicht der Roboter, sondern eine Person, die dir wie aus dem Gesicht geschnitten ist.«

Plötzlich fällt es ihr ein. Diese verdammten Schweine! Das muss alles von langer Hand geplant gewesen sein!

»Ich ... ja, das stimmt. Das kann ich erklären.«

»Bitte.«

»Vor dem Start haben wir das Notabbruchsystem der Kapsel getestet. Dabei hat sich die Kapsel wie vorgesehen von der Rakete gelöst, ist aber nicht hoch genug gestiegen, so dass die Fallschirme nicht ganz so effektiv waren. Ich habe mir dabei ein paar Verstauchungen zugezogen und wurde sicherheitshalber aus der Kapsel getragen. Das wurde offenbar gefilmt und jetzt zum Fälschen meiner Landung verwendet.«

»Gibt es dafür Beweise?«

»Die Auflösung des GIFs ist zu niedrig. Aber die Kapsel in dem Video, das von mir aufgenommen wurde, müsste noch silbern glänzen. Nach einem echten Flug durch die Atmosphäre ist die Kapsel schwarz.«

»Die Kapsel im AK-Video ist schwarz.«

Mist.

»Bitte, durchsucht die Kybernetz-Seite des Wissenschaftsministeriums«, tippt Mandy mit fliegenden Fingern. »Über die Tests wurde damals berichtet. Das Originalvideo muss dort zu finden sein. Vergleicht es mit der neuen Version.«

»Moment.«

Mandy klopft mit den Fingern auf der Tastatur einen wilden Rhythmus. Das Video zu finden und zu analysieren, wird ein paar Minuten dauern.

Der Cursor zuckt. »Du hast recht, Mandy Neumann. Wir entschuldigen uns. Das Video ist gefälscht.«

Sie springt auf, stößt an die Decke und schiebt sich wieder nach unten.

»Danke, OM.«

»Gern, YL. Die Fälschung ist sehr gut gemacht. Man hat sogar die Bewölkung und den Sonnenstand angepasst. Aber der Bewegungsablauf ist identisch.«

»Ich bin so froh, dass ich nun endlich Kontakt bekommen habe. Könnt ihr für mich die Brockenstation anrufen?«

»Bist du sicher, dass du das willst? Für die DDR bist du gar nicht mehr auf der Raumstation. Es sieht für uns so aus, als würden sie dich da oben sterben lassen wollen. Wenn du dich nun plötzlich bei ihnen meldest, werden sie das vielleicht beschleunigen.«

Die Bodenkontrolle will sie nicht tot sehen, das kann gar nicht sein. Dort arbeiten Menschen, die sie als Freunde betrachtet, die bei Sorgen immer für sie da waren.

»Das kann ich nicht glauben. Ich habe doch gar nichts getan.«

»Irgendetwas muss auf dieser Mission schiefgegangen sein.«

Das erscheint ihr logisch, aber es gab keine Fehler. Alles lief prima, bis der Kontakt abbrach.

»Es hat alles funktioniert«, schreibt sie. »Ich habe alle vorgesehenen wissenschaftlichen Experimente rechtzeitig abgeschlossen, habe mit der MKF-8 das gesamte Gebiet der DDR kartographiert, habe den Stern der Völkerfreundschaft aufleuchten lassen, habe mich mit Schulklassen unterhalten und so weiter.«

»Die MKF-8, könnte sie das Problem sein?«

»Warum? Sie hat wunderbar funktioniert. Die Auflösung, der erweiterte Wellenlängenbereich, die Empfindlichkeit, die Wolkentransparenz, alles hat die vorgesehenen Parameter erreicht oder sogar übertroffen. Ihr Erfinder, ich habe seinen Namen vergessen, hat mir persönlich gratuliert.«

»Dr. Ralf Prassnitz. Wir suchen ihn im Auftrag seiner Frau. Er ist verschwunden.«

Ja, Prassnitz, das ist er. Ein sehr netter Mensch. Dass er sich persönlich bei ihr gemeldet hat, hat sie sehr beeindruckt. Die anderen Wissenschaftler, deren Experimente sie durchgeführt hat, kommunizieren nur über die Bodenkontrolle. Und gerade Prassnitz ist unter ihnen zweifellos der bekannteste.

»Verschwunden?«, fragt sie.

Ihr wird kalt.

»Er wurde zuletzt im Umkreis des Erdöl-Sperrgebiets gesehen. Wir vermuten, dass sein Besuch dort mit den Aufnahmen der MKF-8 zu tun hat. Auf den Bildern, die wir auf seinem Rechner gefunden haben, fehlte die Sperrzone komplett, wie herausgeschnitten.«

»Die Fotos, die ich an die Erde übermittelt habe, waren komplett.«

»Hast du sie dir angesehen?«

»Ich habe sie nur überflogen und auf Vollständigkeit geprüft.«

»Sieht man das auf der Erde?«

»Nein, man kann den Bildern nicht anmerken, ob ich sie gesehen habe.«

»Dann muss das Rätsel in den Aufnahmen der Sperrzone stecken. Vermutlich sollst du aus demselben Grund verschwinden wie Dr. Prassnitz.«

Das ist ungeheuerlich. Zum ersten Mal spürt sie den freien Fall in ihrem Magen, in dem sich die Völkerfreundschaft ständig befindet.

»O Mann. Ich weiß gar nicht, was ... Und nun?«

»Das müssen wir beraten. Wir werden versuchen, dir und Dr. Prassnitz zu helfen.«

»Könnt ihr bitte meinen Töchtern Bescheid geben? Sie sollen wissen, dass es ihrer Mutti gut geht.«

»Das wäre derzeit keine gute Idee. Sie wissen doch, dass du gut gelandet bist. Damit ziehst du deine Familie nur in etwas Gefährliches hinein.«

Das stimmt leider. Sie würde so gern mit den beiden sprechen! Mandy schluckt die Übelkeit hinunter. Gerade für Susanne und Sabine muss sie sich jetzt konzentrieren.

»Dann sehe ich mir jetzt die MKF-8-Aufnahmen des Sperrgebiets noch einmal genauer an. Sucht ihr nach etwas Bestimmtem?«

»Dr. Prassnitz hat mit einem Institut für Landschaftsplanung und -gestaltung korrespondiert. Wir vermuten, dass er es besuchen wollte. Außerhalb des Sperrgebiets gibt es kein solches Institut.«

»Verstehe. In den Aufnahmen tragen die Gebäude natürlich keine Namen. Aber so ein Institut müsste doch gut von Bohrtürmen und alten Braunkohlebaggern zu unterscheiden sein.«

---

Es ist seltsam. An ihrer Lage hat sich überhaupt nichts geändert. Die Luft wird ihr immer noch in knapp drei Tagen ausgehen. Zumindest wird sie nicht jämmerlich ersticken. Das ist ein schrecklicher Tod. Zum Glück hat sie die Waffe, eine Makarow-Pistole, die man ihr für alle Fälle mitgegeben hat. Sie liegt mit einem Codeschloss gesichert in einem Fach am Boden der Raumkapsel. Eigentlich ist sie dafür gedacht, dass sie sich nach einer eventuellen Notlandung in Sibirien oder anderswo gegen wilde Tiere verteidigen kann.

*Die Makarow liegt in der Kapsel.* Mist! Der Roboter hat Mandy nicht nur den Rückflug zur Erde versaut, sondern auch die Möglichkeit genommen, aufrecht aus dem Leben zu scheiden. Mandy stampft auf und fliegt prompt gegen die Decke. Es fühlt sich trotzdem nicht mehr ganz so scheiße an wie vorhin. Sie wird nicht allein sterben. Jemand wird bei ihr sein, zumindest mit Worten. Das tröstet sie ungemein, und dass es so ist, überrascht sie. Mandy hat sich immer für ein autonomes Wesen gehalten, das auch ohne andere Menschen auskommt. Sonst hätte sie diese Einzelmission kaum annehmen können. Aber völlig abgeschnitten von der Erde, allein und unbemerkt zu sterben, das ist für sie ein wahrer Albtraum.

Mandy zieht sich an den Haltegriffen zum Hauptrechner. Sie hat wieder etwas zu tun. Was ist ihr auf den Bildern der MKF-8 entgangen?

## 11. OKTOBER 2029
# LAUSITZ

»Ein Bier?«, fragt Hardy.

»Was hast du?«, fragt Tobias.

»Bergquell Pilsner.«

»Kenne ich nicht.«

»Ist gar nicht übel.«

Hardy geht zum Kühlschrank, bückt sich, öffnet ihn und nimmt eine braune Flasche heraus. Er öffnet den Kronkorken, indem er dessen Rand kurz und mit Kraft über die Kante des Kühlschranks zieht, und reicht Tobias die offene Flasche. Er nimmt einen Schluck.

»Trinkbar. Aber saukalt.«

Er bevorzugt Bier mit Kellertemperatur.

»Tut mir leid, ich habe hier keinen Keller.«

Hardy nimmt eine weitere Flasche aus dem Kühlschrank und öffnet sie auf dieselbe Weise.

»Wie lange lebst du hier schon?«, fragt Tobias.

»In dieser Bruchbude, wolltest du sagen?«

»Nein, aber es ist schon ... ungewöhnlich.«

Hardy setzt die Flasche an und trinkt. Dann wischt er sich den Mund ab.

»Seit meiner Scheidung. Das Haus war mal eine Garage und gehörte zum Nachbargrundstück. Ich habe dem Besitzer das kleine Fleckchen für günstiges Geld abgekauft. Meine Frau hat unser Haus behalten, sie hatte ja auch die Kinder.«

»Du hast mehrere Kinder?«

Mit seinem Schachkumpel schien Hardy mehr zu verbinden als eine Freundschaft.

»Längst erwachsen und in der Welt verstreut.«

»Und deine Exfrau?«

»Wohnt in Rostock.«

»Das Haus ...«

Hardy lacht. »Darauf war kein Segen. Fünf Jahre nach der Scheidung ist es in der Zone verschwunden.«

»Vom Tagebau verschluckt?«

»Keine Ahnung. Eher nicht. Der Braunkohleabbau ist doch in den 1990er Jahren eingestellt worden. 2004 haben sie die Sperrzone wegen neuer Ölfunde erweitert. Da war unser Haus dann im Weg.«

»Es gab doch bestimmt Abfindungen.«

»Nicht für mich, aber meine Ex hat eine ordentliche Summe bekommen.«

»Sie hat dir nichts abgegeben?«

Tobias nimmt noch einen Schluck. Er spürt schon, wie ihn der Hopfen müde macht. Das Bier hätte er besser abgelehnt. Aber es ist wirklich nicht schlecht.

»War ja damals ihr Haus. Ich habe mich nicht beschwert. Für mich reicht das hier völlig.«

»Ewiger Single?«

»Sozusagen. Die Scheidung hat mir die Freiheit gegeben, alles mal auszuprobieren, was ich schon immer versuchen wollte. Und dabei habe ich gemerkt, dass ich mit Männern viel besser ... zurechtkomme. Aber ich würde nie mit jemandem zusammenziehen. Das tötet die Liebe.«

»Interessant.«

»Und diese Miriam und du, was ist das?«, fragt Hardy.

Eigentlich will Tobias ungern von Miriam sprechen. Aber Hardy hat so viel von sich erzählt, da kann er sich doch nicht so einfach weigern?

»Keine Ahnung, ehrlich gesagt. In der Schulzeit war ich dauernd unglücklich in sie verliebt.«

»Ist eine Klasse-Frau.«

»Ja, eine Kategorie über mir.«

»So meine ich das nicht, Tobias.«

»Es ist aber so. Ihr Mann ist Nationalpreisträger. Sie wohnen in einem kleinen Palast. Sie fährt ein Westauto. Und ich bin nur ein kleiner ABV mit einer Zweiraumwohnung in einem Hochhaus.«

»Aber sie hat dich um Hilfe gebeten.«

»Ihren Mann zu suchen, ja. Und ich Dummkopf helfe ihr auch noch dabei.«

»Das ist nicht dumm, das ist sehr nett. Sie merkt doch, wie du dich für sie in Gefahr bringst. Das wird sie zum Nachdenken bringen.«

»Ja?«

»Wenn ich es sage.«

Na gut. Es ist ein schöner Gedanke. Tobias fragt nicht weiter nach. Sonst müsste er fragen, welche Zukunft denn ein Abschnittsbevollmächtigter haben könnte, der heimlich in eine Sperrzone eindringt.

---

»He, Tobias!«

Ein dunkler Schatten ist über ihm. Er wehrt sich mit Händen und Füßen.

»Ganz ruhig, ich bin es nur, Hardy.«

Tobias schüttelt den Kopf und reibt sich über die Stirn.

»Wo bin ich?«

»Auf meinem Sofa. Du bist eingeschlafen.«

»Das verdammte Bier. Das macht mich immer so müde.«

Er sieht sich um. Hoffentlich hat er die Flasche nicht umgekippt.

»Keine Sorge«, sagt Hardy. »Ich habe deine Flasche geleert. Wäre doch schade darum gewesen.«

»Danke. Was ist passiert? Soll ich gehen? Du willst ins Bett, was?«

»Nein, keine Sorge, ich bin noch fit. Es ist gerade mal kurz vor Mitternacht. Du hast einen Schlüssel für das Wirtshaus?«

Tobias tastet in seiner Hosentasche. Ja, da ist der Schlüssel. Der Bart erinnert ihn an Hardy.

»Ich habe dich nur wegen der Nachrichten geweckt«, sagt Hardy.

»Nachrichten?«

»Ja, gerade kam etwas Wichtiges auf Stimme der DDR.«

Hardy dreht an den Knöpfen seines Radios, bis eine Sprecherin zu hören ist.

»Wie das ostdeutsche Wissenschaftsministerium meldet ...«

»Das ist nicht Stimme der DDR«, sagt Tobias.

»Pssst«, sagt Hardy.

»... ist die DDR-Kosmonautin Mandy Neumann in einem Krankenhaus verstorben. Die Dreiunddreißigjährige war zuvor mit ihrer Landekapsel in der kasachischen Steppe niedergegangen. Die Landung soll weich erfolgt sein. Videos zeigen allerdings, dass Neumann danach ihr Raumfahrzeug nicht allein verlassen konnte. Eine Todesursache geben die Behörden nicht an.«

Hardy dreht den Ton leiser. »Das war Bayern 5 im Internet. Die bringen alle fünfzehn Minuten Nachrichten. Aber auf Stimme der DDR auf UKW haben sie dasselbe gesagt, nur mit mehr Pathos.«

»Was ist denn das für ein Bockmist?«, fragt Tobias.

»Eine Vertuschungsaktion, ganz klar.«

»Und wenn nicht? Mit wem haben wir dann gesprochen?«

»Du hast die beiden Videos selbst gesehen, Tobias. Die angebliche Landung ist ganz klar eine manipulierte Version des Übungsvideos.«

»Vielleicht will irgendwer uns das glauben machen. Stellen wir uns doch mal vor, die offizielle Version wäre korrekt. Dann haben wir auf der Völkerfreundschaft ein durchgedrehtes Kyberbewusstsein. Es könnte in der Lage sein, das Video der Landung so zu verfälschen, dass es wie ein Übungsvideo aussieht.«

»Und dann hat es das gefälschte Übungsvideo beim Wissenschaftsministerium hochgeladen?«, fragt Hardy.

»Warum nicht? Vielleicht kann es Sperren überwinden, von denen wir keine Ahnung haben.«

»Es hat uns gebeten, seine Kinder zu benachrichtigen. Würde ein Kyberbewusstsein das tun?«

»Um möglichst echt zu erscheinen, warum nicht?«

»Ich glaube, wir haben uns mit einem Menschen unterhalten«, sagt Hardy.

Tobias hatte eigentlich auch dieses Gefühl. Aber es waren nur Wörter. Text lässt sich besonders leicht fälschen. Und wenn es nun darum geht, ihm auf die Spur zu kommen? Tarnen und täuschen, das ist eine Geheimdienststrategie. Mit wem haben sich Miriam und er angelegt? Oder nimmt er sich selbst zu wichtig?

»Mir schwirrt der Kopf«, sagt Tobias. »Ich weiß nicht mehr, was wahr ist und was falsch.«

»Was hast du denn selbst gesehen?«, fragt Hardy.

Eine sehr gute Frage.

»Prassnitz' Haus war leer, und seine Kollegen wissen nicht, wo er sich aufhält. Das Schreiben an das Institut habe ich selbst gefunden. In den von Prassnitz hinterlassenen Aufnahmen der MKF-8 fehlt das Sperrgebiet komplett. Miriams Fahrrad lag am Rand der Zone in einem Dickicht. Die Raumstation Völkerfreundschaft hat außerplanmäßig ›SO‹ signalisiert. Die daran angekoppelte Raumkapsel ist wieder auf der Erde gelandet.«

»Dann weißt du doch schon eine Menge«, sagt Hardy. »Am wichtigsten scheint mir dabei, dass du Miriam vertrauen kannst. Sie muss eine gute Schachspielerin sein. Alles, was sie tut, folgt einem nachvollziehbaren Plan. «

»Das stimmt. Es wird Zeit, dass ich ihr folge.«

»Nun mal langsam. Du würdest bloß blindlings in irgendeine Falle stolpern. Warten wir mal die Nacht ab. Vielleicht findet die Kosmonautin ja auf den MKF-8-Bildern etwas, was dir hilft.«

»Du hast recht. Ich fahre am besten zurück zum Wirtshaus. Du musst auch müde sein.«

»Kannst du noch fahren? Ich habe eine Matratze unter dem Bett, die ich herausziehen kann.«

»Nein danke, das Nickerchen hat geholfen.«

# ERDORBIT

51,501859 Grad Nord, 14,539951 Grad Ost. Miriam sucht die Koordinaten der Sperrzone heraus und gibt sie Punkt für Punkt in die Suchmaske ein. Damit ist sie schon beim zweiten Schritt angekommen. Der erste hat sie etwa eine Stunde gekostet. So lange hat der Hauptrechner gebraucht, um die Ergebnisse in den einzelnen Wellenlängen so zusammenzufassen, dass der Wolkentransparenzeffekt entsteht, auf den der Erfinder der MKF-8 so stolz ist.

Die Sperrzone ist nicht exakt rechteckig, deshalb muss Mandy mehr als vier Punkte erfassen. 51,384593 Grad Nord und 14,761051 Grad Ost ist die letzte Koordinate, die sie eintippt. Sie klickt den »Suchen«-Knopf an, und auf dem Bildschirm erscheint eine Stoppuhr mit sich drehendem Sekundenzeiger. Die Uhr verschwindet wieder, und eine expressionistisch anmutende Mischung aus Flächen in verschiedenen Grün-, Braun- und Grautönen ersetzt sie. Das ist also das große Geheimnis?

Mandy legt den Fokus auf den westlichen Rand des Gebiets und zoomt stärker hinein. Die Grenzen der Zone sind sehr klar zu erkennen. Der Bereich außerhalb ist deutlich überbelichtet. Dort gibt es keine Wolken. Mandy erkennt das graue Band einer schmalen Straße, die an der Zone vorbeiführt. Hinter dem Zaun, der in dieser Vergrößerung nicht zu erkennen ist, folgt Wald. Es gibt jede Menge Lichtungen, auf denen sich möglicherweise Bauwerke befinden. Mandy erhöht den Maßstab, aber das Bild wird nicht klarer. Das muss an dem Algorithmus liegen, der die Wolken weggezaubert hat. Diese Flecken sehen von oben graublau aus. Es könnte sich also um Gebäude, aber auch um kleine farbverfälschte Seen handeln oder besser Teiche und Tümpel. Ein dauernd wolkenverhangener Bereich ist sicher ziemlich feucht.

Etwas weiter vom Zonenrand entfernt stößt Mandy erneut auf

eine Straße. Sie scheint nur eine Fahrspur zu besitzen. Oder ist es ein breiter Wassergraben? Nein, dort vorn kreuzt eine breitere Variante im rechten Winkel. Gewässer kreuzen sich doch nicht so. Es muss sich um eine Straßenkreuzung handeln. Sie folgt der ersten Straße, weil sie anscheinend parallel zur Zonengrenze verläuft.

Etwas weiter nördlich kommt die nächste Kreuzung. Zweispurig führt die andere Straße Richtung Osten. Mandy nimmt die Spur auf. Anscheinend befahren auch große Lkws diese Straße, denn es gibt Ausweichstellen. Am rechten Straßenrand erscheint ein Quadrat. Es hat eine Basis von etwa zwanzig Metern und zahlreiche Querverbindungen. In seiner Mitte ist ein heller Punkt, der im Infrarot strahlt. Das muss ein Bohrturm sein. Mandy wundert sich schon, warum es nicht mehr davon gibt.

Dann kommt links ein weiterer Bohrturm. Sie prüft den Maßstab. Er muss etwa einen Kilometer vom ersten entfernt sein. In Gedanken läuft sie die Straße entlang. Es muss eine düstere Stimmung herrschen. Die dichten Wolken schirmen einen großen Teil des Sonnenlichts ab. Die brennenden Fackeln der Bohrtürme werfen Schattenspiele über die Landschaft. Obwohl sie allein ist – Autos hat sie auf den Aufnahmen bisher nicht bemerkt –, fühlt sich Mandy dauernd beobachtet, weil die Landschaft in ständiger Bewegung ist.

Die zweispurige Straße führt jetzt in einen Wald. Sie wird scheinbar schmaler, aber das dürfte an den Baumkronen liegen. Kiefern wachsen hier dicht an dicht. Sie hätte gedacht, dass das ständige Halbdunkel die Sperrzone längst in eine Halbwüste verwandelt hat, aber das Gegenteil scheint der Fall. Vielleicht liegt es an der schlechten Luft. Bei höherem Kohlendioxidanteil wachsen die Pflanzen besser.

Mandy beschleunigt, indem sie erst heraus- und am Ende der Bewaldung wieder hineinzoomt. Sie hat etwa sieben Kilometer Wald durchmessen. Dahinter liegt etwas, das ein Wiesengrundstück sein könnte. Lange schwarze Linien führen hindurch. Sie sind so perfekt gerade, als hätte jemand am Rechner die Wiese künstlich schraffiert. Könnte das ein Entwässerungssystem sein?

Mandy bewegt sich weiter virtuell gen Osten. Sie stößt auf eine Ausbuchtung mit zwei Häuschen auf beiden Seiten. Vielleicht ein Kontrollpunkt. Sie notiert die Koordinaten. Die Auflösung ist nicht gut genug, um eine eventuelle Schranke erkennen zu können. Hinter dem Kontrollpunkt wird die Straße noch breiter. Sie führt zu einem Bauwerk, nein, zu mehreren Häusern. Es ist ein kleiner Ort. Sie schreibt auch diesmal die Koordinaten auf.

Die Straße teilt sich. In der Mitte ist ein Teich zu erkennen. Das ist typisch für die Dörfer dieser Gegend. Aber die Häuser sind untypisch. Es sind lauter Blöcke mit exakt rechteckigem Grundriss. Sogar die Maße stimmen überein. Vermutlich sind es Fertigbauten. Hinter ihnen sind Fahrzeuge zu sehen, größtenteils in den Tarnfarben der Volksarmee, aber es sind auch ein paar bunte Farbkleckse von Privatwagen darunter. Es tut richtig gut, mal wieder etwas Farbe zu sehen. Mandy fühlt sich, als wäre sie die etwa zwanzig Kilometer vom Rand der Zone bis hierher selbst marschiert und nicht mit dem Finger auf der Karte.

Ein Ort mitten in der Zone. War es nicht das, was die beiden gesucht haben? Einer dieser Blöcke könnte das Institut sein. Mandy schwebt vom Hauptrechner zum Amateurfunkgerät. Sie braucht jetzt dringend eine Mütze Schlaf. Aber vorher schreibt sie ihrem einzigen Kontakt auf der Erde noch auf, was sie herausgefunden hat.

## 12. OKTOBER 2029
# LAUSITZ

Tobias klopft an die Tür des Betonhäuschens in Groß Düben. Keine Antwort. Er pocht lauter.

»Ich komme ja schon!«, ruft Hardy. »Wer ist denn da?«

Gleich darauf öffnet sich die Tür, erst um einen Spalt, dann weiter.

»Ach, du bist es«, sagt Hardy. »Du hast deinen Koffer dabei? Willst du bei mir einziehen?«

Tobias stellt seine Reisetasche ab. »Nein, ich konnte mich nur noch nicht entscheiden, ob ich in Uniform oder in Jeanshosen in die Zone einmarschiere.«

»Uniform, unbedingt! Die Uniform macht dich zwar nicht immun, aber niemand wird einen Uniformträger erschießen, ohne vorher zu versuchen, mit ihm ins Gespräch zu kommen. Das ist deine Chance. Bevor er dich erschießt, jagst du ihm eine Kugel in den Kopf.«

»Äh, dein Ernst?«

»Nein, ein Scherz. Komm rein. Hast du denn überhaupt eine Waffe?«

Tobias ignoriert die Frage und hält die Papiertüte in seiner linken Hand hoch.

»Ich habe uns Frühstück mitgebracht. Spendierst du den Kaffee?«

»Galgenfrühstück«, sagt Hardy und lacht.

»He, mir ist nicht nach Witzen zumute. Gerade nach solchen nicht.«

---

Hardy stellt einen Korb auf den Tisch, und Tobias lehrt die Tüte darin aus. Sie enthält vier belegte Semmeln.

»Heb dir doch lieber zwei für den Weg auf«, sagt Hardy.

»Ich habe im Auto noch eine zweite Tüte. Gerda hat mich gut versorgt.«

»Na dann!«

Hardy nimmt eine Semmel. Aus der anderen Ecke des Raumes kommt Kaffeeduft.

»Lecker, Leberwurst!«, sagt Hardy.

Tobias wartet, bis der Kaffee fertig ist. Er braucht immer erst einen Schluck davon, bevor er essen kann. Nach drei Minuten bringt Hardy ihm den Kaffee in einer riesigen Tasse. Die braune Flüssigkeit dampft. Tobias pustet darüber und nimmt vorsichtig einen Schluck.

»Die Koschmonautin hat sisch gemeldet«, sagt Hardy mit vollem Mund.

»Hat sie etwas gefunden?«

Eine Gurkenscheibe knackt zwischen Hardys Zähnen. Tobias muss sich zusammenreißen. Kaugeräusche treiben ihn in den Wahnsinn. Hardy schluckt den Bissen herunter.

»Eine Ortschaft, die aus lauter blockartigen Gebäuden besteht«, sagt er. »Das könnte dieses Institut sein, nach dem du suchst.«

»Wo ist es?«

»Sie hat uns die Koordinaten geschickt.«

»Das ist gut.«

»Es kommt noch besser. Sie hat auch ein paar Orte gefunden, bei denen es sich um Kontrollstellen handeln könnte. Denen solltest du lieber aus dem Weg gehen. Sie hat auch dazu die Koordinaten notiert.«

»Sehr gut. Ich fürchte nur, wenn ich in der Zone die Kartenfunktion meines Handtelefons benutze, haben sie mich sofort eingekreist.«

»Dann ist es ja gut, dass ich noch ein altes Glonassgerät besitze, das keinerlei Netzanbindung hat. Das würde ich dir leihen.«

Das ist wirklich gut. Das gute alte russische Glonasssystem funktioniert zur Ortsbestimmung auf dem Gebiet der DDR besser als die Konkurrenz aus dem Westen. Hardy wühlt in einer Schublade und reicht ihm ein Gerät, das wie ein Strichcodescanner aussieht. Tobias legt es in seine Reisetasche.

»Ich danke dir«, sagt er. »Allerdings kann ich dir nicht garantieren, dass ich es dir zurückbringen werde.«

»Natürlich wirst du das. Sonst schnapp ich dich an den Eiern und häng dich an der Wäscheleine hinter dem Haus auf, du Hänfling.«

»Dann muss ich ja wohl.«

Hardy lacht und legt ihm die Hand auf die Schulter.

»Ist komisch. Ist ewig her, dass ich einem Uniformierten die Hand auf die Schulter gelegt hab, aber du bist irgendwie anders.«

»Findest du?«

Tobias kann und will das nicht glauben. Er ist nicht anders als vorher. Er hat einfach nur mit dem Leben abgeschlossen. Das erlaubt ihm, sich so zu verhalten, wie er es sich früher nie getraut hätte. Es ist befreiend, aber auch belastend, denn dahinter steckt die Überzeugung, dass das Leben für ihn demnächst beendet sein wird.

»Ach, Mandy Neumann schreibt noch etwas. Es gibt relativ wenige Bohrtürme, jedenfalls wenn man berücksichtigt, dass aus dem Sperrgebiet das schwarze Gold kommt, das dieser Republik das Überleben sichert. Sie vermutet, dass dein Freund Prassnitz in Ungnade gefallen ist, weil er das auch bemerkt hat.«

»Ich sehe mir das mal an. Hast du eine Idee, was dahinterstecken könnte? Oder hat Mandy einen Vorschlag?«

»Wer weiß, vielleicht bezahlt uns der Westen ja heimlich dafür, dass wir die Mauer stehen lassen.«

»Quatsch. Das könnten sie einfacher haben, indem sie uns das Geld auf schwarze Konten überweisen.«

»War auch nur ein Scherz. Vermutlich hat es gar nichts zu bedeuten. Die ergiebigsten Ölquellen sind vielleicht längst mit irgendetwas überbaut.«

»Irgendeine Schweinerei muss es dadrin aber geben, Hardy. Sonst wäre Prassnitz nicht verschwunden und die Kosmonautin nicht offiziell für tot erklärt.«

Der durchgedrehte Roboter fällt ihm wieder ein. Doch der passt kein bisschen zu der Geschichte um Prassnitz.

»Du wirst sie aufdecken, Tobias, und als Held zurückkehren.«

Nichts leichter als das.

---

Nach dem Frühstück putzt sich Tobias an Hardys Waschbecken die Zähne. Dabei betrachtet er sein Gesicht. Er ist alt geworden. Was haben die vergangenen Tage nur mit ihm angestellt? Er hat es doch eigentlich ziemlich gut gehabt. Ein bequemer, ganz ordentlich bezahlter und wichtiger Job, Wohnung mit Aussicht, garantierten Urlaub auf Mallorca oder in Italien – und nun? Düstere Aussichten, in die er sich gar nicht vertiefen mag. Er nimmt das Handtuch, das neben dem Spiegel hängt, und trocknet sich das Gesicht ab.

»Kannst du mich noch mal mit Jonas Schieferdecker verbinden?«, fragt er über die Schulter.

»Na klar.«

Hardy winkt ihn in die Funkecke.

»Ist er schon dran?«, fragt Tobias.

»Nein, ich möchte dir nur etwas erklären.«

»Was denn?«

»Wie die Funkanlage funktioniert. Es könnte ja sein, dass ich mal nicht da bin und du dringend Kontakt zur Raumstation brauchst oder zu deinem Kumpel in Jena oder ins böse Internet.«

»Verstehe ich das denn?«

»Ich zeige dir nur die nötigsten Schritte. Damit wirst du keine eigene Lizenz erwerben können, aber du bekommst Kontakt.«

»Okay, danke, Hardy. Bist ein guter Mensch.«

»Nun werd nicht wehmütig. Sieh lieber genau hin, was ich mache, und merk es dir.«

———————

Hardy lässt ihn alles dreimal wiederholen. Hoffentlich kann sich Tobias die Abläufe wirklich merken. Aber jetzt sollte er sich langsam auf den Weg machen.

»Können wir nun mit Jonas sprechen?«, fragt er.

»Du weißt doch, wie es geht. Also los!«

Tobias seufzt. Er geht die Schritte durch, die Hardy ihm gezeigt hat. Es funktioniert beim ersten Mal. Da ist Jonas auch schon in der Leitung.

»Hallo?«

»Ich bin es«, sagt Tobias.

»Wie geht es dir?«

»Den Umständen entsprechend.«

»Es tut mir sehr leid. Da hattest du wohl wirklich recht mit dem Signal.«

»Was meinst du, Jonas?«

»Hast du etwa nicht die Nachrichten gehört? Die Kosmonautin ist verstorben! Die armen Töchter. Ich habe mich dann natürlich nicht mehr um den Laser gekümmert.«

»Den haben wir gefunden, keine Sorge. Aber ich sage es mal so: Die offiziellen Informationen sind nicht ganz vollständig.«

»Das heißt?«

»Kosmonautin Mandy Neumann lebt. Wir hatten mit ihr Kontakt. Sie hat sich die Bilder angesehen und uns ...«

»Sei ruhig, Tobias.«

»Willst du es denn nicht wissen?«

»Nein. Du bringst dich damit in Teufels Küche. Ich dachte, du willst Miriam da rausholen?«

»Das will ich ja auch. Aber dazu muss ich natürlich wissen, was hier vor sich geht.«

»Mensch, Tobias. Gerade dir müsste doch klar sein, dass es nie gut ist, zu viel zu wissen.«

Jonas hat den Satz geradezu gesäuselt. Um ihn nicht wie eine Drohung klingen zu lassen?

»Ich verstehe dich nicht. Bisher bin ich davon ausgegangen, dass wir die gleichen Interessen haben.«

»Ja, Miriam aus der Schusslinie zu bringen. Aber was tust du? Du bringst dich stattdessen selbst in Gefahr.«

Was ist denn in den coolen Jonas gefahren?

»Wie meinst du das?«

»Ich dachte, sie hätten das unter Kontrolle.«

»Wer sind ›sie‹?«

»Das spielt keine Rolle. Miriam ist da in etwas hineingeraten, das sie nicht versteht. Darum hatte ich ihr auch vorgeschlagen, dich um Hilfe zu bitten.«

»Du hast was? Ich dachte, Miriam ...?«

Wenn das stimmt, ging es nie um ihn. Vielleicht hat sich Miriam nicht einmal von selbst an ihn erinnert.

»Alles, was du tun solltest, war, Miriam davon zu überzeugen, nach Jena zurückzukehren. Du bist doch ABV, ein Vertreter der Staatsmacht. Und nun machst du plötzlich mit konterrevolutionären Elementen gemeinsame Sache?«

Das ist nicht der Mann, mit dem er in Jena gesprochen hat. Hört etwa jemand mit, und Jonas weiß davon?

»Konterrevolutionär?«

»Merkst du es denn nicht? Du benutzt illegale Kommunikationswege, rufst mich über das Internet an ... Was tust du überhaupt noch dort? Wie spät ist es?«

»7:52 Uhr.«

»Dann hast du noch acht Minuten, um zu verschwinden. Ich hoffe, das Auto ist vollgetankt.«

»Verschwinden? Was ist los?«

»Es tut mir leid, Tobias. Du bist ganz sicher ein netter Kerl. Aber hier geht es um Größeres. Das hat Ralf leider nicht begriffen, der dumme Kerl. Er hat es versaut, und Miriam muss es nun ausbaden, ohne überhaupt zu wissen, worum es geht. Es wäre schlimm, wenn sie dabei unter die Räder käme. Bitte hau so schnell wie möglich dort ab und bring Miriam wieder nach Hause. Ich will nicht, dass sie für den Rest ihres Lebens im Knast landet. Du willst das doch auch nicht, oder? Dir vertraut sie.«

»Jonas, was hast du getan?«

»Ich? Gar nichts. Ich habe nur meinen Job gemacht.«

»Du hast Ralf Prassnitz für das MfS ausgespäht?«

»Nein, ich arbeite nicht für euer Ministerium. Mein Arbeitgeber ist ... Überleg doch selbst, wie ich diese Internetverbindung zurückverfolgen konnte.«

»Und warum erzählst du mir das alles?«

»Weil ich will, dass du deine Illusionen fallenlässt. Du scheinst tatsächlich zu glauben, du könntest etwas aufdecken, etwas erreichen. Nein, das ist Unsinn. Die Sache ist viel zu wichtig, als dass man dich etwas am Status quo ändern ließe. Alles, was du vielleicht tun kannst, ist, Miriam dort rauszuholen. Ich gebe zu, ich habe dich zugleich unter- und überschätzt. Ich habe dich für beschränkter gehalten, als du bist, du kannst offenbar über den Horizont deiner Ausbildung hinausdenken. Aber zugleich bist du so ungeheuer naiv in dem Glauben, etwas ändern zu können, dass du damit das gefährdest, was uns beiden am wichtigsten ist.«

»Es ging dir die ganze Zeit bloß darum, Miriam zurückzuholen.«

»Ja, Tobias, das war mein Fehler. Ich wollte sie irgendwie retten.«

Jonas lügt. Er hat sie beide nur benutzt. Wer weiß, was er wirklich will.

»Indem du sie mit Hilfe des Sticks in das Sperrgebiet schickst? Von dir kamen doch die entscheidenden Daten!«

»Miriam ist so wild darauf, Ralf zu finden, dass ich ihr irgendetwas geben musste, an das sie sich klammern kann. Sonst wäre sie ausgetickt und gleich in Bautzen gelandet. Aber noch hast du eine Chance. Hol sie da raus und flüchte mit ihr. Versteckt euch und verhaltet euch ruhig. Dann werde ich euch helfen können. So weit reichen meine Verbindungen. Ich kann euch an einen Ort bringen, an dem ihr sicher seid. Und nun weg mit dir! Fahr Richtung Süden, dort kommst du raus. Jetzt hast du noch exakt vier Minuten.«

»Und Hardy?«

»Der Mann, der dir geholfen hat? Für den kann ich nichts tun. Er hat die Gesetze eures Landes übertreten.«

Angewidert starrt Tobias auf den verstummten Lautsprecher. Was Jonas da erzählt hat, steckt voller Widersprüche. Will er Miriam nun retten oder in den Untergang schicken? War es wirklich seine Idee, Tobias anzurufen? Von all seinen Behauptungen macht ihm diese seltsamerweise am meisten zu schaffen.

»Hast du das gehört, Hardy?«

»Ja, das passt alles hinten und vorne nicht. Aber der Mann hat in einer Sache recht: Wir müssen hier weg. Spring ins Auto.«

»Und du?«

»Mach dir keine Sorgen um mich. Ich wusste immer, dass sie mich mal holen kommen würden. Geh mal zur Seite.«

Tobias macht einen Schritt nach hinten. Hardy bückt sich und streicht über den schmutzigen Boden. Eine Klappe öffnet sich. Kühle Luft dringt heraus.

»Ich bin vorbereitet«, sagt Hardy.

»Danke, dass du mir geholfen hast.«

»Ich hatte lange nicht mehr so viel Spaß. Wir sehen uns!«

»Mach's gut, Hardy!«

Tobias schnappt seine Reisetasche und rennt aus dem Haus. Aus dem Norden sind Polizeisirenen zu hören. Das Geräusch kennt er sehr gut. Oder soll er hierbleiben und den Kollegen alles erklären? Er ist seit über zwanzig Jahren Volkspolizist. Sein Wort sollte etwas wert sein. Aber das wäre sinnlos. Die Kollegen können sicher nicht, wie sie wollen. Selbst wenn sie ihm glaubten, würde das nichts an seinem Schicksal ändern.

Wie es Jonas sagte: Hier geht es um etwas Größeres. Er weiß noch nicht, worum, aber er wird es herausfinden.

Er fährt los, ohne zu rasen. Er darf nicht auffallen. In Richtung Süden ist die Straße frei. Jonas kannte sogar dieses Detail, und doch behauptet er, nicht für die Firma zu arbeiten. Was bedeutet seine Andeutung, dass er Gespräche über das Internet verfolgen lassen kann? Wahrscheinlich arbeitet er für irgendeinen westlichen Geheimdienst und hat Informanten beim MfS. Oder ist er ein Doppelagent? Was haben Spione aus dem Westen mit dem zu tun, was sich in der Zone abspielt? Müsste Jonas nicht genau wie Tobias daran interessiert sein, das alles aufzuklären? Wie groß ist die große Sache wirklich, an der er dran ist? Und ist er der richtige Mensch dafür?

Vermutlich nicht. Aber es ist gerade niemand anders verfügbar, der diese Rolle spielen könnte. In wessen Spiel? Vor allem aber: Glaubt dieser Jonas etwa tatsächlich, es wäre möglich, Miriam einfach nur aus der Zone zu holen und in Sicherheit zu bringen? Dann wäre er naiv, was nicht zu ihm passt. Miriam soll sich ruhig verhalten und auf Rettung warten, während ihr Mann verschwunden ist? Miriam! Tobias muss laut lachen, und während er lacht, laufen ihm Tränen über das Gesicht.

# ERDORBIT

Heute geht es Mandy merkwürdigerweise besser. Sie versteht sich selbst nicht. Hat irgendwer beruhigende Gase in die Atemluft eingeleitet? Noch vor dem Frühstück hat sie sich einen Blick auf ihre Mädchen gegönnt. Sie haben im Garten hinter dem Haus ihrer Mutter gespielt. Es waren mehr Menschen als sonst anwesend. Ob es irgendeinen Anlass gibt, Gäste einzuladen, den sie vergessen hat? Nun, ihre Mutter wird es ihr hoffentlich nicht übelnehmen, liegt sie doch ganz offiziell im Krankenhaus.

Zum Frühstück wärmt sie sich Eierkuchen auf. Die sind einzeln mit aller benötigten Feuchtigkeit in einer Spezialfolie verpackt. Mandy reißt die Folie auf. Die Ananasdose ist ein echtes Problem. Es gibt keinen Dosenöffner an Bord, denn die Konserve war ein Geschenk in letzter Minute. Also bohrt sie erst mit dem Metallbohrer ein Loch hinein und trinkt den Saft aus. Dann benutzt sie einen Seitenschneider, um sich Zugang zu den Fruchtstücken zu verschaffen. Sie spießt eines nach dem anderen auf ihre Gabel und beißt dazu von dem Eierkuchen ab, den sie Stück für Stück aus der Folie schiebt.

Das ist sehr gut. Am allerliebsten hätte sie aus den Ananasstücken ja Toast Hawaii gemacht, aber es gibt an Bord schlichtweg keinen Toaster. Sie hat schon überlegt, ob sie den Käse vielleicht mit dem Gasbrenner aus dem Labor schmelzen kann. Doch dann hat sie die Pfannkuchen gefunden. Jetzt zahlt sich aus, dass sie in den ersten Tagen an Bord auf solche Leckereien verzichtet hat. Sie hat sich immer vorgenommen, damit irgendwann mal eine schlechte Stimmung aufzuhellen.

Plötzlich bricht Mandy in Tränen aus. Sie hat keine Ahnung, woher es kommt und warum gerade jetzt.

Das Bild auf dem Monitor hat sich nicht verändert. Zwei helle Punkte bewegen sich, als wären sie durch ein Gummiband verbunden. Sie rennen auseinander, umeinander herum, nähern und entfernen sich, aber nie liegen mehr als vielleicht fünf, sechs Meter zwischen ihnen. Mandy streicht über den glatten Bildschirm. Die feinen Haare an ihren Fingern stellen sich auf, wegen der statischen Elektrizität.

Ihre Tränen versiegen. Sie geht vorsichtig zur Werkstatt, damit die Feuchtigkeit nicht in alle Richtungen fliegt, und saugt sie mit einem frischen Handtuch auf. Dann legt Mandy es sich um den Hals. Zeit für das Training. Sie wird zwar übermorgen sterben, aber sie wird nicht an verkümmerter Muskulatur sterben. Das hat sie im Griff, den Sauerstoffvorrat der Station nicht. Jetzt schon Sauerstoff zu sparen, kommt ihr falsch vor.

Das Funkgerät blinkt. Sie zieht sich an ein paar Streben nach unten. Die Mailbox ist schon wieder voll. Vielleicht sollte sie sich noch ein paar andere Kontakte suchen als den Funkamateur aus der Lausitz, der sie mit einem Laser auf sich aufmerksam gemacht hat. Aber sie hat Angst, dass sie an die Falschen gerät.

Sie öffnet die Nachrichtenliste und erstarrt.

RIP. O nein. Schrecklich. Mein Beileid. Ein Kreuz-Icon. RIP. Rest in Peace. Ein Regenbogen. Furchtbar. So traurig! Eine Kerze. Noch eine. RIP. Eine weiße Lilie. RIP. Immer wieder RIP.

Was ist da passiert? Es ist gar nicht so einfach, unter all den Beileidsbekundungen die letzte Nachricht ihres Kontakts von gestern zu finden. Da ist sie.

»Hallo YL. Ich muss dich leider über eine Schweinerei informieren. Vor ein paar Minuten wurde im DDR-Fernsehen dein Tod verkündet. Du bist demnach im Krankenhaus verstorben. Die genaue Todesursache sei noch nicht bekannt.«

*Das kann doch nicht wahr sein! Ich bin hier und lebe!*

»Ich weiß nicht, was dahintersteckt«, schreibt der OM weiter. »Aber es wäre vermutlich keine vernünftige Reaktion, dieser Meldung zu widersprechen. Es sieht alles danach aus, als halte man dich auf der Erde für tot und sei froh darüber. Dabei solltest du es lieber belassen. Klärst du sie über den Irrtum auf, werden sie zu anderen Mitteln greifen. Das würde deine Rettung dann ganz unmöglich machen. Vielleicht bringen sie sogar einen Satelliten auf Kollisionskurs, um das Problem in ihrem Sinn zu lösen. Wir können uns vorstellen, dass das für dich ein furchtbares Gefühl sein muss. Du musst zusehen, wie deine Kinder ihre Mutter begraben. Aber du musst sie in diesem Glauben lassen. Wir haben Verbindungen und werden alles tun, um einen Weg zu finden, wie wir dir helfen können. Aber deine Rettung lässt sich besser organisieren, wenn du dich still verhältst. Wir melden uns morgen wieder.«

Die Nachricht ist um zwei Uhr Standardzeit eingetroffen. Da hat Mandy schon geschlafen. Zum Glück, denn nach so einer Mitteilung wäre die Nacht vorbei gewesen. Ihre armen Kinder! Sie schwebt zum Hauptrechner. Die beiden spielen immer noch im Garten. Mandy bewegt sich zum Funkgerät zurück. Es gibt keine Folgenachricht. Anscheinend gibt es noch keine Rettung für sie. Sie glaubt auch nicht daran. Niemand wird sie aus dem Orbit abholen, und mit der ganzen Raumstation schafft sie es nicht zur Erdoberfläche. Sie wird hier oben sterben.

Susanne. Sabine. Jetzt zeigt das Bild die beiden nahe an einer anderen Person. Das könnte Mandys Mutter sein. Vielleicht redet sie den Zwillingen gerade gut zu. Erzählt, dass es der Mutti nun richtig prima ginge. Dass sie immer bei ihnen sei und ihnen vom Himmel aus beim Spielen zusehe.

Mandy glaubt nicht an ein Leben nach dem Tod. Und trotzdem befindet sie sich gerade mitten darin.

## 12. OKTOBER 2029
# LAUSITZ

Tobias hält in Höhe des alten Tores. Es scheint sich nichts verändert zu haben. Das Gras, das er niedergetreten hat, hat sich wieder aufgerichtet. Also hat auch niemand anders diesen Weg gewählt. Er fährt weiter südlich, bis er auf einen Waldweg stößt, der in das Dickicht zu seiner Rechten führt, und biegt ab. Der Weg ist holprig, und der lange Volkswagen setzt immer wieder auf. Die breiten Reifen kommen mit dem Sand nicht gut zurecht. Mit einem Wartburg hätte er solche Probleme nicht.

Er sieht nach hinten. Die Straße ist noch immer zu sehen. Man soll den Wagen möglichst nicht schon beim Vorbeifahren bemerken. Also lenkt er nun direkt in das Unterholz. Die elastischen Äste der jungen Nadelbäume kratzen über den bisher makellosen Lack. Das wird Miriam nicht gefallen. Aber Tobias muss wenigstens vier Meter schaffen. Er schaukelt sich im ersten Gang über Sandhügel und junge Bäume. Der Motor heult auf.

Plötzlich kommt ein schreckliches Geräusch von unten. Wenn man etwas mit einer Holzschraube befestigen will und den Schraubenzieher mit voller Kraft dreht und dreht und dreht – und plötzlich drückt sich die Spitze des Schraubgewindes an der anderen Seite aus dem Material: Dieses Gefühl ist es.

Tobias lässt die Kupplung rutschen. Der Gang springt rein. Das Auto will nach vorn hüpfen, Tobias rutscht instinktiv auf die vordere Sitzkante, um ihm Schwung zu geben, aber es bewegt sich nicht von der Stelle. Die Hinterräder drehen durch, und die Vorderräder hängen in der Luft.

Er sitzt fest. Der Unterboden hat sich auf einen Baumstamm geschoben. Es ist fast, als würde sich der Stamm von unten durchdrücken. Tobias prüft den Boden des Passats, aber es ist keine Wölbung zu bemerken.

Na gut. Das Ziel, das Auto im Wald zu verstecken, hat er erreicht. Nun muss er eben irgendwie anders nach Hause kommen. Aber das Problem kann er immer noch lösen, wenn es ansteht. Falls es je ansteht. Er will aussteigen, aber die Fahrertür öffnet sich nur einen Spalt weit. Die Kiefer neben ihm ist ziemlich massiv.

Als er auf die Beifahrerseite klettert, kippt das Auto leicht nach vorn rechts. Wahrscheinlich hat das rechte Vorderrad wieder Kontakt zum Boden. Wenn er nun im ersten Gang beschleunigen könnte, würde er den Wagen vielleicht flott bekommen. Er rutscht zurück auf den Fahrersitz. Das Auto kippt zurück. Nein, so wird das nichts. Aber es spielt auch keine Rolle. Er klettert wieder auf die Beifahrerseite. Im Fußraum liegt eine rote Plastekehrschaufel. Sie sieht aus, als gehöre sie zu einem Katzenklo. Miriam hat doch gar kein Haustier? Das Ding könnte am Zaun nützlich sein. Er nimmt die Schaufel, öffnet die Tür und steigt aus.

Heute scheint ein sonniger Herbsttag zu werden. Lichtpunkte zittern auf dem Moos. Er hört einen Eichelhäher und ein paar Tannenmeisen. Und was ist dieses Keckern? Ein Kleiber? Tobias zieht die Luft ein. Es riecht nach Pilzen. Noch hat er die Wahl. Er könnte einfach auf Pilzsuche gehen und später einen Bauern aus der Gegend bitten, ihn mit dem Trecker aus dem Unterholz zu ziehen. Städtern wie ihm traut man solchen Unsinn bestimmt zu.

Er muss Miriam nicht hinterherstolpern. Das Wetter ist perfekt für Maronen und Steinpilze. Speck und Zwiebeln hat er noch im Kühlschrank. Er könnte sich heute Abend eine Pilzpfanne braten und von seinem Balkon über das nächtliche Dresden sehen. Morgen kümmert er sich um die Hausbücher seines Reviers, wie jeden Freitag. Ach nein, morgen ist ja Samstag. Er hätte frei!

Heute ist Freitag, und er hat sich schon am Donnerstag nicht um seine Arbeit gekümmert. Ob ihn jemand vermisst hat? Schumacher sicher nicht. Die nächste Dienstbesprechung mit seinem Chef ist am Montag. Hauptwachmeister Schulte vertritt ihn, wenn er freihat, also frühestens morgen. Schulte ist kein Problem. Er wird sich zwar wundern, dass es immer noch so aussieht wie bei seinem letzten Besuch, aber er ist viel zu bequem, um irgendwo nachzufragen. Vielleicht sollte Tobias ihn dann morgen anrufen, um ihm Aufträge zu erteilen. Das ist Schulte gewohnt.

Hinter ihm knackt etwas. Tobias dreht sich um und tastet nach der Dienstwaffe. Aber da ist nichts. Könnte es sein, dass er gerade mit fadenscheinigen Ausreden vor sich selbst vermeidet, endlich mit der Suche nach Miriam zu beginnen? Es fühlt sich an, als müsse er von einer Klippe springen, in ein Gewässer, dessen Tiefe er nicht kennt und aus dem es keinen Ausstieg gibt. Bei dem nicht einmal sicher ist, ob es sich überhaupt um ein Gewässer handelt.

»Los jetzt!«, ruft er und hört sich flüstern.

Tobias geht um das Auto herum und öffnet den Kofferraum. Im kleinen Werkzeugkasten sind Kombizange, drei Universalschlüssel, Kabelbinder. Darunter liegt das Radkreuz. Was braucht er davon? Am besten alles. Er holt seine Reisetasche und verstaut das Werkzeug darin. Jetzt ist die Tasche doch verdammt schwer, und er hat nur noch eine Hand frei. Er hätte einen Rucksack mitbringen sollen. Es war doch von Anfang an klar, dass dies kein gemütlicher Urlaub mit der neuen Freundin werden würde.

Dann eben anders. Tobias nimmt die große Matte aus dem Kofferraum und breitet sie auf dem Boden aus. Das Werkzeug legt er in die Mitte, das Radkreuz ebenso, dazu seinen Regenumhang, das Medpack und die Verpflegung. Klamotten zum Wechseln sind Luxus, genau wie das Waschzeug, und bleiben in der Tasche. Der wackere Held kann ruhig stinken. Halt, das Klopapier braucht er. Die Dienstwaffe bleibt am Gürtel. Die Kombizange kommt in die Hosentasche, ebenso die Kabelbinder und die kleine Schaufel. Er klappt die Ecken der Matte nach oben und bindet sie mit den Kabelbindern fest zusammen.

Das Ergebnis sieht aus wie ein dicker schwarzer Müllsack. Besser zu tragen ist der sicher nicht. Deshalb trennt Tobias nun die beiden Henkel der Reisetasche ab. Ein Hoch auf die Kombizange! Ebenfalls mit Kabelbindern befestigt er die Henkel so an dem Sack, dass er mit den Armen hineinschlüpfen und ihn auf den Rücken nehmen kann. Er steht auf, und der Sack erhebt sich mit ihm. Tobias macht ein paar Schritte. Das Gepäck reicht etwas über seinen Gürtel hinaus. Wenn er die Arme beim Gehen nach hinten nimmt, wackelt der Sack nicht dauernd hin und her. Nur das Radkreuz schlägt bei jedem Schritt gegen sein Hinterteil. Vielleicht ist das gar nicht schlecht. *Geh weiter*, will es damit bestimmt sagen. Tobias kann ein bisschen extrinsische Motivation gebrauchen.

Er wirft einen letzten Blick auf Miriams Passat. Der Schlüssel steckt noch. Es lohnt nicht, den Wagen abzuschließen. Wer ihn findet, darf ihn behalten. Tobias winkt dem Auto zu und marschiert auf dem Waldweg Richtung Straße.

———————————

Bevor er die Straße betritt, kontrolliert er den Verkehr. Aber das ist unnötig. Weit und breit ist kein Fahrzeug zu sehen. Nicht einmal Hardy ist mit dem Fahrrad unterwegs zu seinem Freund. Wie ist es ihm ergangen? Es wäre unfair, müsste er wegen Tobias leiden. Aber Hardy war offenbar auf alles vorbereitet. Wer einen Geheimgang ins Freie schaufelt, rechnet damit, ihn irgendwann zu benötigen. Hardy wird dort unten sicher Vorräte gebunkert haben. Wie ist er überhaupt auf die Idee gekommen? Ist Hardy etwa nicht der, für den Tobias ihn hält?

Egal. Der Mann hat ihm geholfen. Das ist Fakt. Er hat ihn nicht an das MfS verraten wie Miriams ehemaliger Liebhaber. Was hat Jonas überhaupt verraten? Ist auch sein Name bekannt? Was weiß das MfS? Tobias würde gern unter einem Vorwand bei seinem Vorgesetzten anrufen. Aber dazu müsste er das Handtelefon einschalten.

Später. Jetzt geht es erst einmal in die Zone.

———————————

Er überquert die Straße etwa hundert Meter vor dem Tor. Wenn sie mit Hunden nach ihm suchen, wird das nicht viel helfen, aber er will es ihnen so schwer wie möglich machen. Sie. Wer werden sie sein? Kollegen von der Deutschen Volkspolizei? Männer vom MfS? NVA-Soldaten? Tobias schleicht am Zaun entlang. Zumindest versucht er zu schleichen. Der Sack auf seinem Rücken ist jedoch so schwer, dass jeder Ast bricht, auf den er tritt. Hier am Waldrand liegen jede Menge trockene Äste.

Zum Glück sind keine Jäger unterwegs. Sie könnten ihn für einen brunftigen Hirsch halten. Brunftig vor allem wegen des Schweißgeruchs, den er mittlerweile abgibt. Es ist ja schön, dass er Mitte Oktober noch so einen spätsommerlichen Tag erwischt hat. Aber die schätzungsweise zwanzig Grad machen aus dem Spaziergang richtige Arbeit.

Das Tor kommt in Sichtweite. Jetzt sollte sich Tobias beeilen. Solange er sich diesseits des Zauns befindet, ist er von der Straße aus sichtbar. Er holt die Plasteschaufel aus der Hosentasche und kniet sich auf den Boden, so dass sein Gepäck ihn weitgehend verdeckt. Gerade rechtzeitig, denn nun hört er wirklich Motorenlärm in der Ferne. Tobias duckt sich. Das Fahrzeug nähert sich schnell. Er wird es nicht schaffen, eine andere Deckung zu finden.

Je näher der Lärm kommt, desto ruhiger wird Tobias. Es ist ganz eindeutig eine Jawa, ein Motorrad aus tschechischer Produktion. Das Geräusch ihres Zweitaktmotors ist unverwechselbar. Er hatte selbst eine Jawa 350, kurz nach seinem Armeedienst. Aber die Polizei kommt nicht auf einer Jawa gefahren. Sie setzt auf die leistungsstärkeren MZ aus Zschopau und neuerdings auf BMW-Motorräder, die in einem Werk bei Suhl für Ost und West gebaut werden.

Tobias atmet ruhig ein und aus. Der Jawa-Fahrer wird nur seinen Sack sehen, wenn überhaupt. Er wird sich vielleicht fragen, was der dort soll, aber bevor er eine Antwort findet, ist er schon im nächsten Ort.

Doch der Motor wird leiser. Noch einmal jault er auf und gibt ein paar Knallgeräusche von sich, dann hält die Maschine. Tobias kauert hinter seinem Sack. Er muss jede Bewegung vermeiden.

Das Knirschen ist eindeutig. Jetzt wird die Jawa auf den Kies am Straßenrand geschoben. Ein metallenes Klirren – die Stütze ist ausgeklappt. Der Fahrer ächzt. Vermutlich bockt er sein Motorrad auf. Dann folgt erneutes Knirschen, im Takt kurzer, aber fester Schritte.

Mist, Mist, Mist. Tobias tastet mit der rechten Hand nach seiner Dienstwaffe. Sie klemmt zwischen ihm und dem Sack. Wenn er sie herauszieht, könnte das Gepäck umkippen. In der linken Hand hält er immer noch die Schaufel. Das ist seine einzige Chance. Tobias horcht, bis der Fremde nahe genug zu sein scheint. Dann springt er auf und attackiert ihn.

Der Mann hält seinen Arm fest und lacht.

»Du willst mich mit einer Katzenkloschaufel erschlagen? Sehr originell.«

Es ist Matze, Hardys Freund und Schachpartner. Die Jawa passt so gar nicht zu dem alten, schläfrigen Mann, den Tobias im Wirtshaus gesehen hat. Aber jetzt wirkt Matze ganz anders. Die Motorradjacke tut sicher ihren Teil dazu. Der Mann ist immer noch alt, aber ziemlich wach. Und er scheint mehr Muskeln zu haben als Tobias. Ob er einmal Kulturistik betrieben hat?

»Oh, du bist es. Ich dachte schon …«

Matze lässt ihn los, und er lässt den Arm mit der Schaufel sinken.

»Was dachtest du? Dass die Stasi dich abholt?«

»Woher …?«

»Hardy hat den Alarm aktiviert«, sagt Matze.

»Den Alarm?«

»Egal. Ich weiß jedenfalls, dass ihr in Schwierigkeiten seid.«

»Und jetzt holst du Hardy ab?«

»Genau.«

»Solltest du dich da nicht beeilen?«

»Ich habe Zeit. Erst muss sich dort alles ein bisschen beruhigen.«

»Hast du eine Ahnung, wer genau bei Hardy einmarschiert ist?«

»Nein, ich weiß nur, dass er seinen Geheimgang benutzt hat.«

Hoffentlich unterschätzen die beiden ihren Gegner nicht.

»Du machst dir keine Sorgen?«, fragt er. »Die Klappe ist doch einfach zu finden.«

»Nein. Sie zu finden, genügt nicht. Wir haben da eine Sicherung eingebaut.«

Eine Sicherung. Ob das die MfS-Leute aufhält? Matze scheint sich sehr sicher zu sein. Vielleicht sollte Tobias ihn nicht unnötig beunruhigen.

»Wo endet denn sein Geheimgang?«, fragt er.

»Es wäre ja kein Geheimgang mehr, wenn ich dir das sagen würde.«

»Vielleicht brauche ich ihn auch mal, aber in die andere Richtung.«

»Wozu?«

»Ich muss eventuell dringend Hardys Funkanlage benutzen.«

»Haha, netter Versuch.«

»Doch, er hat mir erklärt, wie ich sie bedienen kann.«

Matze zieht die Augenbrauen hoch.

»Wirklich? Dann muss er dir mehr vertrauen, als ich es für möglich gehalten hätte.«

»Wieso sollte er mir nicht vertrauen?«

»Sieh dich doch mal an!«

»Wegen meiner Uniform?«

»Quatsch. Weil du dich hinter einem schwarzen Sack versteckst und tust, als könnte dich niemand sehen, wenn du niemanden siehst.«

»Aber du konntest mich doch nicht sehen.«

»Glaubst du? Dein linker Fuß und deine rechte Schulter haben herausgeschaut.«

»Oh.«

»Aber gut, wenn Hardy dich an deine Funkanlage lässt, darfst du auch wissen, wo sich der Ausgang des Geheimgangs befindet.«

»Das ist nett. Aber woher weißt du, dass ich dich nicht belüge?«

»Du kannst ja nicht wissen, wie wichtig Hardy seine Anlage ist.«

Die Logik dieses Arguments ist zwar nicht ganz nachvollziehbar, aber Tobias fragt lieber nicht weiter nach, sonst überlegt es sich Matze bloß anders.

»Also, wo ist der Ausgang?«

»Auf dem Grund des Halbendorfer Sees.«

Das ist ... originell. Und nass.

»Wie groß ist dieser See, und wo befindet er sich?«

»Wenn du weiter nach Groß Düben fährst, findest du ihn südlich des Ortes. Der Einstieg befindet sich unterhalb der Sprungschanze mit dem Herz.«

»Wie bitte?«

»Am Südufer gibt es eine Sportanlage, wo man auch Wasserski

fahren kann. Dafür wurden zwei Schanzen aus Holz installiert. Sie sind vom Ufer aus leicht zu sehen.«

»Gut zu wissen. Dann wird man also nass?«

»Das lässt sich nicht vermeiden. Wir haben in dem Gang allerdings auch trockene Kleidung gelagert.«

»Wie praktisch.«

Tobias schaudert bei der Vorstellung, auf den Grund eines Sees tauchen zu müssen.

»Es gibt noch etwas, was du wissen solltest.«

»Du meinst die Sprengfallen?«

Oder die Miniatombombe. Oder das Schwarze Loch im Taschenformat.

»Haha, nein, das wäre zu gefährlich. Aber du solltest in der Lage sein, eine Atemmaske zu benutzen und ein paar hundert Meter zu tauchen.«

»Wo befindet sie sich?«

»Kurz vor dem Ausstieg in den See.«

»Aber wenn ich den Gang in der anderen Richtung benutze …«

»Wirst du ein bisschen die Luft anhalten müssen, tut mir leid. Das war nie der Plan.«

»Ist das die Sicherung, von der du gesprochen hast?«

»Eine davon, ja. Aber jetzt solltest du dich langsam auf den Weg machen.«

»Du hast recht, Matze. Hilfst du mir bitte?« Tobias hält das Schäufelchen hoch.

»Matthias. Matze darf mich nur Hardy nennen.«

»Entschuldige, Matthias.«

»Klar helfe ich dir. Hardys Freunde sind auch meine Freunde.«

Matze dreht sich um und geht zu seinem Motorrad. Oh, es ist ja ein Modell mit Seitenwagen! Der Mann klappt das Verdeck nach hinten und nimmt etwas heraus – einen Spaten. Tobias nimmt ihm das Werkzeug ab, bedankt sich und fängt an zu graben, bis Matze ihm die Hand auf die Schulter legt.

»Mach mal Platz.«

Hardys Freund setzt den Spaten an und sticht damit durch die Grasnarbe. Schnell wächst das Loch, obwohl vom Rand immer wieder Sand nachrutscht. Der Heideboden eignet sich nicht besonders gut zum Graben. Matze schnauft und zieht seine Jacke aus. Darunter trägt er ein Nikki ohne Ärmel. Der Mann hat vielleicht Muskeln! Obwohl er sicher deutlich über siebzig ist, spannt sich die Haut darüber immer noch.

»Soll ich dich ablösen?«, fragt Tobias.

»Lass mal. Geht schneller, wenn ich das – huff – mache.« Er schnauft.

»Pass auf, vielleicht ist Strom auf dem Zaun.«

»Nein, das gab es – huff – nur am Anfang. Inzwischen traut sich sowieso niemand mehr hinein.«

»Wieso eigentlich?«

»Ich will dich ... nicht mit Gerüchten ... langweilen.«

»Tolle Muckis!«, sagt Tobias.

»Das sind – huff – Muskeln, keine Muckis.«

»Kulturistik?«

»Viel Übung ... und Turinabol.«

»Ist das nicht gefährlich?«

»Das Üben oder ... die Medizin?«

»Du weißt schon.«

»Was für die LPG-Rindviecher gut ist, kann doch für uns nicht schlecht sein, oder?«

Matze bringt den Satz ohne einen einzigen Schnaufer heraus. Der Mann ist wirklich deutlich fitter als Tobias. Wenn er aus dieser Sache raus ist, fängt er wieder richtig mit Sport an. Ist das Motorengeräusch? Tobias sieht zum Himmel, aber da ist kein Flugzeug zu sehen. Er schleicht geduckt zur Straße vor.

Sie kommen von Norden. Es sind zwei Fahrzeuge mit Blaulicht, vermutlich die typischen Lada, wenn er nach dem Geräusch geht.

»He, wir bekommen Besuch!«

»Wie lange noch?«, fragt Matze.

»Drei Minuten, höchstens.«

»Mist.«

Matze wirft die Schaufel über den Zaun.

»Was tust du da?«, fragt Tobias.

»Dir das Leben retten. Das Loch wird nicht rechtzeitig fertig.«

Matze nimmt Tobias' Sack und reißt die Kabelbinder auf. Dann hebt er ihn an den oberen Rand des Zauns und schlägt mit der anderen Hand von unten kräftig dagegen. Der Inhalt seines Gepäcks fliegt in hohem Bogen über die Absperrung und verteilt sich dahinter.

»He, was soll das? Ich brauche das noch!«

»Ja, das denke ich mir. Komm her!«

Matze spricht jetzt im Befehlston, und Tobias gehorcht instinktiv. Matze gibt ihm zwei Ecken der nun wieder leeren Matte. Der Lärm der Sirenen ist ganz nah.

»Über den Stacheldraht damit!«

Sie stellen sich neben den Zaun und werfen die Matte so darüber, dass sie den Stacheldraht abdeckt.

»Räuberleiter!«, befiehlt Matze und stellt sich breitbeinig neben den Zaun.

Tobias steigt mit dem linken Fuß in Matzes verschränkte Hände, stützt sich auf den breiten Schultern ab – und fliegt! Matze hat ihn geworfen wie einen kleinen Jungen. Aber jeder Flug endet irgendwann. Die Schwerkraft ist gnadenlos. Tobias' rechter Fuß streift den Zaun. Er hat die andere Seite erreicht! Der mosige Waldboden stürzt auf ihn zu. Links ist ein Baumstumpf. Tobias rollt sich nach rechts ab.

Bremsen quietschen. Zwei weiße Ladas halten hintereinander. Männer in Zivil springen heraus. Sie ziehen ihre Waffen. Matze steht neben seiner Jawa und zeigt Richtung Wald. Tobias springt auf. Ein Blitz schlägt in sein linkes Knie ein. Scheiße, er muss es sich bei der Landung verletzt haben. Die alte Hütte ist da vorn. Er sprintet los. Das Knie schmerzt, aber darauf nimmt er keine Rücksicht. Noch dreißig Meter.

Ein Knall. An dem Stamm vor ihm platzt ein Stück Rinde ab. Die Schweine schießen! Er hat die Pistole immer noch am Gürtel. Aber es sind mindestens acht Männer. Die Bäume geben nicht genug Deckung, wenn sie ihn in die Zange nehmen. Zwanzig Meter. Noch ein Knall. Ein Schmerz durchzuckt Tobias. Das Knie. Er rennt weiter. Es ist nicht so einfach, mit der Makarow ein Ziel zu treffen, das sich im Halbdunkel der Zone in Bewegung befindet. Die Stasimänner sind keine Westernhelden.

Zehn Meter.

Wieder heult eine Sirene. Seine Verfolger bekommen Verstärkung.

Da ist die Hütte. Sie hat einen Hintereingang. Hoffentlich ist die Tür nicht verschlossen!

Noch ein Knall. Tobias glaubt, die Kugel über seinem Kopf sirren zu hören. Kein Einschlag. Da ist die Tür. Er drückt die Klinke herunter, wirft sich dagegen und stößt sich die Schulter. Mist, sie öffnet sich nach außen. Der nächste Knall. Die Kugel trifft die Tür und hinterlässt eine kleine Beule im metallenen Beschlag. Tür auf, reinstürzen, Tür zu. Tobias wirft sich zu Boden. Er hat nicht viel Zeit. Sie werden ihm folgen.

Bremsen quietschen. Autotüren schlagen. Tobias kriecht zum Fenster, das in Richtung Straße zeigt. Er zieht sich vorsichtig hoch und lugt hinaus. Da ist die Stelle, an der er über den Zaun geworfen wurde. Die Matte ist weg. Matze muss sie ihm hinterhergeworfen haben. Das wird Tobias etwas Zeit verschaffen. Mist. Er hat keinerlei Ausrüstung mehr. Warum hat er sich nicht mehr beeilt? Aber ohne Matze, nur mit der kleinen Plasteschaufel, hätte er noch viel länger gebraucht.

Es knallt. Die Kugel schlägt im Fensterrahmen ein. Tobias duckt sich. Sie wissen, wo er ist. Er tastet nach seiner Waffe. In der Hütte hat er Deckung, aber er sitzt in der Falle. Sie brauchen sie bloß zu umstellen und abzuwarten. Oder sie räuchern ihn gleich aus. Ein bisschen Sprit auf ein Taschentuch, anzünden und werfen.

Es knallt schon wieder.

»Riedel, spinnst du? Steck sofort die Waffe weg! Feuer einstellen, das geht an alle!«

251

Es ist die Stimme einer Frau. Tobias gehorcht unwillkürlich und nimmt die Finger von der eigenen Pistole. Er späht wieder über das Fensterbrett. Eine untersetzte Gestalt im Trenchcoat nähert sich dem Zaun an der Stelle, an der er ihn überquert hat. Das muss die Frau sein, die den Befehl gegeben hat. Sie rüttelt am Zaun und scheint zufrieden zu sein.

»Riedel, komm her.«

Ein schlaksiger junger Mann erscheint neben ihr. Die Frau bückt sich, hebt etwas auf und drückt es Riedel in die Hand. Es ist die Plasteschaufel.

»Damit machst du das Loch wieder zu!«, befiehlt die Frau. »Ich will nicht, dass da etwas rauskommt.«

»Und der Flüchtige?«, fragt ein Mann aus dem Hintergrund, den Tobias nicht sieht. »Er hat sich in dem alten Flachbau versteckt. Wir könnten ihn leicht herausholen.«

»Bist du wahnsinnig?«, fragt ein anderer Mann, der ebenfalls hinter einem Busch verborgen ist. »Hast du nicht gehört, was der Operativgruppe aus Schwarze Pumpe passiert ist? Komplett zerfleischt, alle drei!«

»Ach, die waren total dicht und sind einem Rudel Wölfe über den Weg gelaufen. Die nehmen hier langsam überhand. Glaub doch nicht den Ammenmärchen.«

»Ruhe«, sagt die Frau. »Wir verfolgen den Flüchtigen nicht weiter. Um den werden sich andere kümmern. Was hinter dem Zaun passiert, geht uns nichts an. Wir verbreiten darüber auch keine Gerüchte, haben wir uns verstanden?«

»Jawohl, Genossin Major«, sagt der Mann, der Tobias verfolgen wollte.

Die Enttäuschung ist ihm anzuhören.

Die Stimme, die vom grausamen Schicksal der Operativgruppe erzählt hat, tröstet ihn: »Ärgere dich nicht. Der Mann dadrin ist sowieso verloren.«

# ERDORBIT

Immer noch keine Neuigkeiten von der Erde. Mandy versichert sich, dass sie das alles nicht geträumt hat, indem sie die letzten Nachrichten wieder und wieder liest. Sie ist also weich auf der Erde gelandet und dann im Krankenhaus gestorben. Wie kann das irgendjemand glauben? Müssten nicht zumindest Westmedien auf diese Meldung aufspringen und Fragen stellen?

Aber es ist auch schwierig. Ihre »Landung« kam für alle überraschend, also wird kein Korrespondent in Kasachstan vor Ort sein. Mandy kann nicht damit rechnen, dass aus dieser Richtung Hilfe kommt. Und ihre Freunde in der Lausitz lassen auch nicht mehr von sich hören. Ob sie sich mit ihrem Versprechen zu weit aus dem Fenster gelehnt haben? Wie soll ein gewöhnlicher DDR-Bürger, und um solche scheint es sich ja zu handeln, sie aus der Völkerfreundschaft nach Hause holen? Dazu bräuchte man wenigstens ein startbereites Raumschiff.

Ihre Atemluft reicht nur noch für zwei Tage. Sie muss sich wohl selbst helfen. Aber wie?

Ein neuer Versuch, mit der ISS Kontakt aufzunehmen, könnte ein Startpunkt sein. Die Besatzung dort hat sie beim ersten Mal vielleicht nur nicht ernst genommen. Aber jetzt hat sich die Situation geändert. Dass die DDR-Kosmonautin gestorben ist, sollte sich bis zur ISS herumgesprochen haben. Und wenn sich nun an Bord der Völkerfreundschaft etwas tut, das ganz klar auf eine menschliche Besatzung hinweist – müssten die Astronauten auf der anderen Seite dann nicht ins Grübeln geraten?

Mandy überprüft ihren Raumanzug. Wenn sie fünfzehn Minuten auf der Außenhaut der Raumstation verbringt, büßt sie nicht viel Luft ein. Allerdings geht der Lebenserhaltung beim Entlüften der Schleuse etwas Sauerstoff verloren. Vielleicht wäre es ja an der Zeit,

Nägel mit Köpfen zu machen. Statt die gesamte Raumstation mit Atemluft zu füllen, würde es doch reichen, allein den Raumanzug damit zu versorgen. Sie kann die Luft direkt am Tank der Station abzapfen. Wenn das Innere nicht mehr unter Druck steht, kann sie auch beliebig zwischen drinnen und draußen wechseln.

Die letzten zwei Tage ihres Lebens wären allerdings auch nicht mehr besonders komfortabel. Es ist schon anstrengend, mehr als zwei Stunden im Raumanzug zu verbringen. Wie wird es dann in achtundvierzig Stunden aussehen?

Mandy ist unsicher. Wenn sie sowieso stirbt, kann sie Sabine und Susanne doch noch eine Nachricht schicken, einen Abschiedsgruß. Aber ihr Kontakt auf der Erde hat ausdrücklich davon abgeraten. Soll sie sich daran halten? Was, wenn die beiden Mädchen nie erfahren, was wirklich aus ihr geworden ist?

Aber Mandy will sich auch nicht die letzten Chancen nehmen. Insgeheim hofft sie wohl doch noch auf Rettung. Dann wäre es klüger, sich ruhig zu verhalten und die verbleibende Zeit so gut wie möglich zu strecken. Auch wenn das bedeutet, sehr, sehr lange den Raumanzug zu tragen. Sie sieht auf die Uhr. In gut drei Stunden nähert sich die Völkerfreundschaft auf ihrer Bahn das nächste Mal dem Orbit der ISS. Wenn es in zwei Stunden keine Neuigkeiten von der Erde gibt, wird sie in den Raumanzug klettern.

## 12. OKTOBER 2029
# LAUSITZ

Die drei Ladas fahren in südlicher Richtung davon. Matzes Jawa knattert und bewegt sich dann nach Norden. Wahrscheinlich konnten sie Hardys Freund schlichtweg nichts nachweisen, so dass sie ihn davonkommen ließen. Oder er hat Glück gehabt, dass sie sich hier keine Arbeit mehr machen wollten. Was hinter dem Zaun ist, geht sie ja nichts mehr an. Oder Matze wurde verhaftet, und nun fährt die Stasimajorin seine Jawa. Das wäre traurig. Tobias verdrängt den Gedanken lieber.

Er lehnt sich mit dem Rücken gegen die Betonwand. Natürlich sind es Ammenmärchen, was der Stasityp da erzählt. Vor ein paar Wölfen braucht er sich nicht zu fürchten. Schon seit Ende der 1990er Jahre leben wieder mehrere Rudel in der Lausitz. Die Bauern haben sich daran gewöhnt und schützen die Weideflächen mit Elektrozäunen. Kein einziger Mensch wurde in den vergangenen vierzig Jahren von einem Wolf angefallen, während es mehrere Unfälle mit verwilderten Hunden gab.

Doch wer sind die anderen, von denen die Frau gesprochen hat? Die Gruppe in den drei Ladas gehört sicher zum MfS. Für den Schutz der Sperrzone ist aber offenbar eine andere Einheit zuständig, vielleicht sogar ein anderes Ministerium. Am ehesten kommen noch die Grenztruppen in Frage. Aber Tobias ist mehrmals an der Zone vorbeigefahren und hat nie einen Grenzer gesehen. Er muss sich vorsehen. Vielleicht gibt es eine Elitetruppe, von der er gar nichts weiß, ausgerüstet mit der allerneuesten Überwachungstechnik aus dem Westen. Das Erdöl hier ist der größte Schatz der DDR, und entsprechend gut wird es beschützt sein.

Er steht auf und dreht eine Runde durch den einzigen Raum des Flachbaus. An der Rückwand neben der Tür steht eine Pritsche mit einer dünnen verschlissenen Matratze. Es gibt einen stabilen rechteckigen Tisch mit zwei selbstgezimmert anmutenden Stühlen und einen Kanonenofen in der Ecke. In gebührendem Abstand davon sind Holzscheite gestapelt. Vom Ofen führt ein Metallrohr durch das Dach nach draußen.

Auf dem Tisch liegt eine Zeitung. Tobias setzt sich auf einen der Stühle und blättert darin. Es ist eine Ausgabe der Lausitzer Rundschau, und zwar von vorvorgestern. Bekommt der Flachbau etwa regelmäßig Besuch? Tobias lauscht. Nein, er ist allein. Nur ein paar Vögel zwitschern. Er hört eine Drossel und einen Tschilptschalp sowie in der Ferne einen Kuckuck. Er sucht nach Berichten über die Raumstation Völkerfreundschaft, findet aber nichts. Auf Seite zwei gibt es einen kleinen Artikel über den dritten bemannten Start der Inder. Ihr Raumschiff Gaganyaan 3 soll nun mit zwei Raumfahrern und einem weiblichen Roboter an Bord für eine Woche die Erde umkreisen.

Ein Zettel fällt aus der Zeitung und segelt zu Boden. Tobias hebt ihn auf. Sein Herz schlägt so laut, dass er glaubt, es müsse von draußen zu hören sein.

Es ist eine Notiz von Miriam. Sie ist nicht namentlich an ihn adressiert. Bestimmt, um ihn zu schützen, falls jemand anderes die Nachricht zu lesen bekommt. Bestimmt.

»Ich habe geahnt, dass du nicht aufgibst. In die Zone einzudringen, war überraschend einfach«, steht da in schwarzer Schrift. »Ich habe mich für zwei Stunden in der Hütte ausgeruht und ein bisschen geschlafen. In der Zwischenzeit scheint sich allerdings etwas verändert zu haben. Vielleicht drücken auch nur die dichten Wolken auf mein Gemüt. Obwohl ich sie in der Dunkelheit nicht einmal sehe, bemerke ich sie doch am Fehlen der Sterne. Die Gipfel der Bäume ragen in ein merkwürdiges Nichts. Vor allem habe ich das Gefühl, dass etwas um die Hütte schleicht. Ich weiß nicht, was es sein könnte, und mit der Taschenlampe erwische ich es nicht. Also entweder ist es zu schnell, oder mein Kopf spielt mir einen Streich. Du solltest besser vorsichtig sein. Ich werde nicht dem Weg folgen, sondern mich in östlicher Richtung durch den Wald schlagen. So kann ich irgendwelchen Wachposten hoffentlich aus«

Die Nachricht endet abrupt und enthält weder Gruß noch Unterschrift. Wurde Miriam an dieser Stelle überwältigt? Tobias kneift die Augen zusammen und betrachtet den letzten Buchstaben. Das kleine »s« besitzt am Ende einen Haken. So etwas entsteht, wenn ein Bleistift beim Schreiben abbricht. Er kniet sich vor den Tisch. Sein Knie schmerzt, aber er versucht, es zu ignorieren. Sorgfältig mustert er die Tischplatte von der Seite. Da ist etwas. Er tastet den Krümel mit dem Zeigefinger ab. Das könnte der Rest einer Bleistiftmine sein. Vielleicht hat Miriam nur einen einzigen Stift eingepackt. Er besitzt gar keinen.

Er besitzt überhaupt nichts. Sein ganzes Gepäck ist noch vor dem Zaun verteilt. Es wird Zeit, dass er es aufsammelt. Tobias steht auf. Wie auf Kommando wird es still. Von draußen kommt kein Gezwitscher mehr. Warum geben die Vögel plötzlich Ruhe?

Tobias öffnet die Hintertür. Er sieht sich kurz um und tritt nach draußen. Da fallen die ersten Regentropfen auf seinen Kopf.

Er rennt zum Zaun, breitet die Matte auf dem Boden aus und wirft alles darauf, was er findet. Seine Vorräte sind wieder komplett. Schnell rafft er die Matte zusammen und trägt sie in die Hütte. Sein Knie pocht. Geschafft.

Jetzt regnet es so stark, dass er wohl besser in der Unterkunft wartet. Tobias packt Proviant und Wasser aus und macht sich Mittagessen. Während er kaut, packt ihn das schlechte Gewissen. Miriam braucht ihn vermutlich, aber er schafft es gerade einmal über den Zaun und lässt sich dann von ein bisschen Wasser entmutigen.

<hr />

Überraschenderweise hört der Regen schon nach kurzer Zeit wieder auf. Tobias sieht auf die Uhr. Es ist exakt 12:10 Uhr. Demnach hat es genau zehn Minuten lang geregnet. Das ist ganz und gar nicht typisch für das Wetter in dieser Region, wo der Niederschlag auch mal tagelang andauert. Aber gut für ihn. Er geht noch einmal vor das Haus und pinkelt gegen einen Baum. Dann verschließt er seinen primitiven Rucksack und macht sich auf den Weg.

Wie hat es Miriam eigentlich geschafft, die östliche Richtung einzuhalten? Tobias muss sich immer wieder eine Lichtung suchen, um mit Hilfe des Glonassortungsgeräts nach der Himmelsrichtung zu suchen. Sein Knie freut sich über die Pause, aber er verliert Zeit. Die Sonne ist durch die dichten Wolken überhaupt nicht zu spüren, und im Wald schafft Tobias es nicht, geradeaus zu laufen, obwohl die Bäume in geraden Linien gepflanzt wurden, denn jede Reihe sieht wie die andere aus. Je weiter er vorankommt, desto älter und damit höher werden die Bäume. Wann wird er wohl auf die ersten Bohrtürme treffen?

Tobias bleibt stehen. Er muss mal. Also setzt er den Rucksack ab, holt das Toilettenpapier heraus und hockt sich hinter einen Busch. Danach reinigt er sich, reißt etwas Gras ab und dekoriert damit seine Hinterlassenschaft. Soll er das benutzte Toilettenpapier vielleicht lieber mitnehmen? Aber wenn man ihm mit Hunden folgt, hilft das auch nicht. Er lässt es auf dem Haufen liegen.

Weiter. Das Ortungsgerät sagt, dass er erst anderthalb Kilometer geschafft hat. Für etwa vierzig Minuten Marsch ist das wenig. Von Miriam hat er keine Spuren gefunden. Es ist nun mehr als einen Tag her, dass sie hier entlanggekommen sein muss. Aber es reicht ja, wenn sie fünf Meter neben ihm gelaufen ist, um Hinweise zu verpassen. Ab und zu läuft Tobias deshalb auf gut Glück mal ein paar Schritte Richtung Norden oder Süden.

Der Hochwald endet. Um ihn herum wachsen nur noch hüfthohe Fichten. Tobias sieht zum Himmel. Die Wolkenschicht besitzt merkwürdige Ausbuchtungen an der Unterseite, die an Trichter erinnern. Er holt das Ortungsgerät aus der Tasche. Mist, er ist schon wieder aus Versehen abgebogen. Der kleine Bildschirm lotst ihn erneut zu einem Stück Hochwald. Mitten darin stößt er auf eine Lichtung. Sie kommt ihm bekannt vor. Aber das ist unmöglich. Er sucht trotzdem nach dem Busch. Da ist er. Jemand hat sich auf dem Boden erleichtert, alles mit Gras abgedeckt und dann zusammengeknülltes graues Klopapier darauf geworfen.

Vielleicht war es ja Miriam. Er muss den Haufen näher untersuchen. Mit einem Stock schiebt er das Gras zur Seite. Was darunter liegt, kommt ihm sehr bekannt vor. Es dampft noch. Ihm wird übel, weil ihn mit einem Mal der Gestank überfällt. Tobias weicht zurück, bis er nur noch das Moos des Waldes wahrnimmt. Es muss sich um einen Zufall handeln. Miriam oder irgendein anderer Mensch hatte ein ähnliches Bedürfnis wie er. Das ist doch nicht ungewöhnlich! Jeder Mensch tut es und die Tiere auch. Vielleicht benutzen die Rehe hier ja Klopapier.

Er holt das Ortungsgerät heraus und überprüft seinen Standort. Das Ding lügt. Es behauptet, er würde sich am selben Ort befinden wie vorhin, als er hinter den Busch geschissen hat. Er schüttelt es, aber die Position verändert sich nicht. Was soll denn das? Er ist seitdem bestimmt zwanzig Minuten gelaufen. Und dabei soll er keinen verdammten Meter vorangekommen sein? Unmöglich.

Tobias legt den Kopf auf die Seite, so dass seine Wange in Richtung Himmel zeigt. Dann dreht er sich um seine Achse, bis er glaubt, die Wärme der Sonne zu spüren. Sie ist doch da oben! Er bleibt stehen und prüft seine Blickrichtung. Norden. Unmöglich.

Es müssen die tiefhängenden Wolken sein. Sie schlagen auf sein Gemüt und verwirren seine Gedanken. Ab sofort ist sein Scheißhaufen seine Ortsmarke. Das Ortungsgerät scheint nichts zu taugen. Vielleicht lenkt das Material der vielen Bohrtürme, von denen er noch keinen einzigen gesehen hat, es ab. Oder die Signale der Glonasssatelliten dringen nicht durch die dichte Wolkenschicht. Das sind obendrein keine normalen Wolken. Sie enthalten all den Dreck, der hier erst im Tagebau und dann über Ölleitungen aus der Erde geholt wurde. Das kann ja nicht gut sein. Wer in der Jauchegrube im Bodenschlamm rührt, erntet Gestank.

Tobias prägt sich die Lichtung genau ein. Hinten ist, wo er hergekommen ist. Die Birke mit dem doppelten Stamm ist links hinten, die Fichte ohne Krone rechts hinten. Der Busch der Wahrheit liegt mittig am linken Rand. In Marschrichtung befindet sich links eine Gruppe aus drei eng beieinanderstehenden Fichten, die ihn an tratschende Marktfrauen erinnern. Rechts vorn erhebt sich eine ausgewachsene Kiefer weit über alle anderen Bäume. An ihr kann er sich vielleicht auch aus der Ferne orientieren.

Er setzt den Rucksack wieder auf und marschiert nach vorn. Sein Knie beschwert sich schon seit einer Weile nicht mehr. Eigentlich ist so ein Waldspaziergang doch gar nicht so übel. Er ist schon als Kind immer gern allein Pilze suchen gegangen. Sein Blick wandert über das Moos und entdeckt immer wieder Maronen und ab und zu einen Birkenpilz oder eine Rotkappe. Er lässt die Pilze stehen, obwohl sie sehr gut aussehen und kaum von Schnecken befallen sind.

Vor ihm liegt eine weitere Lichtung. Ein bisschen ängstlich betritt er sie. Aber hier gibt es mittig links keinen Busch, vorn keine Marktfrauen und an der Seite keine Doppelbirke. Er geht auf die Lichtung hinaus, bis er die hohe Kiefer erkennen kann. Sie befindet sich allerdings nicht direkt hinter ihm, sondern ist seitlich versetzt. Er muss einen Bogen nach links gelaufen sein. Tobias kehrt zum Rand der Lichtung zurück und sucht nach einem Orientierungspunkt in Marschrichtung. Ein Bohrturm. Endlich! Der Gebäudekomplex, den die Kosmonautin aufgespürt hat, liegt hinter etlichen Bohrtürmen. So falsch kann er nicht sein.

Er marschiert weiter. Dabei wendet er sich absichtlich immer wieder ein Stück nach rechts, um seinen offensichtlichen Linksdrall auszugleichen. So kommt er gut voran, bis er auf einen Graben stößt. In einer erstaunlich geraden Linie zieht sich der von Nord nach Süd. Auf natürliche Weise kann er kaum so entstanden sein, zumal die Seitenwände in einem Fünfundvierzig-Grad-Winkel nach unten verlaufen.

Aber nichts hier ist natürlich. Tobias läuft durch ein verfülltes Tagebauloch. Die Erdoberfläche ist nirgends so künstlich wie hier. Insofern ist der Graben nicht ungewöhnlich. Trotzdem traut sich Tobias nicht, ihn zu überqueren. Das liegt an dem Stoff, der in ihm fließt. Wasser sieht anders aus. Die Flüssigkeit besitzt eine spiegelnd schwarze, starre Oberfläche. Er denkt sofort an Erdöl, aber das müsste er ja riechen, und es geht keinerlei Geruch von dem Graben aus.

Nicht nur das, der Graben scheint alle Gerüche aus seinem Umfeld anzuziehen und zu verschlucken. Tobias leckt seinen Zeigefinger an und hält ihn in Kniehöhe. Es gibt keinerlei Luftströmung. Trotzdem dringt der Duft des Waldes von allen Seiten auf ihn ein. Moos, Kiefernnadeln, Pilze, Schlüsselblumen, Wildschweinsuhle, sogar den Aasgeruch eines langsam verwesenden Rehs glaubt er zu erkennen. Er geht ein paar Schritte zurück, und der Effekt lässt nach.

Das ist ein seltsamer Graben. Aber er muss ihn irgendwie überqueren. Tobias hebt einen trockenen Ast auf und wirft ihn in die schwarze Flüssigkeit. Er hat erwartet, dass das Holz eintauchen und schwimmen würde, aber es versinkt einfach, und zwar ohne langsamer zu werden. Es breiten sich auch keine Wellen aus.

Er versucht es mit einem Kiesel. Der Stein trifft die schwarze Oberfläche und verschwindet. Er braucht etwas Leichteres. Eine Feder wäre gut, doch er findet keine. Er behilft sich mit einem schmalen Blatt. Langsam segelt es nach unten. Diesmal hat er nicht gut gezielt. Das Blatt wird über den Graben hinausgetragen. Kurz bevor es auf der anderen Seite landen kann, schießt eine Stichflamme aus der schwarzen Oberfläche und verkohlt das Blatt. Seine Reste fallen auf den jenseitigen Abhang.

Scheiße aber auch! Sein Atem stockt. *Du bist eine fiese Falle.* Für wen? Vermutlich für Eindringlinge wie ihn. Was wäre wohl geschehen, hätte er einfach einen Schritt hinüber gemacht? Läge sein verkohlter Körper auf der anderen Seite? Miriam ist so. Sie probiert nicht lange herum, sie macht einfach einen großen Schritt und reicht ihm dann die Hand.

Zack. Hand zu Kohle. Na großartig. Er muss den Graben absuchen. Tobias läuft einige hundert Meter in die eine Richtung, dann in die andere. Bei jedem dunklen Fleck erwartet er einen verkohlten Körper. Aber Miriams Leiche findet er nicht. Es muss also einen Weg hinüber geben. Aber weder links noch rechts ist er zu finden. Tobias versucht, einen Kiesel über den Graben zu werfen, und zwar in immer größerer Höhe. Beim dritten Mal hat er Erfolg. Die Stichflamme wird demnach höchstens drei Meter hoch. Er braucht also nur auf einen Baum zu klettern, von dort auf einen anderen zu springen und wieder herunterzukommen.

Das sollte machbar sein. Miriam hat es doch auch geschafft.

Tobias geht noch einmal den Graben entlang. Nach einer Minute stößt er auf eine Kiefer, die genau das richtige Alter hat. Sie besitzt auch im unteren Bereich noch Äste, so dass er sie gut erklettern kann. Zugleich ist ihr Stamm dick genug, um unter seinem Gewicht hoffentlich nicht zu sehr zu schwanken. Gegenüber, auf der anderen Seite des Grabens, wächst eine Fichte. Ihr Nadelkleid ist dicht.

Das ist gut, denn es kann ihn auffangen, wenn er aus fünf Metern Höhe springt.

Tobias rückt den Rucksack gerade, greift nach dem untersten Ast der Kiefer und zieht sich hoch. Weiter geht's. Der nächste Ast ist etwas versetzt. Tobias versucht, sich gleich aufzustemmen, doch dabei rutscht er ab. Er schafft es, sich mit den Händen festzuhalten, obwohl der Rucksack an ihm zerrt. Mühsam macht er einen Klimmzug. Er bekommt seinen Oberkörper über den Ast. Kurze Pause. Dann sitzt er rittlings darauf und zieht sich schließlich am Stamm hoch.

Der dritte Ast ist fast direkt über ihm. Der Abstand ist allerdings größer, als es von unten aus gewirkt hat. Tobias springt, rutscht ab und schafft es gerade so, sich am zweiten Ast festzuhalten. Der Rucksack ist schuld. Nur fünf Zentimeter höher! Tobias sieht auf die andere Seite hinüber. Er steht in etwa zwei Metern Höhe. Das müsste funktionieren.

Er lässt den Rucksack vom Rücken gleiten. Mit links stützt er sich am Stamm ab, mit rechts hält er sein Gepäck wie ein Kugelstoßer die Kugel. Eins, zwei, drei. Der Rucksack fliegt. Über dem Graben erreicht er mehr als drei Meter Höhe. Die Stichflamme erreicht nur die herunterhängenden Träger. Sie fangen Feuer, doch der Aufprall auf die Äste der Fichte löscht es. Der Rucksack stürzt zu Boden. Er landet gerade so jenseits des Abhangs, der in den Graben führt.

Ohne den Ballast erreicht Tobias den dritten Ast. Auch der Klimmzug fällt ihm so leichter. Er zieht sich wieder am Stamm hoch. Dieser Ast ist nicht so stabil wie die ersten beiden. Die Nadeln sehen grau und trocken aus. Tobias sieht nach unten. Es müssen knapp vier Meter sein. Das ist verdammt hoch. Aber er darf nicht hinten am Stamm abspringen. Aus dem Stand schafft er die drei Meter nicht, die er bis zur Fichte zu überwinden hat. Er muss weiter nach vorn auf diesem trockenen Ast.

Er macht einen Schritt. Nur zehn Zentimeter.

Der Ast knackt. Zurück. So geht das nicht. Tobias sieht nach oben. Der nächste Ast scheint noch dünner zu sein. Es gibt diesmal keinen zweiten Versuch. Und kein Zögern. Tobias stößt sich ab und macht drei schnelle Schritte nach vorn. Der Ast bricht – er springt ab. Seine Beine treten in der Luft.

Der Schwung treibt ihn nach vorn, der Fichte entgegen. Er breitet die Arme aus. Unter ihrem dichten Nadelkleid sieht er nicht, wo er Halt finden kann, wo sich die Rettung verbirgt. Seine rechte Hand spürt etwas und greift zu. Er wird nach rechts gerissen. Hinter ihm schießt etwas Heißes in die Höhe. Sein Rücken wird gegrillt. Aber die Flamme erreicht ihn nicht. Die linke Hand bekommt einen Ast zu greifen. Der Ast rechts hält sein Gewicht nicht mehr. Tobias rutscht ein Stück nach unten. Nadeln zerkratzen sein Gesicht. Eine sticht in sein Auge. Er rutscht weiter, doch die rechte Hand findet wieder Halt.

Der Grill schaltet sich ab. Tobias ist außer Reichweite. Aber er hat den Boden noch nicht erreicht. Die Fichte drückt ihn nach außen. Es ist, als wolle sie ihn abwerfen, am liebsten in den Graben. Er zieht sich nach rechts, um den Baum herum, weg von der Todesfalle. Wieder knickt ein Zweig ab. Verdammt!

Er fällt, und die Sekunden dehnen sich. Er bekommt keinen Ast mehr zu fassen. Der Boden stürzt auf ihn zu. Tobias rollt sich ab, hat zu viel Schwung und prallt mit dem Rücken gegen den Nachbarbaum.

Danach bleibt er erst einmal sitzen. Wahrscheinlich hat er sich das Rückgrat gebrochen und steht unter Schock. Er genießt die schmerzfreie Zeit, die ihm bleibt. Gleich muss er kommen, der Schmerz. Tobias lächelt wie unter Drogen. Stimmt ja auch. Adrenalin ist eine Droge. Sie verändert sein Bewusstsein. Er fühlt sich großartig, obwohl er gleich hier sterben wird.

Ein dicker Tropfen fällt auf sein Bein. Es ist Wasser. Er spürt seine Kälte. Ein zweiter Tropfen folgt. Er spürt etwas! Sein Rückgrat ist nicht gebrochen! Er zieht die Beine an, während ein Platzregen einsetzt. Dicht am Stamm bleibt es trocken. Aber sein Rucksack liegt noch im Freien. Er kriecht hinüber und holt ihn zu sich in den schützenden Schatten der Fichte. Einer der beiden Tragriemen ist durchgeschmort. Tobias repariert ihn mit zwei Kabelbindern. Kurz darauf hört der Regen wieder auf. Es ist 13:10 Uhr. Wieder hat es genau zehn Minuten lang geregnet.

## 12. OKTOBER 2029
# ERDORBIT

Es ist eine schwierige Entscheidung. Wenn sie jetzt noch einmal Zähne putzt, wird sie für lange Zeit die gesunde Pfefferminzschärfe der Rot-Weiß-Zahnpasta im Mund haben. Putzt sie sie hingegen nicht, bleibt ihr das leckere Kakaoaroma der Westschokolade erhalten. Mandy entscheidet sich für die Schokolade. Sobald sie den Helm aufsetzt, kann sie keine feste Nahrung mehr zu sich nehmen. Sie hat zwar einen Vorrat an isotonischer Nährflüssigkeit im Anzug, doch das Zeug schmeckt wie gesalzener Milchbrei. Einfach ekelig. Im Training hat jemand behauptet, das sei Absicht, damit man im Notfall sparsam mit der Nahrung umgeht.

Bevor sie nach draußen geht, räumt Mandy noch einmal die Küche auf. Das hat sonst der Roboter für sie übernommen. Dieses Scheißding. Sie hat immer gedacht, er sei gebaut worden, um ihr Arbeit abzunehmen. Dabei sollte es sie offenbar vor allem überwachen. Dazu ist ein Roboter wohl besser geeignet als ein Mensch.

Irgendwie ist sie froh, dass Mandy Neumann, Kosmonautin der DDR, offiziell tot ist. Am Ende hätte man Bummi noch in ihre Kleidung gesteckt und als Heldin durch die Republik gefahren. Ob das technisch schon möglich ist? Vermutlich nicht. Deshalb musste sie wohl sterben. Mandy hebt die Ananasdose an ihren Mund und saugt daran. Es kommt nichts heraus. Schade. Ananas war schon immer ihr Lieblingsobst. Es gibt nichts, das ihr exotischer vorkommt.

So, Mädchen. In ein paar Minuten kommt die ISS wieder nahe. Der Abstand wird etwas größer sein als beim letzten Mal, aber die Reichweite des Helmfunks müsste immer noch genügen. Sie begibt sich in die Schleuse, setzt den Helm auf und schließt die Tür. Die Lebenserhaltung saugt die Luft ab. Mandy spürt mit der Zunge der Schokolade hinterher. Der Knopf am Außenschott leuchtet grün. Sie hängt beide Sicherungsleinen in ihren Gürtel ein. Ihre anderen Enden sind in der Schleuse befestigt. Das genügt völlig. Sie braucht bloß ein freies Blickfeld zu der anderen Station.

Die Begegnung ist nicht sehr spektakulär. Für die ISS vielleicht noch weniger als für sie. Aus achtzig Kilometer Abstand wirkt selbst ein zehnstöckiges Hochhaus winzig. Erst recht eines, das mit großer Relativgeschwindigkeit vorbeizieht. Mandy hat ihrer Uhr einen Timer einprogrammiert. In dreißig Sekunden geht es los. Sie hat dann höchstens neunzig Sekunden, in denen sie alles unterbringen muss. Der Countdown zählt rückwärts. Als er null erreicht, beginnt sie zu sprechen.

»Mayday, mayday. Raumstation Völkerfreundschaft, Kosmonautin Mandy Neumann hier. Ich benötige dringend Hilfe. Nach Artikel V des Internationalen Weltraumvertrags sind Sie verpflichtet, mir jede mögliche Hilfe zu leisten. Ich habe noch für zweiundvierzig Stunden Sauerstoff. Ich wiederhole. Ich brauche dringend Hilfe. Hier ist Mandy Neumann auf der Raumstation Völkerfreundschaft. Mayday, mayday.«

Das waren zwanzig Sekunden. Sie legt eine kurze Pause ein, dann wiederholt sie den Text noch dreimal. Irgendjemand muss sie doch hören!

## 12. OKTOBER 2020
# LAUSITZ

Dieser Wald ist seltsam. Schon der regelmäßige Regen! Aber Tobias muss sich mit Schlussfolgerungen vorsehen. Vielleicht liegt es an den über dem Gebiet wie festgenagelt stehenden Wolken. Sie könnten einen festen Wetterzyklus aus Verdunstung und Regen erzeugen. So etwas lernt man ja in der Schule über die Tropen. Tobias lässt den Rucksack liegen und kriecht zurück zum Graben. Warum hat man nicht einfach den Zaun außen unter Strom gesetzt und ordentlich im Boden verankert? Das wäre doch viel billiger als solche eine ausgefuchste Technik. Da der Graben bemerkt, wenn ihn jemand überschreiten will, muss es versteckte Kameras und andere Elektronik geben.

Tobias steht auf und schnallt sich den Rucksack um. Dann konsultiert er das Ortungsgerät. Es scheint sich selbst repariert zu haben. Sein Ziel ist deutlich näher gerückt. Bis heute Abend sollte er es geschafft haben.

---

Eine halbe Stunde später ist er sich dessen nicht mehr sicher. Das Ortungsgerät bescheinigt ihm, drei Kilometer vorangekommen zu sein. Das ist nicht das Problem. Das Problem besteht darin, dass der Wald sich verändert. Es hat ganz allmählich begonnen. Aber jetzt kann er es nicht mehr auf seine Überreiztheit schieben. Die Farben stimmen nicht mehr!

Das Chlorophyll der Nadeln und Blätter bekommt mit jedem Kilometer einen größeren Blaustich. Das Moos hingegen ist erst giftig-grün geworden und nun gelb, fast orange. Die ehemals braunen Baumstämme tragen ein nass triefendes Schwarz. Tobias berührt die Kiefer vor ihm. Die dunkle Rinde glänzt, aber seine Fingerkuppen bleiben völlig trocken. Er hockt sich hin und legt ein Stück Waldboden frei. Der sonst hellbraune, lehmige Lausitzsand ist violett.

Er steht wieder auf und reibt sich die Schläfen. Ob es die Anspannung ist, die ihn durchdrehen lässt? Tobias nimmt den Rucksack ab und durchwühlt ihn. Da ist die kleine Plasteschaufel. Sie war einmal rot. Jetzt ist sie grün. Die Dinge verändern sich. Aber das ist unmöglich.

Es müssen seine Gedanken sein, die sich verändern. Er lässt sich auf die Knie fallen und wühlt mit den Händen im Boden. Seine Haut ist froschgrün und von violetten Lehmkrümeln gesprenkelt.

Da ist ein Regenwurm. Er leuchtet rot. Tobias holt die Kombizange aus dem Gepäck. Wozu eigentlich? Da fällt es ihm ein. Er kneift sich damit in die linke Hand, zwischen Daumen und Zeigefinger, drückt so kräftig zu, bis die beiden Schneiden die Haut durchtrennen. Blaues Blut tropft heraus.

Der Schmerz lässt ihn zur Besinnung kommen. Er hat sich selbst verletzt! Irgendetwas stimmt nicht mit ihm. Vielleicht ist giftiges Gas in der Luft, das seine Wahrnehmung verändert. Es stand zwar nie etwas von einem Chemieunfall in der Lausitz in der Zeitung, aber das heißt gar nichts. Tobias dürfte nicht hier sein, hätte nicht über den Graben springen dürfen. Womöglich ist der gar keine Falle, sondern die Stichflamme dient dazu, das Gas zu neutralisieren.

Er muss hier weg. In diesem Zustand kann er Miriam sowieso nicht helfen. Tobias steht auf und sofort wird ihm schwindlig. Die falschen Farben sind schwer auszuhalten. Es ist, als stecke er in einem Traum fest, einem Albtraum.

Tobias nimmt sein Gepäck auf den Rücken und läuft los. Er schwankt. Zum Glück hat er die Kombizange noch in der Hand. Er ist selbst überrascht davon. Tobias sucht sich eine Stelle an seinem Unterarm aus und kneift hinein.

Diesmal drückt er die Zangenbacken nicht ganz zu.

Aber der Schmerz ist intensiv genug, um sein Bewusstsein zu klären. Das einschießende Adrenalin verjagt die Übelkeit. Der Effekt wird nicht lange anhalten. Tobias rennt los. Immer wenn er zu schwanken beginnt, setzt er die Zange neu an. Vielleicht würde es reichen, sich selbst zu ohrfeigen. Aber er will es nicht ausprobieren. Wenn er erst einmal umfällt, kommt er nie wieder hoch. Er muss diesen Albtraum verlassen.

Tobias rennt. Der Rucksack schlägt gegen sein Hinterteil, als wolle er ihn zusätzlich antreiben. Die Kombizange beißt schmerzhaft in seine Haut.

Der Schmerz rettet ihn. Das Erste, was sich verändert, ist seine Haut. Sie ist zwar von gezackten blauen Flecken übersät, doch wo er sich noch nicht gekniffen hat, bekommt sie wieder den alten rosafarbenen Ton. Dann verwandelt sich das Moos zurück. Die Baumstämme hellen sich auf. Die Nadeln der Kiefern bekommen ihr altes Grün mit einem leichten Blaustich, der ihm keine Angst mehr einjagt. Atemlos stolpert Tobias voran. Er fürchtet sich davor zurückzublicken, will erst Abstand zwischen sich und den veränderten Wald bekommen. Schweiß läuft ihm über das Gesicht. Die Schultern schmerzen von den Riemen, und sein Hinterteil ist vom Rucksack weich geklopft wie ein frisches Schnitzel.

Er stürzt über eine Wurzel und fällt lang hin. Der Rucksack macht sich selbständig, rutscht über ihn hinweg nach vorn. Tobias kann ihn gerade noch mit der rechten Hand festhalten. Er fühlt sich viel schwerer an als vorher. Was ist da los? Tobias zieht am Riemen. Der Rucksack zieht in die andere Richtung, als wolle ihm jemand sein Gepäck stehlen. Aber da ist niemand. Tobias kriecht nach vorn. Der Riemen bleibt gespannt. Der Rucksack flieht vor ihm. Tobias schüttelt den Kopf. So nicht. Er kriecht noch etwas nach vorn.

Da sieht er den Abhang. Der Rucksack hängt darüber hinaus. Tobias schiebt den Kopf über die Kante. Der Rucksack baumelt am Trageriemen eine halben Meter unter ihm. Dann kommt viele Meter nichts.

Und dann folgen die Wolken.

Panik steigt in ihm auf. So schnell er kann, kriecht er zurück, einen Meter, zwei Meter. Er holt den Rucksack zu sich heran und schiebt ihn nach hinten zu seinen Füßen. Dann legt er sich auf den Rücken. Die Wolken sind über ihm, wie es sich gehört. Tobias lässt den Blick ganz langsam nach vorn wandern. Der Himmel teilt sich. Er sieht einen Abhang, dahinter folgen eine freie, von Gras bewachsene Fläche und schließlich die ersten Bäume. Sie strecken ihm vom Himmel herab ihre Kronen entgegen.

Tobias kneift die Augen ganz fest zu. Wenn er sie wieder öffnet, wird alles wie gewohnt aussehen. Ganz bestimmt. Er stellt es sich vor, sieht eine Lichtung, dahinter lockeren Wald. Die Wolken haben sich an den Himmel zurückgezogen. Tobias dreht sich mit geschlossenen Lidern auf den Bauch. Dann schlägt er ganz langsam die Augen auf. Er sieht Gras. Es ist grün. Eine Ameise erklettert einen Halm. Er dreht den Kopf zur Seite. Auch dort ist Gras. Sehr gut. Er hebt den Kopf, erst ein wenig, dann etwas mehr, bis er den Himmel sieht. Da sind Wolken. Aber sie enden in einer harten Linie. Dahinter folgt Wald, der auf dem Kopf steht.

Es ist unmöglich. Tobias kriecht nach vorn, zum Abhang. Er hat jetzt schon das Gefühl zu fallen, dabei hat er den Rand noch gar nicht erreicht. Langsam, schön langsam. Sein Blick reicht jetzt über den Rand hinaus – und sinkt in einen Bottich, an dessen Grund Wolken schwimmen. Tobias presst sich ganz flach an den Boden. Sein Herz rast. Er zwingt sich trotzdem, den Kopf zu drehen. Wie soll er seine Situation begreifen, wenn er sie nicht betrachtet?

Was er sieht, ist eindeutig: Die Welt verändert entlang einer Linie ihre Ausrichtung. Oben wird zu unten und umgekehrt. Es ist physikalisch unmöglich, aber er sieht, was er sieht. Was hat das zu bedeuten? Verändert die Physik komplett ihre Richtung? Er reißt einen Grashalm ab und wirft ihn über die Kante. Der Halm steigt kurz zu den Wolken auf, dann hält ihn eine geheimnisvolle Kraft in der Schwebe.

Er tastet nach einem Stein. Auch der fliegt ein Stück, dann bleibt er mitten in der Luft liegen. Verrückt! Der Stein schwebt über den Kronen der Bäume jenseits des Abhangs.

Tobias schließt die Augen und denkt nach. Die Schwerkraft hat ihre Richtung offenbar beibehalten. Oben und unten haben ihre Plätze rein optisch vertauscht. Die Veränderung wirkt sich ansonsten nicht aus. Das müsste auch für ihn gelten. Wenn er vorwärts kriecht, wird er genauso in der Luft schweben wie der Stein. Das ist logisch. Materie ist Materie. Nur weil er lebt, verhält sich sein Körper nicht anders als der Stein. Es sei denn, sein Bewusstsein dreht durch.

Er kriecht zurück, um den Rucksack zu holen. Soll er aufstehen? Nein, das macht alles noch schwieriger. Er braucht sich seiner Angst nicht zu schämen. Niemand sieht ihn. Er hängt sich den Trageriemen des Rucksacks über die linke Schulter und kriecht zum Abhang. Ein kurzes Zögern, dann bewegt er sich darüber hinaus, zwingt sich, die Augen offen zu halten.

Der Eindruck des Fallens ist überwältigend. Er stürzt den Wolken entgegen, behauptet sein Bewusstsein.

Tobias atmet nur, spürt dem Ziehen in seiner Magengrube nach. Das ist kein freier Fall. Alle Kräfte wirken auf ihn, wie er es gewohnt ist. Er krallt sich mit der linken Hand in den Boden. Da sind sogar Erde und Nadeln. Er spürt sie, aber er sieht sie nicht. Es ist ein optischer Effekt. Jemand oder etwas trickst seinen Sehsinn aus. Tobias krabbelt weiter, lässt die normale Welt hinter sich. Wie das aussehen muss: In dieser Welt kriecht ein Mensch auf dem Rücken weit über den Wipfeln der Bäume durch den Himmel.

Er kommt immer besser voran. Es hilft, dass er sich auf seine anderen Sinne konzentriert. Er riecht den Waldboden unter sich. Äste stechen in seinen Bauch. Der Sand kratzt an den Wunden, die er sich selbst zugefügt hat. Er hört sogar das Knirschen des Untergrunds und das hässliche Ratschen, als die Stacheln eines Brombeerzweigs seine Uniformhose am Unterschenkel aufreißen. Doch immer wieder sieht er die Wolken unter sich. Wird von ihnen in eine fallende Bewegung gerissen, die nicht real ist. Er weiß es, aber sein Gefühl widerspricht dem Wissen, und manchmal gewinnt es. Dann krallt er sich panisch am Boden fest, bis seine anderen Sinne wieder die Oberhand gewinnen.

Plötzlich fallen Tropfen auf ihn. Es sieht so aus, als würden die Wolken Wasser aus dem Wald saugen. Regenfäden, die im Wald beginnen, erstrecken sich bis in die Tiefe. Surrealer kann das Bild nicht werden. *Glückwunsch, jetzt hast du den Höhepunkt erreicht.* Aber wer weiß, was noch kommt. Das Kriechen jedoch fällt ihm leichter. Die Tropfen erinnern ihn daran, dass er seinem optischen Sinn nicht vertrauen darf. Sie fallen, wie es sich gehört.

Die letzten Meter sind besonders schlimm. Tobias sieht den Abhang bereits, aber die Welt scheint sich endlos falsch unter ihm fortzusetzen. Das Ufer ist nur Millimeter dick. Er wird durchbrechen und in die Wolken stürzen. Links und rechts, noch sechsmal.

Tobias zählt die nötigen Kriechbewegungen, dann schließt er die Augen. Der Sand, das Gras, der Moosgeruch und die Schmerzen sind bei ihm. Er schafft es. Nach der siebten Bewegung legt er sich auf den Rücken. Die Wolken sind über ihm. Um 14:10 Uhr, als der Regen stoppt, hat er das rettende Ufer erreicht.

---

Die Uniform sieht furchtbar aus. So gut es geht, klopft Tobias die Erde ab, aber auch danach scheint es, als wäre er erst von einem Geländewagen überfahren und dann hundert Meter mitgeschleift worden. Die Mütze hat er eingebüßt. Er wird nicht nach ihr suchen. Dem Abhang wendet er strikt den Rücken zu.

Tobias schnallt sich den Rucksack auf den Rücken. Das Ortungsgerät hat keine guten Nachrichten. In der vergangenen Stunde ist er gerade mal einen Kilometer vorangekommen. Hoffentlich hat die Zone nicht noch mehr solche Überraschungen zu bieten. Wie geht es Miriam? Hat sie diese Tortur überstanden?

Zumindest im Moment scheint alles normal. Der Wald ist licht. Die Kiefern haben mehrere Meter Abstand voneinander. Dazwischen wächst hohes Gras. Es wäre paradiesisch, würde die Sonne scheinen. Tobias kommt gut voran. Die Vögel zwitschern, und er versucht, ihre Stimmen zu erkennen. Da, das war ein Eichelhäher. In der Ferne klopft ein Buntspecht. Eine Drossel tiriliert. Die kurzen, sich wiederholenden Laute kommen von einer Kohlmeise.

Einer der Vögel singt besonders schön. Es könnte eine Amsel sein. Tobias weicht etwas vom direkten Weg ab, um ihr näher zu kommen. Er will sie sehen. Die Rufe kommen aus Bodennähe.

»Nicht. Nicht-nicht. Tirili.«

Wie bitte? Der Vogel spricht?

»Tirilirili. Bleib stehen. Tirili.«

Es ist eine hohe Stimme, eindeutig kein Mensch. Und sie fordert ihn auf, nicht weiterzugehen. Er folgt dem Ruf. Woher kommt das? Kann es wirklich ein Vogel sein?

»Nicht. Nie nie nie. Tirili. Darfst nicht. Tirili. Hier sein.«

Da! Der Vogel hängt kopfüber an einer Kiefer. Es ist ein Kleiber. Sein Schnabel öffnet sich perfekt synchronisiert zu seinen Worten. Oh, Mann. Jetzt sprechen schon die Scheißvögel zu ihm! Wahrscheinlich ist das alles ein Traum. Wann hat er angefangen? Bevor Miriam ihn besucht hat? Tobias will sich kneifen, da sieht er die Abdrücke der Kombizange auf seinem Arm.

Aus diesem Traum kommt er nicht so einfach raus.

»Zurück. Tirili. Geh nach. Tirili. Hause. Hier. Tirilirili. Stirbst du.«

Vielleicht ist es ein dressiertes Tier. Kann man Papageien nicht beibringen zu sprechen? Er hat zwar nie gehört, dass Kleiber ähnliche Talente hätten, aber das heißt nichts. Er nähert sich dem Vogel, doch der läuft den Stamm hinauf, gerade so weit, dass Tobias ihn nicht erreichen kann. Das Tier dreht sich zu ihm um und sieht ihn mit dem linken Auge an.

»Hau ab. Tirili. Unerwünscht. Gefahr. Zone. Tirilirili. Warne dich.«

»Du warnst mich also, ja?«

Das ist kein dressiertes Tier. Das ist ein Albtraum. Der Vogel nickt. Er nickt! Das Scheißtier scheint ihn zu verstehen! Tobias fasst sich an die Stirn. Plötzlich hat er starke Kopfschmerzen.

»Verstehe dich. Du musst umkehren. Die Zone ist für Menschen verboten.«

Der Kleiber zwitschert nicht mehr. Die Worte entstehen direkt in Tobias' Kopf. Der Vogel beobachtet ihn neugierig, als warte er auf eine Reaktion. Tobias betrachtet seinen Arm. Er kann sich nicht wecken. Es gibt nur einen Weg. Er greift an seinen Gürtel. Die Dienstwaffe steckt noch im Holster. Sie ist geladen. Er nimmt sie heraus. Sie riecht nach Waffenöl. Er legt auf den Vogel an, doch den interessiert das nicht. Er weiß vielleicht nicht, was eine Pistole ist.

Das Tier ist unschuldig. Es ist ein Kleiber. Ihn zu erschießen, wird Tobias nicht aus diesem Albtraum holen.

Er hält sich die Waffe an die Kehle. Das Metall des Laufes ist warm. Sein Zeigefinger legt sich um den Abzug. Der Vogel sieht ihm zu, sagt aber nichts mehr. Der Zeigefinger zieht.

»Nicht. Tirili. Nicht.«

Der Abzug blockiert. Der Sicherungshebel verhindert, dass der Schuss sich löst. Das konnte der Vogel nicht sehen. Tobias steckt die Waffe wieder ein. Das ist kein Traum. Und selbst wenn es einer ist, gibt es keine Abkürzung hinaus. Wenn er sich erschießt, erwacht er garantiert als Zombie wieder. Oder, noch schlimmer, er muss alles von vorn erleben. Das ist einer dieser Träume, die man bis zum Ende träumen muss. Der Vogel nickt, als hätte er seine Gedanken gelesen, und flattert davon.

## 12. OKTOBER 2029
# ISS

»Mike, komm doch mal her!«, ruft Jennifer.

»Was ist denn? Klemmt die Schleuse wieder? Ich kann nicht immer dein Kindermädchen spielen.«

Ihr Kollege klingt genervt. Dabei ist es doch normal, dass sie Fragen hat. Im Training auf der Erde kommt das Hotelmodul überhaupt nicht vor. Gut, dass Mike bald abgelöst wird.

»Nein, hör mal zu«, sagt Jennifer.

Sie drückt den Abspielknopf an der Funkkonsole.

*Ich brauche dringend Hilfe. Hier ist Mandy Neumann auf der Raumstation Völkerfreundschaft. Mayday, mayday.*

Mike kommt zu ihr geschwebt und drückt den Stopp-Knopf.

»Was habe ich dir denn gesagt? Wir müssen das ignorieren!«

»Aber es kommt nicht auf der Frequenz der Völkerfreundschaft. Es kommt auf der internationalen Notruffrequenz!«

»Trotzdem. Es geht uns nichts an. Irgendwer wird sich schon darum kümmern. Und jetzt beeil dich, dein Space-Yoga beginnt in fünf Minuten.«

Mike verschwindet in der Röhre, die zum Gewächshaus führt. Er ist heute mit Kochen an der Reihe. Aber er hasst Kochen. Vermutlich hat er deshalb so schlechte Laune. Jennifer drückt erneut den Abspielknopf.

*»Ich benötige dringend Hilfe. Nach Artikel V des Internationalen Weltraumvertrags sind Sie verpflichtet, mir jede mögliche Hilfe zu leisten. Ich habe noch für zweiundvierzig Stunden Sauerstoff.«*

Das System hat die Nachricht automatisch aufgezeichnet und sie darüber informiert. Jeder Notruf wird registriert. Da hat sie gar keine Wahl. Die Kosmonautin hat recht, nach dem Weltraumvertrag sind sie zur Hilfeleistung verpflichtet. Alle Betreiberländer der ISS haben den Vertrag unterschrieben. Jennifer macht sich strafbar, wenn sie den Ruf ignoriert. Mike wird sich damit herausreden, dass es ihre Aufgabe gewesen wäre, Maßnahmen einzuleiten.

Es hilft nichts. Zum Space-Yoga kommen sowieso immer nur die zwei gleichen Gäste, eine Mutter und ihre halbwüchsige Tochter. Jennifer kann sie später in ihrem Zimmer besuchen und die Lektion nachholen. Sie kopiert die Nachricht in das interne Com-System. Dann kontaktiert sie ihren CapCom.

»Hi, Jenny, was gibt's?«

Es ist Robert. Sie ist froh, dass er Dienst hat. Er ist der Einzige unter den CapComs, der sie nicht von oben herab behandelt, weil sie noch nicht so viel Erfahrung hat.

»Ich habe hier einen Notruf aufgefangen. Nach Artikel V des Weltraumvertrags ...«

»Ja, schick ihn doch mal rüber.«

Sie überträgt die Datei.

»Empfang bestätigt. Gib mir drei Minuten. Ich kläre das.«

---

Robert meldet sich nach sieben Minuten zurück.

»Tut mir leid, dass es so lange gedauert hat. Wir mussten erst bei der Zentrale nachfragen, die haben sich an das Pentagon gewandt und die haben sich im Osten erkundigt.«

»Danke, dass du dich darum gekümmert hast, Robert.«

»Keine Ursache. Das Ergebnis gefällt mir genauso wenig wie dir.«

»Wieso?«

»Wir haben Anweisung, nichts zu tun.«

»Aber die Frau klang ziemlich verzweifelt. Wir haben zwei startbereite Dragonkapseln hier oben. Ich weiß ja nicht, wie lange sie für eine Orbitanpassung bräuchten, aber wenn sie es von Florida bis hier in vier Stunden schaffen, müssten sie doch auch der Kosmonautin helfen können.«

»Ich weiß, Jenny. Du darfst die Kapseln aber nicht anfassen. Sicherheitsgründe, sagt Mission Control. Sie haben dann nicht mehr genug Treibstoff, um im Notfall alle Passagiere zu evakuieren.«

»Aber zwei Kapseln genügen doch sowieso nicht, um all unsere Passagiere zur Erde zu bringen. Dazu brauchen wir den Dreamchaser.«

»Ich weiß das alles. Aber es ändert nichts. Du musst die Füße stillhalten.«

»Und was ist mit dem Weltraumvertrag?«

»Wir haben das alles an den Osten weitergegeben. Sie verbitten sich jede Einmischung.«

»Seit wann kümmern wir uns um so etwas?«

»Haha, guter Punkt, aber es bleibt dabei. Keine Einmischung.«

»Könnte es sein, dass wir die Frau da drüben gerade wegen des politischen Klimas opfern?«

»Woher weißt du denn, dass da eine Frau ist?«

»Wie meinst du das, Robert? Ich habe sie doch selbst gehört.«

»Du hast eine weibliche Stimme gehört.«

»Ja, und vorgestern habe ich jemanden auf der Außenhülle der Station herumturnen sehen.«

»Das passt zu den Informationen, die ich aus anderen Quellen habe.«

»Nun heraus damit. Du weißt, dass ich nicht eher lockerlasse.«

»Okay, okay. Es scheint an Bord der Raumstation einen Unfall gegeben zu haben. Unsere Aufklärung vermutet, dass es mit einer KI zu tun hat. In der DDR experimentieren sie schon länger an autonomen KIs. Anscheinend haben sie eine in einen Roboter eingebaut. Der ist durchgedreht und hat die Kosmonautin umgebracht. Aber das passt natürlich nicht ins Bild, also haben sie eine verunglückte Landung gefälscht und die Kosmonautin im Krankenhaus sterben lassen.«

»Ist das alles belegt?«, fragt Jennifer.

»Die Bilder der Landung sind definitiv gefälscht, sogar überraschend schlecht. Der Rest ist aus Bruchstücken von Informationen zusammengesetzt, die unsere Dienste aufgefangen haben. Die Landung war angeblich gestern. Was du am Zehnten gesehen hast, passt also. Der Roboter befindet sich vermutlich noch im Orbit und versucht nun, wie eine Sirene in der griechischen Mythologie, das nächstbeste Opfer einzufangen.«

Jennifer stellt sich einen humanoiden Roboter vor, der in der Station rastlos auf und ab geht. Ein bisschen tut er ihr leid, und dass er seine Existenz verlängern will, macht ihn fast schon menschlich. Sind sie im Osten wirklich schon so weit?

»Das ist sehr interessant. Die Stimme klang wirklich echt. Es war richtige Angst zu spüren.«

»Ich kann das ja mal unseren Audiotechnikern übergeben. Bestimmt können sie nachweisen, dass der Ton computergeneriert ist.«

»Das wäre nett, Robert. Halt mich bitte auf dem Laufenden, ja?«

»Das mache ich. Viel Spaß noch da oben und lass dich von Mike nicht ärgern.«

---

Später, als sie in ihrer Schlafnische liegt, spielt sich Jennifer die Nachricht noch ein paarmal vor. Sie kann darin keinen Roboter erkennen, nur eine ziemlich verzweifelte Frau. Wenn ein Roboter das heute schon so genau imitieren kann, hätte er da nicht ebenso verdient, gerettet zu werden? Ein gewisser Widerspruch ist da zu erkennen. Immerhin hätten sie die Gelegenheit, unter dem Deckmantel einer Rettungsaktion an Osttechnologie zu gelangen, die erstaunlich fortgeschritten zu sein scheint.

Aber vielleicht gibt es ja diese Rettungs- oder Bergungsaktion schon, und man will sie bloß nicht darin einweihen, weil es über ihrer Geheimhaltungsstufe liegt.

## 12. OKTOBER 2029
# LAUSITZ

Er hätte doch die Straße nehmen sollen. Der Weg durch den Wald ist ihm einfacher erschienen. Wie naiv man doch sein kann! Dabei ist er der Truppe, die hier für die Sicherheit zuständig ist, noch gar nicht begegnet. Aber das erklärt natürlich, wieso man sich einen so einfachen Zaun leisten kann.

Das Institut, das große Ziel, wird Tobias im Hellen heute jedenfalls nicht mehr erreichen. Er hat in der vergangenen Stunde wieder nur zwei Kilometer geschafft. Die Vögel sprechen nicht mehr mit ihm. Ob der Wald es aufgegeben hat, ihn verscheuchen zu wollen? Aber das war bestimmt noch nicht alles.

Tobias sieht auf das Ortungsgerät. Wenn er ab sofort in Richtung Norden marschiert, muss er irgendwann die große Straße erreichen, auf der er vielleicht sicherer ist und wo er sich dann wohl mit Soldaten herumplagen muss. Er sieht an sich herunter. Als Volkspolizist braucht er sich gar nicht mehr zu erkennen zu geben. Jeder sieht sofort, was er alles hinter sich hat.

Tobias verlagert den Rucksack auf die linke Schulter. Die rechte schmerzt. Auch seine Unterarme tun weh und sein Knie. Am liebsten würde er ein bisschen jammern. Er gibt probeweise einen Jammerlaut von sich, doch das klingt seltsam. Das Blätterdach des von Laubbäumen durchsetzten Waldes dämpft jeden Ton.

Er geht auf eine Kiefer zu. Sie ist faszinierend, weil ihr Stamm in der Mitte eine Ausbuchtung besitzt. Wie mag sie entstanden sein? Befand sich dort einst ein zweiter Baum oder ein anderes Hindernis? Oder hatte der Stamm einfach Lust, um die Kurve zu wachsen?

Es ist nicht der einzige Baum mit solchen Besonderheiten. Bei der Birke direkt daneben wölben sich die Äste wie der Hut eines Pilzes. Eine andere Birke zeigt mit ihrem Wipfel auf den Boden. Tobias findet eine Buche, deren Stamm in der Mitte gespalten ist. Eine Kiefer schlingt sich um eine andere. Geht es schon wieder los? Springen die Bäume gleich an den Himmel? Er berührt den Stamm einer Fichte, der sich zu einer Art Ei geformt hat. Es ist, als habe sich ein dicker langhaariger Mann in einen Baum verwandelt.

Aber das ist doch kein Märchen. Hat irgendwer gentechnische Experimente angestellt? Was genau sieht er da? Der Effekt betrifft in zunehmendem Maße nicht mehr nur die Stämme, sondern auch die Äste und Zweige. Sie bilden unmögliche, M.-C.-Escherartige Figuren, verschlingen sich ineinander oder laufen auch einmal über zwei Meter vollkommen parallel. Die Regeln, die sonst in der Natur gelten, scheinen außer Kraft gesetzt zu sein. Außer vielleicht, dass Wurzeln immer im Boden beginnen.

Falsch gedacht. Da ist die erste schwebende Kiefer. Sie schwebt dreißig Zentimeter über dem Boden. Tobias testet mit einem Ast, ob sie wirklich völlig ohne Unterstützung das Gleichgewicht hält.

Es ist wahr. Tobias stellt den Rucksack ab und entfernt sich ein paar Meter. In diesem Moment bläht sich das Gepäck auf wie ein Ballon, schwillt und schwillt, bis es an einen Schweinskopf erinnert. Nein, nein, nein. Der Wald will Tobias in den Wahnsinn treiben. Oder hat es vielmehr schon geschafft. Er stürzt auf seinen Rucksack zu, und je näher er kommt, desto stärker schrumpft dieser. Als er ihn erreicht, hat der Sack das Volumen einer geballten Faust, wiegt aber immer noch so viel wie vorher.

Vielleicht ist doch irgendetwas in der Luft, das seine Sinne verwirrt? Tobias betrachtet seine Finger. Sie sehen ganz normal aus. Er läuft zu einer Fichte, die sich in der Mitte teilt, und versucht, die rechte Hand senkrecht in das Loch zu stecken.

Seine Hand teilt sich mit.

Die Oberseite fließt rechts um den Stamm herum, die Unterseite links. Tobias will sie zurückziehen, doch er zwingt sich, den Versuch bis zum Schluss durchzuhalten. Auf der anderen Seite des Stammes fließt die Hand nämlich wieder zusammen. Er kann es durch das Loch beobachten. Zum Beweis, dass es sich um seine Hand handelt, reckt er den Daumen nach oben.

Tobias dreht sich um und läuft zu seinem Rucksack zurück. Seine Hand ist wieder normal. Die Perspektive hat sich verändert. Es geht bergab. Sein Gepäck liegt am Grunde eines kegelstumpfartigen Loches. Je tiefer Tobias kommt, desto klarer wird ihm, dass es sich nicht um ein Loch handelt, sondern um eine Erhebung. Er beugt sich unwillkürlich nach vorn, während er bergan steigt, und verliert beinahe das Gleichgewicht. Der Rucksack scheint dabei zunächst noch weiter zu schrumpfen, doch als er ihn erreicht, ist er etwa halb so groß wie gewohnt. Beinahe erleichtert setzt Tobias ihn auf. Er wird ihn einfach nicht mehr betrachten, bis die Zone sich beruhigt hat.

Das Ortungsgerät zeigt widersprüchliche Angaben. Das mutmaßliche Institut ist mal siebzehn und mal zwölf Kilometer entfernt. Doch die Richtung ist immer dieselbe. Also marschiert er los. Bisher hat sich jedes seltsame Phänomen wieder geklärt.

Die Wirtin hatte also recht. Es spukt in der Zone. Oder ist es etwas anderes? Es ist fast, als habe das Gebiet ein eigenes Bewusstsein. Ist es nicht ein toller Schabernack, seine Besucher so zu verwirren?

Aber ein Wald in der Lausitz benimmt sich nicht von selbst so. Tobias glaubt weder an Spuk noch an Geister. Es muss andere Ursachen geben.

───────────

Tatsächlich normalisieren sich die Verhältnisse nach einer Weile. Der Rucksack schlägt schon nach zehn Minuten wieder wie gewohnt gegen sein Hinterteil. Es regnet pünktlich um 16 Uhr. Die Tropfen kommen von oben aus den Wolken, zerplatzen auf Tobias' Haut und fließen in kleinen Rinnsalen ab. Er wird sich jetzt nicht mehr aufhalten lassen. So kommt er tatsächlich in anderthalb Stunden fast neun Kilometer weit.

Die guten Vorsätze lösen sich in Luft auf, als er die Dinger bemerkt. Tobias lässt sich sofort hinter einen umgestürzten Baum fallen. Etwas scheppert in seinem Rucksack.

Die Dinger suchen anscheinend etwas, denn eines ist in die Knie gegangen und wühlt mit den langen Armen im Boden. In seiner Hand, oder was immer sich am Ende der Arme befindet, leuchtet etwas blau auf. Es folgt ein Zischen, und in der Erde tut sich ein Loch auf.

Seine beiden Begleiter verständigen sich mit einem Grunzen und nähern sich dem Baum, hinter dem er liegt. Sie müssen ihn gehört haben! Am ganzen Körper zitternd, beobachtet er sie durch eine schmale Ritze, die unter dem Baum geblieben ist.

Zweibeinige Lebewesen mit glänzender Haut, deutlich größer als ein Mensch. Sie haben riesige Augen, fast wie Insekten. Die irdische Luft scheint ihnen nicht zu bekommen, denn sie tragen Atemmasken. An der Seite tritt bei jedem Atemzug dünner grüner Dampf aus.

Zwei Meter vor Tobias' Versteck bleiben sie stehen. Sie riechen nach Schwefel. Wäre er gläubig, könnte er sie für Abgesandte der Hölle gehalten. Tobias weiß es besser. Es sind Außerirdische. Jetzt wird ihm einiges klar. In der Zone muss irgendwann, wahrscheinlich, als hier angeblich Erdöl entdeckt wurde, ein UFO gelandet sein. Irgendwie scheint es der DDR gelungen zu sein, den Besuch zu verheimlichen. Vielleicht liefern die Außerirdischen Technologie, vielleicht Energie, mit deren Hilfe das Erdöl hergestellt wird, das angeblich aus der Erde kommt.

Wenn ihm das irgendjemand erzählt hätte, hätte er ihn als reif für die Klapsmühle deklariert. Warum sollten Außerirdische ausgerechnet mit der DDR Kontakt aufnehmen? Natürlich aus Solidarität, weil der Sozialismus gesetzmäßig im ganzen Universum siegt, würde Egon Krenz sagen. Aber wahrscheinlich gibt es praktische Gründe. Es könnte ja sein, dass ihr Raumschiff rein zufällig hier abgestürzt ist, und jetzt müssen sie notgedrungen in der Lausitz abwarten, bis sie wieder heimfliegen können. Die dichte Wolkenschicht dient der Tarnung, damit das UFO aus der Luft nicht auffällt. Die seltsamen Phänomene im Wald könnten Nebenwirkungen der Technologie der Außerirdischen sein. Dr. Ralf Prassnitz ist all dem auf die Schliche gekommen und wurde beseitigt.

Die beiden Außerirdischen grunzen wieder. Der dritte grunzt zurück. Ja, setzt ruhig eure Patrouille fort. Hier gibt es nichts zu sehen. Doch das Duo kommt jetzt noch näher. Der Schwefelgeruch wird stärker. Tobias schafft es fast, das Niesen zu unterdrücken. Fast.

Der rechte Außerirdische springt auf den Baumstamm. Tobias tastet nach seiner Waffe. Er wird sein Leben so teuer wie möglich verkaufen. Und wenn er dadurch einen Konflikt zwischen der Menschheit und den Außerirdischen heraufbeschwört? Egal. So mächtig können sie gar nicht sein, sonst würden sie nicht seit vierzig Jahren in einem ehemaligen Tagebau leben. Wenn sie nur schlechte Luft atmen können, wäre das Chemierevier bei Halle und Leipzig bestimmt ein besserer Standort.

Der Außerirdische landet hinter ihm und blickt in die Richtung, aus der Tobias gekommen ist. Sobald er sich umdreht, wird er ihn entdecken. Tobias zieht die Waffe. Diesmal entsichert er sie. Er zielt auf den Außerirdischen.

Der dreht sich zu ihm, und der Abschnittsbevollmächtigte der Deutschen Volkspolizei, Leutnant Tobias Wagner, schießt auf Raumschiffkommandant Wikuss Quirtz von der Außenflotte Quadrant 7, Milchstraße.

So oder so ähnlich wird der Beginn des Krieges zwischen Menschheit und Außerirdischen in den Geschichtsbüchern stehen. Dabei hat Tobias gar nichts gegen die Besucher. Er will doch bloß Miriam helfen, ihren Mann zu finden.

Es knallt. Der Außerirdische zuckt zusammen, greift sich an die Schulter. Glatter Durchschuss! Es scheint seinen Gegner nicht zu stören, im Gegenteil. Das Wesen von einem anderen Stern stürzt brüllend auf Tobias zu. Diesmal zielt der auf den Bauch, hoffend, dass sich das Herz des Wesens woanders befindet.

Dieser Schuss zeigt Wirkung. Der Außerirdische bricht zusammen. Sein Freund sprintet zu seinem gestürzten Kameraden und reißt ihm das Haupt ab. Tobias fährt ob der Grausamkeit zusammen, bis er merkt, dass darunter ein menschlicher Kopf zum Vorschein kommt.

»Du Blödmann, watt haste jetan?«, ruft der Freund des Verletzten im Berliner Dialekt.

Tobias rappelt sich auf. Der Außerirdische ist ein Mensch, zumindest sein Kopf ist menschlich. Seine Augen sind so angemalt, dass sie riesig wirken. Die Stirn ist schwarz mit drei weißen senkrechten Streifen.

»Was seid ihr? Hybriden?«, fragt er.

»Kapierste denn jar nüscht? Wir sind Schauspieler, du Blitzmerker!«

12. OKTOBER 2029

# ERDORBIT

Mandy dreht an den Reglern des Funkgeräts. Entweder, ihre letzten Freunde auf der Erde haben sie vergessen – oder sie sind selbst in Schwierigkeiten geraten. Sie tippt auf Letzteres. Hier läuft etwas Unfassbares. Die ISS ignoriert Anrufe auf der Notfallfrequenz! Allein das wäre normalerweise ein internationaler Skandal, und die DDR würde die Betreiber der Raumstation vor dem Internationalen Gerichtshof dafür verklagen.

Alles scheint mit der MKF-8 zusammenzuhängen. Damit ging es los. Irgendwer glaubt, dass Mandy zu viel gesehen hat, dabei hat sie die Bilder bis vorhin noch nicht mal betrachtet! Dieser Mensch muss eine Macht besitzen, in der DDR wie im NSW, die ihr bisher unmöglich erschien. Sie will doch nur ihre Kinder wieder im Arm halten!

Mandy schwebt zur Kamera. Sie sieht weder hübsch noch besonders modern aus. Es ist ein Klotz, so groß wie ein Nachtschrank, notdürftig mit Metall verkleidet, der an Kabeln hängt wie ein Schwerverletzter in der Notaufnahme. Um das Auswertungsprogramm bedienen zu können, braucht man einen mehrwöchigen Lehrgang. Mandy musste dafür extra zum VEB Carl Zeiss Jena fahren, weil das Entwicklungsbüro das Programm auf keinen Fall herausgeben wollte. Dieser Prassnitz war ihr deshalb zunächst unsympathisch, denn sie konnte ihre Kinder eine Woche lang nicht sehen.

Jetzt ist er schuld, dass sie sie nie wiedersehen wird. Aber Mandy kann es ihm nicht übelnehmen. Er scheint ähnlich in diese Sache hineingerutscht zu sein wie sie. Oder hat er einen Fehler begangen, der ihr nun zum Verhängnis wird? Sie dreht die Lüftung im Helm auf. Ihr Atem beschlägt schon wieder die Frontscheibe. Am liebsten würde sie ihre Entscheidung rückgängig machen, ihre letzten Stunden im Raumanzug zu verbringen. Sie würde jetzt zu gern richtig auf die Toilette gehen, statt die Windel zu benutzen. Aber die Station nun doch wieder mit Luft zu füllen, würde sie knapp zwei Stunden Lebenszeit kosten, die sie womöglich noch dringend braucht. Sie schafft es nicht, die Hoffnung aufzugeben, obwohl es das Warten erträglicher machen würde.

Sie richtet die Kamera neu aus. Der Flugplan sagt, dass sie bald wieder die DDR überqueren werden. Diesmal wird sie die Ostseeküste fotografieren. In Peenemünde auf der Insel Usedom befindet sich der Raumhafen der DDR. Falls es doch irgendwelche Bestrebungen geben sollte, sie zu retten, müsste dort auf dem Startplatz eine Rakete mit dampfenden Tanks in die Luft ragen.

Bis zum Überflug ist noch etwas Zeit. Also schwebt sie zum Hauptrechner. Die Aufnahmen aus der Sperrzone sind noch geöffnet. Mandy betrachtet den namenlosen Ort. Die Bäume wurden alle vor rund vierzig Jahren gepflanzt, verrät ihr die Farbkalibrierung. Also dürften die Gebäude auch etwa so alt sein. Mandy bemerkt allerdings weder Kessel noch Rohrleitungen. Mit Abbau und Verarbeitung von Öl hat diese Ortschaft jedenfalls nichts zu tun.

Sie verschiebt den Ausschnitt weiter in Richtung Osten. Hinter den Gebäuden durchziehen tiefe Rillen das Gelände. Am Rand erkennt sie künstliche Gebilde, die an riesige Rechen erinnern, vermutlich Reste der ehemaligen Technik. Bohrtürme und Rohrleitungen sind immer noch nicht zu finden.

Stattdessen beginnt hinter dem Tagebau etwas, das Mandy zunächst für einen See hält. Aber dafür ist es einfach zu rund. Seine Grundfläche ist ein exakter Kreis. In seinem Inneren zeigt das Bild das tiefste Schwarz, das sie je mit der MKF-8 gemessen hat. An der Peripherie des Kreises sind etwa alle acht Grad Stationen verteilt, die eine halbkreisförmige Grundfläche haben. Den Zweck dieser Gebilde kann sie aus dem Weltall nicht erkennen. Vielleicht erzeugen sie ja die Erscheinung erst, die sie aus dem Weltall als Kreis sieht? Sie stellt ihn sich als Projektion vor, die sogar Hochtechnologie wie ihre MKF-8 davon abhält, das zu fotografieren, was sich darunter befindet.

Die DDR weiß, wie man Geheimnisse bewahrt.

Mandy seufzt. Sie hätte nie gedacht, dass sie selbst mal ein Opfer dieser Geheimniskrämerei wird. Aber nicht mit ihr. Sie bewegt sich zum Funkgerät und schildert ihren Helfern, was sie gesehen hat. Vielleicht können die ja etwas damit anfangen. Wenn sie noch am Leben sind.

Der Hauptrechner lenkt Mandy ab. Mehrere rote Lämpchen blinken. Wie lange schon? Es ist ein Nachteil der fehlenden Atmosphäre, dass sie den Alarm nicht hört. Sie muss den Rechner dazu bringen, alles auf den Helmfunk umzuleiten. Der Bildschirm schaltet sich ein, als sie sich nähert. Was ist denn das? Sie kann es gar nicht fassen. Es ist ein Annäherungsalarm. Ein Raumschiff fliegt auf die Station zu! Nein, sogar zwei! Mandy schießen Freudentränen in die Augen. Es muss sie doch jemand gehört haben. Sie wird Sabine und Susanne wieder umarmen können!

# NITSCHEWO

»Scheiße, der schießt!«, ruft P7.

»Ich habe dich doch gewarnt! Warum hast du ihn nicht mit der Fliegenklatsche niedergestreckt?«, fragt R4 zurück.

»Ich konnte doch nicht ahnen, dass er …«

»Du wusstest von Anfang an, dass das kein harmloser Pilzsammler ist.«

R4 hat ja recht. Er hätte es wissen müssen. Die Pistole dieses Dorfpolizisten war von Anfang an ein Stufe-3-Risiko. Stufe 3 bedeutet sofortige Außerbetriebnahme. Aber R4 hat die ganze Zeit neben ihm gesessen. Er hat sogar das »Tirili« zu den Vogelstimmen hinzugefügt.

»Du hast doch selbst ganz gespannt zugesehen, wie weit er kommt«, sagt P7.

»Aber du hast die Verantwortung für diesen Durchbruch. Ich mische mich doch nicht in deine Arbeit ein.«

Das ist typisch R4. P7 schlägt mit der Faust auf den Tisch. So lange alles gut geht, ist R4 dabei, aber wenn es Probleme gibt, zieht er den Schwanz ein. Jetzt will er ihm allein die Schuld in die Schuhe schieben.

»So kommst du mir nicht davon, mein Freund«, sagt P7. »Wir hatten beide unseren Spaß, jetzt stehen wir auch zusammen für die Folgen ein.«

»Du spinnst doch!«, ruft R4. »Das ist ganz allein dein Problem.«

»Ach, glaubst du? Der Mitschnitt unserer Schicht dürfte das Gegenteil beweisen. Du erinnerst dich doch bestimmt, wie du so schön geflötet hast? ›Tirilirili. Bleib stehen. Tirili.‹ Haha. Großes Kino.«

R4 verzieht das Gesicht. »Du hast was?«

»Mitgeschnitten, na klar. Das mache ich immer. Jetzt sieht man ja, wozu es gut ist.«

»Aber das verstößt ...«

»Verpetz mich doch. Aber dann bist du genauso dran. Und deine Freundin auch.«

»Lass meine Frau aus dem ... Was hast du da gesagt?«

»Ah, P5 ist sogar deine Frau. Das ist ja noch besser.«

Er hat doch gewusst, dass da etwas zwischen R4 und P5 läuft. Eigentlich sind private Angelegenheiten bei der Arbeit tabu. Sie kennen nicht einmal ihre Namen. Wenn R4 es geschafft hat, seine Frau auch hier unterzubringen, muss er Beziehungen besitzen. *Ich muss vorsichtig sein.*

»Das geht dich einen feuchten Kehricht an«, sagt R4.

»Das stimmt, und es wird auch so bleiben, wenn du mir hilfst, das kleine Problem hier zu klären.«

»Das wird dir noch leidtun«, sagt R4. »Hol die Puppenspieler doch mal näher ran.«

P7 schaltet auf die Kamera, die dem Verletzten am nächsten ist. Der Puppenspieler hat ein Loch unter dem Schlüsselbein und blutet heftig. Die Verkleidung hat er bis zur Brust abgelegt. Seine beiden Kollegen stehen hinter ihm. Der Volkspolizist hält alle drei mit seiner Waffe in Schach.

»Das kommt davon, wenn die Puppenspieler unbewaffnet durch die Gegend laufen müssen«, sagt P7.

Die Diskussion, ob die Genossen im Gelände eine Waffe erhalten sollen, gärt schon länger im Kollektiv. Bisher hat es noch niemand durch die Zone geschafft, deshalb haben die Vorgesetzten den Aufwand gescheut. Aber nun, mit zwei Durchbrüchen in vierundzwanzig Stunden, dürfte sich das ändern. P7 gönnt den Genossen die Bewaffnung, auch wenn es dann vielleicht nicht mehr so spannend ist, ihnen bei ihrer Arbeit zuzusehen.

»Du hast vergessen, die Großspiegel abzuschalten«, sagt R4. »Wenn das der Kompaniechef bemerkt hätte!«

Schnell schaltet P7 die Spiegel ab. Der KC liegt ihnen dauernd in den Ohren, weil sie Energie sparen sollen. Die Finanzierung der Zone ist jedes Jahr teurer geworden, während die Einnahmen sinken. Irgendjemand hat neulich vorgeschlagen, man könnte doch nichtsahnende Bürger in die Zone stecken und ihre Erlebnisse ans Westfernsehen verkaufen. Müsse ja niemand wissen, woher die Aufnahmen kommen. Angeblich wurde ein Puppenspieler dabei erwischt, Mitschnitte über das Kybernetz versteigert zu haben.

»Und nun?«, fragt P7.

Er zoomt an den Polizisten heran. Seine Uniform ist zerrissen und schmutzig. Kein Wunder nach der Kriecherei zwischen den Spiegeln. Bisher hat sich niemand getraut, den Bereich aufrecht zu durchqueren, dabei ist es überhaupt kein Problem.

»Der macht nicht mehr lange«, sagt R4.

»Aber im Moment hat er die Oberhand«, sagt P7.

»Kannst du die Selbstschussanlagen aktivieren?«

»Du weißt selbst, dass die keinen Unterschied machen. Das gibt eine noch größere Sauerei. Ich bin dafür, dass wir das den Puppenspielern überlassen. Die sind doch für so etwas geschult.«

»Sind sie das?«, fragt R4.

»Ich glaube schon. Also ich nehme es an. Wäre jedenfalls sinnvoll.«

»Und wenn nicht?«

»Dann sind sie selbst schuld, wenn sie dran glauben müssen.«

»Bist du denn von allen guten Geistern verlassen, P7? Dann haben wir endgültig einen Durchbruch!«

Das stimmt, das wäre großer Mist. Das Fata-Morgana-Feld ist das letzte große Hindernis nach den leibhaftigen Außerirdischen, und das wird dieser Volkspolizist wohl spielend überwinden. R4 hat schon recht. Er hätte ihn gleich zu Beginn mit der Fliegenklatsche neutralisieren müssen. Die Vorschrift sieht vor, alles über Stufe 3 so zu behandeln.

»Wir müssen mit ihm reden«, sagt P7.

»Reden? Jetzt? Der Mann weiß sowieso schon zu viel«, sagt R4.

»Darum kann sich dann immer noch das MfS kümmern. Die freuen sich bestimmt über eine Ablenkung. Wir müssen ihn nur vor den Zaun bringen, sonst machen die keinen Finger krumm.«

»Das könnte funktionieren. Die bekommen nicht oft Leute in die Finger, die es durch die Zone geschafft haben.«

Das MfS und das ZfL konkurrierten seit der Gründung des Zentralinstituts durch Krenz Anfang der 1990er Jahre heftig miteinander. Das MfS hatte es zunächst nicht hinnehmen wollen, als ihm die Kontrolle über die Zone entzogen wurde. Noch immer verfolgt es die Tätigkeit des ZfL mit Argusaugen. Ein Informant, der etwas über den aktuellen Zustand der Zone weiß, ist bei ihnen gut aufgehoben. Die Institutsleitung wird nie etwas davon erfahren. Wenn alle Stillschweigen bewahren.

»Also sind wir uns einig?«, fragt P7.

»Gut. Aber du bringst die Puppenspieler dazu, den Mund zu halten.«

## 12. OKTOBER 2029
# LAUSITZ

Es ist ein Patt. Tobias hat solche Situationen auf der Polizeischule geübt. Er kann drei Personen für eine Weile mit seiner Waffe in Schach halten, indem er sich aktiv im Gelände bewegt. Aber er darf ihnen nie den Rücken zudrehen. Wie lange soll er das durchhalten? Er hat doch keine Zeit. Er muss mit ihnen zu einer Abmachung kommen.

Einer der drei, der sein Kostüm noch komplett trägt, fasst sich ans Ohr. Kommuniziert er gerade mit einer Zentrale? Er bewegt die Lippen. Wahrscheinlich vokalisiert er über ein Kehlkopfmikrophon. Schließlich nickt er. Tobias zielt auf seinen Kopf.

»He, he, he, bleib janz ruhig«, sagt der Mann.

»Ich bin ruhig. Komm mir bloß nicht zu nahe«, sagt Tobias.

»Unser Jenosse hier braucht dringend einen Arzt.«

Der Mann, den Tobias angeschossen hat, verliert tatsächlich eine Menge Blut.

»Ja, deshalb solltet ihr euch meinen Forderungen fügen.«

Das Problem ist, dass er sich noch gar keine Forderungen ausgedacht hat.

Der Verletzte stöhnt.

»Ist ja schon jut«, sagt der Mann. »Wenn wir uns jetzt alle janz ruhig verhalten, wird niemandem etwas jeschehen. Also, wat willst du?«

»Ich will wissen, was hier gespielt wird.«

Er verrät lieber nicht, dass er Miriam sucht. Es besteht ja die Möglichkeit, dass sie es besser gemacht hat als er. Wenn er nun von ihr spricht, löst das bloß eine Suchaktion aus.

»Errätst du es nicht sowieso schon? Wir passen auf, dass niemand in die Zone eindringt. Ein bisschen Hokuspokus funktioniert besser als eine Mauer oder ein Verbot. Siehst du ja am antiimperialistischen Schutzwall. Je höher ihn das MfS jebaut hat, desto mehr Leute wollten ihn überwinden. Einbrüche in die Zone jab es verjangenes Jahr nur einen einzigen. Du hast doch bestimmt auch die Jerüchte jehört.«

»Die ganzen Hindernisse, das ist alles bloß Kulisse?«

»Na hör ma, ditt is Hightechabschreckung, da steckt 'ne janze Menge Jehirnschmalz drinne.«

»Und ihr seid nicht von der Firma?«, fragt Tobias.

»Wir sind von einer anderen Firma.«

»Vom Zentralinstitut für Landschaftsplanung und -gestaltung.«

»Oh, ditt weßt du ooch schon.«

»Ich weiß so einiges.«

»Hör zu, Jenosse. Unser Freund hier ist ernsthaft verwundet. Deshalb muss ick unsere Unterhaltung abkürzen. Unser Anjebot ist foljendes: Wir bringen dich aus der Zone raus bis vor das Tor. Niemand erfährt etwas. Du ziehst dich um, jehst nach Hause und verjisst dat alles.«

»Wie soll das funktionieren?«

»Die Straße ist nich weit entfernt, dort wartet unser Patrouillenwagen.«

»Und das Loch in deinem Freund?«

»Ein Unfall. Hier war auch mal ein sowjetischer Truppenübungsplatz. Da hat er eine alte Makarow jefunden und damit herumjespielt.«

»Das nimmt man euch ab?«

»Das kannst du unsere Sorge sein lassen. Du bist draußen vor dem Tor und ein freier Mann.«

Soll er auf den Vorschlag eingehen? Es ist riskant. Wenn sie ihn los sind, brauchen sie bloß die Genossen vom MfS anzurufen. Andererseits kommt er mit den drei Männern hier nicht weiter. Er kann nicht mit ihnen im Schlepptau nach Miriam oder ihrem Mann suchen, damit gefährdet er die beiden nur. Es ist schade, dass alle Anstrengung offenbar umsonst war. Miriam ist nun doch auf sich gestellt. Vielleicht kann er wenigstens Mandy noch helfen. In der Raumstation muss sie sich ganz verlassen vorkommen. Aber dazu wird er nur Gelegenheit haben, wenn die drei Männer vom Zentralinstitut ihn nicht direkt an das MfS übergeben. Es genügt aber nicht, dass sie ihm das versprechen. Er darf ihnen einfach keine Gelegenheit geben.

»Ich bin einverstanden«, sagt Tobias. »Aber unter einer Bedingung: Ihr setzt mich nicht vor dem Tor ab, sondern bringt mich nach Halbendorf.«

»Aber unser Jenosse hier ...«

»Keine Diskussion. Das sind doch höchstens zehn Minuten, die er länger durchhalten muss. Anderenfalls habe ich keine Wahl und muss euch alle abknallen.«

Tobias sagt das möglichst ruhig, als wäre es das Normalste der Welt und er schon geübt darin, Menschen zu erschießen. Natürlich ist das ein Bluff. Er wird nie fähig sein, jemanden einfach so zu töten. Der Mann mit dem Loch unter dem Schlüsselbein tut ihm leid. Hat er ihn nicht sogar neulich im Wirtshaus gesehen, mit einer Freundin? Er erinnert sich an ein ähnlich geschminktes Gesicht.

Der Mann bewegt wieder die Lippen und sieht dabei angestrengt in die Ferne. In dieser Richtung muss das Zentralinstitut liegen.

»Alles klar, wir machen es so«, sagt der Mann dann.

---

Der schwierigste Moment kommt, als sie in den Wagen einsteigen wollen, einen kleinen Pritschen-Lkw von Barkas. In der Kabine ist nur Platz für drei. Tobias besteht darauf, dass der Verletzte auf die Ladefläche kommt. Er stellt dort hinten das geringste Risiko dar. Die beiden anderen kann er aus der Kabine heraus in Schach halten. Den Rucksack nimmt er auf den Schoß. So kann er die Hand mit der Pistole bequem darauf ablegen. Mit der Zeit wird die Waffe doch schwer.

Zum Einsteigen müssen beide ihre Köpfe abnehmen. Darunter stecken ein roter und ein blonder Schopf. Die Männer sind kaum älter als dreißig und alle identisch geschminkt. Wer von ihnen im Wirtshaus war, lässt sich unmöglich sagen.

Der Wortführer sitzt am Steuer. Er fährt so schnell, wie der Barkas es hergibt. Niemand sagt ein Wort. Bis zum Tor brauchen sie knapp fünfzehn Minuten. Tobias bedauert jeden Kilometer, den er in die falsche Richtung fährt. Alles war umsonst! Am Tor wirft ein Wachposten in einer ihm unbekannten Uniform einen kurzen Blick auf den Dienstausweis des Fahrers, dann winkt er sie durch.

Sie rasen auf der Landstraße in Richtung Norden, immer an der Zone entlang. Tobias sieht in den Rückspiegel. Niemand folgt ihnen. Die rechte Straßenseite liegt im Schatten der Wolken. Nur wenn der Barkas einem Schlagloch ausweicht, traut sich kurz die Sonne ins Fahrerhaus. Es ist schon Wahnsinn. Eine unbekannte Truppe hat Kulissen aufgebaut, ein Potemkin'sches Dorf, bloß, um mögliche Eindringlinge abzuschrecken. Das ergibt doch keinen Sinn. Jedenfalls nicht, wenn es hier nur um ein paar Ölquellen geht.

»Sagt mal, was bewacht ihr denn da überhaupt? Wofür der ganze Aufwand?«, fragt Tobias.

»Wenn wa dir ditt sagen, müssen wa dich jleich wieder mitnehmen«, sagt der Fahrer.

»Das werdet ihr schön bleibenlassen«, sagt Tobias und fuchtelt mit der Pistole.

»Nun sag es ihm doch schon«, sagt der, der neben ihm sitzt. »Die Pistole macht mich nervös.«

»Na okay. Aber von uns weßt du es nich«, sagt der Fahrer. »Damals, Mitte der Neunziger, konnten sie wohl nich jenuch kriejen. Da ist mitten im Ölförderjebiet wat janz Schlimmes passiert. Ein Chemieunfall, etwa die Größenordnung von Tschernobyl, nur eben mit Chemiedreck statt mit Radioaktivität. Dat soll erstens besser nich rauskommen, und zweitens liegt das Zeuch da immer noch.«

»Deshalb das ganze Theater? Wäre es nicht billiger, das aufzuräumen?«

»Du warst da noch nich drin. Die Brühe führt zu Mutationen und Krebs. Ist eher schlimmer als Tschernobyl. Und anjeblich soll et die Leute, die da lebten ... verändert haben. Lebende Tote, verstehste? Die da oben haben Angst, dass sich det ausbreitet. Das Chemiezeuchs hat auch die Bazillen verändert.«

»Erzähl mir doch keine Märchen. Bazillen!«, sagt Tobias.

»Das mit den lebenden Toten erzählt man sich bloß«, sagt der Mann in der Mitte. »Ich kenne niemanden, der je einen gesehen hätte.«

»Weil ditt scheißansteckend ist, ist doch klar«, sagt der Fahrer. »Wer einem bejegnet, verwandelt sich selbst. Dann schicken se dich tief in die Zone zu deinen Kumpels.«

Ob das die Wahrheit ist? Der Fahrer scheint davon überzeugt. Aber vielleicht sind die beiden auch nur darauf trainiert, ihm diesen Quatsch zu erzählen, und es ist alles Teil der Tarnen-und-Täuschen-Strategie. So wie seine Taxifahrt aus der Zone heraus. Das läuft alles zu glatt. Tobias sieht wieder in den Spiegel, aber sie werden immer noch nicht verfolgt. Jetzt wünscht er es sich fast. Mit einem sichtbaren Gegner kann er einfacher umgehen.

In einem Dorf namens Schleife muss der Fahrer langsamer fahren. Es sind einige Menschen auf Fahrrädern unterwegs. Mitten im Ort gibt es ein Hinweisschild zum »Wake and Beach«. Das muss es sein, was Tobias sucht. Der Lkw fährt auf den See zu. Für ein paar Meter wird die Straße zur Uferstraße.

»Halt«, ruft Tobias.

Zugleich löst er die Sicherung der Pistole, nur für den Fall, dass man sich nicht an seine Anweisung hält. Vielleicht wartet in Halbendorf ja schon eine MfS-Einheit. Der Fahrer tritt auf die Bremse, und der Lkw kommt quietschend zum Stehen.

»Det ist noch nich Halbendorf«, sagt der Mann am Steuer.

»Ich weiß.«

Tobias stößt die Tür auf und klettert aus der Kabine, wobei er die Männer im Auge behält.

»Los, ab mit euch!«

Die Tür knallt zu. Der Barkas wendet auf der Straße und fährt davon. Tobias wartet ab, bis er außer Sichtweite ist. Dann geht er zum See. Das Wasser läuft ihm in die Schuhe. Es ist kalt, aber Tobias lässt sich nicht aufhalten. Der Rucksack wird plötzlich leicht. Er schwimmt wohl auf. Gleichzeitig zieht ihn die nasse Kleidung nach unten.

Es ist wirklich saukalt. Tobias atmet kräftig ein, dann geht er tiefer und tiefer in den See, bis er ganz untertaucht.


## 12. OKTOBER 2029
# ERDORBIT


Um den blauen Erdball sind drei Ringe gespannt, die alle auf der gleichen Achse befestigt zu sein scheinen. Auf ihnen gleitet jeweils eine kleine Kugel, die an- und wieder abschwillt. Zwei der Kugeln könnten Rubine sein, die auf dem mittleren Ring wirkt eher wie ein Saphir. Die beiden äußeren Ringe befinden sich in einer langsamen Rotation. Sie nähern sich dabei unaufhaltsam dem mittleren. Wenn sie ihn erreichen, und es muss bald so weit sein, ist das ihre Rettung.

Mandy versucht, die sich nähernden Schiffe zu rufen. Die Funkanlage arbeitet aber noch immer nicht. Also klettert sie wieder auf die Außenhülle. Australien schwebt über ihr. Der Erdball taucht das graue Metall der Raumstation in ein blasses Licht. Es genügt, um alle Hindernisse zu erkennen. Mandy sichert sich mit zwei Leinen.

Die Rettung müsste von hinten kommen. Die beiden Raumfahrzeuge holen die Völkerfreundschaft auf einer niedrigeren Bahn ein und schließen dann zu ihr auf. Mandy sieht in Richtung Heck, aber noch ist sie ganz allein. Das ist auch nicht anders zu erwarten. Erst aus wenigen hundert Metern wird sie ihre Retter erkennen können, falls sie sich nicht zufällig schon vorher gegen den Erdball abheben sollten.

Sie versucht es trotzdem über den Helmfunk. An Bord der beiden Schiffe wartet man bestimmt schon darauf, dass sie sich meldet.

»Völkerfreundschaft an Rettungsmission, bitte melden.«

Sie weiß nicht, wie sie ihre Retter sonst nennen soll. Welche Raumfahrtnation hat sie wohl geschickt? Amerikaner, Europäer, Russen und Chinesen kommen in Frage. Nur diese vier schaffen es, binnen vierundzwanzig Stunden gleich zwei Schiffe in einen bestimmten Orbit zu bringen. Russland oder China dürften am wahrscheinlichsten sein. Von beiden hat die DDR Raumfahrttechnologie gekauft. Aber auch der Westen könnte ein Interesse daran haben, Mandy zu retten, schließlich hat sie die MKF-8 an Bord, die weltweit fortgeschrittenste Kamera für die Erdbeobachtung. Sie wird aufpassen müssen, dass die Kamera an Ort und Stelle bleibt.

Oder nicht? Wenn die DDR sie sterben lässt, der Westen sie aber rettet, wäre es dann nicht fair, ihnen zum Dank die MKF-8 zu überlassen? Aber Mandy muss auch an ihre Kinder denken. Wenn sie zur Verräterin an der Sache des Sozialismus wird, sieht sie Susanne und Sabine vielleicht nie wieder. So ist es bereits einigen Sportlern ergangen, die ihre Karriere lieber im Westen fortgesetzt haben, weil sie dort besser verdienen konnten.

»Völkerfreundschaft an Rettungsmission, bitte melden.«

Niemand antwortet. Vielleicht sind sie noch zu weit weg. Wer sie abholt, wird doch garantiert auf allen Frequenzen lauschen. Soll sie noch einmal in die Station klettern? Der Hauptrechner weiß, wie lange es noch dauert. Nein. Hier draußen kann sie die Vorfreude besser auskosten. Außerdem muss sie sich noch an der Erde satt-sehen. Es ist ganz gewiss das letzte Mal, dass sie diese Aussicht ge-nießen kann. Freiwillig wird sie in kein Raumschiff mehr steigen. Sie wird ihren Mädchen keinen Meter mehr von der Seite weichen.

---

Aber auch nach einer halben Stunde ist nichts von der Rettungs-mission zu sehen oder zu hören. Also löst sie doch noch einmal die Leinen und kriecht in die Schleuse. Da alle Schotten offen stehen, braucht sie nur zwei Minuten bis zum Hauptrechner.

Auf dem Bildschirm sind die drei Ringe nicht mehr voneinander zu unterscheiden. Die beiden Rubine und der Saphir gleiten bei-nahe auf derselben Bahn durch das All. Mandy vergrößert den Maß-stab. Die Raumschiffe befinden sich tatsächlich im Anflug. Wäre sie jetzt draußen, müsste sie ihre Triebwerke erkennen, die mit einem letzten Bremsschub die Bahngeschwindigkeit und damit auch die Höhe angleichen. Seltsam ist allerdings, dass keines der beiden di-rekt auf den Kopplungsstutzen im Heck zu zielen scheint. Eines der beiden Schiffe nähert sich dem Bug, das andere dem Heck, aber in Höhe des Ausstiegs. An keiner der Stellen gibt es eine Möglichkeit anzudocken. Und warum sprechen sie nicht mit ihr?

Mandy schwebt zur Schleuse, sichert sich und tastet sich nach draußen. Zwei Schatten schweben zwischen Raumstation und Erd-ball. Korrekturtriebwerke leuchten immer wieder kurz auf.

»Völkerfreundschaft an Rettungsmission, bitte melden.«

Sie antworten nicht. Mandy versucht, die genaue Form der Schat-ten zu ergründen. Was hat man ihr da geschickt? Die typische Ge-stalt einer Passagierkapsel mit dem Hitzeschild zum Wiedereintritt in die Erdatmosphäre haben sie jedenfalls nicht. Es könnte natürlich sein, dass der Schild noch unter einer Verkleidung verborgen ist. Aber auch der Rest der sich ziemlich ähnlich sehenden Schiffe kommt Mandy unbekannt vor. Das sind keine für Menschen zugelassenen Transporter. Es sind nicht einmal Frachtmaschinen.

Jetzt bemerkt sie den Roboterarm, der von der auf das Heck zufliegenden Sonde aus auf die Station zielt. Sie ist bloß noch zehn Meter entfernt, während die andere noch etwa fünfzig Meter überwinden muss. Mandy bewegt sich in Richtung Heck und leuchtet dabei den Roboterarm mit dem Helmscheinwerfer an. Der Arm endet in einer dreifingrigen Hand, die wie die Klaue eines Sauriers aussieht. In ihrer Mitte befindet sich eine lange, fingerdicke sich drehende Stange. In ihr Ende ist ein Gewinde eingefräst, das das Licht der Helmlampe reflektiert.

Ein Bohrer. Das Ding will ein Loch in die Raumstation bohren! Sie muss so schnell wie möglich zum Heck! Mandy löst die Sicherungsleine. Das darf doch nicht wahr sein! Die Besucher sind nicht an ihrer Rettung interessiert. Sie wollen sie umbringen!

Mandy arbeitet sich von Handgriff zu Handgriff voran. Für die Sicherung ist keine Zeit. Das Ding ist nur noch zwei, drei Meter von der Außenhaut entfernt. Gleich wird der Bohrer ansetzen. Sie schafft es nicht. Scheiße! Es sei denn ... Mandy springt. Sie stößt sich in Richtung Heck ab und löst sich komplett von der Station. Wenn sie sich verrechnet hat, wird sie zu einem neuen Mond der Erde. Die Station fliegt unter ihr vorbei.

Aber sie hat sich nicht verrechnet. Mandy krallt sich an einem Solarpaneel des unerwünschten Besuchers fest. Ihr Schwung schiebt sie beide weiter Richtung Heck. Die Sonde steuert dagegen, aber sie hat einen ungünstigen Anflugwinkel. Das Ding versucht noch, sein Triebwerk in eine bessere Position zu drehen. Es bockt unter ihr wie ein übermütiges Pferd. Doch Mandy lässt sich nicht abschütteln. Unaufhaltsam treiben sie über den Rand der Raumstation hinweg.

Da ist eine Fußraste am äußersten Ende der Völkerfreundschaft. Mandy sieht sie nicht, aber sie erinnert sich an das Training auf der Erde. Das Modell dort war nicht völlig originalgetreu, aber doch sehr ähnlich. Und es hatte ein um das ganze Heck herumlaufendes Geländer, in das man wunderbar seine Füße klemmen konnte.

Mandy streckt sich. Sie muss die Metallschiene erreichen, muss die Vorderfüße darunter bekommen. Die Sonde hilft ihr, indem sie zur Raumstation hin beschleunigt. Da, Mandy spürt das Metall. Jetzt darf sie nicht loslassen. Ihre Füße sind ihre einzige Verbindung zur Station, zum Leben.

Sie drückt die Sonde von sich weg. Die behält auch in der Mikrogravitation ihre Trägheit. Mandy drückt, so stark sie kann, und langsam löst sich das tonnenschwere Modul. »DEOS 12« steht an seiner Seite, das Akronym für »DE-Orbiting Satellite«. Jemand hat ihr zwei Schrottsammler auf den Hals gehetzt. Die der UNO unterstehenden Satelliten versuchen, Weltraummüll aus dem Orbit zu drängen, indem sie sich an das Objekt heften und es dann bis zum baldigen Absturz abbremsen. Danach suchen sie sich ein anderes Opfer.

»Du wirst dich nicht in meine Station bohren!«, ruft Mandy dem Schatten nach, der langsam hinter ihr zurückbleibt.

Sie beobachtet die Triebwerke der Sonde, aber die scheint sich nicht wieder nähern zu wollen. Sehr gut. Mandy holt ihre Leine heran und sichert sich.

Im selben Moment spürt sie eine Vibration. Sie dringt durch die festen Sohlen des Stiefels und verursacht ihr eine Gänsehaut. Die Bewegung kommt von vorn. Die zweite Sonde hat sich auf den Bug gesetzt. Ihr Roboterarm klammert sich an zwei Handgriffe gleichzeitig, und der Bohrer schiebt sich in das Metall der Außenhülle.

Mandy klettert näher heran. Das Gewinde des Bohrers trägt Späne nach oben, die im Schein ihrer Helmlampe glänzen. Sie spürt körperlichen Schmerz, ganz als würde dieses Werkzeug nicht die Völkerfreundschaft, sondern ihren Schädel aufbohren.

Mandy rüttelt an dem Satelliten, aber er bewegt sich nicht. Es ist DEOS 17. Sie zeichnet die Zahl mit dem Finger nach. Die 17. Sonde der DEOS-Flotte wird alle Spuren beseitigen, die von ihr bleiben könnten. Der Satellit wird die Völkerfreundschaft so in die Erdatmosphäre lenken, dass sie komplett verglüht. Nicht einmal DNS-Spuren wird man noch nachweisen können. Ihre Töchter werden vielleicht einen Feuerball am Himmel sehen, aber sie werden nicht wissen, dass das eine letzte Nachricht ihrer Mutter ist. Vielleicht ist es besser so.

Mandy löst die Sicherungsleine und schwebt in Richtung Schleuse. Nun wäre es auch egal, wenn sie aus Versehen in die Unendlichkeit abheben würde.

Aber sie erreicht den Eingang in die Station. Der Bohrer hat es geschafft. Er hat die Innenwand im Bug durchstoßen. Jetzt reißt er in drei Teile auf, die wie bei einer Niete in entgegengesetzte Richtungen umklappen und so die DEOS-Sonde endgültig auf der Station fixieren. Es wird nicht lange dauern, bis der Schrottsammler seine Triebwerke feuern lässt.

## 12. OKTOBER 2029
# LAUSITZ

Die Sprungschanze ist auf drei Stahlmasten im Seegrund verankert. Die Sichtweite liegt allerdings nur bei höchstens zwei Metern. Hoffentlich ist hier wirklich ein Einstieg in den Tunnel, wie es ihm Matze erklärt hat. Tobias zieht sich an den Streben des vorderen Mastes nach unten. Der Rucksack will ihn nach oben ziehen, aber er ist stärker.

Er schafft es in dreißig Sekunden bis zum schlammbedeckten Grund. Da, das rechteckige braune Brett dort vorn könnte der Einstieg sein. Es befindet sich in der Mitte zwischen den drei Stahlmasten. Tobias hält sich mit einer Hand fest und greift mit der anderen nach dem Brett. Es lässt sich überraschend leicht anheben. Eine Schlammwolke steigt auf, als er es zur Seite schiebt.

Darunter liegt die Öffnung eines Betonrohrs. Sie blickt zu ihm nach oben wie das gefräßige Maul einer riesigen, im Schlamm versteckten Schlange. Es fehlt eigentlich nur, dass sich eine gespaltene

Zunge herausstreckt. Tobias gibt sich einen Stoß, und bevor ihn der Rucksack an die Wasseroberfläche ziehen kann, greift er nach dem Rand des Betonrohrs. Er verliert fast den Halt, weil es von Algen bewachsen und glitschig ist, aber er schafft es, sich hineinzuziehen und mit den gespreizten Beinen im Rohr festzuklemmen.

Ein kurzer Blick zur Wasseroberfläche. Vierzig Sekunden ohne Luft. Er zieht das Brett vor das Loch und beginnt mit dem Abstieg. Dabei klettert er rückwärts. Seine Füße tasten sich voran, die Arme schieben den Körper in die gewünschte Richtung. Schon nach zwei Metern knickt das Betonrohr seitlich ab. Vermutlich hat es irgendwann einmal zur Befüllung oder Leerung dieses künstlich im Tagebau angelegten Sees gedient. Zu sehen ist jetzt gar nichts mehr.

Tobias geht die Luft aus. Er muss ganz ruhig sein. Zwei Minuten hat er schon als Kind in der Badewanne durchgehalten.

Leider ist das Betonrohr keine Badewanne. Der dämliche Rucksack bleibt andauernd irgendwo hängen. Tobias' Füße treten in Schlamm. Manchmal hat der Schlamm Struktur. Er will sich gar nicht vorstellen, worum es sich da handeln könnte. Vor allem weil er alles, worauf die Füße gestoßen sind, kurz danach auch zwischen die Finger bekommt.

Dann treffen seine Füße auf massives Metall. Mist. Da ist eine Tür. Tobias dreht sich um und tastet sie mit den Händen ab. Er findet ein Rad und dreht es einmal. Es quietscht selbst unter Wasser. Wenn sich die Tür nun öffnet, was wird passieren? Falls der Gang dahinter jetzt noch trocken ist, wird er volllaufen. Und Tobias wird ertrinken.

Du Dummkopf. Das hier muss eine Schleuse sein. Zwei Türen hintereinander. Er muss beide schließen. Wo ist die zweite? Er tastet die Decke der Betonröhre ab. Da, ein Griff. Er zieht. Ein Stück Metall kommt aus der Wand. Ein Absperrschieber. Die zweite Tür der Schleuse. Mit letzter Kraft zerrt Tobias sie nach unten. Es ist egal, ob sie völlig dicht ist. Jetzt schnell die Innentür öffnen. Er dreht am Rad. Gleich wird seine Lunge platzen. Ersticken ist ein schrecklicher Tod, den er niemandem wünscht. Eine Runde, zwei, drei, und die Tür geht auf. Auf dem Kamm einer Welle purzelt er mit dem Kopf voran ins Trockene.

Gierig saugt Tobias die Luft ein. Es stinkt. Das liegt aber nicht an dem Schlamm, der mit ihm in den Kanal geschwappt ist, sondern an dem toten Tier, neben dem er gelandet ist. Er betrachtet es, während er auf die Knie geht. Die Leiche schwingt leicht hin und her, weil sich auf dem Boden eine dünne Wasserschicht ausgebreitet hat. Es handelt sich entweder um eine große Ratte, eine kleine Katze oder irgendein Wildtier. Von Wildtieren hat Tobias keine Ahnung. Ein Otter? Ein Biber? Es ist ja auch egal.

Wo kommt überhaupt das Licht her? Weiter vorn in der Röhre klebt eine Lampe an der Decke. Vermutlich hat sie auf seine Bewegungen oder auf das Öffnen der Tür reagiert. Sehr schlau von Hardy und Matze, hier unten eine Lampe zu installieren. Sie verrät aber auch, dass es bis zu Hardys Haus noch ziemlich weit sein muss. Das Betonrohr ist nicht größer als bisher, aber zumindest kann er jetzt wieder atmen.

Das war knapp. Tobias blickt zurück. Hinter ihm liegt ein kleines Regal. Vermutlich hat es der Wasserschwall umgekippt. Die Atemmaske mitsamt einer kleinen Sauerstoffflasche hätte er gut gebrauchen können. Aber okay, die Röhre war als Fluchttunnel geplant, nicht für Eindringlinge wie ihn. Auf dem Regal standen anscheinend auch ein paar Packungen Zwieback. Sie liegen durchnässt in einer Pfütze.

Er ist ebenfalls nass. Seltsamerweise fällt ihm jetzt erst auf, dass die ganze Zeit kleine Rinnsale aus seiner Uniform fließen. Er greift sich an den Kopf, um die Mütze abzunehmen. Nein, die hat er ja schon vor einer Weile eingebüßt. Tobias legt die Jacke und das Uniformhemd ab und wringt beides aus. Er fröstelt. Nachdem er sich wieder angezogen hat, ist ihm auch nicht wärmer. Er wiederholt das mit Hose, Unterhose und Socken. Bei den Schuhen sieht er keine Chance. Seine Hose hat leider jede Menge Risse. Immerhin ist sie jetzt sauberer als vorher, obwohl er sich durch schönsten Schlamm bewegt hat. Das will etwas heißen.

Also los. In Hardys Haus wird er bestimmt etwas zum Wechseln finden. Tobias geht ein paar Meter im Entengang, aber so kommt er gar nicht voran, das macht das Knie nicht mit. Also doch auf alle viere. Etwas besser. Die Hose kann er sowieso vergessen. Aber was wird sein Rücken dazu sagen? Den Rucksack schiebt er lieber vor sich her. Er ist wirklich ein echter Held. Stürzt der Prinzessin nach ins Abenteuer, aber als er auf den Drachen trifft, lässt er sich auf dessen Rücken aus dem Märchenwald tragen, statt ihm den Kopf abzuschlagen. Nein, nein, nein, er sollte kein schlechtes Gewissen haben. Er hat doch getan, was er konnte, und Miriam ist nicht die Einzige, die seine Hilfe braucht. Die Kosmonautin hat sogar zwei kleine Kinder, die ihre Mutter brauchen.

---

Allmählich wird ihm warm. Durch eine Betonröhre zu kriechen, ist anstrengender, als er gedacht hätte. Wie weit ist es denn noch? Es ist kaum vorstellbar, dass Hardy und Matze diesen Gang selbst angelegt haben. Wahrscheinlich gibt es viele solcher Entwässerungskanäle in dem ehemaligen Braunkohlegebiet. Wenn Hardy früher im Tagebau gearbeitet hat, kannte er wohl die entsprechenden Pläne.

Aber dann muss Tobias aufpassen. Es ist sehr unwahrscheinlich, dass das Rohr exakt unter Hardys Haus hindurchführt. Irgendwo muss es eine Abzweigung geben, vielleicht in einen noch engeren, von den beiden selbst gebauten Gang.

Dass er bereits daran vorbeigekommen sein muss, merkt Tobias erst, als es immer dunkler wird. Hier gibt es keine Lampen mehr an der Decke. Also wurden sie wirklich von Hardy installiert. Das bedeutet allerdings, dass die Abzweigung zu dem Haus ziemlich unauffällig ist. Das ergibt natürlich Sinn. Falls jemand den Gang von außen entdeckt, so wie Tobias, soll ihn nichts zum Haus führen.

Hätte ihm Matze nicht einen Tipp geben können? Er hat ihm nur gesagt, dass im Gang trockene Kleidung gelagert wäre. Was nicht stimmt. *Ganz langsam, Tobias. Jetzt kriechst du erst einmal bis zur letzten Lampe zurück.* Die Abzweigung muss sich in ihrer Nähe befinden.

Was wird da gerade über ihm los sein? Wenn Hardy nun doch verhaftet wurde und gegen ihn ausgesagt hat? Dann warten die Häscher vielleicht schon im Keller auf ihn. Er darf das Hardy nicht übelnehmen. Wer weiß, was sie gegen ihn in der Hand haben.

Scheiße. Er hockt in einer massiven Betonröhre, und dann muss er auch noch aufs Klo. Dabei hat er nun wirklich nicht viel gegessen heute. Das muss die Aufregung sein. Er krabbelt wieder in die Dunkelheit zurück und verrichtet sein Geschäft. Zum Säubern benutzt er das nasse Taschentuch, das er in seiner Hosentasche findet. Er lässt es zurück. Es ist schade um das Stofftaschentuch, denn es ist eines der letzten mit dem gestickten Monogramm seiner Oma.

Der Geruch verfolgt ihn bis in die Helligkeit. Hat nicht irgendjemand behauptet, man würde das Aroma der eigenen Haufen stets mögen? Das stimmt definitiv nicht. Umso schneller sollte er nun den Ausgang finden. Zuerst sucht er die linke Seite des Ganges ab, dann die rechte und schließlich die Decke. Alles scheint aus massivem Zement zu bestehen. Der Eingang ist wirklich gut getarnt.

Tobias nimmt die Waffe aus dem Holster. Wasser rinnt aus dem Lauf. Er muss sie dringend reinigen, aber jetzt ist keine Zeit dafür. Er prüft, ob die Pistole gesichert ist. Dann benutzt er den Griff wie einen Hammer. Linke Seite, rechte Seite, Decke, es klingt überall gleich. Das kann doch wohl nicht wahr sein! Und wenn der Eingang im Boden versteckt ist? Tobias kriecht noch einmal in dem Rinnsal hin und her. Immer wenn er mit der Waffe hineinschlägt, spritzt das Wasser. Schmutziges Wasser.

Da. Das Geräusch gerade klang dumpf. Exakt in Höhe der letzten Lampe. Die Stelle, an der der Boden hohl klingt, durchmisst etwa siebzig Zentimeter. Oh, oh. Die Betonröhre mit ihren ein Meter zwanzig dürfte dagegen komfortabel sein. Das Loch ist wirklich gut verborgen. Tobias findet seinen Rand erst, als er kräftig auf die Mitte drückt. Dadurch hebt sich das exakt an die Rundung der Röhre angepasste Metall an den Seiten etwas an, und er kann daruntergreifen.

Dieser Gang ist nicht mehr als ein dunkles Loch. Tobias wirft den Rucksack zuerst hinein. Es macht fast sofort »platsch«. Gut, zumindest ist es nicht tief. Er klettert hinein und muss sich hinhocken, um den Deckel über sich zuziehen zu können. Der Gang knickt im rechten Winkel ab und entfernt sich von der großen Röhre. Kann es sein, dass sich die Wände auf ihn zubewegen? Er atmet schnell und flach. In diesem Teil des Ganges könnte er unmöglich umdrehen. Wenn er auf eine verschlossene Tür stoßen sollte, muss er den ganzen Weg rückwärtskriechen.

Er stößt aber nicht auf eine Tür. Mit einem Mal lässt sich der Rucksack nicht mehr weiterschieben. Tobias greift über ihn hinweg. Da ist ein Gitter. Auch das noch. Wie im Gefängnis. Aber dort gäbe es zumindest Licht und täglich drei Mahlzeiten.

Das kann nicht das Ende sein. Er tastet das Gitter ab. Es besteht aus fingerdicken Metallstäben. Sie liegen weit genug auseinander, um mit der Hand hindurchgreifen zu können. Er versucht es an der Außenseite. Und da ist etwas. Ein Griff. Er lässt sich drehen.

Das Gitter klappt unter seinem Gewicht nach außen auf. Der Rucksack fällt ihm voran, und Tobias folgt.

Zum Glück fällt er nicht tief. Er landet auf einem gefliesten Fußboden. Es stinkt immer noch, aber der Geruch geht von ihm aus. Tobias tastet erst den Boden und dann die Wände ab. Er befindet sich in einem Raum mit quadratischer Grundfläche und kann problemlos stehen. Seine Hände ertasten einen Schalter. Er drückt darauf und hofft, dass das keinen Stromschlag auslöst. Aber nein. Eine Neonröhre flackert auf und verbreitet fahles Licht.

Der Raum, den er erreicht hat, ist eine Art Keller. An einer Wand steht ein Regal, darauf liegt eine Klappleiter. In der Decke ist eine Klappe mit einem Zug. Tobias zieht daran, und die Klappe schlägt nach unten auf. Er muss zur Seite springen, um sie nicht gegen den Kopf zu bekommen. Er kann sie gerade noch auffangen, bevor sie mit Getöse gegen das Regal schlägt.

---

Geschafft! Die Klappleiter hat gerade die richtige Höhe. Tobias klettert möglichst leise hinauf und hält das Ohr an die Unterseite des Teppichs, der die Sicht versperrt. Bis auf ein nerviges Summen, vermutlich eine Fliege, hört er gar nichts. Er zieht den Teppich zur Seite. Ein schwarzer Punkt stürzt sich auf ihn. Blöde Schmeißfliege! Er wedelt sie weg.

Es ist eindeutig Hardys Haus. Der Raum ist von Dämmerlicht erfüllt. Bald muss die Sonne untergehen. Tobias lauscht noch einen Moment. Es ist völlig still. Da oben ist niemand.

Er wirft trotzdem erst den Rucksack voraus und wartet auf eine Reaktion. Nichts. Tobias zieht sich aus dem rechteckigen Loch. Und wie schließt er die Klappe wieder? Er sieht sich um. Auf einem Regal an der Wand liegt eine Stange. An ihrer Spitze befindet sich ein Haken. Damit angelt Tobias nach einer Öse an der Vorderseite der Klappe. Er zieht sie hoch, bis sie mit einem Knacken im Fußboden einrastet.

Ob das sicher ist? Er testet den Halt vorsichtig mit einem Fuß. Die Klappe bewegt sich nicht. Tobias bewundert das Scharnier auf der anderen Seite, das komplett im Boden verschwindet. Dann zieht er den Teppich wieder darüber. Der Bodenbelag zeigt keinerlei Auffälligkeiten.

»Hardy, bist du da?«

Die Frage ist nicht ernst gemeint. Nach der engen Röhre will er einfach mal wieder eine Stimme hören. Er ist allein. Das Bett ist ordentlich gemacht. Die Lämpchen an der Funkanlage und am Rechner blinken. Erstaunlich – bei einer Durchsuchung durch das MfS gehört Aufräumen nicht zum Programm. Über der Technik hängt eine Uhr, die mehrere Zeitzonen anzeigt. Es ist jetzt fünf vor sieben Mitteleuropäischer Sommerzeit.

Wo Tobias steht, bildet sich langsam eine Pfütze. Er muss aus den nassen Sachen heraus. Er öffnet die hintere Tür. In dem etwa drei Quadratmeter großen, vom Boden bis zur Decke gefliesten Raum gibt es eine Toilette und ein kleines Waschbecken mit einem Spiegel darüber. An der Wand über dem Klo hängt ein Duschkopf. Im

Boden ist mittig ein Abfluss eingelassen. Sehr praktisch. Man kann kacken und duschen gleichzeitig. Das würde Tobias am Morgen eine Menge Zeit sparen, die er sonst auf dem Thron sitzend verbringt. Er bräuchte allerdings ein wasserdichtes Lesegerät. Denn ohne Lektüre geht gar nichts. Normalerweise.

Tobias zieht sich aus und hängt die Sachen über das Waschbecken. Dann dreht er die Dusche auf. Es dauert einen Moment, bis warmes Wasser kommt. Er nimmt das Stück Seife vom Waschbecken und wäscht sich damit. Die Tropfen treffen auch seine Uniform, aber das schadet ihr sicher nicht.

Als das Wasser kühl wird, dreht Tobias es ab. Auf der Suche nach einem Handtuch hinterlässt er Wasserflecken in Hardys Haus. Er wird in einer Schublade unter dem Bett fündig. Dort liegt auch frische Unterwäsche. Er trocknet sich ab und wischt mit dem nassen Handtuch die Pfützen vom Boden weg. Dann leiht er sich eine Unterhose. Sie ist ihm zu groß und schlabbert am Hinterteil. Im Nachtschrank findet er eine braune Trainingshose mit NVA-Streifen. Am Eingang hängen mehrere Hemden auf Bügeln.

Er holt seine nassen Sachen aus der Toilette und vermeidet dabei, in den Spiegel über dem Waschbecken zu sehen. Barfuß geht er nach draußen. Ein frischer Wind weht. Tobias fröstelt. Das Grundstück ist durch die hohen Hecken fast uneinsehbar. Einen Wäscheplatz entdeckt er nicht. Soll er die Funkantenne zweckentfremden? Das wird Hardy bestimmt nicht gern sehen. Also hängt Tobias seine nasse Kleidung über zwei niedrige Büsche links und rechts vom Eingang. Morgen früh sind sie hoffentlich trocken.

Jetzt braucht er etwas zu essen. Hardys Kühlschrank ist vor allem mit Bier gefüllt. Aber es gibt auch Wurst und Butter sowie das restliche Viertel eines Brotes. Tobias bestreicht zwei Scheiben mit Leberwurst. Es schmeckt köstlich. Dazu trinkt er ein Bier. Wo mag Hardy sein? Das Haus ist aufgeräumt, also musste er wohl nicht überstürzt aufbrechen. Bestimmt spielt er einfach nur Schach mit Matze. Aber was ist mit Jonas' Warnung? Tobias hat die Sirenen der Fahrzeuge doch selbst gehört.

Er könnte sich davon überzeugen, indem er mit dem Handtelefon bei der Wirtin anruft. Aber dann verrät er sich bloß. Ob die Alienclowns das MfS informiert haben? Es schien da eine gewisse Konkurrenz zu bestehen, wie sie auch zwischen Volkspolizei und MfS nicht unüblich ist. Wer will sich schon in seine Arbeit hineinreden lassen? Noch am letzten Bissen kauend, untersucht Tobias seinen provisorischen Rucksack. Das Handtelefon liegt darin. Es ist tropfnass. Also muss er es sowieso erst trocknen lassen, bevor er es benutzen kann. Er räumt den Rucksack komplett aus und bringt ihn ebenfalls zum Trocknen nach draußen.

Die blinkenden Lämpchen des Funkgeräts locken ihn. Hardy hat ihm doch gezeigt, wie es funktioniert. Tobias ist zwar nicht sicher, ob er alles behalten hat, aber einen Versuch wäre es wert. Er setzt sich auf den Hocker davor. Dabei spürt er seine Glieder, die schwer wie Blei sind. Wie ging das noch mal? Diese Taste, dann diese ... Das Denken fällt ihm schwer. Uaaaa. Vielleicht legt er sich erst einmal eine halbe Stunde hin. Es war ein anstrengender Tag.

## 12. OKTOBER 2029
# ERDORBIT

Es geht los. Der Schrottsammler muss beschlossen haben, dass nun ihre letzte Stunde geschlagen hat. Er verwandelt die Raumstation in einen auf dem Bug stehenden Turm, indem er seine Triebwerke startet und damit bremst. Mandy kontrolliert seinen Erfolg auf dem Hauptrechner. Ihr bleibt im schlimmsten Fall nur noch eine Stunde, wenn der Sammler durchgehend bremst. Das muss er allerdings gar nicht. Es würde genügen, die Station in einen so niedrigen Orbit zu bringen, dass die Dichte der Atmosphäre ausreicht, um einen Absturz zu garantieren. Falls die Sonde nur tut, was unbedingt nötig ist, verlängert sich die Prognose auf zwei, drei Tage. Ganz genau ist das nicht vorherzusehen.

Aber irgendwie hat Mandy das Gefühl, dass der Schrottsammler es nicht beim Nötigsten belassen wird. Allein die Tatsache, dass man gleich zwei dieser Geräte auf sie angesetzt hat, spricht Bände. »Die« wollen sie so schnell wie möglich aus dem Weg haben. Aber wer sind die? Falls Mandy überlebt, könnte es wichtig sein, Freund und Feind auseinanderhalten zu können. Die Bodenkontrolle im Harz jedenfalls scheint keinen Finger für sie krummzumachen. Das hätte sie Walter nicht zugetraut.

So schlecht es auch aussieht, hat Mandy doch immer noch die Absicht zu überleben. Selbst wenn ihr die Chancen dafür sehr gering erscheinen.

Das bedeutet, dass sie dieses Ding da oben so schnell wie möglich unschädlich machen muss. Sie klettert zur Schleuse. Dabei kommt sie an der Werkstatt vorbei und greift sich die Werkzeugkiste. Die Schwerkraft liegt etwa bei einem Achtel g, so dass die senkrechte Bewegung gar nicht so anstrengend ist. Auf der Außenhülle ist es deutlich gefährlicher, deshalb sichert sich Mandy beim Hinabklettern besonders vorsichtig.

Die DEOS-Sonde hat es sich am Bug gemütlich gemacht. Sie hat ihren Roboterarm ausgestreckt und liegt mit dem linsenförmigen Leib flach auf. Den Bohrer sieht man nicht mehr. So wirkt das Ding wie eine Krabbe, der man bis auf eines alle Beine herausgerissen hat. Die Öffnungen an der Seite der Linse verstärken den Eindruck. Hier befinden sich die Sensoren, das ist gut zu erkennen.

Vielleicht schafft Mandy es ja, die Sensoren zu täuschen. Wenn der Schrottsammler glaubt, seine Aufgabe erfüllt zu haben, wird er die Station verlassen. Sie muss ihm also nur diesen Eindruck vermitteln. Aber wie? Woran erkennt das Gerät, dass es sich wie gewünscht am Rand der Atmosphäre befindet? An den dort vorhandenen Luftmolekülen vielleicht? Kurz entschlossen hält Mandy die Luft an, dreht den Atemluftschlauch vom Helm ab und hält ihn vor die beiden Augen der Krabbe. Dampf steigt auf und weht um den linsenförmigen Körper herum. Sie zählt bis hundertzwanzig, dann schließt sie den Schlauch wieder am Helm an, atmet tief ein und aus.

Die DEOS-Sonde kümmert sich nicht um das bisschen Luft.

Vielleicht muss sie das Gerät abschirmen. Wenn es Informationen von GPS-Satelliten bezieht, kann es daraus seine Höhe berechnen. Mandy klettert zur Schleuse. Die Abdeckung der Mikrowelle besteht aus Metall. Sie hat ihr in der Zeit im Orbit gute Dienste geleistet, deshalb tut es Mandy ausgesprochen leid, sie auseinanderzunehmen.

*Ich muss dir die Haut abziehen, liebe Mikrowelle, um meine eigene Haut zu retten.*

Sie braucht zehn Minuten, bis sie einen an einer Seite offenen Metallkasten in der Hand hält. Die Abschirmung hat die Freisetzung von Mikrowellenstrahlung verhindert, also müsste sie doch auch das Eindringen von Funkwellen stoppen können. Mandy klettert wieder nach draußen. Der Werkzeugkasten steht noch, wo sie ihn festgebunden hat. Sie bringt die Mikrowellenabschirmung über den Sensoren an. Sie passt zwar nicht perfekt, aber es würde ja genügen, wenn das GPS-Signal nur noch sehr schwach durchkäme.

Aber auch diese Taktik ist erfolglos. Der Schrottsammler könnte tot sein, so unbeweglich liegt er auf dem Bug der Station. Nur sein Triebwerk feuert die ganze Zeit und schleudert die Produkte einer chemischen Reaktion aus seiner Düse. Diese Reaktionsprodukte nehmen ihren Impuls, Masse mal Geschwindigkeit, mit sich, und wegen der Impulserhaltung wird das System aus Schrottsammler und Raumstation um denselben gebremst.

Moment. Der Impuls ist nicht einfach nur ein Produkt aus Masse und Geschwindigkeit. Das ergibt nur seinen Betrag. Der Impuls selbst ist ein Vektor, er besitzt zusätzlich zu seinem Betrag eine Richtung. Der DEOS-Satellit hat sein Triebwerk so ausgerichtet, dass der Abgasstrahl in Flugrichtung weist. Das könnte eine Chance sein. Die Schrottsammler wurden möglichst billig gebaut, weil so viele benötigt werden. Also kann die Sonde nicht besonders intelligent sein. Sie bestimmt die eigene Ausrichtung vermutlich mit Hilfe eines primitiven Lagesensors. Das reicht ja auch. Wenn sich das zu bremsende Objekt nicht wehrt.

Mandy braucht also bloß den Triebwerksstrahl umzulenken. Die Verbrennungsprodukte sind extrem heiß, sie schafft das also nicht mit bloßen Händen. Vielmehr braucht sie etwas, an dem der Strahl abprallt.

Die Abschirmung der Mikrowelle. Das müsste funktionieren. Sie braucht ja nicht den kompletten Impuls des Triebwerks umzulenken. Ein Teil genügt, und zwar gerade so viel, dass die Station nicht vor der völligen Entleerung des Sauerstofftanks abstürzt. Sie braucht noch einen Tag.

*Ihr Schweine wollt mir nicht mal meinen letzten Tag gönnen.*

Mandy biegt die Quaderform gerade und trommelt auf die Metallfläche. Wenn sie bloß wüsste, gegen wen sie ihre Wut richten soll! Der zur Fläche abgerollte Quader hat die Form eines Kreuzes: drei kurze Arme, ein langer Fuß. Und wer soll hier erst verraten und dann gekreuzigt werden? So nicht! Das lässt sie nicht mit sich machen.

Mandy klettert über die DEOS-Sonde hinweg zum Triebwerk. Sie verankert die Metallplatte am Seil und holt dann den Werkzeugkoffer. Wie klemmt man eine Umlenkplatte stabil hinter den Triebwerksstrahl? Es ist ganz einfach, wenn sie die Seitenarme des Kreuzes nach vorn klappt. Einfach, nun ja. Sie muss mit einem Stahlbohrer Löcher in das Metall und seine Unterlage an der Sonde bohren und es dann mit dicken Schrauben daran befestigen. Das ist eine schwere Arbeit. Drei Schrauben auf dieser Seite müssen genügen.

Jetzt die andere Seite. Mandy klettert über die Sonde, um die Rückseite des Triebwerks zu erreichen. Aber wie kommt sie an das Blech heran? Es ragt auf der einen Seite ins All. Zwischen ihnen liegt der Strom heißer Triebwerksabgase. Sollte Mandy mit dem Raumanzug aus Versehen in diesen Gasausstoß geraten, wird der Anzug sofort zerstört.

Mandy klettert zurück. Sie biegt das Blech so, dass es zur anderen Seite hinzeigt.

Die Fußraste, die ihr bisher als Halt diente, hält ihren Fuß nicht mehr. Mandy kann sich gerade noch mit einer Hand festklammern. Puh, das war knapp.

Natürlich! Das Metall ist in den heißen Gasstrom geraten und leitet ihn um. Die Kräfte haben sich verändert. Die scheinbare Schwerkraft wirkt in eine andere Richtung.

Etwas zittrig steigt Mandy wieder auf die gegenüberliegende Seite des Triebwerks. Es ist, als müsse sie dessen Düse eine Maske anlegen, ohne dabei die Maske selbst zu berühren. Mandy wühlt im Werkzeugkasten. Irgendwie muss sie dieses Blech zu sich heranziehen, ohne dabei den heißen Gasstrom auf sich umzulenken. Sie findet eine Schaufel mit ausziehbarem Metallstiel. Das könnte funktionieren. Sie bringt den Stiel auf die volle Länge, hakt das Schaufelblatt in das Blech ein. Schwups. Der erste Versuch misslingt, aber beim zweiten hat sie Erfolg. Sie zieht das Blech zu sich heran.

Wieder verändert sich der Weg, den die Abgase aus dem Triebwerk nehmen, und wieder verändern sich auch die Kräfte, denen sie ausgesetzt ist. Es fühlt sich besser an. Statt nach vorn, in Flugrichtung, feuert das Triebwerk nun nach unten, in Richtung Erde. Mandy beeilt sich, die Löcher zu bohren und die Schrauben anzubringen. Denn sie merkt schon, dass auch die neue Ausrichtung des Triebwerks einen Nachteil hat: Sie bringt die Raumstation dazu, um eine gedachte Querachse zu rotieren.

Geschafft. Das Blech sitzt. Mandy wackelt daran – und bleibt mit dem Handschuh kleben. Mist! Die oberste Schicht muss geschmolzen sein. Sie reißt den Handschuh ab und betrachtet das Material. Es ist noch dicht. Sie ist wirklich ein Glückspilz.

Mandy lacht. Wenn sie all die Scheiße, die ihr hier oben passiert ist, zusammenrechnet und dann komplett vergisst, hat sie in der Summe doch eine Menge Glück gehabt.

Ihr wird schwindlig. Natürlich. Die Station hätte sich ja auch mal weigern können, sie noch weiter zu ärgern, aber nein, das ist eben deutsche Gründlichkeit. Vorsichtig klettert Mandy zurück zur Mitte der Station. Hier, in der Nähe der Drehachse, ist es noch am besten auszuhalten.

# LAUSITZ

Ein blendendes Licht dringt durch seine Lider. Sie haben ihn gefunden! Er ist den Aliens entwischt, die mit Laserstrahlen auf ihn geschossen haben, aber jetzt ...

»He, ganz ruhig«, sagt Hardy. »Ich bin es bloß.«

»Was ...«

Tobias öffnet die Augen. Vor ihm steht ein Hüne. Wo ist er, und was ist mit den Aliens passiert? Ist das sein Retter?

»Hardy, sagt dir das etwas?«

Der Mann gräbt seine Pranken in seine Schulter. Hardy ... Oh, Mann. Das ist die Realität. Tobias befindet sich im Haus des Mannes, der ihm geholfen hat. Hardy, der Amateurfunker, Rufzeichen Y2 irgendwas. Er liegt in seinem Bett. Natürlich. Er hat sich nur einmal kurz hingelegt.

»Entschuldige, ich wollte mich nur kurz ausruhen«, sagt Tobias.

»Kein Problem. Ich habe auf dem Boden geschlafen. Aber jetzt habe ich Hunger und würde gern frühstücken. Deshalb habe ich die Rollläden hochgezogen.«

»Du warst die ganze Nacht hier?«

»Na klar. Als ich so gegen Mitternacht gekommen bin, lagst du schnarchend auf meinem Bett. Ich habe dich auf die Seite gedreht und mich dann auf die Luftmatratze gelegt. Wie ist es dir denn ergangen? Ich habe mich schon über die zerfetzten Sachen vor der Tür gewundert.«

»Das ist meine Uniform. Das war sie jedenfalls. Ich habe mir Sachen von dir geliehen.«

»Klar, kein Problem. Weißt du, was? Ich backe ein paar Semmeln auf, und dann erzählst du mir alles beim Frühstück.«

---

»Eine Umweltsauerei? Das hätten sie doch einfach mit Abraum aus dem Tagebau zugeschüttet«, sagt Hardy, während er Semmeln aufschneidet.

Die beiden Hälften dampfen. Tobias gießt Hardy und sich Kaffee ein.

»Die beiden Alienschauspieler schienen davon überzeugt zu sein«, sagt er.

»Das ist gut möglich. Das Bodenpersonal muss ja nicht alles wissen. Aber da steckt mehr dahinter, das sagt mir mein kleiner Zeh.«

»Ja, das befürchte ich auch. Ich hatte nur in diesem Moment keine andere Wahl.«

Tobias nimmt etwas Leberwurst.

»Na, ich bin jedenfalls stolz auf dich, Kleiner.«

Hardy schlägt ihm anerkennend auf die Schulter. Der alte Mann sieht ihn mit einem gütigen Blick an, als wäre er sein Vater.

»Stolz? Ich habe mich da rausbringen lassen wie ein dummer Junge, der sich im Wald verlaufen hat.«

»Das siehst du falsch. Du bist der erste Mensch, der illegal dort eingedrungen ist, es durch die Hindernisse geschafft hat und lebend wieder herausgekommen ist.«

»Aber ich habe Miriam nicht gefunden. Sie irrt da immer noch allein herum.«

Hardy streicht sich über das Kinn.

»Ich glaube nicht, dass sich deine schicke Freundin dort verlaufen hat. Sonst hätten die Typen etwas gesagt. Ich finde es gut, dass du die Männer nicht über den Haufen geschossen hast. Die machen doch auch nur ihren Job.«

»Danke, aber was wird nun aus Miriam?«

»Du hast es selbst gesagt. Es gibt noch eine andere Frau, die auf Hilfe wartet, unsere Kosmonautin.«

»Hat sie sich gemeldet?«, fragt Tobias.

»Ja. Sie hat noch für vierundzwanzig Stunden Luft, und man hat versucht, die Station zum Absturz zu bringen. Nicht einmal auf der Notruffrequenz bekommt sie Hilfe.«

»Mist. Gibt es denn niemanden, der sie retten kann?«

»Es sieht nicht so aus«, sagt Hardy. »Sie hat es bei den Chinesen, den Russen, den Amerikanern und den Europäern versucht. Das sind ja wohl die Einzigen, die so schnell ein Schiff ins All bekommen.«

»Es sieht ja so aus, als hätte sich die ganze Welt gegen sie verschworen.«

Tobias seufzt. Wie soll er denn die Frau im All retten, wenn er es nicht einmal zu Miriam in die Zone schafft?

»Tja, offiziell befindet sich ein durchgedrehter Roboter an Bord der Völkerfreundschaft, der glaubt, ein Mensch zu sein. Damit will sich niemand herumärgern.«

»Eine schlau ausgedachte Geschichte. Wir brauchen jemanden, der sich davon nicht ins Bockshorn jagen lässt. Entschuldige mich für einen Moment. Wenn ich vom Klo zurück bin, finden wir einen Ausweg.«

---

»Und, ist dir etwas eingefallen?«, fragt Hardy.

»Ich habe an Jonas gedacht. Er scheint ...«

»Bist du bekloppt? Der Typ hat uns die Stasi auf den Hals gehetzt!«

»Ja, aber er hat offenbar Beziehungen und arbeitet nicht für das MfS.«

»Das glaubst du ihm? Ich hatte Glück, dass ich hier in der Gegend bekannt bin wie ein bunter Hund. Mich zu verhaften, hätte mehr Aufsehen erregt, als ihnen lieb war. Das konnte ich ihnen gerade so verklickern. Aber wenn sie noch einmal hier erscheinen, gibt es keine Garantie, dass es wieder so glimpflich ausgeht. Dann werde ich endgültig meinen Tunnel brauchen.«

»Ich würde Jonas ja nur fragen, ob er einen Weg sieht, Mandy zu helfen. Er hat immer noch Interesse an Miriam. Wenn ich ihm also verspreche, mich um Miriam zu kümmern, tut er vielleicht etwas für die Kosmonautin.«

»Und du denkst wirklich, er wäre dazu in der Lage?«, fragt Hardy.

»Wir könnten ihm ja erklären, dass die Geschichte mit dem durchgeknallten Roboter eine Finte ist. Er weiß, dass ich ihm keinen Mist erzähle. Wenn er das an seine Kontakte weitergibt, sind sie vielleicht eher bereit, Mandy zu retten. Das wäre doch eine propagandaträchtige Geschichte! Der Westen schafft, wozu die DDR nicht fähig ist, und rettet die DDR-Kosmonautin.«

»Ich weiß nicht ...«

»Hast du eine bessere Idee, Hardy?«

»Leider nicht. Also gut, dann rufen wir ihn an. Ich übernehme das.«

---

»VEB Carl Zeiss Jena, Jonas Schieferdecker am Apparat, mit wem spreche ich?«

Die Verbindung ist glasklar. Hardys Technik ist prima.

»Ich bin es«, sagt Tobias.

»Du? Ach ja, *du* bist es.« Jetzt hat Jonas offenbar seine Stimme erkannt.

»Ich brauche deine Hilfe«, sagt Tobias.

»Wo bist du denn?«

»Das spielt keine Rolle.«

»Verstehe, du bist misstrauisch wegen gestern. Wenn ich dir helfen soll, muss ich aber wissen, wo du bist.«

Das gefällt Tobias gar nicht. Vielleicht hat Hardy doch recht, und das Gespräch ist ein Fehler.

»Du sollst ja gar nicht mir helfen.«

»Für unsere gemeinsame Freundin kann ich nichts tun. Sie ist außerhalb meiner Reichweite. Ihr kann nur noch ein Wunder helfen.«

»Oder ich«, sagt Tobias. »Ich habe vielleicht einen Weg gefunden.«

»Und warum reden wir dann hier? Los, auf, auf! Hol sie da raus, bevor es zu spät ist!«

Jonas klingt geradezu begeistert.

»Vorher will ich, dass du etwas für jemand anderen tust.«

»Nun sag es schon, für wen? Deine Freunde in der Lausitz? Da sind mir die Hände gebunden. Das ist nicht mein Territorium.«

So ein Feigling. Aber darum geht es ja nicht.

»Mandy Neumann, der Name sagt dir etwas?«, fragt Tobias.

»Die DDR-Kosmonautin. Kurz nach der Landung ihrer Kapsel an inneren Verletzungen gestorben. Hinterlässt zwei Kinder. Sehr traurig. Die Kinder sollen nun einen Orden bekommen.«

»Das ist die offizielle Version. Tatsächlich lebt Mandy noch.«

»Bist du sicher? Ein Roboter soll verrückt geworden sein.«

»Ich bin absolut sicher. Mandy braucht dringend Hilfe. Sie hat nur noch für vierundzwanzig Stunden Atemluft. Jemand muss sie im Orbit abholen. Bitte.«

»Verstehe. Das sind ja ganz neue Informationen. Die muss ich natürlich erst überprüfen lassen. Aber ich werde sie weitergeben, versprochen.«

»Das reicht nicht, Jonas. Die Frau hat zwei Kinder und soll in ihrer Station elendig ersticken. Das können wir nicht zulassen!«

»Es tut mir leid, aber ich kann dir keine Versprechungen machen. Es ist in der aktuellen Situation nicht angemessen, die DDR-Führung das Gesicht verlieren zu lassen. Wenn etwas geschieht, muss es sorgfältig geplant sein und unauffällig ablaufen. Die Kosmonautin muss bereit sein, anschließend zu schweigen. Niemand darf öffentlich düpiert werden. Kannst du das garantieren?«

Kann er das? Er kennt die Frau nicht. Aber als Mutter wird sie sicher alles für ihre Töchter tun.

»Das kann ich«, sagt Tobias. »Wenn Mandy Neumann ihre Kinder wiedersehen darf, wird sie dafür ihre Seele an den Teufel verkaufen.«

»Den hat doch deine Seite unter Vertrag, wie ich so höre.«

# ISS

»*Liebe Gäste, es ist mir eine besondere Freude, Ihnen heute den Andockvorgang eines ganz speziellen Gastes zeigen zu dürfen, einer Boeing X-38 der Space Force.*«

Die Anwesenden drängen sich vor den Fenstern der Kuppel. Jennifer schätzt, dass bestimmt dreißig der dreiundvierzig Gäste hier sind. So viel Platz ist auf der Seite, von der aus man den Docking-Adapter sehen kann, natürlich nicht. Aber sie ist nicht überrascht. So oft sieht man die X-38 in freier Wildbahn nicht und erst recht nicht in der Nähe einer zivilen Einrichtung wie der ISS.

Was werden die Gäste sagen, wenn Jennifer ihnen erklärt, dass sich ihr Rückflug verzögert? Dann wird ihre Begeisterung wohl schnell in Ärger umschlagen, und sie bekommt ihn ab. Mission Control hat den Raumgleiter erst vor einer halben Stunde angekündigt. Das ist extrem kurzfristig. Entweder an Bord des Gleiters gibt es ein Problem, oder ... Ihr fällt kein anderer Grund ein.

»*Lassen Sie bitte auch einmal die hinter Ihnen Wartenden einen Blick auf den Neuankömmling werfen?*«, fragt sie über die Sprechanlage.

Einige Gäste kommen ihrer Bitte nach, andere ignorieren sie. Aber da wird sie sich nicht einmischen. Sie hat sich schon einmal eine Kopfnuss eingefangen. Der Mann, der dafür verantwortlich war, hat zwar lebenslanges Flugverbot bekommen, aber seitdem hat sie Angst, sich in solche Situationen zu begeben. Sie beobachtet die X-38 auf dem kleinen Bildschirm am Handgelenk. Das elegante Space Plane nähert sich langsam. Es sieht aus, als würde es den Unterkiefer hängen lassen, weil es die Klappe, die sich im Flug vor dem Kopplungsstutzen im Bug befindet, nach unten gedreht hat.

»Jenny, kannst du mal kommen?«, fragt Mike per Funk.

»Ich habe hier etwa dreißig Leute in der Kuppel. Wenn ich die allein lasse, nehmen sie mir alles auseinander.«

»Die Bullaugen bekommen sie nicht auf, und wenn doch, sind sie selbst schuld. Du machst einfach die Schotten dicht, wenn du den Raum verlässt. Ich brauche dich nur kurz.«

»Mike, es verstößt gegen ungefähr siebenundzwanzig Vorschriften, wenn ich die Gäste in der Kuppel einschließe. Oder übernimmst du die Verantwortung, wenn es zu einer Panik kommt?«

»Ja, im Moment habe ich keine andere Wahl. Also schließ die Leute ein und beweg deinen Arsch hierher. Das ist ein Befehl.«

------------

Mike ist ein Blödmann. Aber er scheint gerade wirklich unter Druck zu stehen. Jennifer schwebt durch das Labor und die Kantine.

»Wohin soll ich denn überhaupt kommen?«, fragt sie per Funk.

»Lager siebzehn.«

»Siebzehn? Wo ist das?«

»Neben der Sechzehn, wo sonst?«

Lager sechzehn kennt sie gut. Darin lagert die Nahrung für die Hotelgäste. Aber die Siebzehn haben sie noch nie geöffnet, solange sie an Bord ist. Jennifer biegt hinter der Werkstatt rechts ab. Mike wartet schon kopfüber vor einem verschlossenen Schott. Unter der großen »Siebzehn« steht »Eigentum der Vereinigten Staaten«.

»Und wozu brauchst du mich nun?«, fragt Jennifer.

»Du hättest bei der Führung am ersten Tag besser aufpassen sollen. Halt deinen Ausweis vor den Scanner.«

Oh, Mist, das hat sie wirklich vergessen. Die Siebzehn lässt sich nur von zwei Leuten gemeinsam öffnen. Sie hält die Plastikkarte, die sie an einer Schnur um den Hals trägt, vor den Scanner.

»Zweite Bestätigung erforderlich«, erscheint auf dem kleinen Bildschirm darüber.

Mike hält seinen Ausweis ebenfalls hin. In der Tür knackt etwas. Mike öffnet sie. Der Lagerraum dahinter ist viel kleiner als die Sechzehn. Drei braun-olivfarbene Kisten, etwa anderthalb Meter lang, sind mit Gurten an den Wänden befestigt.

»Du die linke, ich die rechte«, sagt Mike.

Er löst den Gurt der rechten Kiste und zieht sie aus dem Lager in den Gang. Jetzt ist Jennifer dran. Sie holt die linke Kiste heraus. »Vorsichtig behandeln«, steht darauf.

»Was ist das?«, fragt sie.

»Das geht uns nichts an. Aber rate doch mal.«

Die Farbe der Kisten. Das gleichzeitige Eintreffen der X-38. Space Force.

»Waffen?«, rät Jennifer.

Mike antwortet nicht.

»Also Waffen?«, fragt sie noch einmal. »Verstößt das nicht gegen den Weltraumvertrag?«

Mike schließt das Schott von außen.

»Ich kann nicht bestätigen, dass es sich um Waffen handelt. Aber wenn es welche wären – ihre Lagerung und ihr Transport im All sind nicht verboten. Könnte ja sein, dass wir nach der Landung auf einen Grizzly treffen.«

»Verstehe. Ich ahne schon, für wen die Kisten bestimmt sind.«

Mike zeigt nach vorn. Dort geht es zu dem Docking-Adapter, an dem die X-38 festmachen wird. Jennifer zieht die Kiste hinter sich her. Auf dem Bildschirm an ihrem Handgelenk sieht sie, dass der Raumgleiter gerade angedockt hat.

»Bleiben die Besucher zum Mittagessen?«, fragt sie.

»Nein, Schatz, du brauchst nicht für sie zu kochen.« Mike grinst dämlich.

»Schade, für die Gäste wäre das eine schöne Ablenkung gewesen.«

»Ich fürchte, die Jungs in der X-38 haben etwas vor, tut mir leid. Und nun ab mit dir zu deinen Gästen, wehe, ich höre Klagen.«

# ERDORBIT

Sie hat endlich wieder Nachricht aus der Lausitz! Mandy sitzt vor dem Funkgerät. Lange hält sie es hier nicht aus. Der Schrottsammler hat zwar sein Triebwerk schnell deaktiviert, als die Rotation sich beschleunigt hat, aber sie hat noch keinen Weg gefunden, die Raumstation wieder zu bremsen. Nur in der Nähe der Rotationsachse lässt sich die Bewegung länger ertragen. Dort hat Mandy ein paar Stunden geschlafen.

Hier, vor dem Funkgerät, drückt die Fliehkraft sie leicht gegen den Boden. Die künstliche Schwerkraft könnte sogar ganz angenehm sein, würde sie sich nicht so schnell verändern. So aber wirken auf ihren Schädel höhere Kräfte als auf ihre Beine, und das verursacht ihr Kopfschmerzen und Übelkeit. Da sie allerdings nicht mehr aus dem Raumanzug herauskommt, wäre es äußerst ungünstig, wenn sie erbrechen müsste.

Die neuen Nachrichten von der Erde sind allerdings vielversprechend. Nein, es genügt noch lange nicht, um wieder Hoffnung zu fassen. Aber Mandy ist nicht mehr so einsam. Das ist schon eine Menge wert. Sie wird nicht ganz allein hier oben sterben. In ihren letzten Stunden, die beängstigend nah sind, wird sie sich mit echten Menschen unterhalten können. Erst dann, wenn die Anzeige am Sauerstofftank auf null steht, wird sie den Helm abnehmen.

Nicht mehr als fünfzehn Sekunden, heißt es, kann ein Mensch überleben, der dem Vakuum ausgesetzt ist. Das ist ein relativ schneller Tod. Sie will nicht stundenlang mit den letzten Resten der von ihr selbst immer wieder ausgeatmeten Luft dahinvegetieren. Deshalb wird sie ein bewusstes Ende setzen, zu einem Zeitpunkt, den sie selbst in der Hand hat, und zwar dann, wenn jede Rettung weiter entfernt ist, als ihr Sauerstoff reicht. Das sind jetzt noch ziemlich exakt acht Stunden. Sie hat die Flasche gerade erst am

Tank der Station aufgefüllt. Es war noch genug für zwei weitere Füllungen darin.

Es ist verrückt. Mandy fühlt sich wie eine Schiffbrüchige, die in ihrem Rettungsboot verdurstet. Eine dichte Schicht des für sie gerade wertvollsten Stoffes liegt fast greifbar unter ihr. Mit einer Landekapsel wäre sie in zwei Stunden unten. Aber mit der kompletten Raumstation kann sie nur verglühen. Dann doch lieber den Helm abnehmen.

Mandy konzentriert sich wieder auf das Funkgerät.

»Wir haben Kontakt mit bestimmten westlichen Stellen aufgenommen«, steht da.

Der Satz schmeckt bitter. Sie hat doch versucht, sich bei der ISS zu melden. Nicht einmal auf der Notruffrequenz haben sie geantwortet. Sie beschreibt ihre erfolglosen Versuche und schickt die Nachricht ab.

»Die ignorieren dich, weil sie dich für einen durchgedrehten Roboter halten«, liest sie. »Dieser Roboter glaubt angeblich, ein Mensch zu sein. Deshalb darf sich niemand deiner Raumstation nähern.«

Das ist unglaublich. Aber es ist eine Erklärung. Wer hat sich das bloß ausgedacht und warum? Was hat sie getan, dass man sie auf diese Weise zum Tode verurteilt? Jeder Republikfeind bekommt einen Prozess, aber sie wird einfach abgeschaltet wie eine Maschine. Wer weiß alles davon? Sie schickt einen Teil dieser Fragen an den OM, doch der kann es ihr auch nicht sagen.

»Wir hoffen, dass unser Freund dir helfen kann«, liest sie.

Hoffnung, ein schönes Wort. Mandy darf sich davon nicht verführen lassen. Das alles muss mit der MKF-8 zusammenhängen und vermutlich auch mit ihren Aufnahmen der Zone. Wenn sie schon sterben muss, wird sie zumindest ein Erbe hinterlassen. Sie schwebt zum Hauptrechner und komprimiert die Fotos aus dem Zentralbereich der Zone so stark, dass sie sich auch über Packet Radio übertragen lassen. Dann kopiert sie die Bilder auf einen Speicherstift, liest dessen Inhalt auf dem Amateurfunkgerät ein und hängt ihn an eine Textnachricht.

»Diese Fotos habe ich gestern von der Zone gemacht«, schreibt sie dazu. »Ich weiß nicht, ob sie euch helfen. Es kann gut sein, dass sie mich das Leben gekostet haben, obwohl ich zunächst gar nichts davon wusste. Findet bitte einen Weg, sie zu veröffentlichen. Und grüßt meine Töchter und sagt ihnen, dass ich sie sehr lieb habe.«

Die Tränen bewegen sich nicht nach unten über ihre Wangen, sondern nach außen. Das ist so kurios, dass Mandy in wildes Gelächter ausbricht. Jetzt dreht sie wohl langsam durch. Daran muss der Stress im Angesicht des Todes schuld sein.

Der Hauptrechner meldet sich. Das Geräusch kennt sie schon. Es ist ein Annäherungsalarm. Schon beim letzten Mal hat er nichts Gutes verheißen. Sie schwebt zum Bildschirm. Das Radar kann ihr nicht verraten, was da auf sie zukommt. Es ist aber nicht die Rettung, die sie so ersehnt. Dafür ist das Objekt zu schnell. Und es beschleunigt noch. Um ankoppeln zu können, müsste es jetzt bremsen. Mandy schwebt zum Funkgerät zurück.

»Ich muss mich mal für eine Weile verabschieden«, schreibt sie. »Wahrscheinlich für immer. Irgendetwas ziemlich Schnelles kommt auf die Station zu. Ich ahne nichts Gutes. Euer Freund ist wohl auch nicht der, für den ihr ihn haltet.«

Die Frequenz, mit der der Hauptrechner warnt, erhöht sich deutlich. Es sind also noch dreißig Sekunden bis zum Aufschlag. Die Schleuse ist direkt hinter Mandy, und sie ist offen. Das ist ihr Glück. Wäre die Station noch mit Luft gefüllt, würde sie es nicht schaffen.

»Zeigt es denen«, tippt sie noch schnell. »Wer immer die sind. Ich verlasse jetzt das Schiff, bevor das Ding einschlägt.«

Dann zieht sie sich in die Schleuse. Diesmal braucht sie keine Sicherungsleine. Sie geht in die Knie und springt nach oben. Wie ein Miniraumschiff fliegt sie in die Schwärze des Alls.

Kurz darauf schlägt etwas in die sich drehende Raumstation ein. Alles geht so schnell, dass Mandy nicht erkennen kann, was genau die Völkerfreundschaft getroffen hat. Vielleicht ein Torpedo? Eine

Rakete? Ist der Einsatz solcher Waffen im All überhaupt erlaubt? Die Explosion ist so hell, dass sie geblendet wird, obwohl sich das Helmvisier sofort verdunkelt hat.

Eine Druckwelle hat sie im All nicht zu befürchten, wohl aber Trümmer. Noch einmal hat sie unglaubliches Glück. Alle Teile behalten ihren letzten Impuls, den ihnen die Drehung der Station verliehen hat. Sie verteilen sich über die Rotationsebene, von der sich Mandy mit ihrem Sprung entfernt hat. Zwar zischen nun zehntausend neue Fragmente durch den Orbit – aber keines davon auf Mandys Bahn.

Wahnsinn. Nicht der Roboter, sondern die Welt ist verrückt geworden. Waffeneinsatz im Weltall, ein, zwei, drei Mordversuche, ein gravierender Verstoß gegen den Weltraummüllvertrag. All das nur, um sie zum Schweigen zu bringen? Dabei hat sie doch nicht mal etwas gesagt! Sie hat bloß etwas beobachtet, und das auch erst, als man sie längst für schuldig erklärt hatte. Diese Bilder aus der Zone müssen etwas Ungeheuerliches enthalten. Etwas, das die ganze Welt aus dem Gleichgewicht bringt, wenn es bekanntwird.

## 13. OKTOBER 2029
# X-38

»Auftrag erledigt«, sagt die Frau in der Schleuse.

»Komm wieder rein, Vicky.«

Roger atmet tief durch. So einen Auftrag wird er nie wieder annehmen. Nicht dass er eine Wahl gehabt hätte. Aber er hat sich die Aufnahmen angehört. Das war kein Roboter, nie und nimmer. Das kann ihm niemand erzählen.

Vicky, die Schützin, wird jetzt ungefähr zehn Minuten brauchen, bis sie bei ihm ist. Der Pilot geht die Aufnahmen des Abschusses durch. Der Gefechtskopf hat die Station am Bug getroffen, wie es geplant war, obwohl das Zielobjekt ziemlich flott rotierte. So hatten die Simulationen eine kleinstmögliche Explosion berechnet. Es ist nicht beabsichtigt, weltweit Aufmerksamkeit zu erregen.

Aber die Aufnahmen zeigen, dass alles noch deutlich weniger spektakulär ablief als befürchtet. Dass die Sauerstofftanks beinahe leer sein würden, war klar gewesen. Aber auch das Innere der Station scheint keinen Sauerstoff mehr enthalten zu haben. Trotzdem hat sich die Station in viele tausend Teile zerlegt.

Er hat recht gehabt. Eine Rakete völlig ohne Sprengkopf hätte auch genügt. Etwas Relativgeschwindigkeit, und bum, selbst ein Nagel wird zum Geschoss. Aber im Pentagon hatten sie sichergehen wollen.

Doch was ist das? Die Teile, die von der Explosion weggesprengt wurden, fliegen alle etwa in einer Ebene davon. Sie kühlen sich relativ schnell ab, wie die Infrarotkamera zeigt. Aber da ist ein verwaschener Fleck jenseits der Achse, der seine Temperatur behält. Der Pilot prüft die Kalibrierung. Etwa fünfundsechzig Grad Fahrenheit. Kälter als ein menschlicher Körper, aber nicht untypisch für die Abstrahlung eines Menschen im Raumanzug.

Hm. Sie haben noch eine zweite Rakete. Das Ziel ist ziemlich klein, aber durch die Infrarotabstrahlung gut identifizierbar. Was hat sein Chef gesagt? *Ihr blast die Station in die Luft, wie es unsere Verbündeten wollen, und fertig. Saubere Arbeit. Da drüben ist nur noch ein Roboter. Die Chinesen werden murren wegen der zusätzlichen Schrottbelastung, aber das Teil ist eine Gefahr, die schnell aus dem Weg zu räumen ist. Danach gibt's Sonderurlaub.*

Den Auftrag haben sie erledigt. Mehr kann niemand von ihnen verlangen.

»He, Roger, was guckst du so trübe?«, fragt Vicky.

»Ich? Ach nichts.«

Er schaltet auf den Navigationsbildschirm um. Der verwaschene Fleck verschwindet. Er sieht ihn trotzdem noch für eine Weile. Da ist eine rötliche Stelle auf dem Bildschirm. Roger wischt darüber, doch sie verschwindet nicht.

»Was hast du denn? Da ist doch nichts«, sagt Vicky.

»Hast recht. Ich überlege nur, was ich mit meinem Sonderurlaub anfange.«

»Ich fliege mit meinem Liebsten nach Vegas. Da machen wir einen drauf.«

»Gute Idee, Vicky.«

Der rötliche Fleck löst sich auf.

## 13. OKTOBER 2029
# LAUSITZ

»Jonas, du Arschloch, was hast du getan?«, schreit Tobias in das Mikrophon.

»Ich habe getan, was getan werden musste«, antwortet Jonas. »Schrei nicht so, ich höre dich ganz gut.«

»Warum musste denn die Kosmonautin sterben?«

»Weil du deinen Auftrag nicht erledigt hast, Genosse.«

»Du Schwein, jetzt schiebst du es auch noch auf mich? Und nenn mich nicht Genosse. Ich bin nicht dein Genosse. Auf solche Genossen wie dich ist geschissen. Die Frau hinterlässt zwei kleine Kinder!«

»Um die wird sich jemand kümmern. Sie haben ja auch noch ihren Vater. Es wird ihnen an nichts fehlen. Ihre Mutter ist immerhin eine Heldin! Damit können sie mehr anfangen als mit einer Verräterin.«

»Mandy Neumann ist keine Verräterin. Sie hat nur ihre Aufgabe erfüllt.«

»Du weißt das, ich weiß das. Das bedeutet nichts. Aber wenn es dich beruhigt – sie ist für eine große, wirklich große Sache gestorben.«

»Und welche soll das sein?«

»Wenn du das erfährst, wirst du unter ähnlichen Umständen sterben wie die Kosmonautin.«

Die Fotos. Er muss sich unbedingt die Fotos ansehen. Es ist ihr

Erbe, hat sie gesagt. Vielleicht ist die große Sache darauf zu erkennen. Die MKF-8 ist der Schlüssel zu allem.

»Du hättest sie nicht verraten müssen«, sagt Tobias. »Du bist schuld an ihrem Tod.«

»Doch, das musste ich. Es ist ein Geschäft. Miriams Leben gegen Mandys. Wenn sie Miriam schnappen, und das werden sie, werden sie sie nicht umbringen. Sie werden mich holen, und ich habe dann die Chance, sie dazu zu bewegen, in ihr früheres Leben zurückzukehren. Eine trauernde Witwe macht sich immer gut.«

»Witwe? Was soll das heißen?«

»Ihr Mann hat es leider nicht geschafft. Ziemlich dumm gelaufen.«

»Wenn sie das erfährt, wird sie auf keinen Fall klein beigeben. Da kennst du sie schlecht.«

»Ich kenne sie besser als du. Sie hat sich schon immer zu Höherem berufen gefühlt. Denkst du, als kleiner Volkspolizist hättest du bei ihr eine Chance gehabt? Ich werde die Nachfolge ihres Mannes antreten. Miriam kann gar nicht nein sagen.«

»Das wird sie aber.«

»Träum weiter, Junge, und werde endlich erwachsen.«

---

»Ich habe dir doch gesagt, dass es nichts bringt«, sagt Hardy, als Jonas abgeschaltet hat. »Der Mann hält sich für unangreifbar. Du hast dich nur selbst in Gefahr gebracht. Jetzt wissen sie, wo du dich aufhältst.«

»Ich glaube nicht, dass er das weitergibt. Wenn das MfS es wüsste, würden sie bestimmt schon vor der Tür stehen. Aber Jonas glaubt doch, er habe gewonnen. Er wartet nur auf den Anruf, um Miriam abholen zu können.«

»Wenn du dich da mal nicht täuschst. Es wäre ja nicht das erste Mal.«

Hardy hat leider recht. Es ist ein Wunder, dass er Tobias immer noch hilft. Hardy scheint jegliche Bedrohung völlig egal zu sein.

»Es tut mir leid, Hardy. Ich bringe dich dauernd in Gefahr. Es wäre besser, wenn ich mich im Hammer verstecken würde. Die Wirtin scheint eine ganz patente Frau zu sein.«

»Ja, die würde dich wohl nicht verpetzen. Aber du bleibst jetzt erst einmal hier. Vielleicht brauchst du ja meine Station noch. Außerdem ist das alles viel zu spannend, um sich jetzt daraus zurückzuziehen. Ich habe das Gefühl, dass du es diesem Jonas noch ordentlich zeigen wirst und herausbekommst, welche Schweinerei hier läuft.«

*Und Miriam rettest,* hätte Tobias ja lieber gehört. Aber Hardy hat davon wohl bewusst nicht gesprochen. Es kann natürlich eine Finte sein, was Jonas behauptet hat, und Dr. Prassnitz lebt noch. Aber wenn es stimmt, wird Miriam die Zone erst verlassen, wenn sie die Verantwortlichen gefunden hat. Daran wird auch Jonas nichts ändern können.

»Wir müssen uns die Bilder ansehen, die Mandy geschickt hat«, sagt Tobias.

---

»Ist das ein See?«, fragt Tobias.

»Ich glaube nicht«, sagt Hardy. »Schau doch mal, wie rund er ist. Kein See hat eine exakte Kreisform.«

»Kein natürlicher See. Aber im Tagebaugelände ist nichts mehr natürlich.«

»So rund? Auch an einem künstlichen See bricht mal irgendwo der Rand ein.«

»Vielleicht ist er von Metall eingefasst«, sagt Tobias. »Wenn das nun die giftige Brühe von diesem Chemieunfall ist, von der die Schauspieler gesprochen haben?«

»Ich bin kein Chemiker, aber ich stelle mir giftige Stoffe eher giftgrün als schwarz vor. Irgendwie bunt, wie Öl glänzend.«

»Ich weiß, was du meinst. Könnte es ein riesiger oberirdischer Erdöltank sein? Es gibt auch keine Wellen, die Oberfläche ist total glatt. Erdöl ist doch zäh und schwarz, das würde passen.«

»Es passt aber nicht dazu, dass du so wenige Bohrtürme gesehen hast. Und was sind diese halbkreisförmigen Flecken hier?«

»Sie wiederholen sich ziemlich oft.« Tobias zählt sie durch. »Es sind fünfundvierzig. Also alle acht Grad eine.«

»Und wenn diese Dinger am Rand die kreisförmige Fläche quasi aufspannen? Es könnte ein riesiges Tuch sein, unter dem sich das eigentliche Geheimnis verbirgt.«

»Oder eine Antenne, mit der sie Kontakt zu irgendwelchen Außerirdischen ...«

»Quatsch. Gäbe es da wirklich welche, hätten sie dir keine vorspielen müssen.«

»Stimmt auch wieder. Mist. Ich fürchte, rein durch Betrachtung werden wir es nicht herausfinden. Ich muss da noch einmal rein.«

*Bist du denn wahnsinnig?*, könnte Hardy jetzt sagen. Aber er sagt gar nichts. Er nickt nur.

»Stimmt. Und diesmal komme ich mit.«

»Bist du sicher?«

»Völlig sicher. Das wird das letzte Abenteuer meines Lebens.«

Oh. Was meint Hardy denn damit? Der alte Mann sieht ihn mit entschlossener Miene an. Es hat keinen Sinn, ihm zu widersprechen.

»Was sagt denn Matthias dazu?«, fragt er.

»Matze ... Ich habe nichts von ihm gehört, seit ...«

Plötzlich wirkt der starke Hardy ganz schwach, lässt den Kopf hängen und krümmt den Rücken. Tobias schluckt und legt Hardy den Arm um die Schultern. Dann muss es wohl sein.

»Danke«, sagt Hardy.

Schon ist er wieder der Alte. Tobias lässt ihn los und läuft in dem Raum herum.

»Was die Kosmonautin betrifft ...«, ruft ihm Hardy hinterher.

»Ja, ihre armen Kinder. Wir sollten versuchen, mit ihnen in Kontakt zu treten«, sagt Tobias.

»Aber sind wir denn sicher, dass sie tot ist? Nach ihrer letzten Nachricht wollte sie die Station verlassen.«

»Glaubst du, sie hat es geschafft? Ich weiß ja nicht, was die Völkerfreundschaft getroffen hat, aber wenn es eine Rakete war, dürfte sie kaum genug Zeit gehabt haben, um sich aus dem Explosionsradius zu entfernen.«

»Du musst bedenken, dass da oben alles im Vakuum stattfindet. Da gibt es keine Druckwelle. Sie muss nur das Glück gehabt haben, nicht von Trümmerteilen getroffen zu werden.«

Tobias stellt sich vor, wie sie in ihrem Raumanzug einsam durch das All schwebt, ohne jeden Kontakt, aber doch noch voller Leben.

»Stimmt. Aber wie treten wir zu ihr in Kontakt?«, fragt er. »Das Amateurfunkgerät ist ganz sicher zerstört worden.«

»Ja, ich habe es schon versucht, die Mailbox reagiert nicht mehr. Alles tot. Aber ich könnte mir vorstellen, dass so ein Raumanzug konstant Wärme abstrahlt. Daran müsste man ihn von den Trümmerteilen unterscheiden können. Es müsste nur irgendjemand nachsehen.«

»Aber wer? Den Westen kannst du vergessen. Es klingt zwar verrückt, aber in dieser Sache scheint es mehr gemeinsame Interessen zu geben, als ich mir vorstellen mag.«

Dann kommen noch Chinesen und Russen in Frage. Kennt Tobias dort irgendwen? Er hat ein halbes Jahr in Moskau studieren dürfen. Den Ehrenwimpel des Zentralen Armeesportklubs hat er noch in seiner Wohnung hängen. Aber Bekanntschaften über diese Zeit hinaus hat er nicht gemacht. Die Chinesen machen sowieso ihr eigenes Ding.

Miriams Zeitung in der Hütte in der Zone kommt ihm in den Sinn. Er hat sie durchgeblättert, um etwas über die Völkerfreundschaft zu finden. Aber es war nur von einer gerade gestarteten indischen Mission die Rede gewesen. Indien. Da klingelt etwas. Raghunath! Er ist nicht einfach nur Schuldirektor, sondern leitet eine international bekannte und preisgekrönte Privatschule. Viele der Schüler, die er zur Hochschulreife gebracht hat, haben später selbst Karriere gemacht. Raghunath kennt bestimmt jemanden, der jemanden kennt, der ihm weiterhelfen kann.

»Ich habe in einer relativ neuen Zeitung etwas über eine indische Weltraummission gefunden«, sagt Tobias. »Ich weiß allerdings nicht mehr, wie sie hieß.«

»Das kann ich im Kybernetz-Archiv nachsehen. *ND* oder *LR*?«

»Ich glaube, es war die *Lausitzer Rundschau*.«

»Gut. Moment.«

Hardy tippt etwas in seinen Rechner.

»Ja, es war die *LR*. Oder auch das *Neue Deutschland*. Steht ja sowieso überall dasselbe. Die Mission, die du meinst, heißt Gaganyaan 3. Zwei Mann Besatzung plus weiblicher Roboter.«

»Danke. Ich habe einen guten Freund in Indien. Er ist Lehrer.«

»Lehrer?« Hardy zieht eine Augenbraue hoch.

»Unterschätze mir die Lehrer nicht. In Indien sind das noch echte Respektspersonen. Ich habe es selbst erlebt. Mein Freund leitet da eine bekannte Schule.«

»Dann schreib ihm.«

Hardy steht auf und schiebt Tobias den Hocker hin. Das Postfach seines Kybernetz-Zugangs ist schon geöffnet. Er braucht bloß noch die Adresse seines Freundes einzutragen. Zum Glück hat er sie im Kopf.

»Lieber Bruder Raghunath«, schreibt er auf Englisch. »Ich habe ein ungewöhnliches und zugleich sehr dringendes Anliegen. Deshalb frage ich ohne Umschweife: Kennst du jemanden, der uns Kontakt zum indischen Raumschiff Gaganyaan 3 vermitteln kann? Es ist, wie gesagt, sehr eilig, und es geht um Leben und Tod. Dein Tobias«

Er betätigt den Senden-Knopf. Und nun?

»Komm, lass uns ein paar Sachen für die Zone einpacken«, sagt Hardy.

Tobias will gerade aufstehen, da meldet sich das Kybernetz-Postfach. Ein K-Brief von Raghunath. Auf seinen Freund ist wirklich Verlass! Dabei muss in Indien in diesem Moment früher Morgen sein.

»Lieber Bruder Tobias«, schreibt Raghunath. »Ich habe gute Nachrichten für dich. Der Vyomanaut Rakesh Banerjee hat meine Schule besucht. Ich erinnere mich noch sehr gut an ihn. Er war einer der Besten seines Jahrgangs und dabei ein bescheidener, freundlicher Junge. Sein Vater ist ein bekannter Unternehmer aus Delhi, aber der Junge hat den Reichtum seiner Familie und seine Herkunft nie heraushängen lassen. Er hätte einfach seinem Vater folgen können, doch er ist lieber zur indischen Luftwaffe gegangen. Ich war sehr stolz, als ich gehört habe, dass er als Vyomanaut ausgewählt wurde. Wir haben das an der Schule groß gefeiert. Dazu war Rakesh sogar per Video zugeschaltet. Ich bin mir deshalb sehr sicher, dass ich ihm eine Nachricht zukommen lassen kann. Was soll ich ihm sagen? Es wäre mir eine Freude, dir helfen zu können. Dein Bruder Raghunath«

Hardy sieht ihm über die Schulter und liest mit. Dann klopft er ihm anerkennend auf den Rücken. »Toll, du kennst ja Leute!«

»Ja, Raghunath ist wirklich ein guter Mensch. Ich war sogar mal mit ihm in der Lausitz. Ist nun so zwanzig Jahre her. Da haben wir in der Dorfkneipe gesessen und mit den Bauern Nordhäuser Doppelkorn getrunken. Das war sehr lustig. Aber was schreiben wir ihm?«

»Es wäre gut, wenn sein Schüler mal Ausschau halten würde, ob er eine Kosmonautin im Raumanzug bemerkt. Der Orbit der Völkerfreundschaft müsste ja bekannt sein.«

»Der ehemalige Orbit«, sagt Tobias.

Er tippt die Antwort. Es geht nicht ganz so schnell, weil er alles im Kopf ins Englische übersetzen muss. Dabei zählt doch jede Sekunde.

»Soll ich ihn warnen?«, fragt er.

Hardy nickt.

»Achtung«, schreibt Tobias. »Es sieht so aus, als würden gewisse Mächte unsere Kosmonautin gern tot sehen. Rakesh sollte sich also vorsehen. Wenn er helfen will, sollte er das auf keinen Fall herumerzählen. Ich möchte nicht, dass er sich ebenfalls in Gefahr bringt.«

Er schickt die Nachricht ab. Raghunath muss schon darauf gewartet haben, denn er antwortet sofort.

»Betrachte deine Nachricht als zugestellt. Und vielen Dank für deine Warnung. Rakesh ist genau der Richtige für so eine Mission.

Ich habe mir gerade noch einmal seine Akte angesehen. Er befolgt, was ihm gesagt wird, behält sich aber trotzdem vor, eigenständig zu denken. Wenn ich etwas von ihm höre, melde ich mich.«

»Danke, lieber Bruder«, antwortet Tobias, »ganz besonders im Namen von Mandy Neumann. Sie hätte ihre Rettung wirklich verdient. Ich werde mich jetzt selbst auf eine kleine Reise begeben, bei der nicht sicher ist, ob ich sie überlebe. Du hast ja die Nummer meines Handtelefons. Ich habe es zwar meist ausgeschaltet, damit man mich nicht verfolgen kann, aber ich werde ab und zu drauf sehen.«

»Sehr gut, Bruder Tobias«, sagt Hardy. »Ich hoffe, dass dieser Rakesh jeder Gefahr aus dem Weg gehen kann.«

»Es weiß doch bisher niemand davon?«

»Davon würde ich nicht ausgehen.«

»Oh, wieso das?«

»Kybernetz. Es ist sehr gut möglich, dass da jemand mitliest.«

»Mist. Daran habe ich wirklich nicht gedacht.«

»Daran zu denken, hätte ja auch nichts geändert. Dieser Kontakt ist die einzige Chance, die die Kosmonautin noch hat. Falls sie noch lebt. Aber jetzt komm, wir müssen packen.«

## 13. OKTOBER 2029
# X-38

»Beginne Wiedereintritt«, sagt Roger.

Er lehnt sich zurück und betätigt die Korrekturdüsen. Der Raumgleiter dreht sich, bis das Heck in Flugrichtung zeigt.

»Mission Control hier. Einen Moment noch.«

»Was gibt es?«, fragt Roger und nimmt die Hand vom Joystick.

Was will der CapCom denn jetzt noch von ihnen? In einer guten Stunde sind sie unten, da können sie von Angesicht zu Angesicht sprechen. Hoffentlich dauert das Debriefing nicht zu lange. Er will endlich nach Hause.

»Es geht um euer Ziel. Wir haben gerade Nachricht bekommen, dass es noch heiß sein könnte.«

»Wer sagt denn so etwas? Du hättest den Knall sehen sollen.«

»Ich habe ihn gesehen. Du hast schon recht, die Station ist Schrott. Aber das Ziel ...«

*Tja, mein Bester. Ihr wolltet die Station, das haben wir erledigt. Fertig und aus.* Sie sind doch keine Killer.

»Die Station war das Ziel, oder nicht? Die ist garantiert nicht mehr heiß.«

»Genau genommen ging es nicht um die Station.«

»Klar, um den durchgedrehten Roboter an Bord. Aber ich versichere dir, dass der es nicht in einem Stück nach draußen geschafft haben kann. Unmöglich. Wir haben alle Trümmerteile vermessen. Nur zwei waren größer als der Roboter, und das waren jeweils Teile der Hülle. Das Ding ist ein für alle Mal außer Betrieb.«

»Wollt ihr nicht noch einmal nachsehen?«

Nein, er wird nicht verraten, dass er den rötlichen Fleck bemerkt hat. Die da oben sind doch selbst schuld, wenn sie mit der Wahrheit hinterm Berg halten. Die Kosmonautin hat ihre Chance verdient. Er wird nicht direkt an ihrem Tod schuld sein.

»CapCom, ich habe jetzt Urlaub, nur noch die Landung, und dann ...«

»Roger, du musst mich auch verstehen. Ich bekomme hier Druck von oben. Wir müssen sichergehen, dass wir nichts übersehen haben.«

»Was will er denn?«, fragt Vicky.

Roger trägt Kopfhörer. Die Schützin hat deshalb nur gehört, was er selbst gesagt hat. Er deaktiviert das Mikrophon.

»Der CapCom glaubt, wir könnten etwas übersehen haben.«

»Der spinnt doch!«, ruft Vicky. »Das war ein einwandfreier Abschuss. Die Trümmerteile ...«

»Das habe ich ihm auch schon gesagt. Das war gute, saubere Arbeit.«

»Danke, Roger. Sag ihm, er soll uns am Arsch lecken.«

Er schaltet das Mikrophon wieder ein.

»Vicky sagt, wir haben unseren Job gut erledigt.«

»Genau genommen habe ich gesagt, dass du uns am Arsch lecken sollst«, ruft Vicky in sein Mikro.

Roger schaltet das Gespräch auf den Lautsprecher.

»Aber ihr müsst mich doch auch verstehen. Es ist nicht meine Idee. Ich bin bloß der Überbringer.«

»Was willst du denn noch von uns?«, fragt Roger.

»Nicht ich, die da oben. Sie wollen, dass ihr euch das noch einen weiteren Orbit lang anseht. Also so interpretiere ich das jetzt mal. Und falls sich abzeichnet, dass dieser verdammte Roboter es doch irgendwie geschafft haben sollte, gebt ihr ihm den Rest.«

»Verstanden, Mission Control«, sagt Roger. »Wir werden auf Signaturen achten, die denen des Roboters ähneln, und falls wir welche finden, pusten wir sie aus dem All.«

Das ist eine einfache Aufgabe. Sie werden keine Signaturen des Roboters finden, weil es keine gibt. Nervig ist nur, dass sie noch einen weiteren Orbit lang im All bleiben müssen. Einen hellroten Fleck wird er jedenfalls ganz sicher nicht mit einer Rakete beschießen.

»Und nach dem nächsten Orbit geht es nach Hause«, sagt Vicky.

»Ja-haa. CapCom over and out.«

## 13. OKTOBER 2029
# ERDORBIT

Es ist nicht das Ende, das sie sich gewünscht hat. Aber es ist eines, das sie akzeptieren kann. Wenn Mandy den Helm einfach öffnet, braucht sie nicht lange zu leiden. Und die Vorstellung, ein paar Jahre lang die Erde als Satellit zu umkreisen, hat auch etwas Tröstliches. So lange, bis sie erwachsen sind, haben Sabine und Susanne eine gute Chance, bei jedem Blick in den Himmel ihre Mutter zu sehen.

Dann wird sie irgendwann als Sternschnuppe verglühen. Es soll Menschen geben, die viel Geld für eine solche Bestattung bezahlen. Sie bekommt sie völlig umsonst. Nun, nicht ganz. Sie muss darauf verzichten, ihren Kindern beim Erwachsenwerden zuzusehen. Ihr rechtes Auge tränt. Es tränt immer, wenn sie an die beiden denkt. Ihre Tränendrüsen arbeiten wohl bis zur letzten Sekunde auf Hochtouren.

Unter ihr zieht gerade Japan vorbei. Die gebogene Reihe der Inseln ist gut zu erkennen. Sie überfliegt das Chinesische Meer und erreicht das Festland. Die Megastädte an der Küste fallen sogar aus dem All auf. In der Nacht müssen sie noch beeindruckender wirken. Sie wird die Nacht über China noch erleben. Für die Nacht über Deutschland dürfte ihre Atemluft dagegen nicht mehr reichen.

Sie ist jetzt ganz ruhig. Mandy ist ganz fasziniert von diesem Zustand, den sie zu Lebzeiten nie erreicht hat. Zu Lebzeiten, genau. Sie ist schon in einer Art Zwischenreich angekommen. Das muss der Moment sein, wenn ein Autofahrer erkennt, dass die Kollision unausweichlich ist, kurz bevor sein Körper durch die splitternde Frontscheibe geschleudert wird, genau auf den Baum zu, den er doch unbedingt umfahren wollte.

Dieser Moment dehnt sich von Sekunden auf Stunden. Das ist ein ganz besonderes Geschenk. Jemand muss glauben, dass Mandy es verdient hat. Es ermöglicht ihr, die anfängliche Panik abebben zu lassen, die wie eine Tsunamiwelle durch ihr Bewusstsein gerast ist. Jetzt kann sie einen Blick auf die eingeebnete Landschaft werfen, von der ein ganz besonderer Reiz ausgeht. Es ist keine Schönheit, aber eine Endgültigkeit, die ihr bisher völlig unbekannt war. Im Alltag schwebte sie ständig zwischen Möglichkeiten, Chancen und Wahrscheinlichkeiten. Das ist vorbei. Sie hat eine totale Sicherheit, wie sie vielleicht nur das ungeborene Kind im Mutterleib spürt.

Ja, daher kennt sie dieses Gefühl. Sie hätte es nicht benennen können, wäre es ihr vollkommen unbekannt gewesen. Aber es war tief verschüttet in ihrem Gedächtnis, überdeckt von all dem Möglichkeitschaos, das die Tsunamiwelle weggespült hat.

Mandy singt ein Kinderlied, das erste, das ihr einfällt. Es handelt vom kleinen Hans, der wohlgemut in die Welt hinauszieht.

## 13. OKTOBER 2029
# LAUSITZ

»Sieht immer noch nicht wirklich gut aus«, sagt Tobias und klopft auf die Knie seiner Uniformhose.

»Ich würde dir die Risse ja stopfen, aber so viel Zeit haben wir nicht«, sagt Hardy.

»Du kannst das?«

»Na klar. Hat mir meine Mutter beigebracht.«

Hardy hätte ihm auch eine seiner Hosen geliehen, aber die sind alle zu lang und zu weit. Während Tobias sich fertig anzieht, bereitet Hardy ein paar Stullen vor. Er hat sich Leberwurst gewünscht. Es steht auch schon ein Rucksack bereit, in dem sie Werkzeug, das Glonassortungsgerät und den Inhalt eines Verbandskastens transportieren wollen. Dazu kommen ein dünnes, aber stabiles Seil aus Kunstseide, ein Knirps-Schirm, ein Fernglas und ein Klappspaten. Und die Waffe, die er extra gereinigt hat.

Hardy sind noch viel mehr Geräte eingefallen, die auf so einer Expedition nützlich sein könnten, aber wegen des Gewichts müssen sie darauf verzichten. Den Rucksack werden sie abwechselnd tragen. Tobias freut sich richtig. Hardy ist zwar über siebzig, aber er scheint fitter zu sein als er selbst. Diesmal werden sie schneller vorankommen, denn die Hindernisse kennen sie ja schon.

Es klopft an der Tür. Hardy bleibt ruckartig stehen und legt den Finger auf den Mund. Tobias hält den Atem an. Könnte es nicht Matze sein, der sie besuchen will? Aber vermutlich haben die beiden ein bestimmtes Zeichen vereinbart. Hardy scheint sicher zu sein, dass draußen ungebetener Besuch wartet.

»Herr Müller, nun machen Sie schon auf, wir wissen, dass Sie da sind.«

Hardy zeigt auf die Klappe im Boden, öffnet den Mund und formt mit den Lippen: *Verschwinde.* Soll Tobias ihn schon wieder dem MfS überlassen? Diesmal wird Hardy bestimmt nicht so glimpflich davonkommen.

»Verschwinde«, flüstert Hardy jetzt hörbar.

Tobias nähert sich auf Zehenspitzen der Klappe.

»Nun machen Sie es uns doch nicht so schwer«, sagt die Stimme von draußen. »Sie sind zu zweit. Wir sehen es im Infrarotspürer. Einer von Ihnen bewegt sich gerade in die Zimmermitte. Sie brauchen nicht zu fliehen. Wir wollen uns nur mit Ihnen unterhalten.«

Mist. Unterhalten, jaja. Ein harmloses Wort für ein knüppelhartes Verhör. Und die Bodenklappe hilft nun auch nicht mehr.

»Wer sind Sie?«, fragt Hardy.

»Ich bin S1«, sagt die Stimme.

»Wollen Sie mich verarschen?«

»Nein, das ist mein Name. Ich bin der Sicherheitsleiter im Speziellen Bereich.«

»Spezieller Bereich? Was soll das sein?«

Der Besucher ist überraschend geduldig. Eine MfS-Einheit hätte längst die Tür aufgebrochen und sie verhaftet.

»Das, was Sie die Zone nennen«, sagt die Stimme. »Können wir jetzt reinkommen? Ich will bloß reden.«

»Sie lassen sich sowieso nicht abhalten«, sagt Hardy. »Wir treiben es gerade auf dem Küchentisch, aber wenn es unbedingt sein muss ...«

»Haha, der Herr Müller, genauso lustig, wie es in seiner Akte steht. Ich will nur darauf hinweisen, dass wir nicht immun gegen Kugeln sind. Ihr Freund Wagner hat das schon herausgefunden. Es wäre also nett, wenn Sie uns nicht damit beschießen würden. Nicht dass es Ihnen helfen würde, weil dann Ihr Haus dem Erdboden gleichgemacht wird, aber mir liegt persönlich etwas an meinem Leben.«

»Da haben wir etwas gemeinsam, S1. Also kommen Sie schon rein. Allein.«

»Meine Kollegen müssen draußen warten?«

»Ja, mein Haus ist nicht so groß, das sehen Sie bestimmt auch in Ihrem Infrarotspürer.«

»Na gut. Ich komme allein.«

Hardy geht zur Tür und öffnet sie. Gleich werden die Besucher das Feuer eröffnen. Tobias hält sich die Ohren zu. Aber er hört trotzdem das Quietschen der Türangeln. Ein mittelalter Mann tritt ein. Er trägt Jeanshosen, ein kariertes Hemd und ein schwarzes klassisch geschnittenes Jackett.

S1 gibt erst Hardy die Hand, dann Tobias. Der Besucher hat ausgesprochen kalte Finger. Tobias denkt sofort an einen Roboter. Dass der Kerl keinen Namen hat, würde dazu passen. Hat man insgeheim die Technik schon so weit getrieben?

»Sagen Sie, S1, sind Sie ein Roboter?«, fragt er.

In Filmen können Roboter oft nicht lügen, deshalb hält er die Frage für sinnvoll.

»Ich? Haha« Der Mann lacht breit, und es sieht nicht einstudiert aus. »Meine Frau sagt manchmal, ich sei ein grober Klotz, aber Roboter, auf die Idee ist noch niemand gekommen.«

»Was sind Sie dann?«

»Sicherheitschef beim Zentralinstitut für Landschaftsplanung und -gestaltung, das sagte ich doch schon. Bei uns hat das gesamte Personal solche Nummern. Gestern haben Sie T6, T9 und V4 nach draußen begleitet. Wir trennen Privatleben und Beruf möglichst komplett.«

»Verstehe. Dann bin ich ja froh, dass ich als ABV meinen Namen behalten durfte.«

»Das wird sich bestimmt auch nicht ändern. Im Institut geht es allerdings ums Ganze, deshalb gelten auch ganz besondere Regeln.«

»Ums große Ganze, meinen Sie?«, fragt Hardy.

»Nein, ums Ganze. Um Leben und Tod. Um die Menschheit. Noch weiter ins Detail gehen möchte ich an dieser Stelle nicht. Es wäre nicht gut für Sie.«

»Was wollen Sie dann bei uns, S1?«, fragt Hardy.

»Ich brauche Sie. Also nicht Sie beide. Nur Sie, Genosse Wagner.«

»Wo Tobias hingeht, gehe auch ich hin.«

»Das ehrt Sie, Herr Müller. Aber an dieser Stelle ist es unpassend. Ich will Ihren Freund nicht verhaften.«

»Sie wollen ihn umbringen.«

»Im Gegenteil. Ich brauche ihn unbedingt lebendig.«

»Wollen Sie mich sezieren, umprogrammieren oder so etwas?«, fragt Tobias.

»Ach, Sie scheinen ja nur schlecht von uns zu denken.« S1 furcht die Stirn, als wäre er persönlich von Tobias enttäuscht. »Dabei wollen wir nur das Beste für die Menschheit. Glauben Sie mir, ich brauche Ihre gesamte Persönlichkeit, frisch und lebendig.«

»Und wenn ich mich weigere?«

»Dann muss ich Sie trotzdem mitnehmen. Aber alles wird dann schwieriger. Unnötig schwieriger. Geben Sie sich einen Ruck und vertrauen Sie mir.«

»Ihnen vertrauen? Sie haben unsere Kosmonautin auf dem Gewissen. Und Miriam und ihren Mann.«

»Ja, die Kosmonautin. Das war nicht anders zu lösen, haben mir unsere Partner versichert. Für die Partei- und Staatsführung war das ein ziemlicher Schock. Jeder gute Genosse trauert um Mandy Neumann.«

»Sie sind ein Lügner!«

Tobias ballt die Fäuste. Was der Mann sagt, ist der blanke Hohn.

»Ganz und gar nicht. Sie verstehen nur nicht, dass man manchmal Opfer bringen muss. Das Überleben der Menschheit steht auf dem Spiel.«

»Und dafür müssen drei Menschen sterben?«

»Was sind drei gegen sieben Milliarden? Außerdem stimmt Ihre Rechnung nicht, Genosse Wagner.«

»Wie meinen Sie das?«

»Ihre Freundin Miriam ist quicklebendig. Sie ist das Problem, das Sie für uns lösen müssen.«

Sie muss es geschafft haben! Sie hat das große Geheimnis im Alleingang aufgedeckt, ist vielleicht sogar entkommen, und jetzt soll er sie davon abhalten, damit an die Öffentlichkeit zu gehen. Aber dafür lässt er sich nicht instrumentalisieren.

»Miriam ist bei Ihnen?«, fragt er vorsichtig.

»Das kann man so leider nicht sagen. Sie ist erfolgreich durchgebrochen. Und jetzt ist sie leider in einer Position, die sie nie hätte erreichen dürfen. Wir haben die Frau wirklich unterschätzt. Alle Experten waren sich darin einig, dass Sie, Genosse Wagner, die größere Gefahr darstellen. Immerhin sind Sie als Polizist ausgebildet und tragen eine Waffe. Wir haben all unsere Spielereien auf Sie ausgerichtet. Dabei muss uns Miriam Prassnitz irgendwie durchs Netz geschlüpft sein.«

»Ja, ich werde gern mal überschätzt«, sagt Tobias.

Soll er sich freuen, dass er bei seinem Versuch gescheitert ist und damit Miriam vielleicht die notwendige Ablenkung verschafft hat? War das am Ende sogar ihr Plan?

»Jetzt brauchen wir Sie jedenfalls«, sagt S1. »Es tut mir leid, genauer kann ich nicht ins Detail gehen. Sie haben aber die Chance, Ihrer Freundin das Leben zu retten. Nur müssen wir uns beeilen, sonst ist es vielleicht zu spät.«

»Ich komme mit«, sagt Hardy.

»Das kommt nicht in Frage. Es ist keine Option. Aber wenn Sie sich ruhig verhalten, sorge ich dafür, dass Ihr Schachfreund wieder freikommt.«

Hardy springt auf. »Sie Schwein! Haben Sie ihn ...?«

»Es geht ihm gut. Wir haben nur mit ihm gesprochen.«

»Ich werde Tobias auf jeden Fall begleiten«, sagt Hardy.

»Lass mal«, sagt Tobias. »Wer weiß, wie das endet. Irgendwer muss doch mein Begräbnis ausrichten. Meine Exfrau wird sich bedanken.«

»Du bekommst das schönste Begräbnis, das du dir vorstellen

kannst«, sagt Hardy und schlägt Tobias so kräftig auf den Rücken, dass er sich verschluckt.

»Danke, darauf freue ich mich schon sehr.«

»Nimm dein Handtelefon mit«, sagt Hardy. »Und sag Bescheid, wie es dir ergeht. Wenn ich nicht einmal die Stunde von dir höre, komme ich nach. Und dann gnade Gott dem Institut.«

S1 seufzt. »Glauben Sie mir, Herr Müller. Kein Fleck auf dieser Erde ist so gottverlassen wie das Institut. Da werden Sie ganz allein kommen müssen.«

13. OKTOBER 2029

# GAGANYAAN 3

»Neue Nachricht«, sagt Vyommitra.

»Danke«, sagt Rakesh.

»Neue Nachricht«, sagt die Roboterfrau erneut.

»Ja, ich habe es gehört.«

»Nein, es ist eine neue Nachricht.«

»Danke, bestätigt.«

»Neue Nachricht.«

»Shankar, kannst du den Roboter zum Schweigen bringen?«

Rakesh sieht nach rechts. Die drei Sitzplätze befinden sich nebeneinander. Der mittlere ist etwas nach hinten versetzt. Darauf ist Vyommitra festgeschnallt, die Roboterfrau. Besonders nützlich ist sie nicht. Neben ihr sitzt Shankar, der als Wissenschaftler für alle Experimente an Bord zuständig ist. Auch für Vyommitra, denn sie ist ebenfalls ein Experiment. Interessant ist es allerdings vor allem für die Medien, die daraus eine große Geschichte gemacht haben. Rakesh hätte ja lieber eine echte Vyomanautin als drittes Crewmitglied gehabt, aber das ist erst für spätere Flüge vorgesehen.

»Es tut mir leid«, sagt Shankar, »Aber ich muss gerade ihre Hörfähigkeit testen.«

»Indem du sie dauernd ›Neue Nachricht‹ sagen lässt?«

»Nein. Sie sagt das, weil wir neue Nachrichten bekommen haben. Wenn du sie einfach mal lesen würdest?«

»Neue Nachricht«, sagt Vyommitra wie zur Bestätigung.

Rakesh zieht die Tastatur und den Bildschirm heran. Er wollte eigentlich das Triebwerk durchchecken. Morgen muss es wieder tipptopp funktionieren, bevor sie in den Indischen Ozean stürzen. Tatsächlich, es sind ein Haufen neuer Nachrichten eingetroffen. Anfragen von Medien löscht Rakesh gleich. Die sollen sich an die Presseabteilung wenden! Es ist sogar der erste Spam dabei. Weltraumspam für Penisverlängerungen! Irgendwo muss seine E-Mail-Adresse geleaked worden sein.

Aber eine Nachricht könnte interessant sein. Der Absender beginnt mit raghum... und erinnert ihn sofort an alte Zeiten. Die Schule in Raipur! Könnte das wirklich Mr. Mukherjee sein, der Direktor? Eine echte Respektsperson, in der Millionenstadt allen wichtigen Persönlichkeiten bekannt.

Er sieht ihn vor sich, den kleinen Rakesh in der Uniform mit den kurzen Hosen, elf oder zwölf Jahre alt. Sein Englischlehrer nimmt ihn auf dem Cricketplatz beiseite, der auch als Pausenhof dient – in der Reihenfolge der Wichtigkeit –, und sagt ihm, dass er in fünf Minuten beim Direktor erscheinen soll. Die Sekretärin in ihrem schicken Sari winkt ihn gleich weiter. Mr. Mukherjee sitzt in seinem riesigen Ledersessel hinter dem imposanten Schreibtisch aus Teakholz, sicher noch eine Hinterlassenschaft der englischen Kolonialherren. Er erhebt sich, kommt zu ihm, setzt ihn auf den Schreibtisch und gratuliert ihm als dem Jahrgangsbesten.

Mr. Mukherjee, das war nie ein netter Onkel für ihn oder ein Freund. Er ist sein Direktor. Vor ein paar Jahren hat er sich auf einem Ehemaligentreffen sehr lange mit ihm unterhalten. Da war er noch bei der Luftwaffe. Was mag Mr. Mukherjee von ihm wollen? Was immer es ist, er ist sicher, dass der Mann nicht aus persönlicher Eitelkeit anfragt und dass es sich um ein wichtiges Anliegen handelt.

»Stell dir vor, mein alter Schuldirektor hat mir geschrieben«, sagt er.

»Oh, hast du noch Kontakt?«

»Natürlich, du etwa nicht?«

Rakesh hört nicht, was Shankar sagt. Er hört nicht einmal, wie Vyommitra viele neue Nachrichten ankündigt. Was Mr. Mukherjee schreibt, ist so unglaublich, dass es wahr sein muss.

»Shankar?«

Er ist der Pilot und damit Shankars Vorgesetzter. Der Wissenschaftler ist außerdem ein paar Jahre jünger als er, was ihm ganz automatisch seinen Respekt einbringt.

»Ja?«

»Vertraust du mir?«

»Natürlich, Rakesh.«

Shankar strafft seine Körperhaltung.

»Sehr gut. Wir müssen nämlich unseren Orbit verändern.«

»Hat Mission Control das gesagt?«

»Nein, mein Schuldirektor.«

»Ah, natürlich. Fliegen wir zum Mond oder zum Mars?«

»Schnall dich bitte an, damit ich die Korrektur vornehmen kann.«

»Ach, das war kein Scherz? Entschuldige, das muss respektlos geklungen haben.«

Shankar zieht den Gurt über die Schulter und lässt das Schloss einrasten.

»Ich weiß, dass es nicht so gemeint war. Die kommenden Gespräche mit Mission Control werden von deren Seite schon so gemeint sein. Aber mach dir keine Sorgen. Wenn es schiefgeht, übernehme ich sämtliche Verantwortung. Dich trifft keine Schuld.«

»Was heißt denn in diesem Zusammenhang ›schiefgehen‹, also im schlimmsten Fall?«

»Wir könnten abgeschossen werden.«

»Abgeschossen. Nicht schlecht. Wir würden in die Geschichte eingehen als erste Weltraummission, die abgeschossen wurde.«

Rakesh mag Shankars trockenen Humor. Der Wissenschaftler

würde ihn vermutlich korrigieren und behaupten, dass der Satz gar nicht witzig gemeint war. Manchmal ist das schwer einzuschätzen, obwohl sie über ein Jahr lang zusammen trainiert haben.

»Und im besten Fall?«, fragt Shankar.

»Im besten Fall retten wir einen Menschen.«

»Sehr gut. Statistisch gesehen liegt der tatsächliche Ausgang eines Experiments eher zwischen den beiden Extrempolen. Also rechne ich damit, dass wir nach ein paar Orbits auf unsere alte Bahn wechseln und etwas später als geplant landen. Sie werden dich aus dem Weltraumprogramm werfen, und ich muss mit Joshi starten.«

»Vergiss es, der hat schon seinen eigenen Wissenschaftler, dessen Name mir gerade entfallen ist.«

»Ich bin aber besser als der. Das siehst du schon daran, dass dir sein Name entfallen ist.«

Rakesh schließt seinen Gurt. Dann gibt er die Daten des neuen Orbits ein. Den Rest erledigt der Computer. Als das Triebwerk zum ersten Mal zündet, hat er sofort Mission Control in der Leitung.

»Neue Nachricht«, sagt Vyommitra.

Die Roboterfrau hat zu der Planänderung keine Meinung.

## 13. OKTOBER 2029
# X-38

»Schau mal, was die Inder da veranstalten«, sagt Vicky.

Sie klickt eine Reihe grüner Felder an. Daraufhin erscheinen vier Orbits auf dem Schirm. Roger liest die Beschriftung, obwohl er sich denken kann, was er da sieht. Es sind die Flugbahnen ihrer eigenen X-38, der ISS, der ehemaligen Völkerfreundschaft und der indischen Kapsel Gaganyaan 3. Alle vier Orbits drängen sich auf einem schmalen Ausschnitt der Kugelschale, die die Erde umgibt.

»Vielleicht trainieren sie die Annäherung an die ISS«, sagt Roger.

»Müssten wir das nicht wissen?«, fragt Vicky.

»Ja.«

»Sollen wir bei Mission Control nachfragen?«

»Nein.«

»Ganz deiner Meinung. Wenn es wichtig ist, werden sie uns Bescheid sagen. Wir haben ein Auge auf die Völkerfreundschaft, das reicht.«

Sie spricht den Namen der ostdeutschen Station so aus, dass es richtig Deutsch klingt. Foikerfroindshaft. Bei ihm hört es sich immer an wie Walkerfroundshaft.

»Hast du eigentlich deutsche Vorfahren?«

»Wie kommst du darauf? Meine Familie lebt schon immer in Tennessee.«

»Ah.«

»Mission Control hier. Roger, hörst du mich?«

»Roger.«

»Haha. Es gibt da ein paar neue Entwicklungen. Unsere Freunde aus Indien scheinen da auf irgendetwas aufmerksam gemacht worden zu sein. Ihr müsst jetzt besonders gut aufpassen.«

»Wie meinst du das?«

»Die Weltlage, schon mal gehört? China nicht gut, Indien Freund in Asien, aber Indien auch Freund zu Russland. Freunde verärgert man nicht.«

»Ja, das ist mir natürlich klar. Aber wie sollten wir sie denn verärgern? Wir gucken ja nur.«

»Roger, Roger. Ich sehe, ihr versteht uns. Was auf keinen Fall passieren darf, ist eine Gefährdung unserer indischen Freunde. Aber wenn euch dieser dumme Roboter begegnet, solltet ihr ihn trotzdem ausschalten.«

»Und wenn die Inder auf ihn hereinfallen und sich nähern?«

»Das klären wir, falls es so weit kommt.«

# LAUSITZ

Das Institut besitzt nicht nur einen Barkas, sondern auch einen Mercedes. Ein Abschnittsbevollmächtigter der Deutschen Volkspolizei steigt in ein Luxusgefährt aus dem Westen. Tobias kommt sich dabei wie ein Verräter an der Sache der Arbeiterklasse vor. S1, der das Steuer übernimmt, winkt ihn nach vorn auf den Beifahrersitz. Seine beiden Begleiter steigen hinten ein. Sie haben sich nicht vorgestellt. Hardy steht vor dem Haus und winkt, als sie abfahren.

Der Mercedes fährt die Straße entlang, die Tobias nun schon so gut kennt. Kurz sieht er den See aufblitzen, in dem er versunken ist. Dann übernimmt die Zone mit ihrer unverkennbaren Wolkenwand die linke Straßenseite.

Das Tor öffnet sich, als sie sich nähern. Fast ungebremst rollt der Mercedes auf den befestigten Waldweg. Niemand muss sich ausweisen. Das Fahrzeug spricht wohl für sich. Diese Westwagen besitzen wirklich eine tolle Federung. Im Barkas hat Tobias jedes Schlagloch gespürt. Wohin werden sie ihn bringen? Er glaubt, die Stelle zu erkennen, an der er mit den drei Schauspielern aus dem Wald gekommen ist.

Aber die Fahrt geht weiter. Tobias schätzt anhand des Abstands der Kiefern, dass sie etwa sechzig Kilometer pro Stunde fahren. Das heißt, sie haben in der Zone nun fünfundzwanzig Kilometer zurückgelegt. Schade, dass er das Glonassgerät nicht mitgenommen hat. Die Leute vom Institut haben ihm kein Gepäck erlaubt. Er hat aber darauf bestanden, seine Waffe einzustecken. Er will jederzeit in der Lage sein, sich einen guten Abgang zu verschaffen.

Was immer das bedeutet.

»Was ist denn nun mit Miriam?«, fragt Tobias. »Wenn ich helfen soll, brauche ich Informationen.«

S1 sieht auf seine Armbanduhr. Dann drückt er einen Knopf an der Mittelkonsole. Hinter ihnen summt etwas. Es ist eine Scheibe, die sie nun von den beiden Rücksitzen abschirmt. Tobias klopft dagegen. Er sieht, wie einer der Männer von hinten ebenfalls klopft, hört ihn aber nicht. S1 drückt einen weiteren Knopf an der Instrumentenkonsole. Ein rotes Lämpchen leuchtet auf.

»Ein Störsender«, sagt S1. »Jetzt sind wir wirklich unter uns.«

»Ist das denn notwendig?«, fragt Tobias.

»Auf jeden Fall. Hier haben so viele Köche die Finger in der Suppe – oder wie heißt das? –, dass man wirklich aufpassen muss.«

»Wie Sie meinen. Also, was ist mit Miriam, und warum haben Sie auf die Uhr gesehen, bevor Sie meine Frage beantwortet haben?«

»Gut beobachtet. Es ist ganz einfach. Miriam hat uns ein Ultimatum gestellt. Ich muss Sie zum Ziel bringen, bevor es abläuft. Aber wir haben noch mehr als eine Stunde.«

Hat Miriam tatsächlich nach ihm verlangt? Jonas hat unrecht! Tobias hat es gewusst. Er ist ihr wichtig. Tobias strafft sich.

»Sie hat darauf bestanden, mich zu sehen?«, fragt er.

»Nein. Wir haben an Sie gedacht. Miriam hat Sie nicht erwähnt.«

Tobias fällt in sich zusammen. »Was will sie dann?«

»Sie hat uns ein Ultimatum gestellt, das wir nicht erfüllen können.«

»Und welches, ganz konkret?«

»Sie will ihren Mann.«

»Das hätte ich Ihnen gleich sagen können.«

»Das Problem ist nur, dass ihr Mann bei einer Befragung gestorben ist. Ein diabetischer Schock. Der Vernehmer war nicht über seinen medizinischen Zustand informiert. Ein bedauerlicher Unfall.«

»Ihr habt ihn im Verhör sterben lassen? Und dann wundert ihr euch, wenn Miriam das nicht besonders toll findet?«

»Sie weiß noch nichts davon. Unsere Hoffnung ist, dass Sie sie davon abbringen können.«

»Wovon, S1?«

»Die Welt zu zerstören.«

»Geht es nicht auch ein bisschen kleiner? Sie müssen es nicht dramatischer darstellen, als es ist.«

»Es ist unmöglich, es dramatischer darzustellen, als es ist. Was uns bevorsteht, ist die ultimative Dramatik.«

»Könnte es sein, dass Sie in Ihrem Institut, fernab der Zivilisation, ein bisschen größenwahnsinnig geworden sind?«

»Nur ein wenig, aber das ist lange her.«

Tobias betrachtet S1, der ein völlig ernstes Gesicht macht. Auch seine Stimme klingt nicht, als würde er einen Witz erzählen.

»Wissen Sie was: Bringen Sie mich einfach zu Miriam. Ich bespreche das mit ihr.«

»So einfach ist es nicht, Genosse Wagner. Wenn es so einfach wäre, hätten wir das Problem längst gelöst. Sie verstehen einfach nicht, was hier passiert. Deshalb zeige ich Ihnen jetzt etwas, was bisher nur sehr wenige Menschen auf dieser Welt gesehen haben.«

»Da bin ich aber gespannt.«

Der Mercedes wird langsamer. S1 steuert ihn über drei aufeinanderfolgende Huckel auf der Straße. Tobias erkennt Stahlzähne, die in ihre Fahrtrichtung blicken. In Höhe des mittleren Hindernisses steht ein gelbes Ortsschild: »Nitschewo.«

## 13. OKTOBER 2029

# ERDORBIT

Sie hat geschlafen. Da hat sie nur noch ein paar Stunden – und die verschwendet sie. Wenn sie wenigstens geträumt hätte, von ihren Kindern zum Beispiel. Aber sie war einfach nur weg, als wäre sie mal eben eine Stunde tot gewesen.

Unter ihr liegt gerade die Westküste Nordamerikas. Schade, sie hat sich immer vorgenommen, einmal in die USA zu fliegen. Es gab sogar konkrete Pläne. Der nächste internationale astronautische Kongress findet im Frühjahr 2030 in Seattle statt. Dort hätte sie einen Vortrag über die Anwendung der MKF-8 auf der Raumstation Völkerfreundschaft halten sollen. Danach wollte sie mit Sabine und

Susanne einmal quer durch die USA bis an die Ostküste fahren und von dort zurückfliegen.

Mandy saugt an dem Röhrchen mit der Nährflüssigkeit. Es schmeckt scheußlich, wie gesalzener Apfelsaft, enthält aber alles, was ihr Körper braucht. Sie schwitzt. Während sie geschlafen hat, ist für sie die Sonne aufgegangen. Die Lebenserhaltung hat nicht von selbst reagiert. Dadurch hat sich die Temperatur im Anzug um drei Grad erhöht. Sie regelt sie herunter. Energie ist nicht ihr Problem. Sie hat genug für zwölf Stunden. Vorher ist sie erstickt.

Eine harte Kruste mit weicher Füllung. Das wäre ihr Ende, würde sie auf das Ersticken warten. Aber dazu wird es nicht kommen. Wenn sie den Helm geöffnet hat, wird ihr Körper auf die Temperatur des Alls abkühlen. Ihre Glieder werden brüchig wie Glas sein. Immer wenn die Sonne sie bescheint, wird ihre dem Stern zugewandte Seite oberflächlich auftauen. Aber ihr Kern wird kälter sein als alles, was es auf der Erde gibt.

Sie sollte über etwas anderes nachdenken. Aber ihr bevorstehender Tod lässt das nicht zu. Wo ist die Leichtigkeit geblieben, die sie vor ihrem Schlaf noch gespürt hat? Was hat diese unglaubliche Ruhe gestört? Mandy kann noch nachspüren, wie das war, aber die Ruhe selbst ist weg. Nur noch Erinnerung.

»Hänschen klein, ging allein …«

Sie versucht es mit dem Kinderlied. Aber es klingt jämmerlich. Ihre Stimme ist dünn und so brüchig, wie ihr Körper es bald sein wird. Sterben ist nicht majestätisch, es ist einfach nur scheiße.

## 13. OKTOBER 2029
# GAGANYAAN 3

Das Radar ist schon seit ein paar Minuten gar nicht mehr zu beruhigen. Der neue Orbit, den sie erreicht haben, ist alles andere als sauber. Sie mussten bereits einige Anpassungen vornehmen.

»Da, siehst du das?«, fragt Shankar.

»Neue Nachricht«, sagt Vyommitra.

»Ja, ich sehe es«, sagt Rakesh. »Das Radar, meine ich. Weißt du, wo das Panzertape ist?«

»Über dir, in der Ablage.«

»Behalte mal das Radar im Blick.«

»Neue Nachricht«, sagt Vyommitra.

Rakesh schnallt sich ab, schwebt nach oben und öffnet die Ablage. Das Panzertape ist mit einer Klemme gesichert, ebenso die Schere. Er schneidet etwa zehn Zentimeter ab und verstaut beides wieder.

»Neue Nachricht«, sagt Vyommitra.

Rakesh schwebt in die Mitte und zieht sich über den Kopf des Roboters. *Es tut mir ja leid, Vyommitra, aber du treibst mich zum Wahnsinn.* Er klebt das Panzertape quer über ihr Kinn.

»Neue Nachricht«, sagt Vyommitra.

Der Ton, der aus ihrem Mund kommt, ist nun deutlich leiser und klingt etwas hohl.

»Mission Control wird schimpfen«, sagt Shankar.

»Das machen sie sowieso.«

Die eigenmächtige Kursänderung hat in der Bodenstation niemandem gefallen. Rakesh wäre wohl beinahe als Kommandant abgelöst worden, aber irgendeine Macht im Hintergrund hat das verhindert. Wahrscheinlich steckt sein Schuldirektor dahinter. Der muss genügend Verbindungen haben, die ihm noch einen Gefallen schulden.

Rakesh schnallt sich an. »Danke, ich übernehme wieder«, sagt er.

Die Gaganyaan 3 holt langsam auf. Ihr Ziel ist die Trümmerwolke, die an Stelle der DDR-Raumstation um die Erde kreist. Es ist noch nicht klar, wie nahe sie herankommen können. Rakesh hofft, dass die meisten Teile durch die Explosion vom ursprünglichen Orbit weggesprengt wurden. Dann wäre die alte Bahn der Völkerfreundschaft einigermaßen frei.

Das wäre gut, sonst droht ihnen ein ähnliches Schicksal. Nach den Informationen von Mission Control scheint es sich um einen tragischen Unfall zu handeln. Ein von der DDR selbst entwickelter Roboter habe sich selbständig gemacht. Rakesh wirft Vyommitra einen Seitenblick zu. Sie nervt, aber sie ist nicht in der Lage, das Schiff zu übernehmen. Das ist sehr beruhigend.

»Was meinst du, ab wann es sich lohnt, den Infrarotbildgeber einzusetzen?«, fragt Rakesh.

Shankar kann das als Physiker besser einschätzen.

»Wenn es so weitergeht wie jetzt, vielleicht in einer Stunde. Es hängt natürlich auch von der thermischen Abstrahlung des gesuchten Objekts ab. Wie kommst du darauf, dass es sinnvoll sein könnte?«

»Mr. Mukherjee sagt das. Ich erwarte die Abstrahlung eines menschlichen Körpers in einem Raumanzug.«

»Dann begegnen wir deinem geheimnisvollen Alleinreisenden am besten auf der Nachtseite. Auf der Tagseite könnte er von der Wärme überstrahlt werden, die Trümmerteile von der Sonne aufgenommen haben.«

»Danke.«

Rakesh sieht auf den Flugplan. Anscheinend haben sie Glück. Die erste Begegnung wird auf der Nachtseite stattfinden.

»Mission Control an Gaganyaan 3.«

»Rakesh hier. Ich höre?«

»Wir haben hier eine Anfrage von der NASA.«

»Geht es ums Weltraumwetter?«

»Treib es nicht auf die Spitze. Sie wollen den Grund für die Kursänderung wissen.«

»Mit welcher Begründung?«

»Sie befürchten im Fall einer Havarie mit den Trümmerteilen eine Gefährdung der ISS. Dort sind gerade dreiundvierzig Zivilisten auf Urlaub.«

»Es wird keine Havarie geben.«

»Mensch, Rakesh, du tust dir da wirklich keinen Gefallen. Irgendwer hält die Hand über dich, aber du weißt selbst – das hält nicht ewig.«

»Danke für die Warnung. Das ist mir bewusst.«

»Und was sage ich nun der NASA?«

»Sag ihnen, dass unsere ursprüngliche Bahn durch Trümmerteile der Explosion gestört wird. Und frag bei der Gelegenheit, ob sie sich irgendeine Ursache für die komplette Zerstörung der Station vorstellen können. Ein Asteroid hat doch nie und nimmer solche Auswirkungen.«

## 13. OKTOBER 2029
# LAUSITZ

Sie fahren an blockartigen Häusern mit Flachdächern vorbei. Eines erinnert Tobias an eine Turnhalle, ein anderes an ein Schwimmbad, das dritte könnte eine Lagerhalle sein.

»Wer arbeitet dort?«, fragt er.

»Das gehört alles zum Institut. Es sind größtenteils Labore«, sagt S1.

»Da würde ich gern mal einen Blick hineinwerfen.«

»Wenn wir das Problem gelöst haben.«

Der Mercedes rollt über eine mit Betonplatten ausgelegte Straße. Links und rechts folgen jetzt zwei WBS-70-Blöcke, die ziemlich heruntergekommen wirken.

»Besonders komfortabel lebt ihr ja hier nicht«, sagt Tobias.

»Hier wohnen nur noch wenige Mitarbeiter. Die meisten halten die ewige Dämmerung nicht aus.«

Der Ort endet so unspektakulär, wie er begonnen hat. Sie erreichen eine Schranke. Diesmal muss S1 seinen Ausweis vorzeigen. Die hinteren Türen öffnen sich, und seine Begleiter steigen aus. Tobias greift nach der Klinke.

»Nein, bleiben Sie sitzen. Hinter dem Ort beginnt die Sondersperrzone. Sie haben eine Ausnahmegenehmigung.«

Tobias sagt nichts. Ein Posten in Uniform salutiert, dann geht die Schranke auf. Der Wagen holpert dreimal. Links ist ein Ortsausgangsschild zu sehen. Wie üblich, ist der Ortsname durchgestrichen. »Nitschewo 11 km«, steht in Druckbuchstaben darunter. Jemand hat die 11 mit schwarzer Farbe durchgestrichen und eine 5 darüber gemalt.

»Der nächste Ort ist der, aus dem wir gerade kommen?«, fragt Tobias.

»Ja, so in etwa«, sagt S1. »Sie werden es bald verstehen.«

Der Mercedes bremst. S1 rollt die Seitenscheibe herunter. Tobias bemerkt im Rückspiegel, dass ein Uniformierter von der Schranke aus angerannt kommt.

»Machen Sie die Schmiererei am Ortsausgangsschild weg, klar?«, befiehlt S1, bevor er den Wagen wieder beschleunigt.

Er fährt jetzt deutlich langsamer und sieht immer wieder nach links und rechts, als erwarte er einen plötzlichen Überfall. Als eine Windböe den Mercedes trifft, zieht er den Gurt straff und presst den Kopf an die Kopfstütze. Dafür, dass S1 täglich hier unterwegs ist, ist er erstaunlich nervös. Tobias folgt dem Vorbild, und der Mann nickt.

»Mercedes, Autopilot aktivieren.«

Will S1 Tobias hier die tolle Technik des Westautos vorführen? Es gäbe wohl keinen unpassenderen ...

Etwas trifft ihn. In Mikrosekunden schrumpft sein Kopf auf die Größe eines Tischtennisballs, um sofort wieder zu expandieren. Seine Muskeln verkrampfen. Es ist, als bliebe das komplexe Räderwerk, das der menschliche Körper ist, von einer Sekunde auf die andere stehen. Er will schreien, kann aber seinen Mund nicht öffnen. Ein Blitz fährt in seinen Schädel. Er löst alle Blockaden, als würde er ein verkrampftes Glied mit Gewalt wieder aufbiegen. Es schmerzt ungeheuerlich. Seine Zähne klappern. Er atmet gierig. Seine Unterhose wird nass.

Zeitpunkt.

Tobias braucht einen Moment, um zu realisieren, dass sich gerade das Ende seines letzten Gedankens in seinem Kopf materialisiert hat. Er stöhnt. S1 sieht ihn mitfühlend an.

»Es ist vorbei, oder?«, fragt er.

»Was zur Hölle war das?«, fragt Tobias.

»Sie können wieder denken, also ist es vorbei. Was Sie da gerade erlebt haben, nennen wir Nitschburja. Einer unserer russischen Gastwissenschaftler hat es zum ersten Mal durchgemacht und sich den Namen ausgedacht. Übersetzen könnte man es mit ›Nichtssturm‹.«

»Ist das einer Ihrer Tricks?«

»Nein, wo denken Sie hin? Es ist eine Auswirkung dessen, was Sie gleich sehen werden. Die Nitschburjas reichen so etwa zwei bis drei Kilometer über die innere Grenze hinaus. Darum kann man hier nur mit Autopilot fahren. Hätte sie mich am Steuer erwischt, hätte ich den Wagen gegen einen Baum gesetzt.«

»Aber was ist das?«

»Es handelt sich um wandernde Störungen des Quantenvakuums, sagen unsere Forscher.«

»Das sagt mir nichts«, gibt Tobias zu.

»Mir auch nicht. Man hat es mir so erklärt: Stellen Sie sich eine unter Hochspannung stehende Kugel vor, wie in diesen Blitzexperimenten. Manchmal entsteht unter ihrem Einfluss ein leitender Kanal in der Luft, durch den sich die Spannung dann entlädt.«

»Diese Kugel liegt hinter der inneren Grenze, die Sie erwähnt haben.«

»Es ist natürlich nur ein Bild.«

»Und wie häufig treten diese Nitschburjas auf?«

»Ziemlich häufig. Mich erwischen sie eigentlich jedes Mal, wenn ich hier langfahre. Also wundern Sie sich nicht, wenn ich mich plötzlich seltsam verhalte.«

Tobias spürt die Feuchtigkeit in seiner Unterhose. Er rutscht auf dem Sitz etwas nach hinten und richtet sich gerade auf. So sieht man nicht so schnell, was da passiert ist.

»Machen Sie sich nichts draus«, sagt S1. »Die Nitschburja blockiert alle Muskeln und gibt sie dann erbarmungslos frei, das passiert jedem. Ich trage deshalb eine Windel, wenn ich mich der inneren Grenze nähere.«

»Sie hätten mich ja warnen können.«

S1 lacht. »Wie hätten Sie reagiert, wenn ich Ihnen empfohlen hätte, eine Windel umzulegen?«

»Ich hätte Sie für verrückt erklärt.«

»Jeder Neuling tut das, der die innere Grenze noch nicht erlebt hat. Aber es dauert nicht lange, bis man erkennt, wie richtig diese Empfehlung war.«

S1 reißt plötzlich den Kopf nach rechts und streckt die Zunge heraus. Seine Hände umkrampfen das Lenkrad, doch es lässt sich nicht bewegen. Dann erschlafft der Mann wieder.

»Geht es Ihnen wieder gut?«, fragt Tobias.

»Den Umständen entsprechend.«

»Es war aber schnell vorbei bei Ihnen.«

»Bei Ihnen vorhin auch. Ihre Nitschburja hat höchstens fünf Sekunden gedauert. Aber es fühlt sich weitaus länger an. Das Phänomen stört auch die Zeitwahrnehmung. Es gibt Betroffene, die glauben, Tage in diesem Zustand verbracht zu haben.«

»Das ist ja schrecklich.«

»Bei ihnen dauert die Erholungsphase deutlich länger. Aber keine Sorge. Der Effekt verlängert sich erst mit der Gewöhnung. Einige Forscher glauben übrigens, dass nicht die Zeitwahrnehmung sich verändert, sondern der Zeitablauf. Es ist uns allerdings noch nicht gelungen, eine stärkere Alterung nachweisen. Dazu reichen ein paar Tage eben nicht.«

Was hat das ominöse Institut denn hier bloß angerichtet? Ist beim Bau irgendeiner Superwaffe etwas schiefgegangen? Oder bringt ihn S1 doch zu einem gelandeten Raumschiff Außerirdischer?

»Interessant. Aber meine letzten Physikstunden sind viele Jahre her. Sollten wir jetzt nicht das Miriam-Problem lösen?«

S1 sieht auf die Uhr und schüttelt den Kopf.

»Das Interessanteste haben Sie ja noch gar nicht gesehen. Aber wir sind kurz davor.«

Den letzten Satz hätte sich S1 sparen können, denn am Straßenrand tauchen nun Warnschilder auf, die mehrsprachig beschriftet sind: Deutsch, Russisch und Englisch. »Innere Grenze« steht darauf und »Lebensgefahr«. »Nur für Befugte«, ist auf anderen zu lesen. Wachposten gibt es allerdings nicht.

»Keine Sicherheit hier?«, fragt Tobias.

»Das ist nicht nötig. Nach dem ganzen Hokuspokus an der äußeren Grenze kommt doch keiner freiwillig hierher. Das dachten wir jedenfalls.«

»Miriam hat sich nicht daran gehalten.«

S1 antwortet nicht. Er bremst den Wagen auf Schritttempo.

»Sehen Sie, dort!«

Langsam rollen sie einen kleinen Hügel hinauf. Der Wald bleibt zurück. Links und rechts sind nur noch Baumstümpfe zu sehen. Durch den Sandboden wirkt der Hügel wie eine Ostseedüne. Er ist mit Büschen und dünnem Gras bewachsen. Oben hält der Wagen an. Von hier erinnert der Hügel eher an einen Deich. Zu beiden Seiten dehnt er sich in weitem Bogen aus. Auf der Krone gibt es einen Fahrweg, der mit Betonplatten ausgelegt ist. Es fehlen eigentlich nur die Schafe.

S1 tippt auf Tobias' Schulter. »Da vorn!«

Sein Blick folgt der dichten Wolkendecke. Am Horizont steigt Nebel auf, so dass Himmel und Erde dort verschmelzen. Der Mercedes fährt wieder langsam vorwärts, den Hügel hinab. Der Boden scheint verdorrt und leblos. Ab und zu sieht man tiefe Reifenspuren, die von riesigen Fahrzeugen stammen müssen. Die Luft im Auto wird mit jedem Meter dicker. Tobias drückt auf den Knopf, der das Seitenfenster herunterfahren lässt, doch S1 blockiert es, bevor sich die Scheibe in Bewegung setzt.

»Im Moment lieber nicht«, sagt er.

»Warum? Giftgasreste von dem Chemieunfall?«

»Ich wäre froh, wenn es nur das wäre. Nein, sehen Sie mal nach rechts.«

S1 zeigt ungefähr in Richtung des rechten Rückspiegels. Etwa fünfzehn Meter vom Auto entfernt schwebt ein Turnschuh. Er hebt sich erstaunlich scharf gegen die Umgebung ab, als verstärke eine unsichtbare Linse das von ihm reflektierte Licht. Trotz der Entfernung erkennt Tobias die zwei Doppelstreifen der Marke Germina, VEB Spezialsportschuhe Hohenleuben.

»Er schwebt«, sagt er.

»Er wartet«, sagt S1.

»Worauf?«

S1 antwortet nicht. Der Wagen rollt langsam vorwärts. Die Straße nähert sich dem schwebenden Turnschuh, bevor sie sich in einer leichten Linkskurve wieder entfernt. Plötzlich fliegt der Schuh los. In einem irrwitzigen Tempo kommt er genau auf sie zu. Tobias presst sich gegen die Kopfstütze. Der Schuh prallt gegen die Scheibe. Sie hält. Was war das? Tobias' Herz klopft bis zum Hals.

»Kugelfestes Spezialglas«, sagt S1.

»Gut zu wissen.«

»In dem Mercedes sind wir gegen alles gewappnet, was die innere Zone zu bieten hat. Nun, fast alles.«

»Gibt es noch mehr solche Überraschungen?«

»Unzählige. Wir katalogisieren sie seit vierzig Jahren, finden aber immer noch neue.«

»Und was war das?«

»Das gehört zur Kategorie der Pamjatsche. Ein verballhorntes russisches Wort.«

»Pamjatch, die Erinnerung, ich weiß. Wer erinnert sich da woran?«

»Wenn Sie genau hingesehen haben, werden Sie bemerkt haben, dass es ein altes Modell war. Germina stellt es seit dreißig Jahren nicht mehr her.«

»Und was heißt das?«

»Wir erklären es uns als Störung in der Zeitdimension.«

»Aber warum wollte es uns erschlagen?«

»Es sucht seinen Besitzer«, sagt S1.

»Wie bitte? Ich hatte doch nie solche Turnschuhe.«

»Die Wissenschaftler sagen, dass die verletzte Kausalität versucht, sich selbst zu heilen. Dabei werden auch nichtoptimale Lösungen akzeptiert. Die verletzte Kausalität springt gewissermaßen in jeden niedrigeren Energiezustand, auch wenn sie den niedrigsten Zustand nicht erreichen kann. Sie hätten zumindest mal einen solchen Turnschuh besitzen können. Sie sind alt genug, und vermutlich passt er Ihnen sogar. Hätte ein Kind auf Ihrem Platz gesessen, hätte der Turnschuh sich nicht in Bewegung gesetzt.«

Tobias brummt der Schädel. Verletzte Kausalität? Sein Energiezustand ist auch niedrig, und dann ertränkt ihn der Mann in wissenschaftlichen Erklärungen, statt die naheliegenden Fragen zu beantworten. Was soll das? Wer ist an der Scheiße schuld? Und wieso will der Turnschuh Tobias an den Kragen und nicht S1, der es zweifellos verdient hätte?

»Warum hat er nicht versucht, Sie zu treffen?«

»Ich bin Russlanddeutscher. Bei uns gab es damals keine Germina-Schuhe. Wir lassen die Pamjatsche am liebsten von Forschern untersuchen, die Ende der 1980er Jahre nicht in der DDR gelebt haben.«

»Was gibt es noch für Phänomene?«

»Zeitfallen, Deepfreezer, Trambowki, die fiese Leere, Wiedergänger, Donauwellen, graue Löcher, Methusalems, Doppel- und Dreifach-Pamjatsche, Powtorniki, Presswürste, Mikrotornados, Katjuschas …«

Tobias massiert sich die Schläfen. Die Schauspieler, die verkehrte Welt, die veränderte Wahrnehmung, das waren alles Tricks. Und jetzt will ihn S1 schon wieder verarschen. So muss es sein. Er braucht nur die Autotür zu öffnen und wird an dem Germina-Turnschuh einen superdünnen Schnipsgummi finden. Tobias greift zum Türknopf. Aber diese Nitschburja … S1 hat sich garantiert auch eingepinkelt. Und der Typ hat richtig Angst. Tobias kann seinen Schweiß riechen. Das hier ist anders.

»Danke, das genügt«, sagt er. »Wie wahrscheinlich ist es, dass wir darauf treffen?«

Egal, ob der Typ lügt oder nicht: Er muss sein Spiel eine Weile mitspielen. Momentan hat er ja keine Wahl.

»Nicht sehr wahrscheinlich. Die meisten sind schon aus der Ferne gut zu erkennen. Die Trambowki zum Beispiel sehen aus wie kleine flache Wolken, etwa in dreißig bis fünfzig Meter Höhe. Wenn Sie darunter hindurchgehen, schrumpft Ihre z-Dimension um ein bis zwei Größenordnungen. Von außen wirkt es, als stampfe die Wolke auf Sie ein. Daher auch der Name, Ramme.«

»Wie schaffen Sie es, dass all diese Dinge die innere Grenze nicht überschreiten?«

»Ich weiß es nicht. Es ist eben so. Die Forscher meinen, es liegt an unserem Hauptproblem. Sie können sich das wie bei einem Wetterphänomen vorstellen: Wenn Warm- und Kaltluft aufeinanderprallen, gibt es in der Übergangszone Sturm.«

»Die innere Grenze ist also die Übergangszone. Aber was ist das Hauptproblem?«

Wieder verzichtet S1 auf eine Antwort. Stattdessen fährt er in einer sanften Linkskurve rechts von der Straße ab. Der Motor des Mercedes heult kurz auf. Eines der Räder dreht offenbar im Sand durch. S1 drückt einen Knopf, und es greift wieder.

»Keine Sorge«, sagt S1, »Ich habe das schon oft probiert.«

Sie holpern auf einen Hügel zu, der gerade so hoch ist, dass Tobias nicht darüber hinweg sehen kann. Der Wagen quält sich die letzten zwei Meter hinauf und bleibt stehen.

Etwa einen Meter vor den Vorderrädern liegt ein Abgrund. Tobias klammert sich mit feuchten Händen an der Seitenlehne fest. Wenn die Klippe nun abbricht? Sie sieht nicht sehr stabil aus.

Da fällt sein Blick auf das Nichts. Er weiß sofort, worum es sich handelt. S1 braucht nichts zu erklären. Warum ist das so? Er kann es sich selbst begründen. Vor ihm liegt ein kreisrunder See. Die Wasserfläche ist spiegelglatt, spiegelt aber nichts. Restlos schluckt sie das Licht der darüber hängenden Wolken. Es gibt keine Wellen, überhaupt keine Struktur, aber doch eine klare Grenze zwischen Etwas und Nichts. Die Grenze ist die Oberfläche.

»Können wir aussteigen?«, fragt Tobias.

Was hat er da gerade gesagt? Seine Stimme klingt ganz fremd. Er muss wahnsinnig geworden sein. Warum sollte er da rauswollen? Der Mercedes umfängt ihn sicher wie der Schoß seiner Mutter.

S1 sieht sich kurz um, dann nickt er. »Alles sauber.«

Tobias steigt aus. Er hält sich an der Kühlerhaube des Wagens fest und tastet sich langsam nach vorn. In Höhe der Vorderräder bleibt er stehen. Es weht ein kühler Wind, der nach Wald riecht. Tobias leckt seinen Zeigefinger an und bückt sich kurz. Tatsächlich, in Höhe seiner Unterschenkel weht der Wind nach Osten, auf das Nichts zu, während er in Kopfhöhe in die Gegenrichtung weht. Es ist, als pralle er am Nichts ab.

S1 kommt ihm langsam nach.

»Der Wind«, sagt Tobias.

S1 lächelt anerkennend. »Gut beobachtet. Über dem Nichts liegt ein extrem stabiles Hochdruckgebiet. Daran prallt der Wind ab wie an einem Berg.«

»Warum dann die Wolken?«

»Das Hochdruckgebiet reicht nur etwa hundertfünfzig Meter hoch. Darüber verliert das Nichts an Einfluss.«

Tobias sucht nach einem Stein, hebt ihn auf und wirft. Der Stein fliegt in weitem Bogen über den Rand der Klippe und stürzt dann in die Tiefe. Er durchschlägt die Oberfläche des Nichts und verschwindet. Dem schwarzen Spiegel ist nichts anzusehen.

»Wie tief ist es?«, fragt Tobias.

»Darüber streiten sich die Forscher. Die einen sagen, es sei unendlich tief. Andere meinen, es besitze überhaupt keine Tiefe, weil es völlig dimensionslos sei und als solches weder räumliche noch zeitliche Ausdehnung habe.«

»Die Oberfläche hat ja einen festen Umfang.«

»Das ist der Teil, den wir in unserer dreidimensionalen Welt sehen. Wie es anderswo aussieht, darüber sind die Forscher uneins.«

»Aber der Stein ist doch etwas. Was ist mit ihm geschehen? Liegt er irgendwo darunter?«

»Nein. Niemand weiß, was mit ihm geschieht. Aber eines ist klar: Durch seine Energie dehnt sich das Nichts aus.«

Tobias tritt einen Schritt zurück. »Es wächst?«

»Das ist das große Problem, ja.«

»Wie schnell?«

»Nach dem Experiment von 1987 hatte es einen Durchmesser von drei Zentimetern.«

Tobias erinnert sich an die Aufnahmen aus der Völkerfreundschaft.

»Jetzt dürften es etwa dreißig Kilometer sein, oder?«

S1 nickt. Tobias rechnet. Das wären also ungefähr 750 Meter im Jahr, drei Viertel eines Kilometers. Die Erde durchmisst fast 130.000 Kilometer. In 17.000 Jahren hat das Nichts also die Erde verschluckt. In Ost-West-Richtung misst die DDR etwa 250 Kilometer. Das wären dann 333 Jahre. Auch kein Grund zur Panik.

»Ein Experiment?«, fragt er.

»Das Institut war mal eine Außenstelle des Zentralinstituts für Kernforschung Rossendorf. Dort hat man versucht, das Quantenvakuum anzuzapfen. Die Wissenschaftler haben es mir so erklärt: Unser Universum befindet sich in einem angeregten Zustand. In jedem Kubikzentimeter Vakuum steckt eine enorme Menge an Energie. Hätten sie die ableiten können, wären alle Energieprobleme gelöst gewesen. Also hat man hier in einem ehemaligen Tagebau eine entsprechende Anlage errichtet.«

»Sind wir daran vorbeigefahren?«

»Nein, sie existiert nicht mehr. Sie war das Erste, was vom Nichts erfasst wurde.« S1 zeigt nach vorn. »Sie befand sich ziemlich genau in der Mitte des Sees.«

»Die Forscher waren erfolgreich?«

»Zu erfolgreich. Anscheinend haben sie einen Teil des Raums in den Grundzustand versetzt. Dabei hat der Raum allerdings all seine Eigenschaften verloren. Haben Sie schon einmal vom Bose-Einstein-Kondensat gehört? Das ist eine Art Ursuppe, in der sich die Teilchen in nichts voneinander unterscheiden. Sie verlieren ihre Individualität. Um etwas Ähnliches handelt es sich hier. Raum und Zeit verlieren ihre Bedeutung. Das verletzt allerdings die Gesetze unserer Welt, zum Beispiel das Prinzip der Kausalität. Der Stein, den Sie hineingeworfen haben, hat in unserer Welt nun nie existiert. Aber wie können Sie ihn dann geworfen haben? So entstehen all die Phänomene in der Übergangszone. Vielleicht haben Sie gerade einen Pamjatsch erzeugt oder eine Zeitfalle.«

Tobias schaudert. Zertrampelt in dieser Sekunde gerade ein Pamjatsch einen Menschen? Er verschränkt die Arme hinter dem Rücken.

»Das klingt kompliziert. Gibt es ein Gegenmittel?«

»Wir haben etwas gefunden, das die Ausbreitung des Nichts aufhalten kann. Kommen Sie, steigen Sie ein, wir müssen langsam weiter.«

Tobias setzt sich wieder in den Wagen. Sein Kopf tut weh.

---

Sie fahren auf ein Gebäude zu, das wie ein senkrecht halbierter Leuchtturm aussieht. Es ist vielleicht zwanzig Meter hoch. Seine Grundfläche ist ein Halbkreis. Die gerade Seite ist etwa zwei Meter vom Abhang entfernt und zeigt auf das Nichts. An der gerundeten Seite führt eine Leiter nach oben. Kurz vor der Spitze des Turmes ist eine kleine Tür zu sehen, die ins Innere führt.

S1 stoppt den Mercedes.

»Ähm, ich werde nicht die Leiter hochklettern«, sagt Tobias.

S1 lächelt. »Das war auch nicht der Plan. Aber wenn Ihnen das hier schon nicht schmeckt, wird Ihnen der Plan noch viel weniger gefallen.«

»Was haben Sie mit mir vor?«

»Dazu kommen wir gleich. Sie hatten nach dem Gegenmittel gefragt. Es steht vor Ihnen.«

»Ich sehe einen halben Leuchtturm.«

»Tatsächlich handelt es sich hier um eine Art Projektor. Gemeinsam mit den anderen vierundvierzig Türmen erzeugt er ein Sperrfeld, das das Nichts am Wachsen hindert.«

»Sperrfeld? Also doch Science-Fiction.«

»Hier hat uns das Nichts selbst vorangebracht, und zwar mit den Zeitfallen. Dabei handelt es sich um eng begrenzte Gebiete, denen die Zeitdimension komplett fehlt. Was dort hineingerät, existiert quasi ewig. Die Zeitfallen lassen sich allerdings in allen räumlichen Dimensionen manipulieren. Wenn man weiß, wie, und das haben die Forscher herausbekommen, lassen sie sich versetzen und auch in der Größe verändern.«

»Ah, sie haben sie so weit vergrößert, dass das ganze Nichts hineinpasst.«

»Richtig. Die Zeitfallen stecken nun in den Türmen und bauen eine zeitlose Wand auf.«

»Eine unsichtbare Ewigkeitsmauer?«

»Sehr poetisch ausgedrückt und sachlich einigermaßen zutreffen.«

»Das Nichts kann die von den Türmen ausgestrahlte Ewigkeit nicht überwinden?«

»Doch, aber es braucht dazu fast unendlich lange. Es sei denn ... Aber dazu kommen wir bald.«

»Was soll der ganze Quatsch mit den Bohrtürmen? Erdöl hat es hier also nie gegeben?«

»Das stimmt. Es war aber der einzige Weg. Ich war zwar damals noch nicht dabei, aber ich halte es für folgerichtig. 1987 gab es die Ewigkeitstürme noch nicht. Das Nichts hat sich rasend schnell ausgebreitet. Die heutigen dreißig Kilometer sind fast komplett in den ersten vier Jahren entstanden. Das sind mehr als sieben Kilometer pro Jahr! In weniger als fünfzig Jahren hätte es das Gebiet der BRD erreicht. Schalck-Golodkowski hat das früh erkannt und über Strauß sofort den Westen ins Boot geholt. 1986 war Tschernobyl explodiert, das kannten sie ja schon. Ein bisschen Strahlenregen hat gereicht, die Stimmung im Westen kippen zu lassen. Dabei war das Kernkraftwerk tausend Kilometer weit entfernt! Wäre bekanntgeworden, dass Ost- und Westdeutschland in siebzig Jahren komplett verschluckt sein würden, und später die ganze Welt, hätte das zu einer globalen Krise geführt. Das ließ sich nur verhindern, indem man es unter der

Decke hielt. Die DDR hat zudem genug Geld und auch wissenschaftliche Unterstützung bekommen, um die Türme zu entwickeln.«

Das ist alles ... ungeheuerlich. Natürlich, Panik wäre entstanden. Doch es gibt ja eine Lösung. Die Technik hat das Problem im Griff.

»Wahnsinn! Was für ein Aufwand! Aber hätte man das später nicht aufklären können?«

»Das wäre ja schön dumm gewesen. Seitdem hatte die DDR den Westen bei den Eiern. Immerhin gab es ja das Problem noch. Das war Druckmittel Nummer eins. Hätte man mal eben einen Turm gesprengt ... Manche Forscher glauben, dass man das Nichts auch linear in Richtung Westen wachsen lassen könnte.«

»Ohne dabei DDR-Gebiet aufzugeben?«, fragt Tobias.

»Ein Streifen DDR hätte schon daran glauben müssen.«

»Das ist ja ...«

»Keine Sorge. Der Großteil der Forscher ist der Meinung, dass sich das Nichts immer exakt kreisförmig ausdehnt, dass es also nicht möglich ist, die BRD damit direkt anzugreifen.«

»Sehr beruhigend. Allein, dass man das ernsthaft in Betracht zieht!«

Tobias wird lauter. Das wäre ein Verrat aller sozialistischen Werte!

»Langsam, Genosse Wagner, Sie haben doch auch ganz gut gelebt mit den K-Mark, den Westautos auf unseren Straßen und den Westketten in unseren Einkaufszonen. Ohne die Zuschüsse aus der EU hätten wir uns das nicht leisten können.«

»Und Druckmittel Nummer zwei?«

»Das Machtbewusstsein der Verantwortlichen. Vier Jahre lang in so einer Sache das eigene Volk belogen zu haben, hätte die Karriere manches Parteichefs beendet.«

»Haben denn alle Bescheid gewusst?«

»Keine Ahnung. Zumindest waren es so wenige, dass nie etwas durchgesickert ist.«

»Bis die MKF-8 auf den Markt kam.«

»Ja. Wir erneuern die Wolkenschicht über der Zone zwar regelmäßig und gründlich mit Hilfe der Ölfackeln. Das sind die ›Bohrtürme‹, die Sie gesehen haben. Aber davon lässt sich die MKF-8 nicht beeindrucken.«

»So ein teures Projekt wird doch nicht ohne Zustimmung von oben entwickelt?«

»Das ist richtig. Dr. Prassnitz musste sich verpflichten, die Auswertungssoftware so zu programmieren, dass sie für die Zone unverfängliche Aufnahmen liefert. Aber das scheint schiefgegangen zu sein.«

»Der Stolz des Wissenschaftlers auf seine Arbeit«, sagt Tobias.

Das passt zu Miriams Mann, auch wenn er ihn nur aus ihren Erzählungen kennt.

Kannte.

---

»Verstehen Sie denn nun, vor welch ungeheurem Problem wir stehen?«, fragt S1, als sie wieder im Auto sitzen.

Tobias drückt auf den Knopf für die Sitzheizung. Die Nässe zwischen den Beinen wird langsam unangenehm kühl. Sie fahren an einer Statue vorbei, die zwei Männer in einer engen Umarmung darstellt. Es ist ein trauriges Bild, das zu der traurigen Landschaft passt. Die Statue ist naturalistisch gestaltet, nur die Farben fehlen völlig. Wahrscheinlich Beton.

»Was ist das?«, fragt Tobias und zeigt auf die Statue.

»Nun lenken Sie nicht ab. Erkennen Sie das Problem?«, fragt S1 ungeduldig.

»Es stimmt, das Nichts ist … gewaltig«, sagt Tobias. »Ein Albtraum. Wüsste die Welt darüber Bescheid, gäbe es enorme Probleme. Aber Sie scheinen es doch ganz gut unter Kontrolle zu haben. Droht Miriam damit, es an die Öffentlichkeit zu bringen?«

»Nein, das wüssten wir schon zu verhindern.«

»So, wie Sie es bei Dr. Prassnitz und der Kosmonautin verhindert haben.«

»Kosmonautin?« S1 wirkt ehrlich überrascht. »Davon weiß ich nichts. Es war also kein Unfall? Damit habe ich wirklich nichts zu tun. Ich bin nur für die Sicherheit des Sperrgebiets zuständig. Sie hatte zwei Kinder?«

»Ja, die müssen nun ohne ihre Mutter aufwachsen.«

»Wie tragisch. Das tut mir sehr leid. Die beiden können ja nun wirklich nichts dafür. Im Gegensatz zu ihrer Mutter.«

»Was wollen Sie denn damit sagen?«, fragt Tobias scharf.

»Die Kosmonautin hat sich selbst entschieden, ins All zu fliegen. Die Gefahr muss ihr bewusst gewesen sein.«

»Aber doch nicht diese Gefahr!«

»Entschuldigen Sie, lieber Genosse Wagner. Ich nehme alles zurück. Konzentrieren wir uns auf das Problem.«

S1 ist ein Arschloch. Prassnitz ist vermutlich nicht der erste Mensch, der für dieses Geheimnis sterben musste. Aber Tobias ist nicht für ihn hier, sondern für Miriam.

»Gut«, sagt er. »Also worin besteht das Problem nun genau?«

»Ich zeige es Ihnen.«

---

Die Straße führt jetzt immer am Abgrund entlang. Sie passieren einen weiteren Turm. Kurz vor dem nächsten stoppt S1.

»Da, eine Zeitfalle!«, sagt er und zeigt nach links.

Mitten im Sand steht ein halber Wartburg. Er ist etwa in Höhe der Mittelsäule glatt durchtrennt worden. Das Hinterteil fehlt.

»Kurios, aber wo ist die Falle?«, fragt Tobias.

»Es ist ein 353 aus dem Jahr 1985. Sehen Sie sich den Lack an!«

Die Kotflügel des Wartburg glänzen metallisch. Das halbe Fahrzeug steht nun seit über vierzig Jahren hier. Es müsste total durchgerostet sein. Die Zeitfalle hat ihn perfekt konserviert.

»Verstehe«, sagt Tobias. »Lässt sich das nicht in alle Welt verkaufen, wenn Sie es schon mit den Türmen nutzbar gemacht haben? Vielleicht könnte die DDR mit der Zone selbst Geld verdienen, statt am Tropf des Westens zu hängen.«

»Keine Chance. Die Phänomene funktionieren nur in der inneren Zone. Sie brauchen das Nichts.«

»Ah, schade.«

S1 drückt einen Knopf, und der Autopilot setzt den Mercedes wieder in Bewegung. Jetzt taucht ein Riese auf, den man aus der Ferne für einen schlafenden Drachen halten könnte. Beim Näherkommen merkt Tobias, dass der Riese aus Metall besteht. Es ist ein ehemaliger Braunkohlebagger. S1 stoppt das Fahrzeug, öffnet das Handschuhfach und nimmt ein Fernglas heraus.

»Kommen Sie«, sagt S1.

Nach einem prüfenden Blick durch die Frontscheibe und in den Rückspiegel steigt der Mann aus. Tobias folgt ihm. Der Wagen steht ziemlich nah am Abgrund. Ein seltsames Gefühl zieht in seinen verlängerten Rücken. Er will sich aber keine Blöße geben und geht nach vorn, wo S1 sich gegen die Motorhaube lehnt. Das Metall ist warm. Es riecht nach Heidekraut und Herbstfeuern. Der Wald hier scheint erst vor kurzem gerodet worden zu sein. Der Bereich neben der Straße ist voller Baumstümpfe. S1 reicht ihm das Fernglas.

»Das ist also das Problem?«, fragt Tobias und setzt das Instrument an die Augen.

»Ja und nein.«

»Erklären Sie es mir, S1.«

»Sehen Sie den langen Ausleger mit den großen Schaufeln?«

»Der ist nicht zu übersehen. Sehr beeindruckend.«

Der Ausleger, etwa so groß wie ein Hochspannungsmast, erstreckt sich weit über die Klippe hinaus. Er wird von einem zweiten Ausleger am Heck des Baggers als Gegengewicht gehalten. Zwei weitere, schräg in die Höhe ragende Masten tragen Rollen, über die Halteseile verlaufen, die den hinteren und den vorderen Ausleger verbinden.

»Was passiert wohl, wenn der Ausleger in das Nichts stürzt?«, fragt S1.

»Nichts. Das Nichts will sich ausbreiten, aber die Sperrfelder der Türme verhindern das.«

»Leider falsch. Die Sperrfelder wirken nur bei kleineren Veränderungen wie bei dem Stein, den Sie hineingeworfen haben. Überall bröckeln ja dauernd kleinere Mengen Sand an den Klippen ab und fallen ins Nichts. Aber wenn der Ausleger oder gar der gesamte Bagger abstürzen, macht das Nichts einen großen Satz nach vorn. Wir haben berechnet, dass sein Durchmesser sich um etwa zehn Meter vergrößern würde.«

»Zehn Meter, das ist ja nicht einmal ein Promille.«

»Richtig, das ist nicht viel. Aber es wird uns die Türme kosten und damit auch die Sperrfelder. Das Nichts wird wieder mit alter Geschwindigkeit wachsen. Je größer sein Umfang, desto mehr Material fällt hinein und desto schneller wächst es. Wir müssten neue Türme bauen, aber deutlich mehr als vorher, während gleichzeitig das Institut bedroht ist. Je mehr Türme wir brauchen, desto geringer sind unsere Ressourcen. Wenn das Nichts die Sperrzone verlässt, können wir seine Existenz nicht mehr geheim halten. Das wird zu einer weltweiten Krise führen, die unsere Ressourcen weiter verringern wird, denn der Deal mit dem Westen hat sich dann erledigt. Wir werden dem Nichts nicht mehr Herr werden. Das ergeben die Simulationen ganz eindeutig. In weniger als hundert Jahren wird von der Erde nichts mehr übrig sein.«

Tobias hat eine Gänsehaut bekommen. Die Kosmonautin sollte vielleicht lieber in der Umlaufbahn bleiben. Aber irgendwann wird das Nichts auch ihren Orbit erreichen. Was sind schon dreihundert oder vierhundert Kilometer? Dann ist das Sonnensystem an der Reihe. Scheiße. Hätten die Wissenschaftler damals nicht ein bisschen besser aufpassen können, womit sie da herumspielen?

Jetzt begreift er. »Miriam will also den Bagger in das Nichts stürzen lassen?«

»Richtig. In einer knappen Stunde läuft ihr Ultimatum ab. Entweder, sie bekommt ihren Mann, oder wir bekommen die Zerstörung der Welt.«

»Aber ihr Mann ist beim Verhör gestorben.«

»Was es schwierig macht, ihr Ultimatum zu erfüllen.«

»Warum sagen Sie ihr das nicht einfach?«, fragt Tobias.

»Und wenn sie uns nicht glaubt oder aus Verzweiflung erst recht ihren Plan umsetzt? Trauen Sie ihr das zu?«

Tobias zuckt mit den Schultern. Würde Miriam die Welt für ihren Mann opfern? Er weiß es nicht. Aber ausschließen kann er es nicht. Was ist die Welt für ihn wert und was Miriam? Er würde sich für sie in eine fliegende Kugel werfen. Aber wenn die Rettung der Welt nur über ihre Leiche möglich ist? Würde er sie im Notfall auch erschießen? Bereits der Gedanke schmerzt unerträglich.

»Wir haben schon überlegt, ob wir Scharfschützen einsetzen können«, sagt S1, als hätte er seine Gedanken erraten. »Aber das funktioniert nicht. Frau Prassnitz hat den Bagger auf den vorhandenen Gleisen so weit wie möglich an den Rand bewegt. Dann hat sie den Ausleger über das Nichts geschwenkt. Sie selbst hat sich ganz am Ende des Auslegers mit einem Seil gesichert. Es hängt an einem Hebel, der den Ausleger nach unten klappen lässt.«

»Wenn Sie sie erschießen, stürzt sie vom Bagger, und ihr Gewicht löst den Hebel aus. Das ist genial.«

Miriam geht aufs Ganze. So hat er sie kennengelernt. Ihr Mann wäre stolz auf sie. So eine Loyalität! Aber sie setzt nicht nur ihr eigenes Leben ein, sondern auch das von acht Milliarden Unschuldigen. Ihre Sache ist gut. Die Kräfte, gegen die sie kämpft, haben es nicht besser verdient. Doch der Weg, den sie gewählt hat, ist der der ultimativen Terroristin.

»Deshalb brauchen wir Sie unbedingt. Sie müssen einen Weg finden, Miriam vom Bagger herunterzubekommen.«

## 13. OKTOBER 2029

# ERDORBIT

Da ist sie, ihre Heimat. Sie erkennt die Konturen sogar in der Dunkelheit. Ihre Heimatstadt befindet sich im Südwesten. Ohne die MKF-8 kann Mandy zwar ihre Kinder nicht mehr direkt beobachten. Aber sie kann sich vorstellen, wie ihre Oma sie gerade ins Bett bringt, ihnen vielleicht eine Geschichte vorliest. Hoffentlich haben sie ihre Oma noch lange. Jochen hat weder Lust noch Zeit, ihnen etwas vorzulesen, auch wenn er insgesamt sicher kein schlechter Vater ist.

Aber was wird es mit ihren Kindern machen, wenn sie nicht mehr da ist? Der Verlust ist sicher ein Trauma. Sie würde alles tun, damit es ihnen gut geht. Mandy seufzt. Die Tränen sind ihr ausgegangen, aber zum Seufzen reicht es noch. Es ist einfach ein großer Mist, der hier mit ihr geschieht. Jetzt kann sie ihr Schicksal nicht mehr beeinflussen.

Es ist Zeit, den Helm zu öffnen. Der Sauerstoff reicht nur noch für ein paar Minuten. Mandy greift mit beiden Händen an den Verschluss. Es sind drei Knöpfe, die sie öffnen muss. Links, rechts, Mitte. Sie wird links anfangen. Aus Sicherheitsgründen braucht sie beide Hände.

Knack. Etwas hat ihren Arm getroffen. Ein winziges Bruchstück der Station vielleicht. Sie beobachtet die Sauerstoffanzeige, aber der Anzug ist noch dicht. Schmerzen hat sie auch nicht. Glück gehabt! Glück? Das kann man so oder so sehen. Etwas weiter links, und sie wäre bereits erlöst.

Sie greift mit der linken Hand an den Helm. Da ist der Knopf. Jetzt die rechte. Sie muss beide gleichzeitig ... Grrrrr! Sie kann den rechten Arm nicht mehr beugen. Das Gelenk blockiert. Mandy versucht es mit aller Kraft, doch der Arm bleibt steif. Sie nimmt die linke Hand zu Hilfe, drückt, so stark sie kann, aber das Gelenk rührt sich nicht. Sie heult vor Wut auf.

Noch ein Versuch. Sie greift mit der linken Hand um ihren Brustpanzer. Ja ... gleich ... da ist der Knopf! Sie drückt ihn, aber nichts passiert. Links ist der Verschluss wieder eingerastet. Der Helm soll sich ja nicht lösen, nur weil mal jemand aus Versehen einen der Knöpfe drückt. Scheiße!

Der rechte Arm ist nutzlos. Sie kann ihn nur noch im Schultergelenk drehen. Moment. Sie hebt ihn nach oben, führt ihn an ihrem

Helm vorbei. Mit links drückt sie auf den Knopf, um kurz darauf den rechten Arm dagegen zu pressen. Jetzt schnell rechts drücken. Komm, Knopf, komm, erlöse mich!

Aber der Helm sitzt fest. Sie nimmt den rechten Arm herunter. Der Stoff ist wohl zu weich, um den Knopf in gedrücktem Zustand festzuhalten. Mandy wimmert. Jetzt kann sie sich nicht einmal mehr selbstbestimmt verabschieden. Sie wird langsam und qualvoll ersticken.

13. OKTOBER 2029

# GAGANYAAN 3

»War wohl doch ein falscher Alarm«, sagt Shankar.

Sie haben die Bahn der Völkerfreundschaft fast erreicht und holen weiter auf. Alle Objekte in der Umgebung sind entweder eiskalt oder viel zu heiß – wenn sie die beim letzten Orbit von der Sonne beschienene Seite ins Bild bekommen.

Rakesh seufzt. Das wird ihn nach der Landung in Erklärungsnot bringen. Aber der Ausflug war trotzdem sinnvoll. Er konnte seinem ehemaligen Direktor, der immer an ihn geglaubt hat, etwas zurückgeben. Ohne Mr. Mukherjee hätte er die Empfehlung für die Luftwaffe nicht bekommen, denn sein Vater hatte ihn eigentlich als seinen Nachfolger in der Firma sehen wollen.

»Annäherungsalarm«, meldet das Schiff.

Ein Trümmerteil nähert sich. Eine Kollision ist zwar unwahrscheinlich, Rakesh korrigiert den Orbit aber trotzdem minimal. Er muss mit dem Treibstoff haushalten, sonst reicht er nicht mehr für die Landung. Akribisch beobachtet er den Bildschirm. Es ist nicht so einfach, im All einen Menschen im Raumanzug zu identifizieren.

»Lass uns abbrechen«, sagt Shankar.

»Einen Moment noch.«

In dieser Sekunde erkennt er es. Sein alter Direktor hat recht! In unmittelbarer Nähe der Bahn der Völkerfreundschaft kreist ein Objekt um die Erde, das im Infrarot etwas heller ist als die anderen Bruchstücke.

»Siehst du das, Shankar?«, fragt Rakesh und zeigt auf den Schirm.

»Ja. Es könnte eine Brennstoffzelle sein.«

»Eine funktionierende Brennstoffzelle, etwa ein Meter achtzig groß? Hast du die anderen Trümmerteile gesehen?«

»Vielleicht ein Stück vom Triebwerk.«

»Das zufällig zwanzig Grad warm ist und sich nicht weiter abkühlt. Wir müssen uns das ansehen!«

Rakesh gibt etwas Schub auf das Triebwerk. Dadurch erhöht sich der Orbit. Der helle Fleck befindet sich über ihnen.

»Annäherungsalarm!«

Mist, schon wieder ein Trümmerteil. Der Schiffscomputer rechnet ein zehnprozentiges Risiko aus. Rakesh ignoriert es.

»Bist du sicher?«, fragt Shankar.

»Ja. Wir müssen Sprit sparen.«

Das Trümmerteil rast an ihnen vorbei. Nur ein Meter Abstand, sagt das Radar. Das war wirklich knapp. Rakesh bekommt ein schlechtes Gewissen. Er darf Shankar nicht in Gefahr bringen, nur weil er seinem Direktor helfen will. Das ist allein seine Sache. Beim nächsten Mal weichen sie wieder aus.

Aber es gibt kein nächstes Mal. Der helle Fleck rückt näher und näher. Ein letztes Anpassungsmanöver. Jetzt haben sie noch eine Relativgeschwindigkeit von zwanzig Kilometern pro Stunde. In kosmischen Maßstäben ist das fast gar nichts.

»Ich gehe raus«, sagt Rakesh.

»Okay. Sei vorsichtig.«

Die Gaganyaan 3 besitzt eine Schleuse, mit der sie an Raumstationen andocken kann. Das haben sie zwar noch nie getestet. So wie auch noch kein Vyomanaut eine EVA durchgeführt hat. Aber aus Sicherheitsgründen befinden sich bereits zwei Anzüge in der Schleuse. Rakesh klettert hinein.

»Reichst du mir Vyommitra?«

Shankar schiebt ihm den menschengroßen Roboter entgegen. Sie haben nicht genug Platz für vier in der Kapsel. Außerdem würde sie zu schwer. Deshalb werden sie sich von Vyommitra trennen müssen. Rakesh zieht den Roboter in die Schleuse und schließt das Schott hinter sich. Jetzt hat er etwa zehn Minuten Zeit.

---

»Ausstieg in sechzig Sekunden«, sagt Shankar. »Der CapCom sagt, du sollst dich auf einen mächtigen Anschiss gefasst machen.«

»Verstanden. Bin bereit.«

»Alle Werte im Normbereich. Evakuiere Schleuse.«

Die Luft wird aus der Schleuse gesaugt.

»Fertig. Einen schönen Ausflug!«, sagt Shankar.

Rakesh öffnet die Luke. Er darf sich nicht zu viel Zeit lassen. Im Hintergrund läuft ein Countdown, der gerade bei fünfundvierzig ist. Rakesh hängt beide Sicherungsleinen ein. Dann steigt er hinaus. Die Kapsel ist winzig, und die Erde ist gigantisch. Er fühlt sich wie Gulliver im Land der Riesen. Konzentration.

Dreißig, neunundzwanzig, achtundzwanzig. Das warme Objekt muss aus der Flugrichtung kommen. Kurz ist Rakesh desorientiert, weil sich die Kapsel gar nicht zu bewegen scheint. Dann fällt ihm ein, dass er zuletzt mit dem Haupttriebwerk gebremst hat. Das Heck zeigt also in Flugrichtung. Er dreht sich um. Das Objekt wird erst auf kurze Distanz zu sehen sein. Zwölf, elf, zehn. Da ist nichts. Hat er sich geirrt?

Nein. Ein silbernes Blitzen. Eine Helmscheibe? Das Objekt ist etwas zu hoch, und es ist schnell. Rakesh springt. Er fliegt ihm entgegen. Hoffentlich ist es kein scharfkantiges Teil des Triebwerks, das ihm den Raumanzug zerfetzt.

Wums. Ein Knie trifft ihn in den Magen. Rakesh greift nach allem, was er in die Finger bekommt. Er erwischt einen Arm und ein Bein. Es ist ein Mensch im Raumanzug. Er bewegt sich nicht. Ihre Geschwindigkeiten sind nun angeglichen, also kann Rakesh mit einer Hand an der Sicherungsleine ziehen. So nähert er sich wieder der

Kapsel. Als Erstes schiebt er den geretteten Menschen in die Schleuse. Der Anzug bleibt in der Öffnung stecken. Rakesh zieht sich näher heran. Es ist der rechte Arm, der Probleme macht. Anscheinend ist das Gelenk des Raumanzugs beschädigt, und nun steht der Arm zur Seite ab. *Tut mir leid, ich muss dir jetzt weh tun.* Rakesh drückt kräftig gegen den Arm, bis der Widerstand überwunden ist.

Er klettert selbst mit dem Oberkörper hinterher, um den Roboter am Kopf aus der Schleuse zu ziehen. Sie brauchen den Platz nun wirklich. Rakesh gibt ihm einen Stoß in Richtung Erde. *Gute Reise, Vyommitra.* Der Roboter sagt nichts dazu. Er hat kein Bewusstsein. Es ist eine Maschine. Trotzdem tut er Rakesh leid. In diesem Moment geht die Sonne auf und übergießt Vyommitra mit ihrem Glanz. *Oh, das hast du dir verdient.* Er schließt das Schott.

»Ich habe alles«, sagt er. »Gib uns Sauerstoff.«

»Mache ich«, sagt Shankar.

Das Helmvisier des fremden Astronauten ist innen von Eis bedeckt. Bei halbem Normaldruck öffnet er den Helm, der etwas altmodisch mit drei Druckknöpfen gesichert ist. Das Visier klappt hoch. Es ist eine Frau. Rakesh erkennt das Gesicht, aus dem alle Farbe gewichen ist. Es ist die deutsche Kosmonautin.

»Wahnsinn, siehst du das?«, fragt Rakesh.

»Das Kamerabild aus der Schleuse ist etwas unscharf. Ist das etwa die DDR-Kosmonautin? Angeblich ist sie tot«, sagt Shankar.

»Tu mir einen Gefallen«, sagt Rakesh. »Sag Mission Control nichts davon. Hier stimmt etwas nicht.«

Die innere Schleusentür öffnet sich. Shankar nimmt ihm die bewusstlose Frau ab. Während Rakesh seinen Anzug ablegt, schält Shankar die Kosmonautin aus ihrem und misst Puls und Blutdruck.

»Sie lebt!«

# X-38

»Schau mal, das könnte ein Bergungsmanöver werden«, sagt Vicky.

»Ja, aber was will er da einfangen?«, fragt Roger.

Natürlich hat er eine Ahnung, was die Inder da bergen. Aber er hat niemandem von dem hellroten Fleck erzählt. Es würde Vicky bloß belasten, wenn sie wüsste, was ihr Schuss angerichtet hat.

»Sieht mir wie ein warmer Körper aus.«

»Aber wo sollte der denn herkommen? Vielleicht geht es ihnen um die Kamera.«

Die DDR-Raumstation soll irgendeine Wunderkamera an Bord gehabt haben, das hat bestimmt auch Vicky gehört. Ob da etwas dran ist – wer weiß das schon.

»Seltsame Form«, sagt Vicky. »Vielleicht sollten wir eingreifen.«

»Denk daran, was Mission Control gesagt hat. Die Inder sind unsere Freunde.«

»Dann werden sie auch verstehen, wenn wir ...«

»Nein, vergiss es, Vicky. Wir lassen sie ihr Ding machen. Umso eher kommen wir nach Hause.«

»Stimmt auch wieder. Ich räume dann mal in der Schleuse auf. Bei der Landung sollte der Raketenwerfer gesichert sein.«

»Gute Idee. Warte, siehst du das?«

»Sie werfen es wieder raus?«, fragt Vicky.

Roger ist nicht weniger fassungslos als sie. Gerade geht die Sonne auf. Sie beleuchtet das Objekt, das aus der Schleuse des indischen Raumschiffs gekommen ist. Es besitzt ganz eindeutig zwei Arme und zwei Beine.

»Scheint dann wohl tot zu sein«, sagt er.

Roger muss schlucken. Der Fleck im Infrarot ... Als er ihn gesehen hat, dürfte die Frau noch gelebt haben. Sie ist ... Sie war eine

Kollegin und hätte etwas Besseres verdient als dieses eisige Grab. Er schluckt noch einmal.

»Das solltest du dem CapCom durchgeben. Ich habe das Gefühl, dass das eine wichtige Information sein könnte.«

»Da hast du aber so was von recht, Vicky.«

# LAUSITZ

Tobias schwenkt das Fernglas bis ganz zum Ende des Auslegers. Aber Miriam ist nicht zu sehen. Vielleicht genügt die Vergrößerung nicht, oder sie verbirgt sich hinter einer der vielen Querstreben. Und wenn sie inzwischen aufgegeben hat und S1 bloß noch nicht darüber informiert wurde? Das wäre die beste Lösung.

Er nimmt das Fernglas herunter. Da fällt ihm eine Bewegung auf, ganz hinten, am Ausleger, der über der Klippe schwebt.

»Sehen Sie das?«, fragt er und nimmt das Fernglas wieder hoch.

S1 springt auf. »Was denn? Ist es Frau Prassnitz? Schnell, zeigen Sie es mir!«

»Nein, für einen Menschen ist es zu groß.«

Ein U-förmiges Metallteil ganz am Ende des Auslegers biegt sich langsam nach unten, als würde ein Riese damit spielen. Tobias bekommt einen Schlag gegen den Nasenrücken, als S1 ihm das Fernglas wegreißt.

»Aua!«

»Ich muss das sehen. Da!«

S1 erstarrt förmlich. Die Ursache dafür erkennt Tobias auch ohne Vergrößerung. Das U-Teil löst sich von dem Bagger. Es hängt jetzt höchstens noch an ein paar Schrauben oder Drähten. Und nun fällt es. Tobias' Blick folgt ihm, bis es hinter der Klippe verschwindet. Es ist klar, dass ...

»Scheiße, Scheiße, Scheiße!«, ruft S1.

Der Mann wirft das Fernglas weg und stürzt zur Fahrertür. Sie müssen hier weg! Tobias betrachtet die asphaltierte Straße. Sie verläuft noch mindestens einen Kilometer, bis zum nächsten Turm, ganz nah am Abgrund.

»Kommen Sie! Los!«

Tobias' Gedanken rasen. *Flucht,* schreit ein Teil seines Gehirns. Doch ein anderer Teil schafft es, seine Chancen zu berechnen. Links neben der Straße, auf der sicheren Seite, verläuft ein tiefer, mit Brennnesseln zugewucherter Graben. Selbst wenn der Mercedes es den Abhang hinab- und wieder hinaufschafft, werden ihn die Stümpfe danach aufhalten. Was hat S1 gesagt? Das Nichts wird sich ausdehnen. Die Straße ist unsicher.

»Mann, Wagner, rein mit Ihnen! Wir brauchen Sie!«

Tobias schüttelt den Kopf. Vielleicht begeht er einen tödlichen Fehler, aber in der Blechkiste am Abgrund entlangzurasen, scheint ihm direkt in die Katastrophe zu führen. Er zeigt zum Graben.

»Sind Sie wahnsinnig? Ich bin Ihre einzige Chance!«

Er schüttelt noch einmal den Kopf. *Los jetzt.* Das Nichts lässt sich bestimmt nicht viel Zeit. Tobias verlässt das asphaltierte Band und stürzt sich in die Brennnesseln. Ein Aufheulen des Mercedesmotors verrät, dass S1 nicht mehr auf ihn wartet. Tobias' linker Fuß tritt ins Wasser. Der Graben ist überraschend tief. Er muss in die Nesseln greifen, um auf der anderen Seite hochzukommen. Seine Hände brennen. Egal. Weiter.

Er rennt durch den ehemaligen Wald. Wurzeln greifen nach ihm, als wären sie lebendig. Er stolpert über einen Baumstumpf, kann sich fangen, fällt über den nächsten, stürzt ins Gras und schlägt sich an einem Stein das Knie an. Das andere. Mist. Der Schmerz durchzuckt seinen ganzen Körper und nimmt ihm die Luft. Er rollt sich auf den Rücken, zieht die Beine an und heult laut. Das hilft. Er kommt wieder hoch, in die Hocke, setzt sich auf einen in Kniehöhe abgesägten Stamm.

Zehn, zwölf Meter bis zur Straße, also fünfzehn bis zum Abgrund. Reicht das? Der Mercedes gerät ins Schlingern, seine Bremsen quietschen. Ist das eine Wolke über der Straße? Sie sieht völlig harmlos aus, als hätte jemand einen überdimensionalen Rauchring in die Luft geblasen. Die Fahrertür öffnet sich. S1 muss erkannt haben, dass er einen Fehler gemacht hat.

In diesem Moment schlägt eine gewaltige Kraft auf die Motorhaube ein. Ein unsichtbarer Stempel drückt sie völlig platt, nicht einmal der massive Motorblock kann sich wehren. Die Kräfte des Nichts zerren das Blech der Fahrgastzelle nach vorn und nach unten. Tobias hört Glas splittern. Die offene Tür reißt aus den Angeln und fällt zur Seite. S1 schreit auf und verstummt gleich wieder.

Tobias' Herz wummert. Der Mann tut ihm leid. Es ist so gut wie unmöglich, dass er das überlebt hat. Der Mercedes ist auf Höhe des Fahrersitzes vielleicht noch einen Meter hoch. Tobias will sich nicht vorstellen, wie es sich anfühlt, zerquetscht zu werden, und doch kann er nicht anders.

Er muss da hin. Wenn S1 nun doch noch lebt? Erste Hilfe ist Pflicht. Er ist immer noch ABV, dein Freund und Helfer. Die Wolke ist nicht mehr zu sehen. Tobias steht auf. Beide Knie schmerzen. Er beißt die Zähne zusammen. In seiner Handfläche steckt ein Dorn. Er zieht ihn heraus. Ein Tropfen Blut tritt aus. Tobias leckt ihn ab. Der Geschmack beruhigt ihn seltsamerweise.

Dabei gibt es für Ruhe keinen Anlass. Wenn schon ein Kieselstein einen Pamjatsch auslösen kann, welche Auswirkungen wird dann so ein großes Metallteil haben? Er muss aufpassen, wohin er tritt. Warum hat er sich von S1 nicht alle Gefahren erklären lassen? An Zeitfallen, Pamjatsche und natürlich die Nitschburja kann er sich noch erinnern. Was den Mercedes geplättet hat, muss eine Trambowka gewesen sein. Aber wie kann er erkennen, was S1 noch alles aufgezählt hat?

Tobias nähert sich dem Wagen. Das schöne Westauto ist vom Bug bis etwa zur B-Säule völlig zerstört. Doch der Kofferraum sieht intakt aus. Tobias lauscht. Es ist still. Zu still? Er wittert wie ein Reh, kann aber keine Gefahr erkennen. Also lässt er sich in den Graben rutschen und klettert schwer atmend auf der anderen Seite heraus.

Kein Wölkchen in Sicht. Er macht einen Schritt über die Fahrertür und kniet sich in Höhe des Außenspiegels neben den Wagen. Drinnen ist es dämmrig. Aber die Helligkeit genügt, um S1 zu erkennen. Der Mann steckt schrecklich verkrümmt zwischen Metallplatten und dem Lenkrad fest, als hätte er den Mercedes selbst in eine Schrottpresse gelenkt. Das Nichts ist grausam. Miriam darf es nicht auf die Welt loslassen.

S1 ist tot. Aber er hat trotzdem eine Botschaft für ihn. Er muss den Bagger vor Ablauf des Ultimatums erreichen und Miriam daran hindern, eine nicht wiedergutzumachende Dummheit zu begehen.

Tobias steht ächzend auf und geht zum Kofferraum. Wer immer da ganz oben ist, könnte ihm eine Erklärung der Erscheinungsformen des Nichts hineinlegen. Bitte.

Der Kofferraum öffnet sich quietschend. Das Geräusch ist so laut, dass Tobias erschrickt. Hoffentlich hat es keine der Gefahren angelockt! Seine Bitte bleibt unerhört. Er findet ein Ersatzrad, ein Reparaturset, einen Sanikasten und eine metallisch glänzende Decke. Aber keine Anleitung für die Zone.

Keine Spiele mehr. Kein Hokuspokus. Er hat es gesehen. Das Nichts meint es ernst.

Tobias dreht sich ruckartig um. War da etwas? Quatsch. Das Nichts meint gar nichts. Es ist einfach da. Da gibt es nichts Persönliches, nur eine veränderte Realität. Er nimmt Werkzeug und Sanikasten und wickelt beides in die Decke ein.

Und nun? Straße oder Gelände? Die Entfernung bis zum Bagger schätzt er auf zwei Kilometer. Vorhin hat er sich richtig entschieden. Aber das Nichts hat die Straße nicht geschluckt, wie er befürchtete. Die unsichtbaren Ewigkeitsmauern haben gehalten. Er hat sich aus den falschen Gründen richtig entschieden. Damit hatte er einfach Glück – und S1 hat in seiner Panik das harmlos wirkende Wölkchen übersehen. Das ist wichtig zu wissen. Damit ist die Straße vielleicht der bessere Weg. Denn darüber erreicht er Miriam vielleicht noch vor Ablauf des Ultimatums. Zwei Kilometer im Gelände in unter einer Stunde – das würde schwer.

Also die Straße. Er geht an der linken Seite um den Wagen herum. Möglichst viel Abstand zum Nichts halten. Wenn er nur die geringste Gefahr spürt, springt er in den Graben. Quatsch. Er spürt dauernd die Gefahr. Sie lauert unter jedem Stein, in jeder Vertiefung und natürlich auch im Graben.

Stein. Tobias bückt sich und sammelt aus dem schmalen Bereich zwischen Straße und Graben eine Handvoll Kiesel auf. Einen davon wirft er nach vorn und beobachtet seine Flugbahn. Der Stein beschreibt eine Parabel, landet auf dem Asphalt und kullert noch etwas weiter. Alles in Ordnung. Tobias folgt ihm.

Der nächste Wurf. Parabel. Auskullern. Prima. Werfen. Flug. Rollen. Wuiii, klack, klick-klick-klick. Wieder und wieder, gefolgt von einem prüfenden Blick in den Himmel. So kommt er gut voran.

Wuiii, klock.

Halt! Der Stein rollt nicht weiter. Tobias geht einen Schritt zurück. Der Stein rührt sich nicht. Er wirft einen zweiten daneben. Wuiii, klock. Der Kiesel kommt mit einem dumpfen Geräusch auf statt wie bisher mit hellem Klang. Tobias geht auf die Knie, beugt sich so weit nach vorn, dass sein Gesicht den Asphalt berührt, und beobachtet die beiden Steine.

Sie haben den Boden gar nicht erreicht.

Stattdessen schweben sie in zwei, drei Millimetern Höhe. Tobias denkt an den Turnschuh. Auch der hat geschwebt, aber es war ... anders. Tobias steht auf. Er muss einen anderen Weg finden. Am besten, er wirft noch einen Stein.

Klock. Der erste Kiesel trifft den Boden, als holte er Schwung, fliegt eine umgekehrte Parabel und kehrt zu Tobias zurück.

»Aua!« Der Stein hat seine Hand getroffen. Tobias setzt erneut zum Werfen an, da folgt der zweite Kiesel. Diesmal beobachtet er die Flugbahn genau. Sie ist identisch zur Wurfparabel. Die Kiesel wiederholen die Bewegung, nur in umgekehrter Richtung. Das muss ein Powtornik sein. »Powtorjatch« heißt auf Deutsch »wiederholen«.

Besonders gefährlich scheinen die nicht zu sein. Oder was passiert, wenn er selbst hineinläuft? Ist er dann in einer unendlichen Wiederholung gefangen?

Mit Hilfe der Kiesel findet er einen Weg um das Hindernis herum. Er führt ihn sehr nah an der Klippe entlang. Tobias versucht, sich jeden Blick nach rechts zu verkneifen, obwohl das nicht einfach ist. Denn er muss weiter die Flugbahnen der Kieselsteine verfolgen.

Leider gehen ihm die Steinchen aus, bevor er wieder das Kiesbett an der linken Straßenseite erreicht. Soll er es auf gut Glück versuchen? Besser nicht. Er holt Reparatur- und Medizinkasten aus der Decke und wirft sie abwechselnd. Sie poltern durch die Gegend. Wer ihn sieht, muss ihn für verrückt halten.

Endlich, das Kiesbett. Neue Steine. Diesmal füllt er sich alle vier Hosentaschen damit. Wuiii, klack, klick-klick-klick. Werfen, Flug, Rollen. Wuiii, klack, klick-klick-klick. Inzwischen spricht er das »Wuiii« aus, statt es sich nur einzubilden.

Wuiii, klack, klick-klick-klick.

Halt! Tobias bleibt stehen und weiß selbst nicht, wieso. Das Geräusch war das gewohnte. Er geht auf die Knie und starrt den Kiesel an, den er geworfen hat. Was ist anders? *Wovor warnst du mich?* Ah! Der Stein selbst hat sich verändert. Ein weißlicher Belag wächst auf ihm, der an eine Flechte erinnert.

Aber dafür geht alles zu schnell. Die Flechte greift auf den Boden über. Der schwarze, eben noch von der Luftfeuchtigkeit glänzende Asphalt färbt sich grau. Ein Windstoß trifft Tobias mit eisiger Luft. Wie hat S1 es genannt? »Deepfreezer«, genau! Das muss es sein.

Das Phänomen wächst. Die Gefahr kommt auf ihn zu. Er muss hier weg! Tobias dreht sich um. Der Mercedes ist schon weit entfernt. Das ist sowieso die falsche Richtung. Nach vorn muss er, zu Miriam!

Der Kieselstein hat sich erst am Boden verfärbt. Tobias nimmt drei Schritte Anlauf, dann springt er. Im Weitsprung war er in der Schule gut. Er fliegt über die Gefahrenstelle. Die Kälte ergreift seine Füße, doch der Impuls führt ihn darüber hinaus. Er landet, aber der Frost ist zu nah. Seine Zehen erstarren, so dass er kaum noch das

Gleichgewicht halten kann. Keine Zeit für Wuiii. Tobias rennt. Wenn der Deepfreezer ihn erwischt, wird er zu einer Eissäule erstarren. Über die Schulter sieht er, was das Phänomen mit den Brennnesseln im Graben anstellt.

*Okay. Ganz ruhig. Du darfst nicht zu weit rennen.* Schwer atmend bleibt er stehen. Könnte es sein, dass die Phänomene einen gewissen Abstand zueinander halten? Vielleicht war es einfach nur Glück. Er stützt sich auf den Knien ab und hustet. Weiter. Miriam wartet. Nein. Noch schlimmer. Sie wartet nicht.

Wuiii, klack, klick-klick-klick.

Wuiii, klack, klick-klick-klick.

»Wuiii«, klack, klick-klick-klick.

»Wuiii«, klack, klick-klick-klick.

»Wuiii«, »klack«, »klick-klick-klick«.

Pssst. Er muss still sein, wenn er den Kiesel wirft.

Wuiii, klack, klick-klick-klick.

---

»Pssst!«

Tobias zuckt zusammen. Konzentration. Wuiii, klack, klick-klick-klick. Alles ist prima. Er kann weitergehen. Er muss zum Bagger. Nur das ist wichtig.

»Pssst!«

Er sieht in die Richtung, aus der das Geräusch kommt, und gerät ins Taumeln. Es ist Miriam! Sie läuft am Straßenrand neben ihm her und lächelt. Tobias bleibt stehen. Er muss sie ansehen. Sie trägt ihren Sari und hochhackige Schuhe. Für die Zone irgendwie unpassend.

»Das ist ein Qipao, das habe ich dir doch gesagt!« Die Erscheinung spricht!

»Qipao, ja«, sagt er.

Das kann nicht Miriam sein. Sie hat sich oben auf dem Bagger angekettet. Oder hat S1 gelogen?

»Vergiss S1. Nun komm her und umarm mich erst einmal.«

»Was ist mit Ralf? Wir müssen deinen Mann retten!«

Miriam verzieht das Gesicht. Sie sieht so echt aus! Warum sollte er sie nicht umarmen? Was kann schon passieren?

»Ja, genau, warum willst du mich nicht umarmen? Magst du mich nicht mehr?«

*Weil Miriam keine Gedanken lesen kann. Du Blödmann, das ist sie nicht, halt dich bloß von ihr fern!*

»Weil Miriam keine Gedanken lesen kann«, wiederholt sie affektiert. »Und wenn sie es doch kann?«

Dann ist sie nicht Miriam. Das ist ein Geschöpf des Nichts. Tobias zählt im Kopf die Phänomene auf, die S1 ihm genannt hat. Wiedergänger, das könnte passen. Aber wo lauert hier die Gefahr?

»Da lauert keine Gefahr. Komm endlich her und umarme mich.«

Vermutlich ist es so eine Art Fata Morgana, geboren aus seiner Erinnerung. Was kann schon passieren, wenn er so eine Erscheinung umarmt – außer dass er sich lächerlich macht?

»Ja, Tobias. Komm endlich her! Oder muss ich mich erst ausziehen?« Miriam greift nach hinten und öffnet den Reißverschluss ihres Kleides.

»Doch nicht auf offener Straße!«, ruft er mit heißen Ohren.

»Du bist und bleibst ein Spießer, Tobias. Du traust dich nicht, wetten?«

Das ist zu viel. Sie will ihn provozieren, aber so weit würde Miriam nie ... Er hört dieser Erscheinung sowieso schon zu lange zu. Scheißhormone! Die echte Miriam wartet oben auf dem Bagger.

Trappeln. Die falsche Miriam kommt auf ihn zugerannt! Er läuft davon. Hoffentlich treibt ihn die Erscheinung nicht in eine andere Falle! Oder ist das ihr Ziel? Er sucht nach Wölkchen. Nichts. Miriam läuft nur langsam, vermutlich wegen des engen Qipao und der hohen Schuhe. So schafft er es, den Abstand zu halten und trotzdem noch ab und zu einen Kiesel zu werfen.

Dann schaltet sie um. Sie bewegt ihre Füße gar nicht mehr und gleitet stattdessen auf ihn zu. Es sieht gespenstisch aus. Ein Schauer fährt über seinen Rücken. Sie ist zu schnell. Flucht ist sinnlos. Er lässt sie nah herankommen. Ihre Hand berührt seinen Unterarm. Die Haut ist eisig. Miriam breitet die Arme aus – aber in letzter Sekunde drückt ihr Tobias die Decke samt Inhalt entgegen und springt nach hinten.

Miriam wird bleich. Ihr ganzer Körper verändert sich. Jegliche Farbe weicht aus ihr. Sie wird zu Beton. Nur die Decke glänzt weiter silbern. Tobias denkt an die Statue, die er aus dem Auto gesehen hat. Würde er jetzt auch so dastehen, hätte er seinem Impuls nachgegeben? Er bleibt zitternd stehen. Was macht das Nichts da mit ihnen? Welche physikalische Grundlage könnte es dafür geben? Er holt tief Luft, nähert sich der neuen Statue und nimmt ihr die Decke weg.

»Das brauche ich noch«, sagt er.

Miriams Statue antwortet nicht.

---

Wuiii, klack, klick-klick-klick.

Wuiii, klack, klick-klick-klick.

Der Bagger wächst. Vielleicht noch fünfhundert Meter. Mehr als zwei Drittel geschafft. Schade, dass ihm das Fernglas fehlt. Jetzt könnte er Miriam bestimmt schon sehen. Er winkt für den Fall, dass sie ihn gerade beobachtet.

»Miriam!«, ruft er, so laut er kann.

Keine Antwort. Bis auf ein Sirren. Ein Mückenschwarm. Links hinten. Etwas kommt auf ihn zu. Es ist graugrün und rund. Und es ist schnell. Wegrennen? Dumm. Tobias kneift die Augen zusammen. Konzentration. Denk an den Turnschuh. Das Ding beschleunigt weiter. Es ist so groß wie sein Kopf. Und es zielt auf Kopfhöhe.

Bleib stehen. Ganz locker. Locker. Locker. Jetzt!

Tobias lässt sich fallen. Der Pamjatsch zischt dort durch, wo eben noch sein Kopf war.

Aufpassen! Keine Zeit zum Aufstehen. Auf die Knie. Das Ding bremst, fliegt eine elegante Kurve und kehrt zurück. Aber langsamer. Abwarten. Locker. Lass es kommen. Zehn Meter, fünf, drei.

Tobias kippt zur Seite. Der Pamjatsch trifft ins Leere. Es ist ein Stahlhelm. Wie kommt ein Scheißstahlhelm in den Tagebau? Soldateneinsatz im Winter, klar.

Achtung! Er kommt zurück. Verdammt schnell, immer noch. Tobias ist auf den Knien, als erwarte er seine Hinrichtung. Wenn der Pamjatsch nun mit seiner Reaktion rechnet? Quatsch. Das Ding denkt nicht. Es will nur auf seinen Kopf, wo es hingehört. Aufpassen. Gleich! Er kippt zur Seite.

*So. Jetzt aber.* Der Pamjatsch ist so langsam, dass er schon nach drei Metern die Wende schafft. Tobias erwartet ihn stehend. Er zieht die Silberdecke auseinander. Die zwei Kästen purzeln heraus. Der Helm zielt auf seinen Kopf, aber den bekommt er nicht.

»Los, komm!«, ruft er.

Tobias ist ein Torero, die Decke sein rotes Tuch. Der Helm ist der Stier. Eine tödliche Waffe. Immer noch schnell genug. Der Pamjatsch kommt. Tobias springt, hält die Decke dorthin, wo sein Kopf war.

Der Helm trifft. Versinkt im Stoff. Tobias umklammert die Decke. *Hab dich!* Der Helm hüpft, will sich aus der Falle befreien. Nichts da. *Du gehörst jetzt mir.* Er hält sich die Decke vor den Bauch.

Wo kommt das Scheißding her? Er ist selbst schuld. Es muss ihn gehört haben. Tobias kniet sich hin und packt den zitternden Helm vorsichtig aus. Der Riemen fehlt, aber der Schaumstoff klebt noch an der Innenseite. Was macht er damit? Soll er den Helm in das Nichts werfen? So wird er ihn kaum loswerden. Das Ding hat nur ein Ziel – seinen Kopf. Sobald er sich entfernt, wiederholt sich das Duell. Nutze den Impuls des Gegners, fällt ihm ein.

Natürlich. Der Helm will nach oben. Ganz langsam gibt er nach. Er hebt die Hände. Der Helm folgt. Schön langsam. Brusthöhe. Kopf. Der Helm dreht sich. Jetzt. Er lässt ihn los. Der Helm stülpt sich über seinen Schädel. Er sitzt fest. Es ist nicht unangenehm. Vor allem weil er den Riemen nicht schließen muss. Der Helm sitzt bei jedem Wetter.

Weiter. Der Bagger! Tobias steht auf. Da beginnen die Krämpfe.

Scheiße. Die Phänomene haben doch keinen Respekt voreinander. Das muss eine Nitschburja sein. Tobias stürzt auf den Asphalt. Der Helm schützt seinen Kopf. Diese Schmerzen! Er beißt auf seine Faust, um nicht zu schreien. Wer weiß, was dann angeflogen kommt. Seine Blase leert sich. Er wälzt sich auf dem Boden hin und her. Bald vorbei. Bald vorbei.

Aber sie hört nicht auf. Hat er sich schon zu sehr daran gewöhnt? Ist es etwas anderes? Tobias schwitzt, speichelt, pinkelt, weint, ejakuliert, rotzt und blutet aus der Wunde, die der Dorn gerissen hat. Alle Körpersäfte laufen. Das Ding presst ihn aus wie eine Zitrone. Nein. Es benutzt seine eigenen Muskeln, um ihn auszuquetschen. Ist das die Presswurst, die S1 genannt hat? Es hört einfach nicht auf! Er zieht die Beine an, streckt sie, dann krabbelt er, krabbelt, nahezu blind wegen der vielen Tränen, einfach weg hier.

Bis plötzlich die Hände ins Nichts greifen.

Er liegt an der Klippe. Zuerst versiegen die Tränen, dann der Rotz und der Speichel. Er sieht direkt in die Schwärze. Die Presswurst lässt ihn frei, ganz langsam. Sein Körper beruhigt sich. Er gehorcht wieder. Tobias liegt einfach nur da und schöpft Kraft.

Aber da kommt nichts. Er ist völlig leer. Tobias dreht sich auf den Rücken und starrt in die Wolken. Das hat doch alles keinen Sinn. Er wird die Welt nicht retten. Sie will gar nicht gerettet werden, und daran kann er nichts ändern. Er will bloß noch nach Hause. In sein Büro. Hausbücher kontrollieren, Kybernetz-Kontrollen durchführen.

Wie langweilig ist das denn?

Tobias steht auf. Es ist mühselig, wie das ganze Leben. Seine Knie schmerzen. Er sieht sich um. Die Straße hat sich in einen riesigen Parkplatz verwandelt. Asphalt bis zum Horizont. Links. Rechts ist der See, der ewige, das Nichts. Es lockt ihn.

Die fiese Leere. Das muss sie sein. Sie erstreckt sich bis in sein Innerstes. Das ist kein Phänomen des Nichts. Er kennt sie gut. Meist kann er sie in Schach halten. Aber das Nichts hat sie ins Groteske vergrößert. Seltsamerweise hilft ihm das, sie zu akzeptieren. Die

Leere ist so umfassend, dass ihm gar kein Raum für Hoffnung bleibt. Er muss einfach weitermachen. Das hilft. Hoffnung ist trügerisch. Der Bagger ist nicht mehr zu sehen. Aber rechts ist immer noch das Nichts. Daran orientiert er sich.

Er läuft und läuft und läuft. Es könnten Stunden vergangen sein, aber seine Uhr ist stehengeblieben. Am Horizont taucht eine Nebelwand auf, deutlich von den dichten Wolken abgegrenzt.

Weiter, weiter, weiter. Seine Füße bewegen sich im Automatikmodus. Es sieht aus, als käme er nicht voran. Doch die Nebelwand ist jetzt dicht vor ihm.

Tobias dringt in den Nebel ein. Er ist trocken, nicht wie Herbstnebel, eher wie aus der Nebelanlage, und er riecht vollkommen neutral. Tobias wandert hindurch. Er versucht, die graue Suppe durch Handbewegungen zu beeinflussen, doch es ist, als wäre er aus einer anderen Welt.

Dann lichtet sich der Nebel. Tobias sieht die Welt wie aus einer Totalen. Hier der gerodete Wald, dort der See, weiter hinten der Bagger, halb über dem Nichts. Die Kamera, die in seinem Kopf steckt, fährt schnell auf den Asphalt zu. Ihm wird schwindlig, und alles wird schwarz.

Irgendwann stemmt er sich auf die Knie. Er kriecht in die Mitte der Straße zurück, hält dabei Abstand von der feuchten Spur, die er selbst hinterlassen hat wie eine Schnecke ihren Schleim. Der Sanikasten liegt am Straßenrand in der Nähe der Decke. Er hebt den Helm kurz an, um den Schweiß abfließen zu lassen, und säubert sich mit ein paar Mullbinden.

Der Wind bringt Gestank mit sich. Nein, das ist er selbst. Tobias wünscht sich nichts mehr auf der Welt als eine kalte Dusche, aber die muss warten. Er hat die Presswurst und die fiese Leere überlebt, das zählt. Miriam. Er schafft es tatsächlich auf die Beine. In den Hosentaschen sind noch genug Kiesel.

Wuiii, klack, klick-klick-klick.

---

»Wer ist da?«

Es ist Miriams Stimme. Sie muss seine Schritte auf der Leiter gehört haben. Noch eine Sprosse, dann hat er das mächtige Fahrge-
stell erreicht. Von Miriam selbst ist nichts zu sehen.

»Bleibt bloß weg! Ihr habt noch fünfzehn Minuten! Dann will ich
meinen Mann hier sehen!«

Sie sollte besser nicht so laut schreien. Bestimmt liegen in Ruf-
weite noch Pamjatsche herum, die nur auf ein Ziel warten.

»Miriam, leise!«

»Tobias? Bist du es? Was tust du hier?«

»Ich möchte mit dir reden. Aber schrei bitte nicht so herum.
Denk an die Pamjatsche!«

Er klettert noch ein Stück höher. Die Knie schmerzen. Dummerweise sieht er sich dabei um. Der Boden liegt acht Meter unter ihm.
Scheiße, ist das hoch!

»Was für Pamjatsche? Weißt du von meinem Ultimatum?«

Natürlich, sie hat keine Rundfahrt mit Erklärungen bekommen.
Tobias stellt sich erst einmal dumm. »Was für ein Ultimatum?«

»Ich will meinen Mann sehen. Ich weiß, dass sie ihn haben. Sie
sollen ihn rausrücken – sonst stürzt der Bagger in das Loch.«

»Kannst du ein bisschen näher kommen? Ich habe Höhenangst.«

»Nein, wenn ich mich hier wegbewege, erschießen sie mich. Und
du hast nie gesagt, dass du Höhenangst hast.«

Tobias wäre es lieber, das wäre eine Lüge, aber er hat wirklich
Angst. »Okay, ich komme.«

Er balanciert über einen Doppelträger, der in der Mitte mit Querstreben verbunden ist und einen Handlauf besitzt. Trotzdem zittert
er, und sein Hinterteil schmerzt. Das ist die Stelle, an der bei ihm
die Höhenangst sitzt. Am Ende des Trägers befindet sich eine Kabine, deren Glasfenster herausgebrochen sind. Sie hat einen richtigen festen Boden. Er setzt sich darauf. So geht es.

»Was willst du denn von mir?«

Er sieht Miriam noch immer nicht, aber ihre Stimme klingt müde.

»Ich will dir helfen.«

Der Wind kommt aus Miriams Richtung. Deshalb muss er lauter rufen, als es ihm recht ist.

»Du kannst mir nicht helfen, Tobias. Du bringst dich bloß selbst in Gefahr. Wenn das Ultimatum abläuft, werde ich meine Ankündigung umsetzen.«

Sie klingt sehr bestimmt, und er hat keine andere Wahl, als ihr zu glauben. Dabei würde er sie am liebsten umarmen und mit nach Hause nehmen, so wie ihr Wiedergänger es vorgeschlagen hat.

»Damit bringst du uns alle um.«

»Verschwinde, Tobias, bitte. Ich mag dich. In einem anderen Leben hätten wir ein Paar werden können. Du hast noch die Chance, glücklich zu werden. Hau ab. Für mich ist es zu spät.«

Ihre Worte sind schmerzhaft. Miriam mag ihn wirklich, und doch klingt sie, als hätte sie schon Abschied genommen.

»Wenn der Bagger abstürzt, werde ich auch sterben, egal, wo ich mich aufhalte. Du wirst die ganze Welt damit vernichten.«

»Haben sie dir das erzählt?«

»Ja, ich weiß jetzt alles.« Eine Träne läuft über seine Wange.

»Tobias, sie manipulieren dich. Sie haben dich belogen.«

Sie glaubt ihm nicht. Wären sie doch bloß gemeinsam in die Zone gegangen!

»Warum sollten sie mich dann bitten, dich da runterzuholen? Sie könnten dich doch einfach erschießen.«

»Es kann ja sein, dass sich etwas verändert, wenn der Bagger in dieses Loch da abstürzt. Das hoffe ich sogar. Es kostet sie Geld und Aufwand. Das würden sie sich lieber sparen. Und sie wollen sich die Hände nicht selbst schmutzig machen. Also lassen sie dich die Drecksarbeit erledigen.«

»Und woher weißt du das?«

»Ich kenne sie. Ich kenne diese Leute.« Miriam spuckt die Worte voller Verachtung aus. »Sie erzählen uns vom Sieg der Arbeiterklasse, aber insgeheim geht es bloß um goldene Wasserhähne für sie und ihre Familien und eine Datsche am See.«

Tobias muss zu ihr. Miriam hat etwas Wertvolles verloren. Sie weiß es noch nicht, aber sie ahnt es. Wenn das Ultimatum abläuft, wird sie es erfahren. Wie wird sie reagieren? Er kennt sie inzwischen ein wenig. Es ist gut möglich, dass sie sich aus Verzweiflung in die Tiefe stürzt und die ganze Erde mit in den Abgrund reißt.

»Ich komme!«, ruft er.

Der direkte Weg auf den Ausleger ist mit einer Stacheldrahtbarriere versperrt. Tobias sieht nach oben. Ein Mast ragt im Sechzig-Grad-Winkel nach oben. Er besteht aus vier Trägern, die mit einem Geflecht von Streben verbunden sind. Für Kletterer überhaupt kein Problem.

Aber er ist kein Kletterer. Schon der Weg zum Fuß des Mastes, der über ein metergroßes Gelenk mit der fahrbaren Basis verbunden ist, ist anstrengend, weil Tobias den festen Boden verlassen muss. Wohin er sieht, es geht nach unten, auch wenn es unmöglich ist, durch das Gitter der Verstrebungen hindurchzufallen. *Ich bin absolut sicher. Die Löcher sind viel zu eng. Ich brauche nur auf den Streben zu bleiben.* Und wenn ich plötzlich zur Seite kippe? Diese Scheißhöhenangst! *Du kippst nicht. Es sei denn, du lässt dich fallen.* Dann lasse ich mich eben fallen. *Das lässt du schön bleiben. Du hast es doch im Wald über den Wolken auch geschafft!*

Puh. Tobias hat den Mast erreicht. Er wagt einen Blick nach Süden. Von dort ist er gekommen. Wenn man den zerquetschten Mercedes sehen könnte, hätte er einen Beweis für Miriam. Aber der ist zu weit weg.

Jetzt beginnt der Aufstieg. Es ist doch ganz einfach. Er hält sich mit den Händen fest und klettert im Vierfüßlergang. Immer dem Metall nach und immer schön nach oben sehen. Auf geht's! Der erste Meter ist geschafft. Linke Hand nach vorn, rechten Fuß nachziehen, sichern. Rechte Hand, linker Fuß, sichern. Linke Hand. Wie hoch ist er schon? Zwei Meter? Nein! Er klammert sich an den Mast und schließt die Augen. Sein Atem geht schnell.

»Tobias, was tust du da?«, fragt Miriam über das Rauschen in seinen Ohren hinweg.

»Ich will es dir selbst sagen.«

»Was willst du mir sagen?«

»Gleich.«

Er muss weiter. Miriam soll es von ihm hören. Vielleicht kann er sie daran hindern, eine große Dummheit zu begehen. Rechter Fuß. Stand gesichert. Rechte Hand. Das Metall ist kalt. Hätte er doch bloß Handschuhe! Linker Fuß. Sichern. Schmerzen im Knie. Ignorieren. Linke Hand. Es geht voran. Rechter Fuß. Stabil. Rechte Hand.

Tobias spürt den Splitter erst, als er schon seine Haut aufreißt. Mist. Linker Fuß. Linke Hand. Rechter Fuß. Rechte Hand. Die frische Wunde schmerzt. Aber der Schmerz tut gut, denn er lenkt ab. Von den Knieschmerzen. Von der Höhe. Von der Angst um Miriam. Linker Fuß. Linke Hand. Er verwandelt sich in einen Roboter, der sich in einem selbstprogrammierten Takt bewegt. Der Untergrund spielt keine Rolle mehr. Er muss das Ziel erreichen. Rechte Hand. Linker Fuß.

Klong. Sein Kopf stößt gegen einen Vorsprung. Mit einem Mal ist er wieder der kleine Junge, der auf dem Dachfirst steht und sich so sehr vor der Höhe fürchtet, dass er sich einpinkelt. Sein Vater lacht. Tobias klammert sich an den Mast und schließt die Augen.

»Mein Ultimatum ist vor einer Minute abgelaufen!«, ruft Miriam. »Wo ist Ralf?«

Tobias kann nicht antworten. Er sieht vorsichtig über seinen Arm nach unten. Dort hat sich nichts verändert. Der Mercedes ist ein schwarzer Fleck in der Nähe des Horizonts. Irgendwo, für sie unsichtbar, warten bestimmt Scharfschützen auf Anweisungen. Miriam muss klar sein, dass ihr Mann nicht gekommen ist. Warum sagt der Einsatzleiter nichts? Kann er sie nicht noch ein bisschen hinhalten? Hoffentlich warten sie nicht auf S1!

»Ich bin gleich bei dir!«, ruft Tobias. »Warte bitte.«

Er hat den Mast erklommen. Von hier führen mehrere Stahltrossen zum Ende des Auslegers. Miriam sieht er immer noch nicht, aber sie muss dort sein. Er fummelt an seinem Koppelschloss herum, bis er es schafft, den Ledergürtel aus der Hose zu bekommen.

Es sieht so leicht aus. In Filmen hat er es schon oft gesehen. Der Held schlingt etwas Stabiles als eine Art Haken um das Seil, hält sich daran fest und gleitet sicher durch die Luft an sein Ziel.

Aber dazu müsste er jetzt aufstehen. Die Trosse beginnt oberhalb des Vorsprungs, gegen den er gestoßen ist. Er muss sich um das Stahlblech herumtasten und dann an seinem Gürtel hängend in die Tiefe springen.

Lieber nicht. Er klettert einfach zurück. Miriam wird schon nicht bis zum Äußersten gehen.

Doch, das wird sie. Und damit wird sie die Menschheit an den Rand der Auslöschung bringen. Es gibt wirklich viele Arschlöcher auf der Welt. Tyrannen, Diebe, Mörder, Egoisten, Leute wie Schumacher. Aber es gibt auch die beiden Kinder der Kosmonautin, die vielleicht als Halbwaisen aufwachsen werden. Es gibt Hardy und Matze und Martina Frommann, die auf ihren Freund warten muss, wofür Tobias verantwortlich ist. Sie haben den Tod nicht verdient.

Er steht auf und kneift die Augen so weit zusammen, dass er nur das Seil sieht. Plötzlich ist alles ganz einfach. Er klettert um den Vorsprung herum. Da ist das Stahlseil. Es ist bestimmt acht Millimeter dick und vibriert minimal, wenn er daran zieht. Er nimmt den Gürtel, an dem noch das Holster mit der Waffe hängt, und legt ihn über die Trosse. Probeweise lässt er sich daran baumeln. Das Seil gibt nicht nach. An seinem Ende hängt das gesamte Gewicht des Auslegers, da spielen seine achtzig Kilo keine Rolle.

Und wenn alles gelogen ist? Wenn sie ihn wirklich nur benutzen, um Miriam auszuschalten? Der Zweck heiligt die Mittel. Ist das möglich? Würden sie ihn extra von draußen holen, ihm alle Geheimnisse verraten, nur um – ja, was eigentlich? Tobias hat die Effekte gesehen. Natürlich könnte es sich auch dabei um Tricks gehandelt haben. Dass S1 dabei gestorben ist, war vielleicht ein Unfall. Selbst die Nitschburja und die Presswurst, die er am eigenen Leib gespürt hat, könnten durch den Einsatz irgendeiner geheimen Waffe verursacht worden sein. Aber all die Tricks lohnen sich doch nur, wenn wirklich etwas auf dem Spiel steht.

Tobias zieht noch einmal an dem Gürtel. Das Leder sieht stabil aus. Dann schließt er die Augen und springt.

Scheiße, ist das schnell! Der Gürtel scheint seine Fahrt kaum zu bremsen. Wind weht ihm entgegen. Die verletzte Hand und seine Armmuskeln schmerzen. Vierzig Kilo pro Seite, das kann er nicht lange halten.

Muss er aber auch nicht, so schnell, wie er nach unten saust. Bevor er aufschlägt, sollte er die Augen öffnen. Jetzt! Der Ausleger ist direkt vor ihm. Mist, Mist, Mist. Seine Füße treffen auf das Metall. Er rennt. Der Gürtel am Seil stabilisiert ihn. Dann gerät sein linker Fuß in einen Hohlraum. Tobias kann sich nicht mehr halten und stürzt.

Aua, voll auf die Nase. Er reibt mit der rechten Hand über sein Gesicht. An den Fingern ist Blut. Ein paar Schritte vor ihm rutscht der Gürtel vom Seil. Tobias robbt schnell hin und kann ihn gerade noch fangen.

»Du bist ja ein echter Tarzan«, sagt Miriam.

Tobias dreht sich um und richtet sich auf. Miriam ist hinter ihm, vielleicht zwanzig Meter entfernt. Sie trägt keinen Qipao, sondern eine schlammbedeckte Regenjacke, zerrissene Hosen und Bergstiefel. An der Stirn hat sie ein großes Pflaster. Trotzdem ist sie wunderschön – und wirkt so entschlossen wie nie.

Tobias ist an der Trosse bis zum äußersten Ende des Auslegers gerutscht, der hier nur noch anderthalb Meter breit ist. Links und rechts geht es steil nach unten – ins Nichts. Tobias schließt die Augen.

»Komm einfach langsam in meine Richtung«, sagt Miriam. »Es sind nur drei Meter, dann wird der Ausleger breiter.«

Er schafft die drei Meter. Aber jetzt reicht es. Er ist ein einfacher ABV, kein Actionheld.

»Also, was willst du mir sagen?«, fragt Miriam.

*Ich liebe dich.* Aber das wäre jetzt unpassend. Es wird nie wieder passend sein. »Wegen deines Ultimatums.«

»Misch dich da nicht ein. Ich will nicht, dass dir etwas passiert.«

»Dafür ist es zu spät. Du musst es von mir hören. Dein Mann

ist tot. Es war ein … Unfall beim Verhör, sagen sie. Ein diabetischer Schock.«

Miriam heult auf. »Jeder weiß, dass Ralf Diabetiker ist. Das war Mord!«

Dr. Prassnitz war ein wertvoller Forscher. Tobias glaubt nicht, dass man ihm absichtlich das Insulin vorenthalten hat. Aber jetzt ist nicht der Moment, Miriam zu widersprechen.

»Vielleicht. Ich möchte dich trotzdem bitten, jetzt nicht unüberlegt zu handeln.«

Er bemüht sich um eine möglichst feste Stimme und kann doch nicht vermeiden, dass seine Sorge durchscheint.

»Ich habe mir das sehr gut überlegt.«

Miriam zeigt auf das Seil, das sie um ihre Hüfte gelegt hat.

»Wenn du das tust, verurteilst du die ganze Welt für etwas, wofür Einzelne verantwortlich sind. Ist das gerecht?«

Tobias muss an Jonathan und Marie, seine Kinder, denken. Er will nicht, dass sie sterben. Lieber geht er selbst drauf.

»Ist es gerecht, wenn Ralf nicht mehr da ist?«

Miriam kommt langsam näher. Das Seil schleift über den Boden. Tobias kriecht in ihre Richtung.

»Bleib, wo du bist, Tobias!«

Miriam stützt sich mit beiden Armen an einer Querstrebe ab. Sie wirkt kampfbereit.

»Miriam, dein Mann ist tot. Du kannst ihn nicht mehr retten. Aber wenn du dich vom Ausleger stürzt, verurteilst du die ganze Welt zum Tode.«

»Das ist mir egal.«

»Willst du, dass ich sterbe, Miriam? Und was ist mit der netten Wirtin, mit deinem Onkel, mit …«

»Ich will nicht, dass du stirbst, Tobias, wirklich nicht. Ich mag dich.«

Ihre Stimme wird warm, fast zärtlich. Tobias muss sich die Tränen aus den Augen wischen.

»Darum musst du mir aus dem Weg gehen«, sagt Miriam. »Mein

Plan ist unabänderlich. Wenn Ralf nicht kommt, stürze ich mich in die Tiefe.«

Sie glaubt ihm nicht. Hat sie die seltsamen Phänomene nicht gesehen? Wahrscheinlich hält sie sie für genauso gefälscht wie die Hindernisse auf dem Weg in die Zone. Was soll er tun? Wie kann er sie bloß überzeugen? Miriam scheint fest entschlossen, nicht ohne ihren Mann weiterzuleben – selbst wenn sie damit die Menschheit zum Tode verurteilt.

Tobias kriecht weiter. Miriam weicht vor ihm zurück. Er bewegt sich noch ein Stück. Sie hält den Abstand. Dadurch erreicht sie, offenbar ohne es bewusst zu bemerken, eine Plattform, etwa vier mal vier Meter groß, die aus der Ferne nicht zu erkennen ist. Tobias kriecht noch ein Stück nach vorn, bis Miriam in der Mitte der Plattform steht.

Das ist seine Chance, wahrscheinlich seine einzige. Er greift nach der Makarow und dreht sich dabei so, dass er die Waffe vor Miriam abschirmt. Der Griff drückt auf die Wunde, aber der Schmerz stört ihn nicht. Wenn er Miriam nicht überzeugen kann, muss er sie erschießen. Von der Mitte der Plattform aus kann sie sich nicht mehr einfach so in den Abgrund stürzen. Das Seil um ihre Hüfte kann also den Hebel nicht ziehen. Aber er muss sie mit dem ersten Schuss töten – oder wenigstens an jeder Bewegung hindern. Es sind höchstens fünf, sechs Meter. In der Grundausbildung haben sie im Stehen auf fünfundzwanzig Meter entfernte Scheiben geschossen, im Knien auf fünfzig Meter. Aber er hat keine Zeit zum Zielen. Sobald Miriam die Waffe bemerkt, wird sie nach einer Schreckesekunde wegrennen und vielleicht abstürzen – oder springen.

Links, wo das Herz ist. Von ihm aus gesehen rechts. Nicht lange überlegen, sonst bemerkt sie noch, dass der Abgrund zu weit weg ist. Es muss sein. Tobias sieht die Miriam von damals vor sich, unerreichbar und so faszinierend. Hätte er nur … Die Briefe! Sie hätten ein Paar sein können, das hat sie selbst gesagt. Er hätte ihr das Haar aus der Stirn gestrichen. Sie auf die warmen Lippen geküsst.

Aber er hat zwei tolle Kinder so wie die Kosmonautin. Haben sie es verdient zu sterben, nur weil Miriam Unrecht geschehen ist? Ist das gerecht? Er macht sich zwar zum Werkzeug, aber er wird im Auftrag seiner Kinder schießen, nicht auf Befehl von S1.

Tobias hält den Atem an. Eins, zwei, drei. Kurz zielen, den Abzug durchdrücken. Es knallt. Mit dem Rückstoß nimmt er die Waffe nach unten. Ein Klirren von Metall auf Metall. Miriam sieht ihn mit aufgerissenen Augen an. So sieht also Entsetzen bei ihr aus. Tobias ist ganz ruhig. Seltsam. Er hat auf einen Menschen geschossen. Auf seine Liebe.

Miriam bewegt sich nicht. Die Schrecksekunde ist noch nicht vorüber. Tobias erlaubt sich wieder zu atmen.

Der Schuss hat sie verfehlt. Er hat wohl nur irgendeinen Stahlträger getroffen. Miriam tastet sich rückwärts an den Rand der Plattform. Bestimmt glaubt sie, dass er noch einmal schießen wird. Aber das kann er nicht. Dieser eine Schuss war schwer genug. Vielleicht hat seine Hand das gewusst. Er hat die Schützenschnur. Früher hat er auf fünfundzwanzig Meter jede Scheibe getroffen.

Tobias wirft die Pistole weg.

»Jetzt hast du mir aber einen Schreck eingejagt«, flüstert Miriam. »Du wolltest mich nur erschrecken, oder?«

»Nein, ich wollte dich erschießen«, sagt er flach. »Dort in der Mitte der Plattform hättest du deine Drohung nicht mehr wahrmachen können.«

»Ach, Tobias. So weit ist es also gekommen.«

»Ich kann nicht zulassen, dass du die ganze Welt für dein Unglück bestrafen willst.«

»Aber es ist die ganze Welt, die dabei zusieht, wie Ralf umgebracht wurde.«

Wenn Miriam wüsste, dass auch Jonas ein Verräter ist ... oder wie sie die Kosmonautin behandelt haben ... Im Grunde muss Tobias ihr recht geben. Aber es gibt unschuldige Menschen. Er gehört nicht dazu, doch sie existieren, verteilt über alle Länder der Erde. Manchmal bilden sie die Mehrheit, manchmal die Minderheit.

»Du musst jetzt verschwinden, Tobias. Ich werde meine Drohung wahrmachen, daran führt kein Weg vorbei. Aber du musst nicht hier mit mir zusammen sterben.«

Tobias nickt. »Gut. Dann komme ich jetzt nach vorn.«

»Du kannst den Ausleger entlang bis zum Stacheldraht klettern und dann springen. Vielleicht brichst du dir etwas, aber du überlebst. Komm mir bloß nicht zu nahe.«

»Einverstanden.«

Er kriecht nach vorn. Da überfällt ihn die Muskelstarre. Es ist die Nitschburja. Scheiße. Seine Glieder zucken unkontrolliert. Blitze schießen durch sein Gehirn. Aber er ist noch wach genug, um zu sehen, wie sich sein Fuß in eine Öffnung bohrt. Dann spannt sich plötzlich sein Knie mit großer Kraft, und sein Körper wird über den Ausleger gewirbelt. Da ist der Rand. Er sieht das Nichts unter sich. Gleich wird er stürzen.

Jemand hält seinen Fuß und zieht ihn zurück in die Mitte. Miriam! Seine Muskeln entspannen sich. Er war noch nie so frei und locker wie jetzt. Miriam steht neben ihm. Sie hat ihn gerettet. Tobias sammelt, was er an Kraft findet. Er wird keine andere Chance bekommen. Blitzschnell angelt er mit den Füßen nach Miriams Beinen, bekommt sie zu fassen und reißt sie um. Dann stürzt er sich über sie, achtzig Kilo gegen sechzig, wendet den Fesselgriff an, den er gelernt hat, lässt ihre Tritte ins Leere laufen.

Er hat sie. Miriam stöhnt. Sie kämpft noch immer, aber er verschnürt ihre Arme und Beine so, dass sie sich nicht von der Stelle bewegen kann. Mit dem langen Seil, das sie um die Hüfte trägt, kann er eine ganze Kompanie festbinden.

»Tu mir das nicht an«, fleht sie.

»Es tut mir leid, aber ich kann nicht zulassen, dass du die Erde opferst.«

»Dann opfere bloß mich. Roll mich über den Rand. Ich habe hier keinen Platz mehr. Sie werden dich beglückwünschen.«

Tobias sieht in die Tiefe. Es wäre nur fair, ihr den Wunsch zu erfüllen. Aber es wäre Mord. »Ich kann das nicht, Miriam, wirklich.«

»Schieb mich einfach an den Rand.« Sie bewegt sich hin und her und bringt ihren Körper ins Schaukeln.

»Siehst du? Den Rest mache ich allein. Du musst mir nur die Gelegenheit geben.«

Tobias schüttelt den Kopf. »Ich kann dich nicht erschießen, und ich kann dich auch nicht sterben lassen.«

»Dann verurteilst du mich zu etwas, das für mich schlimmer ist als der Tod. Ich muss mit dem Wissen leben, dass sie meinen Mann umgebracht haben.«

»Ja. Es tut mir leid.«

Tobias ist müde. Er hat keine Gefühle mehr. Diesmal ist es nicht die fiese Leere.

Er hört schwere Schritte auf Metall. Der Einsatzleiter kommt. Er hat drei Mann in Uniform im Schlepptau.

»Danke, Genosse Wagner. Wir wussten, dass Sie das hinbekommen.«

16. OKTOBER 2029

# DRESDEN

»Du weißt schon, dass du es mir zu verdanken hast, dass du wieder hier bist?«, fragt Schumacher.

Wie er diesen lauernden Blick hasst! Tobias kratzt sich an der Nase. Der Schorf von der Verletzung auf dem Schaufelradbagger juckt. »Ja, das ist mir klar.«

»Die wollten dich doch glatt dort behalten. Wegen der Geheimhaltung. Dass ich nicht lache! Als ob Geheimnisse bei uns nicht gut aufgehoben wären. Ein Glück, dass wir dein Handtelefon orten konnten. So konnten sie dich nicht einfach verschwinden lassen.«

Ah, jetzt kommt es. Das MfS hofft, aus seinem Mund zu erfahren, was in der Zone wirklich vor sich geht. Deshalb haben sie alle Hebel in Bewegung gesetzt, um ihn da rauszuholen.

»Das stimmt natürlich«, sagt Tobias.

»Und was hast du da gesehen, Genosse? Ich frage das nur zum internen Abgleich. Selbstverständlich besitzen wir die wichtigsten Informationen bereits.«

»Selbstverständlich. Also, es hat da in der Erdölraffinerie eine riesengroße Schweinerei gegeben, umwelttechnisch. Das Grundwasser ist für Jahrhunderte verseucht. Es bestand die Gefahr, dass sich das in ganz Mitteleuropa ausbreitet, deshalb haben sie Hunderte Meter tiefe Spundwände konstruiert, die die giftige Brühe zurückhalten sollen. Das darf natürlich keiner unserer Nachbarn wissen.«

»Wahnsinn, Genosse. Ja, das ist auch das, was unsere Offiziere im besonderen Einsatz in Erfahrung gebracht haben. Ich danke dir für das Vertrauen. Die Beförderung zum Oberleutnant ist praktisch durch.«

»Danke, Genosse Schumacher. Eine Bitte hätte ich noch.«

»Ich höre?«

»Ich würde mich gern in die Lausitz versetzen lassen, zum Beispiel nach Neustadt. Wenn das Gesuch auf Ihren Tisch kommt, würden Sie es dann befürworten?«

»Ungern, Genosse, weil wir uns dann seltener sehen werden. Aber im Ernst, du hast es dir verdient. Jemanden für dein Revier in Dresden zu finden, dürfte überhaupt kein Problem sein.«

---

Tobias verlässt das Gelände an der Bautzener Straße. Während er auf die 11 wartet, stellt er sich vor, wie Matze ihn mit seiner Jawa abholt. Er wird im Seitenwagen nach Neustadt fahren, nicht im Passat. Dresden wird er nicht vermissen. Es ist seltsam, aber er hat hier nie Freunde gefunden. Liegt es an der Großstadt oder an seinem Beruf?

Er wird in Neustadt neu anfangen. Der Name passt perfekt. Am Abend wird er mit Matze und Hardy Schach spielen und Bier trinken. Um Hardy macht er sich ein bisschen Sorgen. Der alte Mann hat ein gesundheitliches Problem angedeutet – und Matze ist ihm wohl zu nahe, um ihm ins Gewissen zu reden. Die Medizin ist heute zu Wundern in der Lage, die vor zehn Jahren noch undenkbar erschienen.

Na, Hardy wird bestimmt begeistert sein, wenn er versucht, ihm reinzureden. Aber er wird es nicht übelnehmen. Tobias lächelt. Er wird wieder durch die Wälder streifen wie in seiner Kindheit, Pilze suchen, unter Kiefern im Moos liegen und mit Sonnenstrahlen spielen. Und ganz nebenbei kann er auch auf die Zone achtgeben. Vielleicht wird ja noch einmal jemand gebraucht, der die Welt rettet. Es weiß zwar niemand davon, aber darauf kommt es ihm nicht an.

## 5. NOVEMBER 2029
# MUMBAI

In der riesigen Halle kommt sich Mandy Neumann verloren vor. Ständig wechseln sich die Ansagen auf Englisch und Hindi ab. Flugzeuge landen, Flugzeuge starten. Koffer sind abzuholen oder auf keinen Fall allein stehenzulassen.

»Komm«, sagt Rakesh in seinem weichen Englisch.

Ihr Retter hat sie zum Flughafen gefahren. Seit ihrer Landung im Indischen Ozean organisiert er ihr Leben. Er tut das selbstlos, ohne je nach irgendeiner Form von Dank zu fragen. Das kam ihr am Anfang seltsam und ungewohnt vor. Inzwischen hat sie es akzeptiert. Sie fragt sich auch nicht mehr, ob er vielleicht in sie verliebt ist. Rakesh spricht nicht davon. Er hilft ihr einfach nur, und das ist das, was sie gerade braucht. Bevor sie nicht wenigstens ihre Kinder wiedergesehen hat, ist sie gar nicht in der Lage, darüber nachzudenken, ob sie diesem Mann gegenüber etwas empfindet.

Tiefe Dankbarkeit auf jeden Fall. Das muss im Moment genügen.

Sie laufen durch die Halle. Rakesh hat wohl das richtige Ankunftsgate gefunden. Der Flug, IF 752, kommt aus Berlin-Schönefeld. Er scheint sogar ziemlich pünktlich zu sein. Rakesh führt Mandy zu einer Doppeltür, die nicht so aussieht, als würden hier gewöhnliche Reisende herauskommen.

»Bist du sicher, dass wir richtig sind?«, fragt Mandy.

Er legt ihr sanft die Hand auf die Schulter. Sie mag das. Ihr Vater hat es auch getan. Es beruhigt sie wirklich. Rakesh zeigt auf ein Schild neben der Tür. »VIP« steht darauf.

»Ich habe einen Freund bei der Einreise, der bringt sie hier raus.«

Rakesh hat eine Menge Freunde. Schon der Sicherheitsbeamte am Eingang hat ihn begeistert begrüßt. Es hilft wahrscheinlich, wenn man im indischen Staatsfernsehen zu sehen war. Niemand kennt Mandy, und das ist ihr auch ganz recht so. Ihre ungewöhnliche Einreise in das asiatische Land fand komplett unter dem Radar der Presse statt. Die Gaganyaan-Kapsel ist von Kameras unbeobachtet im Ozean gewassert. Das Patrouillenboot, das sie ins Trockene geholt hat, war nur mit Soldaten bemannt. Danach war sie dann plötzlich Teil des Pulks. Dafür, dass sie je an Bord von Rakeshs Raumschiff war, gibt es nur zwei Zeugen.

Gleich ist es so weit. Wie sie sich nach den beiden sehnt! Rakesh sieht auf sein Handtelefon. Dann nickt er ihr zu. Mandy wippt auf den Zehen. Sie schwitzt, obwohl die ganze Halle auf gefühlte zehn Grad gekühlt ist. Die Tür öffnet sich. Ein Sikh in Uniform tritt hindurch. Er hält die Tür auf und verbeugt sich noch einmal vor der älteren Frau aus Deutschland. Das ist ihre Mutter, die angeblich eine Erholungsreise mit den armen Halbwaisen unternimmt. Und da kommen sie auch schon. Sabine und Susanne rennen auf Mandy zu, beide wollen die Erste sein. Zum Glück hat sie zwei Arme, und sie umfängt ihre Kinder damit, reißt sie hoch und dreht sich.

»Mutti, Mutti«, rufen die beiden durcheinander. »Was sind das für Menschen hier? Wo warst du so lange? Warum hat der Mann einen Turban? Wo wohnen wir? Warum weinst du, Mutti? Musst du wieder weg?«

Sie können nicht aufhören, Fragen zu stellen. Mandy weint und lacht gleichzeitig. Ihre Nase läuft, und das Make-up verschmiert, aber das ist ihr egal. Sie wird die beiden nie wieder hergeben.

# NACHWORT

Liebe Leserinnen und Leser,
es freut mich sehr, dass Sie Mandy und Tobias bis hierher gefolgt sind. Die Recherche für dieses Buch hat mich immer wieder in meine eigene Kindheit geführt. Ich bin in diesem Land groß geworden, das es nicht mehr gibt. Darüber bin ich ganz und gar nicht traurig, und das kann man nun so oder so verstehen – beides ist korrekt. Ich wäre heute nicht Schriftsteller, hätte es die Ereignisse von 1989 nicht gegeben. Stattdessen würde ich wohl als Physiker in einem Kernkraftwerk arbeiten, könnte nicht verreisen und müsste zusehen, wie alles den Bach hinuntergeht.

Trotzdem erinnere ich mich an eine glückliche Kindheit. Ich habe (gebürtiger Brandenburger) im Wald des Fläming gespielt oder auf dem Bauernhof meiner Großeltern Sandburgen gebaut – in der Lausitz übrigens. Das Gefühl, in einem großen Gefängnis zu leben, kam erst später, und bevor es so richtig aufkommen konnte, war plötzlich alles vorbei.

In der Schulzeit war vor allem die Doppelzüngigkeit prägend. In der Schule, vor den Lehrern, sprach man anders als mit Freunden oder in der Familie. Das war normal. Wir wussten es, die Lehrer wussten es, und die, die uns alle beobachtet haben, wussten es auch. Es war eine kleine Welt, in der man am besten durchkam, wenn man sich auf das Private zurückzog.

Die DDR in diesem Buch ist natürlich nicht das gleiche Land, das einst im Osten Deutschlands existiert hat. Sie ist, wie immer in der Literatur, ein Konstrukt, das auch dafür gedacht ist, diese Geschichte erzählen zu können. Mein Genre ist die harte, realistische

Science-Fiction. Dabei kommt es darauf an, dass alles so möglich wäre, wie es beschrieben ist. Hätte eine echte DDR einen solchen Unfall, wie er im Buch beschrieben ist, wirklich mit Hilfe des Westens vertuschen können?

Ich weiß es nicht. Es ist ja am Ende auch nur eine Erfindung. Ich würde mich über Ihre Meinung zu dieser Geschichte freuen. Vielleicht möchten Sie sie auch in Form einer Rezension äußern. Im Anhang finden Sie noch die »Biographie des Nichts«, in der ich die physikalischen Grundlagen der Handlung beleuchte. Diese Biographie erhalten Sie als illustriertes PDF, wenn Sie sich unter hardsf.de/ fortsetzung/ eintragen.

Ich freue mich auf ein Wiedersehen,
Ihr Brandon Q. Morris

# DIE BIOGRAPHIE DES NICHTS

Tobias hat es gesehen, das Nichts. Kann man etwas, das gar nicht da ist, überhaupt wahrnehmen? Das ist eine spannende Frage, auf die es momentan noch keine endgültige Antwort gibt. Das Nichts ist zuallererst ein abstraktes, ein philosophisches Konzept. Es beschreibt das Gegenteil oder die Abwesenheit des Seins. Der griechische Philosoph Parmenides warnte davor, sich damit zu beschäftigen, »denn das Nichtseiende kannst Du weder erkennen (es ist ja unausführbar) noch aussprechen«.

Die frühchristliche Philosophie brachte das Nichts wieder neu ins Spiel, denn eine Schöpfung sei nur »ex nihilo«, also aus dem Nichts heraus, möglich – ansonsten handle es sich ja nicht um eine Schöpfung. Hegel etabliert das Nichts zunächst als Gegenbegriff zum reinen Sein, stellt dann aber fest, dass das reine Sein und das Nichts im Grunde identisch sind: »Dies reine Sein ist nun die reine Abstraktion, damit das Absolut-Negative, welches, gleichfalls unmittelbar genommen, das Nichts ist«, schreibt er in seiner *Enzyklopädie*.

Von den Vorstellungen der Physik ist Hegel damit gar nicht so weit entfernt. Das reine Sein ist bei ihm einfach nur es selbst, es hat keine Beziehungen, keine Komplexität. Ein solcher Zustand würde gegen eine ganze Reihe fundamentaler physikalischer Gesetze verstoßen und existiert deshalb in der Natur nicht – genauso wenig wie das Nichts.

Es hat allerdings eine Weile gedauert, bis die Physiker zu dieser Erkenntnis gekommen sind. Lange galt das Nichts als Synonym für das Vakuum – ein theoretischer Zustand, bei dem ein bestimmter Raum völlig leer ist. Die erste Atomlehre von Leukipp bzw. Demokrit ging bereits davon aus, dass Materie aus Atomen besteht, die sich im leeren Raum bewegen. Unter Platons Einfluss postulierte Aristoteles eine Abneigung der Natur gegen die Leere, den sogenannten Horror Vacui. Das Universum sei demnach von einem Äther erfüllt, den auch die Physik zunächst noch für die Erklärung der Ausbreitung des Lichts benötigte – keine Welle ohne Medium, dachte man.

Dass es doch so etwas wie ein Vakuum geben könnte, zeigte im 17. Jahrhundert unter anderem Otto von Guericke, der Erfinder der Luftpumpe, mit seinen berühmten Magdeburger Halbkugeln. Ab 1654 spannte er mehrfach Pferde vor verbundene zweiundvierzig Zentimeter durchmessende Halbkugeln aus Kupfer, aus denen er die Luft herausgepumpt hatte. Selbst dreißig Pferde in zwei Gespannen schafften es nicht, die Kugeln zu trennen. Damals hielt man das für eine Eigenschaft des Vakuums, eine zusammenziehende Kraft gewissermaßen. Heute weiß man, dass der äußere Luftdruck unserer Atmosphäre, die vielen Kilometer Luft über uns also, die beiden unter niedrigerem Druck stehenden Kugelhälften zusammenpresst.

Mit den Jahrhunderten entwickelte sich die Vakuumtechnik stets weiter. Was Guericke mit seiner Luftpumpe erreichte, gilt heute nur noch als Grobvakuum. Um ein Ultrahochvakuum mit Drücken von weniger als einem Milliardstel bar (ein bar ist der Normaldruck auf der Erdoberfläche) zu erreichen, genügen normale Pumpen nicht mehr, die mit einer Druckdifferenz arbeiten. Dafür setzt man dann auf Stoffe wie Titan an der Wand der Kühlkammer, die die verbliebenen Restmoleküle binden, sowie auf Kühlfallen, die das Restgas verflüssigen. Mit Hilfe von flüssigem Helium sind Drücke von $10^{-19}$ bar erreichbar, also ein Zehnmilliardstel Milliardstel des Normaldrucks.

## DAS VAKUUM DES WELTALLS

Im Weltall liegt der Druck noch einmal zwei Größenordnungen niedriger. Trotzdem finden sich je nach Umgebung immer noch ungefähr tausend Atome pro Kubikdezimeter (entspricht einem Liter). Das Vakuum des Weltalls hat ein paar interessante Eigenschaften, die in der Science-Fiction nicht immer korrekt wiedergegeben werden. Schall zum Beispiel benötigt stets ein Trägermedium. Er kann sich im freien All also nicht ausbreiten. Explosionen wären nicht zu hören. Licht hingegen braucht kein Trägermedium. Es breitet sich mit der Vakuumlichtgeschwindigkeit aus. Das gilt für das gesamte elektromagnetische Spektrum: Röntgen, Gamma, aber auch für Wärmestrahlung (Infrarot).

Wärmeübertragung kann im Weltall nur über die Strahlung stattfinden, nicht über Konvektion (Ausbreitung durch Berührung). Das führt dazu, dass es im Weltall überraschend hohe Temperaturdifferenzen gibt. Wenn ein Raumschiff der Sonne sehr nahe kommt, wird es vielleicht von ihrer Wärmestrahlung geschmolzen. Aber was sich im Schatten des Raumschiffs befindet, dessen Temperatur bleibt knapp über dem absoluten Nullpunkt. Schatten sind dabei stets auch sehr scharf definiert. »Halbschatten«, der auf der Erde durch die Beugung des Lichts in der Luft entsteht, kann es im All nicht geben.

Die biologischen Auswirkungen des Vakuums sind etwas weniger dramatisch, als man es zunächst vermuten würde. Der Druckunterschied, auf den es ankommt, liegt ja nur bei einem bar. Beim Tauchen entstehen sehr schnell viel größere Druckunterschiede, die der Mensch ja ebenfalls verkraftet. Dass der Körper schockgefriert, ist wegen der fehlenden Wärmeleitung nicht zu befürchten. Platzende Köpfe gibt es nur im Horrorroman. Eine platzende Lunge wäre schon eher möglich, deshalb besser nicht die Luft anhalten.

Das größte Problem besteht darin, dass alle Körperflüssigkeiten zu sieden beginnen. Davor schützt den Körper normalerweise die Haut, aber nicht lange. Wenn sich Luftblasen im Blut bilden, stockt der Blutfluss, und der Mensch wird bewusstlos. Da die Netzhaut zu den am besten durchbluteten Geweben gehört, fällt wahrscheinlich vorher noch der Sehsinn aus. Theoretisch könnten auch die Augen platzen, aber das bekommen Betroffene dann schon nicht mehr mit. Wie lange ist ein Überleben möglich? Dazu gibt es unterschiedliche Aussagen. Bei einem Unfall in einer Unterdruckkammer hat ein Mensch knapp dreißig Sekunden überlebt. Die NASA schätzt eine Überlebenszeit von maximal achtzig Sekunden.

Und danach? Das hängt davon ab. Die Teile, die von Wärmestrahlung beschienen werden, trocknen aus. Eine rotierende Leiche im Sonnensystem würde also zur Mumie. Weist jedoch immer dieselbe Seite zur Sonne, mumifiziert nur diese – und die Rückseite gefriert. Wer sich immer im Schatten befindet, bleibt als Frostleiche erhalten.

## DAS VAKUUM IST NICHT LEER

Die Vorstellung, die die Physik vom Nichts hat, hat sich seit von Guericke ziemlich weiterentwickelt. Wie so oft war es ein Weg der Irrungen und Wirrungen. Zunächst schien es so, als hätte am Ende die Atomtheorie von Demokrit doch recht, in der Teilchen im Nichts umherschwirren. Das Bohrsche Atommodell etwa sieht ein Atom vor, das dem Sonnensystem ähnelt: In der Mitte sitzt der schwere Kern, und die leichten Elektronen kreisen wie Planeten auf Kreisbahnen darum. Dazwischen ist – sehr viel Nichts.

Heute wissen wir, dass das Bohrsche Modell zwar einige Phänomene der Chemie erklären kann (etwa die »Wertigkeit« von Elementen), aber sonst eben nur ein Modell ist. Tatsächlich sind weder Atomkern noch Hülle fest fixiert. Die Elektronen bilden eine Art Wolke aus Wahrscheinlichkeiten. Je genauer man hinsieht, desto unschärfer wird das Bild. Das liegt daran, dass wir uns hier im Bereich der Quantenphysik befinden, die erst im 20. Jahrhundert entstand (und zunächst vom Begründer der anderen bahnbrechenden Theorie, der Relativität, abgelehnt wurde). Sie befasst sich exklusiv mit dem Zustand der Welt im Kleinsten. Darin ist sie seit langem bewährt. Auf ihrer Grundlage funktionieren Elektronik und andere Bereiche der modernen Technik.

Die Quantenphysik beschreibt dabei nicht nur einzelne Teilchen, sondern auch Systeme aus vielen Teilchen, elektromagnetische Felder – und, so hoffen die Forscher, auch die Gravitation (daran arbeitet die Wissenschaft noch). Dabei zeigt sich, dass nichts ist, wie es scheint. Kein Teilchen hat einen festen Ort und eine feste Geschwindigkeit. Teilchen können sich auch an mehreren Stellen zugleich befinden und haben zudem rätselhafte Eigenschaften, die sie miteinander verknüpfen, obwohl sie sich weit voneinander entfernt befinden (»Verschränkung«). Mehr dazu lesen Sie im Anhang meines Buches *Die Störung*, ebenfalls bei FISCHER Tor erschienen.

Der für das Nichts erhebliche Aspekt besteht darin, dass nach der Quantenphysik sogar der leere Raum mit Teilchen gefüllt ist. Das Universum verhält sich manchmal etwas pubertär. Solange wir hinsehen, bleibt alles ruhig – aber sobald sich das Vakuum allein fühlt, füllt es sich plötzlich mit Teilchen aus dem Nirgendwo. Und das, obwohl wir doch in der Schule den Energieerhaltungssatz lernen mussten, der genau dies verbietet?

Quelle dieses kindischen Verhaltens ist die Heisenbergsche Unschärferelation, und zwar in ihrer Verknüpfung von Energie und Zeit. Je genauer wir die Energie messen wollen, desto weniger wissen wir über den exakten Zeitpunkt der Messung. Das ist anschaulich gut erklärbar: Wir wissen ja vielleicht (hoffentlich) noch aus der Schule, dass die Energie einer Schwingung von ihrer Frequenz abhängt, also davon, wie schnell das Pendel ausschlägt. Stellen Sie sich ein Uhrpendel vor, das sich langsam bewegt. Meine Großmutter hatte so eine altertümliche Uhr mit Pendel in ihrem Wohnzimmer hängen.

Das Pendel braucht vielleicht zwei Sekunden für einen Ausschlag. Wenn ich es neun Sekunden lang beobachte, also eine kurze Zeit, kann ich vier ganze Ausschläge zählen. Der Fehler, die Abweichung, beträgt einen halben Ausschlag auf vier, also ein Achtel, 12,5 Prozent. Schaue ich jedoch viel länger, vielleicht 99 Sekunden lang, hin, liegt der Fehler zwar immer noch bei einem halben Ausschlag, doch bei einer viel größeren Basis – prozentual nur noch rund ein Prozent. Ich kann zwar durch längeres Hinsehen die Energie der Pendelbewegung genauer bestimmen – doch das geht auf Kosten der Genauigkeit der Zeitmessung. Diese Unschärferelation ist nicht in der Unfähigkeit menschlicher Beobachter begründet, sondern eine prinzipielle Eigenschaft unserer Welt.

Also auch des Vakuums. Zwar verbietet der Energieerhaltungssatz, dass irgendetwas aus dem Nichts entsteht. Doch wenn dieses Etwas nur schnell genug wieder verschwindet, ist es im Grunde nie da gewesen. Wenn wir den Energieinhalt eines bestimmten Stücks Weltraum über längere Zeit messen, stellen wir fest, dass das Vakuum leer ist. Doch wenn wir nur ganz kurz hinsehen, können wir aufgrund der Unschärferelation nicht mehr sicher sein, dass wirklich nichts da ist. Es könnten auch ganz legal Teilchen entstanden und wieder verschwunden sein. Und die Quantenphysik sagt: Jeder Zustand, der eintreten kann, tritt auch ein (in der Praxis gibt es ein großes Problem mit dieser Aussage, aber dazu später).

Wie groß dürfen diese virtuellen Teilchen sein, und welche Eigenschaften müssen sie haben? Zunächst sind sie gezwungen, andere Erhaltungssätze einzuhalten, etwa den der Ladung. Wenn ein negativ geladenes Elektron aus dem Nichts geboren wird, gehört dazu auch immer ein positiv geladenes Positron als Antiteilchen.

Wenn beide zusammentreffen, zerstrahlen sie sich – das Ergebnis sind zwei Photonen, die die bei der Entstehung der virtuellen Teilchen aufgetretene Energieschuld beim Universum wieder begleichen. Wie lange die virtuellen Teilchen existieren dürfen, entscheidet ihre Energie. Aus der lässt sich über die berühmte Einsteinsche Formel $E = m \cdot c^2$ (wobei c die Lichtgeschwindigkeit ist, die knapp 300 000 km / s beträgt) auch die Masse berechnen. Die Kombination aus Elektron und Positron überdauert zum Beispiel höchstens $10^{-21}$ Sekunden, also den Milliardsten Teil einer Billionstel Sekunde. In dieser Zeit legt Licht etwa eine Strecke zurück, die der Größe eines Durchschnittsatoms entspricht. Damit ein Proton und ein Antiproton entstehen können, darf der Beobachtende sogar nur für $10^{-24}$ Sekunden hinsehen.

Praktische Probleme lassen sich auf diese Weise allerdings kaum lösen, wie es gewisse Ideen vom »Wunsch ans Universum« implizieren. Angenommen, Sie haben wieder vergessen, frische Milch zu kaufen – wollte sich Ihre Partnerin oder Ihr Partner beim Frühstück aus einer virtuellen, aus dem Nichts entstandenen, ein Kilogramm schweren Milchpackung bedienen, müsste er oder sie beim Eingießen $10^{-52}$ Sekunden schnell sein. Die kleinstmögliche Zeiteinheit ist aber die Planck-Zeit, die etwa $5 \cdot 10^{-44}$ Sekunden dauert, darunter verliert die Zeit ihre Bedeutung. Die größtmögliche Masse eines virtuellen Teilchens liegt deshalb ungefähr bei einem Hundertstel Milligramm – das klingt wenig, entspricht aber immerhin der Masse von rund zehn Milliarden Viren.

Es ist bisher nicht gelungen, virtuelle Teilchen direkt nachzuweisen. Was aber spürbar sein sollte, sind ihre Wechselwirkungen mit dem Rest des Universums. Wenn das Vakuum des Weltraums mit dauernd neu erscheinenden und verschwindenden Teilchen gefüllt ist, müsste sich das auf seine Eigenschaften auswirken. Manche Forscher vermuten, dass diese sogenannten Quantenfluktuationen die Quelle der Dunklen Energie sind, die man für die beschleunigte Expansion des Universums verantwortlich macht. Das wäre eine schöne Erklärung, für die man keine neuen exotischen Theorien mehr bräuchte (wenn man die Quantenphysik als normal betrachtet).

Allerdings gibt es da ein kleines, nein, ein riesiges Problem: Der Physiker John Wheeler hat auf den bekannten Planck-Konstanten basierend ausgerechnet, dass das Universum eine Energiedichte von $10^{94}$ Gramm pro Kubikzentimeter haben müsste. Ein aus dem Weltall geschnittener Würfel mit einem Zentimeter Kantenlänge würde demnach zehn Milliarden Milliarden Milliarden Milliarden Milliarden Milliarden Milliarden Milliarden Milliarden Kilogramm wiegen. Die praktische Beobachtung sagt jedoch, dass dieser Wert ein bisschen kleiner ist. Ein Kubikzentimeter Steak wiegt ein paar Gramm, und der leere Raum ist noch deutlich leichter – im Mittel liegt der Wert, so die Messungen der Physiker, um 120 Größenordnungen darunter.

Lässt sich diese Berechnung wegdiskutieren? Mit den heutigen Möglichkeiten der Quantenphysik nicht. Die Forscher hoffen, den berechneten Wert der Vakuumenergie in Zukunft irgendwie renormalisieren zu können, um ihn mit der Realität unter einen Hut zu bekommen. Renormalisieren, das heißt auf gut Deutsch, dass die Forscher irgendwo eine (physikalisch sinnvolle) Zahl finden wollen, durch die sich der irrwitzige Wert teilen lässt, um dann in die Realität zu passen.

Doch dass Quantenfluktuationen existieren, dafür sprechen auch andere Beobachtungen. Stephen Hawking nutzte zum Beispiel die Vakuumenergie, um das Verhalten Schwarzer Löcher zu erklären. Diese besitzen einen sogenannten Ereignishorizont, der sich wie eine Kugelschale um das Objekt erstreckt. Alles, was dahinter passiert oder in diesen Radius gelangt, ist dem normalen Weltall für immer entzogen: Die riesige Gravitationskraft des Schwarzen Lochs lässt nichts mehr entweichen. Deshalb müssten diese Objekte eigentlich enorm stabil sein und nur einen Trend kennen: zu wachsen.

Hawking nutzt nun Quantenfluktuationen, um eine Art Verdampfungsprozess für Schwarze Löcher zu postulieren. Falls nämlich ein Teilchen-Antiteilchen-Paar in der Nähe des Ereignishorizonts entsteht, kann es passieren, dass einer der Partner in das Schwarze Loch gezogen wird, während der andere gerade noch entweicht. Aus dem virtuellen Teilchen wird ein reales Teilchen. Die Energie, die dafür nötig ist, geht dem Schwarzen Loch verloren, so dass es mit der Zeit an Masse verliert und schrumpft. Das geht nach Hawking umso schneller, je kleiner das Schwarze Loch ist. Die sogenannte Hawking-Strahlung konnte bisher noch nicht nachgewiesen werden. Das liegt unter anderem daran, dass sie relativ schwach ist. Vor allem aber ist sie umso größer, je kleiner das Schwarze Loch ist. Schwarze Minilöcher zu beobachten, ist den Astronomen bisher jedoch nicht gelungen.

Dass die Vakuumenergie tatsächlich existiert, zeigt der experimentell schon 1958 erstmals bestätigte Casimir-Effekt. Vorhergesagt hat ihn der niederländische Physiker Hendrik Casimir 1948. Aus der Quantentheorie ergibt sich demnach, dass auf zwei parallele, elektrisch leitende Platten im Vakuum eine Kraft wirkt, die diese zusammendrückt. Die beiden Platten müssen dafür sehr eng zusammenstehen. Damit der Effekt messbar ist, dürfen es nur einige Nanometer Abstand sein. Die Kraft entsteht, weil im Zwischenraum lediglich solche virtuellen Teilchen entstehen können, deren Wellenlänge zum Abstand der Platten passt – der Abstand muss ein ganzzahliges Vielfaches der Teilchenwellenlänge betragen. Außerhalb der Platten jedoch fehlt diese Einschränkung. So entsteht eine Druckdifferenz der virtuellen Teilchen zwischen innen und außen, die die Platten zusammenschiebt. Bei 11 Nanometern Abstand liegt der Druck immerhin bei 100 Kilopascal.

Der russische Physiker Jewgeni Lifschitz hat Casimirs Berechnungen schon in den 1950er Jahren auf allgemeinere Fälle erweitert. Er konnte zeigen, dass die Casimir-Kraft nicht nur anziehend, sondern auch abstoßend sein kann. Das hängt vor allem von den Eigenschaften des Materials ab. Diese Vorhersage wurde 2009 experimentell verifiziert. Sie könnte sich nutzen lassen, um Objekte reibungslos schweben zu lassen, so die Hoffnung der Forscher.

Eine Erweiterung des Konzepts stellt der dynamische Casimir-Effekt dar. Bewegt man die beiden Platten des klassischen Casimir-Effekts sehr, sehr schnell gegeneinander, sollte es gelingen, reale Photonen zu erzeugen. Ob das wirklich funktioniert, ist bisher nicht bewiesen. Immerhin hat die NASA in dem (inzwischen ausgelaufenen) Programm »Breakthrough Propulsion Physics Project« den dynamischen Casimir-Effekt auf seine Eignung als Antrieb für ein Raumschiff untersucht. Der Rückstoß der erzeugten Photonen hätte das Schiff durch das All treiben lassen sollen.

Der Effekt scheint jedoch dafür deutlich zu klein zu sein. Der Physiker Steve Lamoreaux, der den Casimir-Effekt ausführlich untersucht und dazu publiziert hat, zerstört sämtliche Hoffnungen – selbst wer Benzin verbrennt, erhält eine bessere Energieausbeute als durch Nutzung des Casimir-Effekts. Dieser habe seine praktische

Bedeutung wohl eher darin, chemische Verbindungen überhaupt erst zu ermöglichen, so Lamoreaux.

Ebenso Humbug sind übrigens die Behauptungen mancher Esoteriker, mit Hilfe des Casimir-Effekts Energie aus dem Nichts gewinnen zu können: Wie vorhin schon erklärt, verstößt der Casimir-Effekt kein bisschen gegen den Energieerhaltungssatz, was zum Bau eines Perpetuum mobile nötig wäre.

## DAS FALSCHE VAKUUM

Ein weiterer spannender Begriff, der Ihnen beim Umgang mit dem Nichts begegnen könnte, ist der des falschen Vakuums. Kurz nach dem Urknall, in der Zeit der Inflation, hat sich das Universum sehr schnell ausgedehnt. Es wäre möglich, dass diese Inflation entstanden ist, weil das Vakuum damals von einem angeregten Zustand in seinen Grundzustand überging, so wie ein Pendel, das vom ausgelenkten Zustand in die Mitte zurückschwingt.

Das wäre zunächst mal eine schöne Erklärung für diese rätselhafte Inflationsphase. Aber es entsteht auch eine neue Gefahr: Womöglich ist das All auf halbem Wege stehengeblieben, und was wir für Vakuum halten, ist gar nicht der Grundzustand des leeren Raums, sondern ein angeregter Zustand, ein sogenanntes falsches Vakuum. Das Pendel hätte quasi auf dem Weg nach unten kurz gestoppt, weil es von einem Wollfaden aufgehalten wurde. In diesem Fall wäre es möglich, dass das Universum die damals abgebrochene Inflation plötzlich wieder aufnimmt, das Pendel seine Bewegung also zu Ende führt. Aus dem falschen Vakuum würde ein echtes, und das Universum, wie wir es kennen, gäbe es anschließend nicht mehr.

Eine solche Implosion würde sich mit Lichtgeschwindigkeit über das All ausdehnen. Vielleicht ist sie sogar schon im Gange, und sie ist nur noch nicht bei uns angekommen. Forscher haben berechnet, dass wir eine Vorwarnzeit von drei Minuten hätten, wenn der

Ernstfall einträte. Es gibt unter Forschern sogar die Befürchtung, man könnte aus Versehen diesen Vakuumzerfall anstoßen, etwa in Teilchenbeschleunigern. So etwas könnte zum Beispiel bei dem Versuch des ZfK Rossendorf in einem Tagebau in der Lausitz geschehen sein. Doch im Moment scheint die Natur in Form von Quasaren, Schwarzen Löchern oder Pulsaren viel bessere Teilchenbeschleuniger zu besitzen, als wir sie bauen können. Das beruhigt, denn wenn der Vakuumzerfall durch so etwas anzustoßen wäre, dann müsste das ja eigentlich längst passiert sein.

Eigentlich.

## DAS NICHTS UND DIE NULL

Nach diesem Cliffhanger schalten wir um in die Schule. Wir können uns dem Nichts auch noch aus einer anderen Richtung nähern: aus der Mathematik. Beim Zählen signalisiert die Null (0), dass von einem Objekt nichts vorhanden ist. Haha! Da ist es also, unser Nichts. Aber was ist das, eine Null? Es handelt sich um die ganze Zahl, die der 1 unmittelbar vorausgeht. Null ist eine gerade Zahl, da sie ohne Rest durch 2 teilbar ist. Null ist weder positiv noch negativ – oder sowohl positiv als auch negativ. Häufig wird 0 als natürliche Zahl betrachtet, nämlich als die einzige natürliche Zahl, die nicht positiv ist. Null ist eine ganze Zahl und damit eine rationale Zahl und eine reelle Zahl (sowie eine algebraische Zahl und eine komplexe Zahl). Sie kann keine Primzahl sein, weil sie unendlich viele Faktoren hat, und sie kann keine zusammengesetzte Zahl sein, weil sie sich nicht als Produkt von Primzahlen ausdrücken lässt (da 0 ja immer einer der Faktoren sein muss, und 0 ist keine Primzahl). Null ist gerade (also ein Vielfaches von 2) und gleichzeitig auch ein Vielfaches jeder anderen ganzen, rationalen oder reellen Zahl.

»Durch null teile nie, dies bricht dir das Knie« – das kennen Sie vielleicht noch aus der Schule. Aber was passiert denn genau, wenn wir durch null teilen? Je kleiner der Nenner des Bruchs, desto größer wird sein Wert. Das Ergebnis nähert sich unendlich – und da sind wir schon wieder beim Universum. Aus nichts wird alles. Man könnte fast auf die Idee kommen, dass der Urknall nur deshalb passiert ist, weil irgendwer es dann doch geschafft hat, durch null zu teilen (Chuck Norris kann das ja angeblich.) Nichts weniger als ein unendlicher Kosmos müsste das Ergebnis dieser Operation sein.

Ganz schön vielfältig ist das Nichts, oder nicht? Die meisten Kulturen haben übrigens die Null benutzt, bevor sie die Idee von negativen Dingen (d. h. Mengen kleiner als null) akzeptiert haben. Die Babylonier besaßen noch kein echtes Symbol für die Null. Aber schon um 1770 v. Chr. verwendeten die Ägypter ein solches Symbol in ihren Buchhaltungstexten. Das Symbol »nfr«, was so viel wie »schön« bedeutet, wurde auch verwendet, um die Basisebene in Zeichnungen von Gräbern und Pyramiden anzugeben.

Die alten Griechen besaßen zunächst keine Null. Erst Ptolemäus führte sie dann ein, etwa um 150 n. Chr. Am konsequentesten wurde die Null wohl auf dem indischen Subkontinent genutzt, wo sie etwa ab dem 5. Jahrhundert auftauchte. Von dort (aber auch aus griechischen Quellen) wanderte sie in die islamische Kultur. Im Jahr 813 n. Chr. erstellte der persische Mathematiker Muḥammad ibn Mūsā al-Khwārizmī unter Verwendung hinduistischer Ziffern astronomische Tabellen. Um 825 veröffentlichte er ein Buch, das griechisches und hinduistisches Wissen synthetisierte und auch seinen eigenen Beitrag zur Mathematik enthielt, einschließlich einer Erklärung der Verwendung der Null. Dieses Buch wurde im 12. Jahrhundert unter dem Titel *Algoritmi de numero Indorum* ins Lateinische übersetzt. Der italienische Mathematiker Fibonacci (1170–1240) war einer der Ersten, der das »arabische Zahlensystem« regelmäßig verwendete. Bald entwickelte es sich unter Wissenschaftlern zum Standard, während die Kaufleute noch lange das römische System nutzten.

Das deutsche Wort »null« ist übrigens dem Italienischen (»nulla«) entlehnt, das auf dem lateinischen Wort »nūlla« (»nichts«) beruht, dem Neutrum Plural das lateinischen Wortes »nūllus« (»keiner«).

In deutschsprachigen Texten tauchte es zuerst in der Ursprungsform »nulla« auf (um 1500). »Null« findet sich ab dem Ende des 16. Jahrhunderts, daneben aber auch »noll«, »nulle« oder »das Nullo«. Das »Zero« anderer Sprachen hingegen entwickelte sich aus einer italienischen Verballhornung des arabischen Wortes »ṣifr« (»leer«).

## DIE SUCHE NACH DEM NICHTS

In *Die unendliche Geschichte* wird das imaginäre Land Phantásien vom Nichts bedroht. Das Buch und den Film habe ich als Kind geliebt. Auch weil das Nichts so ein phantastisches Konzept ist, auf das man bei der Beschäftigung mit der Kosmologie schon früh stößt. Wenn das Universum beim Urknall entstand, was gab es dann davor? Nichts. Wenn das Universum endlich ist, was ist dann außerhalb? Nichts.

Die zweite Frage lässt sich noch im Rahmen der Anschauung beantworten. Geometrische Formen können sehr wohl unbegrenzt, aber endlich sein. Stellen Sie sich eine Ameise auf einer Kugelschale oder, damit es spannender wird, auf einem Möbius'schen Band vor (das ist so eine unmöglich ineinander verdrehte Schleife). Die Fläche, die der Ameise zur Verfügung steht, ist endlich und lässt sich berechnen. Aber das Tier wird nie an eine Grenze gelangen. Nun ist das Universum nicht kugelförmig, sondern beinahe flach, aber auch bei einer solchen Geometrie lässt sich mathematisch zeigen, dass es eine unbegrenzte Form haben kann.

Bei der ersten Frage müssen wir prinzipiell werden (ich hasse das). Das Universum besteht aus Raum und Zeit. Beide entstanden erst mit dem Urknall. Eine Zeit vor der Zeit kann es also prinzipiell nicht geben. Die gesamte Masse des Universums konzentrierte sich in einer Singularität, einer punktförmigen Quelle. Ein Punkt hat (mathematisch gesehen) keine Ausdehnung. Der Raum, die Ausdehnung, entstand erst mit dem Urknall.

Das sind unbefriedigende Antworten, ich gebe es zu. Das liegt daran, dass wir noch nicht die wissenschaftlichen Werkzeuge haben, um Singularitäten zu untersuchen. Unsere aktuelle Physik scheitert daran. Es gibt aber bereits vielversprechende Theorien. Mit der »Schleifenquantengravitation« etwa könnte sich zeigen lassen, dass sich das Universum in einem sich ewig erneuernden Prozess immer wieder ausdehnt und dann wieder aus dem Nichts entsteht. Das Nichts würde damit allerdings auch nur durch ein »Ewig« ersetzt, das leider ebenso wenig greifbar ist. Mit Unendlichkeiten spielen viele Mathematiker nur ungern, aber das ist ein anderes Thema.

Warten wir einfach noch ein paar Jahre. Ewig wird es sicher nicht dauern, bis die Forscher eine Antwort auf die Frage nach der Natur des Nichts gefunden haben.

Tipp: Diese Biographie erhalten Sie zusätzlich kostenlos als hübsch illustriertes PDF, wenn Sie sich unter hardsf.de/fortsetzung/ eintragen.